发 酵 技 术

主　编　胡斌杰　胡莉娟　公维庶

副主编　熊海燕　张艳芳　付　艳

编　委　胡斌杰（开封大学）

胡莉娟（杨凌职业技术学院）

公维庶（黑龙江林业职业技术学院）

熊海燕（武汉软件工程职业学院）

张艳芳（内蒙古农业大学职业技术学院）

付　艳（黑龙江农垦科技职业学院）

王　鹏（新疆轻工职业技术学院）

姚　莉（广东科贸职业学院）

杨新建（北京农业职业学院）

杨春燕（云南国防工业职业技术学院）

陈金峰（开封大学）

范　琳（威海职业学院）

华中科技大学出版社

中国·武汉

内 容 提 要

本书按照职业岗位基本技能和职业岗位核心技能的基本要求，依据“学习情境模块化、学习模块项目化、学习项目职场化”的编写思路划分为七个模块，每个模块又分为若干个学习项目，有的项目根据需要安排有相应的技能训练。内容包括：绪论，调味品的生产模块（酱油生产技术、食醋生产技术、腐乳生产技术、味精生产技术），酒类的生产模块（啤酒生产技术、葡萄酒生产技术、黄酒生产技术、白酒生产技术），乳制品及有机酸发酵技术模块（发酵乳制品生产技术、柠檬酸生产技术），药物类发酵技术模块（青霉素的发酵生产、氨基酸类药物发酵技术、维生素发酵技术、核酸类药物发酵技术），酶制剂的发酵模块（纤维素酶的发酵、糖化酶的发酵）和新型发酵技术模块（固定化细胞生产技术、中空纤维酶膜反应器制取麦芽低聚糖）等。

本书可供全国高职高专、普通大专等院校生物大类各专业（如生物化工工艺、生化工程、食品类、制药类和生物技术类等）师生使用，也可供相关专业的初、中级技术人员参考。

图书在版编目(CIP)数据

发酵技术/胡斌杰，胡莉娟，公维庶主编. —武汉：华中科技大学出版社，2012.1(2022.4 重印)
ISBN 978-7-5609-7408-8

Ⅰ.①发… Ⅱ.①胡… ②胡… ③公… Ⅲ.①发酵工程-高等职业教育-教材 Ⅳ.①TQ92

中国版本图书馆 CIP 数据核字(2011)第 205820 号

发酵技术 胡斌杰 胡莉娟 公维庶 主编

策划编辑：王新华
责任编辑：熊 彦
封面设计：刘 卉
责任校对：朱 玢
责任监印：周治超
出版发行：华中科技大学出版社（中国·武汉）
武昌喻家山 邮编：430074 电话：(027)81321913
录 排：华中科技大学惠友文印中心
印 刷：武汉市籍缘印刷厂
开 本：787mm×1092mm 1/16
印 张：20.75
字 数：479 千字
版 次：2022 年 4 月第 1 版第 5 次印刷
定 价：34.80 元

全国高职高专生物类课程“十二五”规划教材编委会

前言

基于工作过程导向的教材开发，已成为近年来职业教育改革的热门话题，教育部《关于全面提高高等职业教育教学质量的若干意见》中明确指出，高等职业院校要根据技术领域和职业岗位(群)的任职要求，参照相关的职业资格标准，改革课程体系和教学内容，建立突出职业能力培养的课程标准，规范课程教学的基本要求，提高课程教学质量。本教材正是按照这一精神，结合生化、食品和制药等相关行业，由11所院校基于工作过程共同编写的。

在编写过程中，编者本着"创设近真实工作环境，培养近真实工作技能"的原则，在教材中积极反映生化行业新技术、新成果，并尽量选择生化行业现有产品为分析对象，渗透相关知识。

在编写过程中，编者还吸收了近年来高职院校在探索培养技术应用型专门人才方面所取得的成功经验和教学改革成果，精选教材内容，加强与企业的联系，力求使教材简明易懂和更具实战性。本教材根据高职学生岗位综合技能培养的要求，分析了生化产品生产技术岗位(群)的工作任务，根据工作情景将生化产品的生产划分为七个模块，每个模块又分为若干个学习项目，有的项目根据需要安排有相应的技能训练。

本书按"教学做合一"的编写思路，以产品的生产流程为主体，将素质教育的内容贯彻其中。教材内容的范围和深度与相应生化产品的生产线、生产设备、产品相应岗位(群)的要求紧密挂钩，实践性、应用性强，并以模块、项目、任务代替了篇、章、节。本教材是针对每一个工作环节编写出来的，以实现实践技能与理论知识的整合，使同学们通过本教材的学习，做到举一反三和触类旁通。

本教材的编写理念如下：

以提高课程教学质量为核心，进行基于工作过程的课程开发与设计；

以岗位和工作任务要求为导向，精选教学内容；

以真实的工作环境为依托，实现理实一体化的项目导向教学模式；

以岗位工作标准制定课程评价体系，注重实践成果和职业素质考核；

以职业技能培养为主线，实现人才培养与行业的市场需求接轨。

本书由胡斌杰、胡莉娟、公维庶担任主编，由熊海燕、张艳芳、付艳担任副主编。参加本书编写的有：开封大学胡斌杰、陈金峰，杨凌职业技术学院胡莉娟，黑龙江林业职业技术学院公维庶，武汉软件工程职业学院熊海燕，内蒙古农业大学职业技术学院张艳芳，黑龙江农垦科技职业学院付艳，新疆轻工职业技术学院王鹏，广东科贸职业学院姚莉，北京农业职业学院杨新建，云南国防工业职业技术学院杨春燕，威海职业学院范琳。

由于编者水平有限，书中不妥及疏漏之处在所难免，恳请读者提出宝贵意见，以便进一步修改提高。

编　者

目录

模块三　酒类的生产

模块四　乳制品及有机酸发酵技术 …………… (195)

模块五　药物类发酵技术…………………………… (225)

模块一

绪　论

任务 1　发酵及发酵技术概述

一、什么是发酵和发酵技术

从古到今，人们看到、吃到的很多东西，如酱油(sauce)、泡菜(pickled vegetables)、干酪(cheese)、酒精(alcohol)和现在普遍使用的各种抗生素、各种酶等都是通过发酵的方法获得的产品。那么什么是发酵？生物化学家和工业微生物学家对发酵给出了不同的定义。从生物化学的角度来看，发酵是指在无氧条件下一个有机化合物能同时作为电子供体和最终电子受体并产生能量的过程。例如酵母菌的乙醇发酵过程，酵母菌在无氧条件下作用于麦汁中的糖，分解糖分子并失去分子内的电子，而电子的最终受体为糖的分解产物乙醛，乙醛接受电子后被还原为乙醇。此过程为生物化学意义上典型的“发酵”。

简言之，生物化学家认为“发酵”是酵母菌在无氧状态下的呼吸过程，是生物获得能量的一种形式。现代发酵的定义则将利用微生物在有氧或无氧条件下的生命活动来制造产品的过程叫做发酵。微生物学家拓宽了原发酵的定义，认为发酵是指通过大规模培养微生物来生产产品的过程，既包括微生物的厌氧发酵也包括好氧发酵。

发酵技术是指以微生物为主要操作对象的生物工程技术。伴随着生命科学与生物技术的发展，发酵技术及其相关应用领域也越来越活跃，发酵技术不仅是工业生物技术的重要组成部分，更是生物技术产业化的关键。发酵技术在工业、农业、卫生保健及其环境的可持续发展等领域将发挥巨大的作用。

二、发酵工业发展史

公元前 6000 年，苏美尔人和巴比伦人已经会制作啤酒。公元前 221 年，我国劳动人民已经懂得制酱、酿醋、制作豆腐。考古发掘证实，龙山文化时期(距今约 4200 年)我国已有酒器出现。人类祖先必须面对的一项严峻挑战是与疾病作斗争，公元 10 世纪，中国就有预防天花的活疫苗。1673 年，荷兰人列文虎克(Leeuwenhoek)制成显微镜，首先观察到了微生物(microbe)。19 世纪 60 年代，法国科学家巴斯德(L. Pasteur)首先证实酒精发酵是由酵母菌引起的，其他不同的发酵产物是由不同的微生物作用而形成的，由此建立了纯种培养技术。

19世纪末到20世纪20—30年代，发酵工业兴起，这时期的发酵产品有酒精、乳酸(lactic acid)、丙酮-丁醇(acetone-butanol)、柠檬酸(citric acid)、蛋白酶(proteinase)等。近代发酵技术产品出现在20世纪40年代，以抗生素的生产为标志。抗生素的出现为发酵工业翻开了一个新的篇章，因为抗生素的大罐、无菌、深层发酵才是真正现代意义发酵工业的开始。最初采用表面培养法(surface culture method)生产，以麸皮为培养基(medium)，发酵效价单位为40 U/mL，纯度20%，收率30%。1943年，美英科学家研究用5 m^3的机械通风发酵罐进行深层通风发酵，发酵效价单位提高到200 U/mL，纯度60%，收率75%。这之后出现了一系列优秀的发酵产品，例如赤霉素、链霉素(streptomycin)、新霉素(neomycin)。

20世纪50年代初，生物转化技术兴起，即利用微生物将某种基团加入到某些大分子化合物上，由此改变这些大分子的特性，从而转化生产出具有新特性的化合物。

20世纪60年代末，利用微生物发酵生产氨基酸的技术获得成功并迅速发展。1969年，日本科学家首先将固定化酶(immobilized enzyme)用于氨基酸的光学拆分。目前，人们常应用固定化异构酶(immobilized isomerase)生产果葡糖浆(fructose syrup)和应用固定化酰化酶(immobilized acylase)生产6-氨基青霉烷酸(6-amino penicillanic acid)。20世纪60年代末，人们发现并应用了蛋白酶和其他酶抑制剂，极大地推动了生物活性物质的寻找与开发。

20世纪70年代初，基因工程技术的成功、发展与完善，使人类按照自己的意愿设计、培养菌株成为可能。1977年，波义耳实验室首先用基因操作(genetic manipulation)手段获得了生长激素释放抑制因子的克隆。1978年，吉耳伯特(Gilbert)接着获得了鼠胰岛素(mouse insulin)的克隆。

20世纪80年代，随着生物技术的发展，发酵技术又有了迅猛的进展。例如，体外DNA重组技术在微生物育种方面得到实际应用后，就有可能按照预定的蓝图选育菌种来生产所需要的产物，这类菌种被称为“工程菌”。工程菌可以生产一般微生物所不能生产的产品，如胰岛素、干扰素、超氧化物歧化酶(SOD)等。

三、发酵产品类型

发酵产品的类型繁多，根据其性质可大致分为四类：微生物菌体、酶、微生物的代谢产物、微生物的转化产物。

1. 微生物菌体

微生物菌体的发酵是以获得具有多种用途的微生物菌体细胞为目的的。制作面包，生产加工菌体蛋白食品，提取药用真菌(如从多孔菌科的茯苓菌获得名贵中药茯苓和从担子菌获得灵芝等药用菌)等都涉及微生物菌体的发酵。

2. 酶

酶(enzyme)最初来源于动、植物组织中，目前工业应用的酶大多来自微生物的发酵。利用发酵法生产制备并提取微生物生产的各种酶，已经是当今发酵工业的重要组成部分。

微生物酶的发酵特点是生产容易，成本低。所生产的酶制剂有广泛的应用：在食品和轻工业中，如用于生产葡萄糖的淀粉酶和糖化酶；用于氨基酸光学拆分的氨基酰化酶，也用于医药生产和医疗检测中；葡萄糖氧化酶（glucose oxidase）用于检测血液中葡萄糖的含量。另外还有蛋白酶、脂肪酶、药用酶等。利用微生物生产的菌体胞内酶（endoenzyme）和菌体胞外酶（exoenzyme）应用较多，也会用到利用现代化的生物技术提取得到的酶纯品。

3. 微生物的代谢产物

微生物的代谢产物是发酵工业中种类最多，也是最重要的产品之一。这类产品有两类。第一类是初级代谢产物（primary metabolite），如氨基酸、核苷酸、核酸、蛋白质等，它们是菌体生长所必需的。初级代谢产物在经济上具有相当的重要性。第二类是次级代谢产物（secondary metabolite），如抗生素、生物碱、毒素、激素、维生素、植物生长因子等，这些产物与菌体的生长繁殖无明显关系，是菌体在生长的稳定期合成的具有特定功能的产物。次级代谢产物在细胞中的产量很低，而且并不是所有的微生物都能进行次级代谢，但是次级代谢产物对发酵工业具有很重要的意义，所以受到了人们的关注。次级代谢产物的特殊作用因种类不同而异，有的具有明显的抗菌性，有的是细胞生长的促进剂，有的是特殊的酶抑制剂，许多次级代谢产物还有药物学性质。

4. 微生物的转化产物

微生物的转化作用是通过微生物细胞将一个化合物转变为另一结构相关、更具经济价值的化合物。微生物的转化作用比使用特定的化学试剂有更多的优点，反应是在常温下进行的，而且不需要重金属催化剂。微生物转化过程的优势是先生产大量菌体，然后催化单一反应。固定化技术的出现，使得微生物转化作用这一优势更加突出。固定化的具体做法是将全细胞或其中有催化作用的酶固定在惰性载体上，这种具有催化作用的固定化细胞或酶可以反复多次使用。

四、发酵产品的特点与发展趋势

发酵产品是利用微生物在有氧或无氧条件下的生命活动来制造出来的产品。发酵产品的特点可以归纳为以下几个方面。

1. 生产条件温和

发酵产品从酒、酱油等传统的酿造产品，到现在的抗生素、氨基酸、酶以及生产新型能量的乙醇、乙烯等都是在常温、常压、能耗低、选择性好、效率高的生产条件下进行生产的，各种设备不必考虑防爆问题，不使用有毒试剂。

2. 发酵产品原料易得

发酵产品原料多以淀粉、糖蜜等碳水化合物为主，加入少量的有机和无机氮源，原料只要不含有对生命有害的物质，一般不需要对原料进行预处理。

3. 技术发展快

生产技术的迅猛发展加快了发酵技术的更新与发展，酶、细胞器固定化技术的出现，简化了工艺，节约了设备，降低了生产成本，提高了产品质量。发酵趋于管道化、连续化、自动化，计算机自控仪表的应用提高了发酵技术的应用水平，能生产之前不能生产的或用化学法较难生产的性能优异的产品。

4. 生产过程需防止杂菌的污染

发酵生产过程中最需要注意的是各种杂菌的污染，尤其是噬菌体的侵入危害很大，有时甚至是致命的，因此，生产过程的灭菌工作十分重要，它决定着生产的成败。

五、发酵工业发展趋势

现代发酵技术的应用已经冲击到包括传统的食品发酵业、制药业、有机酸制造业、饲料业等各个产业。人们已经感受到了现代科学技术所带来的好处，如运用基因工程、细胞工程和酶工程改良菌种，采用高产工程菌并利用现代工业手段从多方面对发酵生产的旧工艺进行改造，扩大了规模，降低了成本，开发了品种，提高了质量。随着生物技术的突破性发展，人类将通过设计和构建新一代的工业生物技术，使各类可再生生物资源高效快速地转化为新的资源和能源。近年研究的热点主要集中在以下几个方面。

① 利用现代化的手段对微生物加以筛选和改造，以形成更符合工业生产需要的新菌种的工业微生物育种技术。

② 利用先进的生产工艺高速地对某种微生物进行大量的纯培养，即工程菌的克隆。

③ 从微生物中分离有用物质，如利用微生物以一些廉价的废弃物作底物生产单细胞蛋白质等。例如，有一种被称作单细胞蛋白的新型动物饲料，就是利用发酵工程以农作物秸秆、造纸废液等废弃物培养藻类、放线菌、细菌、酵母菌等单细胞生物而获得的高产产品，它不仅含有高蛋白，而且含有丰富的维生素和脂类等，既是家禽、家畜的良好饲料，又可用来生产高营养的人造蛋白食品。

④ 微生物初级和次级代谢产物的发酵生产，如生产氨基酸、抗生素等生理活性物质。由于人们对微生物代谢网络的深入研究及DNA重组技术的不断完善，利用基因克隆技术改变微生物代谢途径中的某些关键步骤，可以使产物的产率得以大幅度提高。通过基因重组技术改变微生物的代谢途径，还可以开发出传统发酵工业无法生产的新产品。

⑤ 发酵产物的分离纯化和加工后处理。影响发酵产品价格的因素，首当其冲的是分离与纯化过程，其费用通常占生产成本的50%～70%，有的甚至高达90%。分离步骤多、耗时长，往往成为制约生产的“瓶颈”。寻求经济适用的分离纯化技术，已成为生物化工领域的热点。已大规模应用的分离纯化技术有双水相萃取、新型电泳分离、大规模制备色谱、膜分离等。

⑥ 利用微生物控制或参与工业生产，如采矿、冶金等。微生物生物反应器的研究开发，如新型发酵装置、生物传感器的研究和使用电子计算机控制的自动化连续发酵技术的研究等。

任务2　发酵工业菌种的分离、选育与培养

在发酵技术中，微生物菌种的分离、选育与培养工作是整个生产过程的核心工作，菌种的好坏将直接影响到发酵的成败，因此如何对微生物菌种进行分离纯化，如何选育出高

产的菌株，都是发酵生产中必须考虑的关键的问题。

我国幅员辽阔，各地气候条件、土质条件、植被条件差异很大，微生物的资源非常的丰富，这为自然界中各种微生物提供了良好的生存环境。自然界中微生物种类繁多，广泛分布于土壤、水和空气中，尤以土壤中最多。自然界中的微生物估计不少于几十万种，但目前已为人类研究及应用的不过千余种。有的微生物从自然界中分离出来就能被利用，有的需要对分离到的野生菌株进行人工诱变，得到突变株才能被利用。由于微生物到处都有，无孔不入，所以它们在自然界大多是以混杂的形式群居于一起的。而现代发酵工业是以纯种培养为基础，故采用各种不同的筛选手段，挑选出性能良好、符合生产需要的纯种微生物是工业育种的关键一步。

一、工业生产常用的微生物

1. 细菌

细菌(bacteria)是自然界分布最广、数量最多的一类微生物，属单细胞原核生物，以比较典型的二分裂方式繁殖。工业生产常用的细菌有：枯草芽孢杆菌、醋酸杆菌、短杆菌、棒状杆菌、节杆菌。用于生产淀粉酶、乳酸、氨基酸、乙酸等。

2. 酵母菌

酵母菌(yeast)为单细胞真核生物，在自然界中普遍存在，主要分布于含糖较多的酸性环境中，如水果、花蜜和植物叶子以及果园土壤中。酵母菌多为腐生，常以单个细胞存在，以芽殖形式进行繁殖，母细胞体积长到一定程度时就开始形成芽体。芽体长大的同时母细胞缩小，在母、子细胞间形成隔膜，最后形成同样大小的子细胞，如果子芽不与母细胞脱离就形成链状细胞，称为假菌丝。在发酵生产旺期，常出现假菌丝。工业上用的酵母菌有啤酒酵母、假丝酵母、类酵母等，分别用于酿酒、制造面包、生产脂肪酶以及生产食用、药用和饲料用酵母菌体蛋白等。

3. 霉菌

霉菌(mould)不是一个分类学上的名词。凡生长在营养基质上形成绒毛状、网状、絮状菌丝的真菌统称为霉菌。霉菌在自然界分布很广，它喜欢偏酸性环境，大多数为好氧菌，多腐生，少数寄生。霉菌的繁殖能力很强，它以无性孢子和有性孢子方式进行繁殖，多以无性孢子繁殖为主。工业上常用的霉菌有藻状菌纲的根霉、犁头霉，子囊菌纲的红曲霉，半知菌类的曲霉、青霉等，可用以生产多种酶制剂、有机酸、抗生素及甾体激素等。

4. 放线菌

放线菌(actinomycetes)因菌落呈放线状而得名。它是一个原核生物类群，分布很广，尤其在含有机质丰富的微碱性土壤中分布较广。放线菌主要以无性孢子进行繁殖，也可借菌丝片段进行繁殖。它的最大经济价值在于能产生多种抗生素。从微生物中发现的抗生素，有60%以上是放线菌产生的，如链霉素、红霉素、金霉素、庆大霉素等。工业上常用的放线菌主要来自链霉菌属、小单孢菌属和诺卡菌属等。

5. 担子菌

所谓担子菌就是人们通常所说的菇类(mushroom)微生物。担子菌资源的利用正引起人们的重视,如多糖、抗癌药物的开发。近年来,日本、美国等一些科学家对香菇的抗癌作用进行了深入的研究,发现香菇中1,2-葡萄糖苷酶及两种糖类物质具有抗癌作用。

6. 藻类

藻类(alga)是自然界分布极广的一类自养微生物资源,许多国家已把它用作人类保健食品和饲料。培养螺旋藻,按干重计算每公顷可收获60 t,而种植大豆每公顷才可收获4 t;从蛋白质产率来看,螺旋藻是大豆的28倍。有的国家已建立培植单胞藻的农场,每年每公顷栽培场所培植的单胞藻按5%干物质为碳水化合物(石油)计算,可得60 t石油燃料。国外还有从"藻类农场"获取氢能的报道,大量培养藻类,利用其光合放氢来获取氢能。

工业上常用的微生物见表1-1。

表1-1 工业上常用的微生物

微生物类别	微生物名称	产 物	用 途
细菌	短杆菌	味精、谷氨酸	医药、食用
		肌苷酸	医药、食用
	枯草芽孢杆菌	蛋白酶	皮革脱毛柔化、胶卷回收银、丝绸脱胶、水解蛋白饲料、酱油速酿、明胶制造、洗衣业
		淀粉酶	酒精发酵、啤酒发酵、糊精制造、葡萄糖制造、纺织品退浆、洗衣业、香料加工
	巨大芽孢杆菌	葡萄糖异构酶	由葡萄糖制造果糖
	大肠杆菌	酰胺酶	制造新型青霉素
	梭状杆菌	丙酮-丁醇	工业有机溶剂
	节杆菌	强的松	医药
	蜡状芽孢杆菌	青霉素酶	青霉素的检定、抵抗青霉素敏感症
酵母菌	酒精酵母	酒精	工业、医药
	酵母	甘油	医药、军工、化妆品
	啤酒酵母	细胞色素	医药
		辅酶A	医药
		酵母片	医药
		凝血质	医药
	假丝酵母	环烷酸	工业
		石油及蛋白	制造低凝固点石油及酵母菌体蛋白等
	类酵母	脂肪酶	医药、纺织脱蜡、洗衣业
	脆壁酵母	乳糖酶	食品工业
	阿氏假囊酵母	核黄素	医药

续表

微生物类别	微生物名称	产 物	用 途
霉菌	黑曲霉	柠檬酸	工业、食用、医药
		糖化酶	酒精发酵工业
		单宁酶	分解单宁,制造没食子酸,酶的精制
		柚苷酶	柑橘罐头脱除苦味
		酸性蛋白酶	啤酒防浊剂、消化剂
	根霉	根霉糖化酶	葡萄糖制造、酒精厂糖化
		甾体激素	医药
	土曲霉	丁二酸	工业
	赤霉菌	赤霉素	农业、植物生长刺激素
	犁头霉	甾体激素	医药
	青霉菌	青霉素	医药
		葡萄糖氧化酶	蛋白除去葡萄糖、脱氧、食品罐头储存
	灰黄霉菌	灰黄霉素	医药
	木霉菌	纤维素酶	淀粉和食品加工、饲料
	黄曲霉菌	淀粉酶	医药、工业
	红曲霉	红曲霉糖化酶	葡萄糖制造、酒精厂糖化用
放线菌	各类放线菌	链霉素	医药
		氯霉素	医药
		土霉素	医药
		金霉素	医药
		红霉素	医药
		卡那霉素	医药
		新生霉素	医药
	小单孢菌	庆大霉素	医药
	灰色放线菌	蛋白酶	皮革脱毛、胶卷回收银、丝绸脱胶、水解蛋白饲料、酱油速酿、明胶制造、洗衣业
	球孢放线菌	甾体激素	医药

二、工业微生物菌种的选育

良好的菌种是微生物发酵工业的基础。在应用微生物生产各类食品时,首先遇到的是选种的问题。要挑选出符合需要的菌种,一方面可以根据有关信息向菌种保藏机构、工厂或科研单位直接索取,另一方面可根据所需菌种的形态、生理、生态和工艺特点的要求,从自然界特定的生态环境中以特定的方法分离出新菌株。其次是育种的工作,根据菌种的遗传特点，改良菌株的生产性能，使产品产量、质量不断提高。第三，当菌种的性能下降时，要设法使它复壮。最后，还要有合适的工艺条件和合理、先进的设备与之配合，这样菌种的优良性能才能充分发挥。

1. 自然界工业菌种筛选程序

自然界工业菌种分离筛选的主要步骤是：采样、增殖培养、纯种分离筛选、生产性能测定等。如果产物与食品制造有关，还需对菌种进行毒性鉴定。

(1) 采样

菌种的采样以采集土壤为主。一般在有机质较多的肥沃土壤中，微生物的数量最多，中性偏碱的土壤以细菌和放线菌为主，酸性红土壤及森林土壤中霉菌较多，果园、菜园和野果生长区等富含碳水化合物的土壤和沼泽地中，酵母和霉菌较多。采样的对象也可以是植物、腐败物品，某些水域等。采样应充分考虑采样的季节性和时间因素，以温度适中、雨量不多的初秋为好。因为真正的原地菌群的出现可能是短暂的，如在夏季或冬季土壤中微生物存活数量较少，暴雨后土壤中微生物会显著减少。采样方式是在选好适当地点后，用无菌刮铲、土样采集器等采集有代表性的样品，如特定的土样类型和土层，叶子碎屑和腐殖质，根系及根系周围区域，海底水、泥及沉积物，植物表皮及各部分，阴沟污水及污泥，反刍动物第一胃内含物，发酵食品等。

具体采集土样时，就森林、旱地、草地而言，可先掘洞，由土壤下层向上层顺序采集；就水田等浸水土壤而言，一般是在不损坏土层结构的情况下插入圆筒采集。如果层次要求不严格，可取离地面 5～15 cm 处的土。将采集到的土样盛入清洁的聚乙烯袋、牛皮袋或玻璃瓶中。采好的样必须完整地标上样本的种类及采集日期、地点以及采集地点的地理、生态参数等。采好的样品应及时处理，暂不能处理的也应储存于 4 ℃下，但储存时间不宜过长。这是因为一旦采样结束，样品中的微生物群体就脱离了原来的生态环境，其内部生态环境就会发生变化，微生物群体之间就会出现消长。如果要分离嗜冷菌，则在室温下保存样品会使嗜冷菌数量明显降低。

在采集植物根际土样时，一般方法是将植物根从土壤中慢慢拔出，浸渍在大量无菌水中约 20 min，洗去黏附在根上的土壤，然后用无菌水漂洗下根部残留的土，这部分土即为根际土样。

在采集水样时，将水样收集于 100 mL 干净、灭菌的广口塑料瓶中。由于表层水中含有泥沙，应从较深的静水层中采集水样。方法是：握住采样瓶浸入水中 30～50 cm 处，瓶口朝下打开瓶盖，让水样进入。如果有急流存在的话，应直接将瓶口反向于急流。水样采集完毕时，应迅速从水中取出采集瓶并带有较大的弧度。水样不应装满采样瓶，采集的水样应在 24 h 之内迅速进行检测，或者于 4 ℃下储存。

(2) 增殖培养

一般情况下，采来的样品可以直接进行分离，但有时样品中所需要的菌类含量并不是很多，而另一些微生物却大量存在。此时，为了容易分离到所需要的菌种，让无关的微生物至少是在数量上不要增加，即设法增加所需要菌种的数量以增加分离的概率，可以通过选择性的配制培养基（如添加营养成分、抑制剂等），选择一定的培养条件（如培养温度、培养基酸碱度等）来控制。具体方法是根据微生物利用碳源的特点，可选定糖、淀粉、纤维素或者石油等，以其中的一种为唯一碳源，那么只有利用这一碳源的微生物才能大量正常生长，而其他微生物就可能死亡或被淘汰。对革兰氏阴性菌有选择的培养基(如结晶紫营养培养基、红-紫胆汁琼脂、煌绿胆汁琼脂等)通常含有5%～10%的天然提取物。在分离细菌时，向培养基中添加浓度一般为50 μg/mL的抗真菌制剂(如放线菌酮和制霉素)，可以抑制真菌的生长。在分离放线菌时，通常向培养基中加入1～5 mL天然浸出汁(植物、岩石、有机混合腐殖质等的浸出汁)作为最初分离的促进因子，由此可以分离出更多不同类型的放线菌。放线菌还可以十分有效地利用低浓度的底物和复杂底物(如几丁质)，因此，大多数放线菌的分离培养是在贫瘠或复杂底物的琼脂平板上进行的，而不是在含丰富营养的生长培养基上分离的。此外，为了对某些特殊类型的放线菌进行富集和分离，可选择性地添加一些抗生素(如新生霉素)。在分离真菌时，利用低碳氮比的培养基可使真菌生长菌落分散，利于计数、分离和鉴定。在分离培养基中加入一定的抗生素如氯霉素、四环素、卡那霉素、青霉素、链霉素等即可有效地抑制细菌生长及其菌落形成。抑制细菌的另外一些方法有：在使用培养皿之前，将培养皿先干燥3～4 d；降低培养基的pH，或在无法降低pH时加入1∶30000玫瑰红。抑制细菌的生长，有利于下阶段的纯种分离。

(3) 培养分离

通过增殖培养，样品中的微生物还是处于混杂生长状态，因此必须进行分离、纯化。在这一步，增殖培养的选择性控制条件还应进一步应用，而且要控制得细一点，好一点，同时必须进行纯种分离。常用的分离方法有稀释分离法、划线分离法和组织分离法。稀释分离法的基本方法是将样品进行适当稀释，然后将稀释液涂布于培养基平板上进行培养，待长出独立的单个菌落，进行挑选分离。划线分离法要首先倒培养基平板，然后用接种针(接种环)挑取样品，在平板上划线。划线方法可用分步划线法或一次划线法，无论用哪种方法，基本原则是确保培养出单个菌落。组织分离法主要用于食用菌菌种或某些植物病原菌的分离。分离时，首先用10%漂白粉或0.1%升汞液对植物或器官组织进行表面消毒，用无菌水洗涤数次后，移植到培养皿中的培养基上，于适宜温度培养数天后，可见微生物向组织块周围扩展生长。经观察确认菌落特征和细胞特征后，即可由菌落边缘挑取部分菌种进行移接斜面培养。

对于有些微生物如毛霉、根霉等在分离时，由于其菌丝的蔓延性，极易生长成片，很难挑取单菌落。常在培养基中添加0.1%的去氧胆酸钠或在察氏培养基中添加0.1%的山梨糖及0.01%的蔗糖，利于单菌落的分离。

(4) 筛选

经过分离培养，在平板上出现很多单个菌落，通过菌落形态观察，选出所需菌落，然后取菌落的一半进行菌种鉴定，对于符合目的菌特性的菌落，可将之转移到试管斜面纯培养。这种从自然界中分离得到的纯种称为野生型菌株，它只是筛选的第一步，所得菌种是否具有生产上的实用价值，能否作为生产菌株，还必须采用与生产相近的培养基和培养条件，通过用三角瓶进行小型发酵试验得到适合于工业生产用的菌种。如果此野生型菌株产量偏低，达不到工业生产的要求，可以留之作为菌种选育的出发菌株。

2. 诱变育种

从自然界直接分离的菌种，发酵活力一般是比较低的，不能达到工业生产的要求，因

此要根据菌种的形态、生理上的特点，改良菌种。采用物理和化学因素促进其诱发突变，这种用人工的方法处理微生物，使它们发生突变的育种方式就是诱变育种，它是国内外提高菌种产量、性能的主要手段。诱变育种具有极其重要的意义，当今发酵工业所使用的高产菌株，几乎都是通过诱变育种而大大提高了生产性能。诱变育种不仅能提高菌种的生产性能，而且能改进产品的质量、扩大品种数量和简化生产工艺等。诱变育种与其他育种方法相比，具有操作简便、速度快和收效大的优点。诱变育种包括出发菌种选择、诱变处理和筛选突变株三个主要步骤。

(1) 选择出发菌种

用来进行诱变或基因重组育种处理的起始菌株称为出发菌种。在诱变育种中，出发菌株的选择会直接影响到最后的诱变效果，因此必须对出发菌株的产量、形态、生理等方面有相当的了解，挑选出对诱变剂敏感性大、变异幅度广、产量高的出发菌株。具体方法是选取从自然界新分离的野生型菌株，它们对诱变因素敏感，容易发生变异；选取生产中由于自发突变或长期在生产条件下被驯化而筛选得到的菌株，与野生型菌株一样也容易达到较好的诱变效果；选取每次诱变处理都有一定提高的菌株，往往多次诱变效果可能叠加。另外，还可以同时选取 2～3 株出发菌株，在处理比较后，将更适合的菌株留着继续诱变。

(2) 同步培养

在诱变育种中，处理材料一般采用生理状态一致的单倍体、单核细胞，即菌悬液的细胞应尽可能达到同步生长状态，这称为同步培养。细菌一般要求培养至对数生长期，此时群体生长状态相对同步，比较容易变异，重复性较好。具体做法有两类：一类是通过环境条件来诱导同步性，例如变换温度、光线，或向处于稳定期的菌悬液中添加新鲜培养基；另一类是用物理方法将同步生长中的细胞挑选出来，例如将非同步的细菌培养液通过大小不同的微孔过滤器，从而将大小不同的细胞分开，分别取滤液培养，就可获得同步生长的细胞。

(3) 制备单细胞或单孢子菌悬液

这一步的关键是制备一定浓度的、分散均匀的单细胞或单孢子悬液，为此要进行细胞的培养，并收集菌体、过滤或离心、洗涤。菌悬液一般可用生理盐水或缓冲溶液配制。如果是用化学诱变剂处理，因处理时 pH 会变化，必须要用缓冲溶液。除此之外，还应注意分散度，方法是先用玻璃珠振荡分散，再用脱脂棉或滤纸过滤，经处理，分散度可达 90% 以上，这样可以保证菌悬液均匀地接触诱变剂，获得较好的诱变效果。最后制得的菌悬液，霉菌孢子或酵母菌细胞的浓度为 10^6～10^7 个/mL，放线菌和细菌的浓度大约为 10^8 个/mL。菌悬液的细胞可用平板计数法、血球计数板或光密度法测定，其中以平板计数法得到的结果较为准确。

(4) 诱变处理

首先选择合适的诱变剂，然后确定其使用剂量。常用诱变剂有两大类：物理诱变剂和化学诱变剂。常用的物理诱变剂有紫外线、X 射线、γ 射线（如 ^{60}Co 等）、等离子、快中子、α 射线、β 射线、超声波等。常用的化学诱变剂有碱基类似物、烷化剂、羟胺、吖啶类化合物等。

物理诱变剂中最常用的是紫外线。由于紫外线不需要特殊的贵重设备，只要普通的灭菌紫外灯管即能做到，而且诱变效果也很显著，因此被广泛应用于工业育种。紫外线是波长短于紫色可见光而又接近紫色光的射线。紫外线波长范围虽宽，但有效范围仅限于一个小区域，多种微生物最敏感的波长集中在 265 nm 处，对应于功率为 15 W 的紫外灯。紫外线辐射是一种非电离辐射，当物质吸收一定能量的紫外线后，其中的某些电子被提升到较高的能量水平，从而引起分子激发而造成突变；而不吸收紫外线的物质，能量不发生转移，分子也不会被激发，不会产生任何化学变化。脱氧核糖核酸能吸收大量紫外线，极容易受紫外线的影响而发生变化，因此紫外线的诱变作用是由于它引起 DNA 分子结构的变化而造成的。这种变化包括 DNA 链的断裂，DNA 分子内和分子间的交联，核酸与蛋白质的交联，嘧啶水合物和嘧啶二聚体的产生等，特别是嘧啶二聚体的产生对于 DNA 的变化起主要作用。

化学诱变剂的种类很多，根据它们对 DNA 的作用机制，可以分为三大类。第一类是烷化剂，它与一个或多个核酸碱基发生化学变化，引发 DNA 复制时碱基配对的转换而导致变异，例如硫酸二乙酯、亚硝酸、甲基磺酸乙酯、N-甲基-N′-亚硝基胍等。第二类是一些碱基类似物，它们通过代谢作用渗入 DNA 分子中而引起变异，例如 5-溴尿嘧啶、5-氨基尿嘌呤、2-氨基嘌呤、8-氮鸟嘌呤等。第三类是吖啶类，它造成 DNA 分子增加或减少1～2个碱基，从而引起碱基突变点以后的全部遗传密码在转录和翻译时产生错误。选择化学诱变剂时应注意：亚硝胺和烷化剂应用的范围较广，造成的遗传损伤较多，其中亚硝基胍和甲基磺酸乙酯被称为“超诱变剂”，甲基磺酸乙酯是毒性最小的诱变剂之一；碱基类似物和羟胺虽然具有很高的特异性，但很少使用，因为其回复突变率高，效果不大。

诱导剂的剂量选择也是一个关键的问题，决定化学诱变剂剂量的因素主要有诱变剂的浓度、作用温度和作用时间。化学诱变剂的处理浓度常用每毫升几微克至几毫克，但是这个浓度取决于药剂、溶剂及微生物本身的特性，还受水解产物的浓度、一些金属离子以及某些情况下诱变剂的延迟作用的影响。对于一种化学诱变剂，处理浓度对不同微生物一般有一个大致范围，在进行预试验时，也通常是将处理浓度、处理温度确定后，测定不同时间的致死率来确定适宜的诱变剂量。这里需要说明的是化学诱变剂与物理诱变剂不同，在处理到确定时间后要有合适的终止反应方法，一般采用稀释法、使用解毒剂或改变 pH 等方法来终止反应。要确定一个合适的剂量，通常要经过多次试验，就一般微生物而言，诱变频率往往随剂量的增高而增高，但达到一定剂量后，再提高剂量会使诱变频率下降。根据对紫外线、X 射线及乙烯亚胺等诱变剂诱变效应的研究，发现正突变较多地出现在较低的剂量中，而负突变则较多地出现在高剂量中，同时还发现经多次诱变而提高产量的菌株中，高剂量更容易出现负突变。因此，在诱变育种工作中，目前较倾向于采用较低剂量。

在诱变育种时，有时可根据实际情况，采用多种诱变剂复合处理的办法。复合处理方法主要有三类：第一类是两种或多种诱变剂先后使用；第二类是同一种诱变剂的重复使用；第三类是两种或多种诱变剂的同时使用。如果能使用不同作用机制的诱变剂来做复合处理，可能会取得更好的诱变效果。诱变剂的复合处理常呈现一定的协同效应，这对诱变育种的工作是很有价值的。

(5) 筛选变异菌株

菌种经诱导处理后,绝大多数是负突变株,筛选的目标是通过尽可能少的工作,将诱导后可能出现的正突变株从大量的突变中分离鉴定出来。怎样设计才能花费较少的工作量达到最好的效果,这是筛选工作中的一条原则。一般采用简化方法,如利用形态突变直接淘汰低产变异菌株,或利用培养皿反应直接挑取高产变异菌株等。培养皿反应是指每个变异菌落产生的代谢产物与培养基内的指示物在培养基平板上作用后表现出一定的生理效应,如变色圈、透明圈、生长圈、抑菌圈等,这些效应的大小表示变异菌株生产活力的高低,以此作为筛选的标志。常用的方法有纸片培养显色法、透明圈法、琼脂块培养法等。

(6) 营养缺陷型突变株的筛选

在诱变育种工作中,营养缺陷型菌株的筛选及应用有着十分重要的意义。营养缺陷型菌株不仅在生产中可直接作为发酵生产核苷酸、氨基酸等中间产物的生产菌,而且在科学实验中也是研究代谢途径的好材料和研究杂交、转化、转导、原生质体融合等遗传规律必不可少的遗传标记菌种。

营养缺陷型菌株是指通过诱变而产生的缺乏合成某些营养物质(如氨基酸、维生素、嘌呤和嘧啶碱基等)的能力,必须在其基本培养基中加入相应缺陷的营养物质才能正常生长繁殖的变异菌株。其变异前的菌株称为野生菌株。凡是能满足野生菌株正常生长的最低成分的合成培养基,称为基本培养基(MM)。在基本培养基中加入一些富含氨基酸、维生素及含氮碱基之类的天然有机物质,如蛋白质、酵母膏等,形成能满足各种营养缺陷型菌株生长繁殖的培养基,称为完全培养基(CM)。在基本培养基中只是有针对性地加入某一种或某几种自身不能合成的有机营养成分,形成能满足相应的营养缺陷型菌株生长的培养基,称为补充培养基(SM)。

营养缺陷型菌株的筛选一般要经过诱变、淘汰野生型菌株、检出缺陷型和确定生长谱四个环节。

诱变剂处理时与其他诱变处理基本相同。在诱变处理后的存活个体中,营养缺陷型菌株的比例一般很低,通常只有百分之几至千分之几,采用抗生素法或菌丝过滤法,可以淘汰为数众多的野生型菌株,从而达到浓缩营养缺陷型菌株的目的。抗生素法是利用野生型菌株能在基本培养基中生长,而缺陷型菌株不能生长,于是将诱变处理液在基本培养基中短时培养让野生型菌株生长,使其处于活化阶段,而缺陷型菌株无法生长,仍处于"休眠状态",这时加入一定量的抗生素,活化状态的野生型菌株就被杀死,保存了缺陷型菌株。在选择抗生素时,细菌可以用青霉素,酵母可用制霉菌素。菌丝过滤法只适用于丝状真菌,其原理是在基本培养基中野生型菌株的孢子能发芽成菌丝,而营养缺陷型菌株则不能。因此,将诱变处理后的孢子在基本培养基中培养一段时间后,再进行过滤,如此重复数次后,就可以除去大部分野生型菌株,同样达到"浓缩"营养缺陷型菌株的目的。

营养缺陷型菌株的检出方法很多,主要有影印法、夹层培养法、逐个检出法、限量补充培养法等四种。

影印法是将诱变处理后的细胞涂布在完全培养基表面上,经培养后长出菌落,然后用一小块直径比培养皿稍小的圆柱形木块覆盖于灭过菌的丝绒布上作为接种工具,将长出菌落的培养皿倒转过来,在丝绒上轻轻按一下,转接到另一基本培养基平板上,经培养后,比较这两个培养皿长出的菌落。如果发现前一平板上某一部位长有菌落，而在后一培养基上的相应部位却没有，就说明这是一个营养缺陷型菌落。

夹层培养法是先在培养皿上倒一层基本培养基，冷凝后加上一层含菌液的基本培养基，凝固后再浇上一薄层的基本培养基。经培养后，在皿底对首先出现的菌落做标记，然后倒上一薄层完全培养基(或补充培养基)，再培养，这时再出现的新菌落多数即为营养缺陷型。此法缺点是结果有时不明确，而且将缺陷型菌落从夹层中挑出并不容易。

逐个检出法是将经过诱变处理的细胞涂布在完全培养基平板上，待长出单个菌落后，用接种针或牙签将这些单个菌落逐个依次地分别接种到基本培养基和另一完全培养基平板上。经培养后，如果在完全培养基上长出菌落而在基本培养基上却不长菌落，说明这是一个营养缺陷型菌株。

限量补充培养法是将诱变处理后的细胞接种在含有微量(0.01%以下)蛋白胨的基本培养基上。野生型菌株会迅速生长成较大的菌落，而营养缺陷型菌株只能形成生长缓慢的微小菌落，因而可以识别检出。如果想得到某一特定缺陷型菌株，则可直接在基本培养基上加入微量的相应物质。

确定生长谱是指采用上法选出的缺陷型菌株经几次验证确定后，还需确定其缺陷的因子，是氨基酸缺陷型，还是维生素缺陷型，或是嘌呤、嘧啶缺陷型。生长谱测定可以用两种方法。一种是将缺陷型菌株培养后收集菌体，制备成细胞悬液后，与基本培养基(熔化并冷却至 50 ℃)混合并倾注培养皿，待凝固后，分别在培养皿的 5～6 个区间放上不同的营养组合的混合物或吸饱此组织营养物的滤纸圆片，培养后会在组合区长出菌落，就可测得所需营养。另一种方法是以不同组合的营养混合物与熔化并冷却至 50 ℃的基本培养基铺成培养皿，然后在这些培养皿上划线接种各个缺陷型菌株于相应位置，培养后根据菌株的生长状况推知其营养因子。

任务 3　发酵工业微生物菌种的保藏

在发酵工业中，具有良好性状的生产菌种的获得十分不容易，如何利用优良的微生物菌种保藏技术，使菌种经长期保藏后不但存活，而且保证高产突变株不改变表型和基因型，特别是不改变初级代谢产物和次级代谢产物生产的高产能力，即很少发生突变，这对于菌种极为重要。

一、菌种保藏的原理

菌种保藏的目的在于提高菌种的存活率，减少变异，尽量保持菌种原来的优良性能。微生物菌种保藏的技术很多，原理基本一致，即采用低温、干燥、缺氧、添加保护剂或酸度中和剂等方法，挑选优良纯种，最好是休眠体，使微生物处于代谢不活泼、生长受抑制的环境中。当需要使用所保藏的菌种时，可通过提供适宜的生长条件使保藏物恢复活力。

二、菌种保藏的方法

微生物种类繁多，保藏的难易程度、保藏期限不同，所以微生物菌种的保藏方法多样，

各有优缺点，因此，在选择微生物菌种的保藏方法时，既要考虑使原菌种优良性状不发生改变，也要考虑方法的通用性和操作的简便性。下面简述一些发酵生产中常用的菌种保藏方法。

1. 斜面低温保藏法

斜面低温保藏法是将菌种定期在新鲜琼脂斜面培养基上、液体培养基中培养或穿刺培养，然后在低温条件下保存。此法简单易行，且不需要任何特殊的设备，可用于实验室中各类微生物的保藏。但此法易发生培养基干枯、菌体自溶、基因突变、菌种退化、菌株污染等不良现象。因此要求最好在基本培养基上传代，目的是能淘汰突变株，同时转接菌量应保持较低水平。斜面培养物应在密闭容器中于 4 ℃保藏，以防止培养基脱水并降低代谢活性。此方法不适宜作工业生产菌种的长期保藏，一般保存时间为 3～6 个月。如放线菌于 4～6 ℃保存，每 3 个月移接一次；酵母菌于 4～6 ℃保存，每 4～6 个月移接一次；霉菌于4～6 ℃保存，每 6 个月移接一次。

2. 矿物油浸没保藏法

此方法简便有效，可用于丝状真菌、酵母、细菌和放线菌的保藏，特别对难以冷冻干燥的丝状真菌和难以在固体培养基上形成孢子的担子菌等的保藏更为有效。矿物油浸没保藏法是将琼脂斜面或液体培养物或穿刺培养物浸入矿物油中，于室温下或冰箱中保藏。操作要点是首先让待保藏菌种在适宜的培养基上生长，然后注入经 160 ℃干热灭菌 1～2 h 或湿热灭菌后 120 ℃烘去水分的矿物油，矿物油的用量以高出培养物 1 cm 为宜，并以橡皮塞代替棉塞封口，这样可使菌种保藏时间延长至 1～2 年。以液体石蜡保藏时，应对需保藏的菌株预先做试验，因为某些菌株如酵母、霉菌、细菌等能利用石蜡为碳源，还有些菌株对液体石蜡保藏敏感，这样的菌株都不能用液体石蜡保藏。为保险起见，用此法保藏菌株一般 2～3 年也应做一次存活试验。

3. 真空冷冻干燥保藏法

真空冷冻干燥的基本方法是先将菌种培养到最大稳定期，一般培养放线菌和丝状真菌需 7～10 d，培养细菌需 24～28 h，培养酵母约需 3 d；然后混悬于含有保护剂的溶液中，保护剂常选用脱脂乳、蔗糖、动物血清、谷氨酸钠等，菌液浓度为 109～1019 个/mL；取 0.1～0.2 mL 菌悬液置于安瓿瓶中冷冻，再于减压条件下使冻结的细胞悬液中的水分升华至 1%～5%，使培养物干燥；最后将管口熔封，在常温下保存或保存在冰箱中。此法是微生物菌种长期保藏的最为有效的方法之一，大部分微生物菌种可以在冷冻干燥状态下保藏 10 年之久而不丧失活力，而且经冷冻干燥后的菌株无须进行冷冻保藏，便于运输。真空冷冻干燥保藏法操作过程复杂，并要求一定的设备条件。

4. 干燥-载体保藏法

此法适用于产孢子或芽孢的微生物的保藏。干燥-载体保藏法是将菌种接种于适当的载体上，如河沙、土壤、硅胶、滤纸及麸皮等，以保藏菌种。其中以沙土保藏用得较多，制备方法为：将河沙经 24 目过筛后用 10%～20%盐酸浸泡 3～4 h，以除去其中所含的有机物，用水漂洗至中性，烘干，然后将高度约 1 cm 的河沙装入小试管中，121 ℃间歇灭菌 3 次。用无菌吸管将孢子悬液滴入沙粒小管中，经真空干燥 8 h，于常温或低温下保藏均可，保存期为 1～10 年。土壤保藏以土壤代替沙粒，不需酸洗，经风干、粉碎，然后同法过筛、灭菌即可。一般细菌芽孢常用沙土管保藏，霉菌的孢子多用麸皮管保藏。

5. 冷冻保藏法

冷冻保藏是指将菌种于－20 ℃以下保藏，是保藏微生物菌种非常有效的方法。此法通过冷冻使微生物代谢活动停止，一般而言，冷冻温度越低，效果越好。为了保藏的结果更加令人满意，通常在培养物中加入一定的冷冻保护剂，同时还要认真掌握好冷冻速度和解冻速度。冷冻保藏的缺点是培养物运输较困难。

(1) 普通冷冻保藏技术(－20 ℃)

将菌种在小的试管中或培养瓶斜面上培养，待生长适度后，将试管或瓶口用橡胶塞严格封好，于冰箱的冷藏室中储藏，或于温度范围在－20～－5 ℃的普通冰箱中保存。将液体培养物或从琼脂斜面培养物收获的细胞分别转入试管内，严格密封后，同上置于冰箱中保存。用此方法可以维持部分微生物的活力1～2年。应注意的是，经过一次解冻的菌株培养物不宜再保藏。这一方法虽简便易行，但不适宜多数微生物的长期保藏。

(2) 超低温冷冻保藏技术

要求长期保藏的微生物菌种，一般都应在－60 ℃以下的超低温冷藏柜中进行保藏。超低温冷冻保藏的一般方法是：先离心收获对数生长中期至后期的微生物细胞，再用新鲜培养基重新悬浮所收获的细胞，然后加入等体积的20%甘油或10%二甲亚砜冷冻保护剂，混匀后分装入冷冻管或安瓿瓶中，于－70 ℃超低温冰箱中保藏。超低温冰箱的冷冻速度一般控制在1～2 ℃/min。部分细菌和真菌菌种可通过此保藏方法保藏5年而活力不受影响。

(3) 液氮冷冻保藏技术

近年来，科学家们发现大量有特殊意义和特征的高等动、植物细胞能够在液氮中长期保藏，并发现在液氮中保藏的菌种的存活率远比其他保藏方法高，且回复突变的发生率极低。因此，液氮保藏已成为工业微生物菌种保藏的最好方法。具体方法是：把细胞悬浮于一定的分散剂中或是把在琼脂培养基上培养好的菌种直接进行液体冷冻，然后移至液氮(－196 ℃)或其蒸汽相中(－156 ℃)保藏。进行液氮冷冻保藏时应严格控制制冷速度。液氮冷冻保藏微生物菌种时，先制备冷冻保藏菌种的细胞悬液，分装0.5～1 mL入玻璃安瓿瓶或液氮冷藏专用塑料瓶，玻璃安瓿瓶用酒精喷灯封口。然后以1.2 ℃/min的制冷速度降温，直到温度达到细胞冻结点(通常为－30 ℃)。待细胞冻结后，将制冷速度降为1 ℃/min，直到温度达到－50 ℃，将安瓿瓶迅速移入液氮罐中于液相(－196 ℃)或气相(－156 ℃)中保存。如果无控速冷冻机，则一般可用如下方法代替：将安瓿瓶或液氮瓶置于－70 ℃冰箱中冷冻4 h，然后迅速移入液氮罐中保存。在液氮冷冻保藏中，最常用的冷冻保护剂是二甲亚砜和甘油，最终使用浓度甘油一般为10%、二甲亚砜一般为5%。所使用的甘油一般用高压蒸汽灭菌，而二甲亚砜最好为过滤灭菌。

6. 基因工程菌的保藏

随着基因工程的不断发展，越来越多的基因工程菌需要得到合适的保藏，这是因为它们的载体质粒等所携带的外源DNA片段的遗传性状不太稳定，且其外源质粒复制子很容易丢失。另外，对于宿主细胞来说，质粒基因通常为生长非必需，一般情况下，当丢失这些质粒时，细胞生长速度会加快，而由质粒编码的抗生素抗性有利于富集含此类质粒的细胞群体。当向培养基中加入抗生素时，即对携带质粒的细胞群体提供了极为有利的生长条件。而且在运用基因工程菌进行发酵时，抗生素的加入可帮助维持质粒复制与染色体复制的协调。由此看来，基因工程菌最好应保藏在含低浓度选择剂的培养基中。

三、菌种的退化与复壮

1. 菌种的退化现象

随着菌种保藏时间的延长或菌种的多次转接传代，菌种本身所具有的优良的遗传性状可能得到延续，也可能发生变异。变异有正变异(自发突变)和负变异两种，其中负变异即菌株生产性能的劣化或有些遗传标记的丢失，又称为菌种的退化。但是在生产实践中，必须将由于培养条件的改变导致菌种形态和生理上的变异与菌种退化区别开来。因为优良菌株的生产性能是和发酵工艺条件紧密相关的，若培养条件发生变化，如培养基中缺乏某些元素，会导致产孢子数量减少，也会引起孢子颜色的改变。温度、pH 的变化也会使发酵产量发生波动等。但只要条件恢复正常，菌种原有性能就能恢复正常，因此这些原因引起的菌种变化不能称为菌种退化。

常见的菌种退化现象中，最易觉察到的是菌落形态、细胞形态和生理等多方面的改变，如菌落颜色的改变、畸形细胞的出现等；菌株生长变得缓慢，产孢子越来越少直至产孢子能力丧失，例如放线菌、霉菌在斜面上多次传代后产生“光秃”现象等，从而造成生产上用孢子接种的困难；菌种代谢产物的生产能力或其对宿主的寄生能力明显下降，例如黑曲霉糖化能力的下降，抗生素发酵单位的减少，枯草芽孢杆菌产淀粉酶能力的衰退等。所有这些都对发酵生产不利。因此，为了使菌种的优良性状延续下去，必须做好菌种的复壮工作，即在各菌种的优良性状没有退化之前，定期进行纯种分离和性能测定。

2. 菌种退化的原因

菌种退化的主要原因是相关基因发生了负突变。当控制产量的基因发生负突变，就会引起产量下降；当控制孢子生成的基因发生负突变，则使菌种产孢子性能下降。一般而言，菌种的退化是一个从量变到质变的逐步演变过程。开始时，在群体中只有个别细胞发生负突变，这时如不及时发现并采用有效措施而是一味移种传代，就会造成群体中负突变个体的比例逐渐增高，最后占优势，从而使整个群体表现出严重的退化现象。因此，突变在数量上的表现依赖于传代，即菌株处于一定条件下，群体多次繁殖，可使退化细胞在数量上逐渐占优势，于是退化性状的表现就更加明显，逐渐成为一株退化了的菌体。同时，对某一菌株的特定基因来讲，突变频率比较低，因此群体中个体发生生产性能的突变不是很容易的，但就一个经常处于旺盛生长状态的细胞而言，发生突变的概率比处于休眠状态的细胞大得多，因此，细胞的代谢水平与基因突变关系密切，应设法控制细胞保藏的环境，使细胞处于休眠状态，从而减少菌种的退化。

3. 防止退化的措施

(1) 合理的育种

选育菌种时所处理的细胞应使用单核的，避免使用多核细胞；合理选择诱变剂的种类和剂量或增加突变位点，以减少回复突变；在诱变处理后进行充分的后培养及纯化突变，以保证保藏菌种纯粹。这些都可有效地防止菌种的退化。

(2) 选用合适的培养基

有人发现用老苜蓿根汁培养基培养“5406”抗生菌——细黄链霉菌可以防止它的退化。在赤霉菌产生菌——藤仓赤霉的培养基中,加入糖蜜、天门冬素、谷氨酰胺、5-核苷酸或甘露醇等物质时,也有防止菌种退化的效果。也可选取营养相对贫乏的培养基作为菌种保藏培养基,如培养基中适当限制容易利用的葡萄糖等的添加,因为变异多半是通过菌株的生长繁殖而产生的,当培养基营养丰富时,菌株会处于旺盛的生长状态,代谢水平较高,为变异提供了良好的条件,大大提高了菌株的退化概率。

(3) 创造良好的培养条件

在生产实践中,创造和发现一个适合原种生长的条件可以防止菌种退化,如低温、干燥、缺氧等。在栖土曲霉 3.942 的培养中,有人曾用改变培养温度的措施(从 20～30 ℃提高到 33～34 ℃)来防止其产孢子能力的退化。

(4) 控制传代次数

由于微生物存在着自发突变,而突变都是在繁殖过程中发生的,所以应尽量避免不必要的移种和传代,把必要的传代降低到最低水平,以降低自发突发的概率。菌种传代次数越多,产生突变的概率就越高,因而菌种发生退化的机会就越多。这要求不论在实验室还是在生产实践上,必须严格控制菌种的移种传代次数,并根据菌种保藏方法的不同,确立恰当的移种传代的时间间隔。如同时采用斜面保藏和其他的保藏方式(真空冷冻干燥保藏、沙土管保藏、液氮保藏等),以延长菌种保藏时间。

(5) 利用不同类型的细胞进行移种传代

在有些微生物中,如放线菌和霉菌,由于其细胞中常含有几个核或甚至是异核体,因此用菌丝接种就会出现不纯和衰退的现象,而孢子一般是单核的,用它接种时就没有这种现象发生。有人在实践中发现构巢曲霉如用分生孢子传代就容易退化,而改用子囊孢子移种传代则不易退化;还有人采用灭过菌的棉团轻巧地蘸取“5406”孢子进行斜面移种,由于避免了菌丝的接入,因而达到了防止退化的效果。

4. 退化菌种的复壮

退化菌种的复壮可通过纯种分离和性能测定等方法来实现,其中一种是从退化菌种的群体中找出少数尚未退化的个体,以恢复菌种原有的典型性状。另一种是在菌种的生产性能尚未退化前就经常有意识地进行纯种分离和生产性能的测定工作,以使菌种的生产性能逐步提高。所以这实际上是一种利用自发突变不断从生产中进行选种的工作。

具体的菌种的复壮措施如下。

(1) 纯种分离

采用平板划线分离法、平板稀释法或涂布法均可。把仍保持原有典型优良性状的单细胞分离出来,经扩大培养恢复原菌株的典型优良性状,若能进行性能测定则更好。还可用显微镜操纵器将生长良好的单细胞或单孢子分离出来,经培养恢复原菌株性状。

(2) 通过宿主进行复壮

寄生型微生物的退化菌株可接种到相应宿主体内以提高菌株的活力。

(3) 联合复壮

对退化菌株还可用高剂量的紫外线辐射和低剂量的 DTG 联合处理进行复壮。

思考题

1. 现代发酵的定义如何？什么是发酵技术？
2. 简述发酵产物的主要类型。
3. 查资料简述发酵工业的发展情况。
4. 菌种保藏的原理是什么？
5. 微生物菌种的保藏方法如何？
6. 简述菌种复壮的具体方法。

模块二

调味品的生产

项目1　酱油生产技术

预备知识　酱油的生产历史和分类

一、酱油的生产历史

酱油是人民生活的必需品，营养极其丰富，其主要营养成分包括氨基酸、可溶性蛋白质、糖类、酸类等。酱油除了上述的主要成分外，还含有钙、铁等微量元素，能有效地维持机体的生理平衡。酱油含有多种调味成分并具有独特的香味，包括食盐的咸味、氨基酸钠盐的鲜味、糖醇物质的甜味、有机酸的酸味、酪氨酸爽口的苦味，还含有天然的红褐色的物质，由此可见，酱油不但有良好的风味和滋味，而且营养丰富，是人们烹饪首选的调味品。

酱油生产源于周代，至今已有三千多年的历史。《周礼・天宫篇》中记载："善夫掌王馈，食酱百有二十饔。"经过北魏、唐朝的发展，到明朝时豆酱制造业已经相当发达。酱油是由豆酱演变和发展而成，最早的酱油是用牛、羊、鹿和鱼虾肉等动物性蛋白质酿制的，后来才逐渐改用豆类和谷物的植物性蛋白质酿制。中国历史上最早使用"酱油"名称是在宋朝，林洪著《山家清供》中有"韭叶嫩者，用姜丝、酱油、滴醋拌食"的记述。此外，古代酱油还有其他名称，如清酱、豆酱清、酱汁、酱料、豉油、豉汁、淋油、柚油、晒油、座油、伏油、秋油、母油、套油、双套油等。公元755年后，酱油生产技术随鉴真大师传至日本，后又相继传入朝鲜、越南、泰国、马来西亚、菲律宾等国。现在酱油生产在原料的合理使用，生产工艺的改革，生产设备的改进，生产周期的缩短，产品质量的显著提高，以及原材料和煤电节约等方面，都取得了可喜的成绩。

二、酱油的分类

1. 按标准划分

根据《酿造酱油》(GB 18186—2000)及《配制酱油》(SB 10336—2000)的规定，我国酱油产品按生产工艺的不同可划分为酿造酱油及配制酱油两大类。

(1) 酿造酱油

标准规定：酿造酱油系指以大豆和/或脱脂大豆、小麦和/或麸皮为原料，经微生物发酵制成的具有特殊色、香、味的液体调味品。

酿造酱油再依据工艺条件又可细分为以下几种。

① 高盐发酵酱油(传统工艺)。

高盐发酵酱油(传统工艺)包括：高盐稀态发酵酱油；高盐固态发酵酱油；高盐固、稀发酵酱油。

② 低盐发酵酱油(速酿工艺)。

低盐发酵酱油(速酿工艺)包括：低盐固态发酵酱油(广泛采用)；低盐稀态发酵酱油；低盐固、稀发酵酱油。

③ 无盐发酵酱油(速酿工艺)。

无盐发酵酱油(速酿工艺)包括：无盐固态发酵酱油。

(2) 配制酱油

标准规定：配制酱油系指以酿造酱油为主体，与酸水解植物蛋白调味液、食品添加剂等配制而成的液体调味品。配制酱油的突出特点是：以酿造酱油为主体，即在配制酱油中，酿造酱油的含量(以全氮计)不能少于50%。添加酸水解植物蛋白调味液(HVP)，添加量(以全氮计)不能超过50%。不添加酸水解植物蛋白调味液的酱油产品不属于配制酱油的范畴。

2. 按酱油产品的特性及用途划分

(1) 本色酱油

本色酱油为浅色、淡色酱油，生抽类酱油。这类酱油的特点是：香气浓郁、鲜咸适口，色淡，色泽为发酵过程中自然生成的红褐色，不添加焦糖。特别是高盐稀态发酵酱油，由于发酵温度低，周期长，色泽更淡，醇香突出，风味好。这类酱油主要用于烹调、炒菜、做汤、拌饭、凉拌、蘸食等，用途广泛，是烹调、佐餐兼用型的酱油。

(2) 浓色酱油

浓色酱油为深色、红烧酱油，老抽类酱油。这类酱油添加了较多的焦糖及食品胶，色深、色浓是其突出的特点，主要适用于烹调色深的菜肴，如红烧类菜肴、烧烤类菜肴等。

(3) 花色酱油

花色酱油为添加了各种风味调料的酿造酱油或配制酱油。品种很多，如海带酱油、海鲜酱油、香菇酱油、草菇老抽、鲜虾生抽、优餐鲜酱油、辣酱油等。适用于烹调及佐餐。

(4) 保健酱油

保健酱油为具有保健作用的酱油，如以药用氯化钾、氯化铵代替盐的忌盐酱油、羊血铁酱油、维生素 B_2 营养酱油等。

3. 按酱油产品的体态划分

(1) 液态酱油

(2) 半固态酱油

如酱油膏,用酿造酱油或配制酱油为原料浓缩而成。

(3) 固态酱油

如酱油粉、酱油晶,以酿造酱油或配制酱油为原料的干燥易溶制品。

三、新型酱油简介

1. 果汁酱油

果汁酱油是以西瓜汁、大豆、小麦等为原料酿制而成的,色泽红褐,富于光泽,香气浓郁,鲜味突出,咸甜适中,体态澄清,味厚长久。适用于菜肴烹制,尤其适用于拌凉菜、调馅等不加热或加热时间较短的菜肴。果汁酱油的氨基酸种类高于一些优质酱油,营养丰富,且又有清热解暑、止渴利尿、降血压的功效。

2. 白酱油

白酱油是用脱皮小麦和大豆为原料,在生产过程中采用低温、稀醪发酵等措施抑制色素的形成而得到的色泽浅、含糖量较高、鲜味较浓的酱油。由于褐变反应随储藏时间延长而加快,因此白酱油不适宜长期保存。

3. 固体酱油

固体酱油亦称酱油膏,其质量和风味与酿制酱油大致相同。固体酱油味鲜美,营养丰富,携带方便,价格经济,用温开水溶化就能溶成酱油,是日常生活中烹调的方便调味品。烹调汤菜时,只需将酱油直接放在汤或菜肴中即可,1 kg 固体酱油经稀释可得酱油 3 kg。

4. 低盐酱油

低盐酱油是针对有些人肾脏功能不良,或者患有高血压症状,对食盐的摄入有限制的人群开发的。因为传统酱油是利用微生物的发酵作用制造的,在制造过程中,食盐浓度必须保持在 18%左右才能制得成分及风味良好的酱油。食盐浓度如降低到 15%以下,杂菌就要繁殖,因此在酿制酱油时无法降低食盐浓度,只能设法在酱油制成后再来降低其中的食盐含量。每 100 g 低盐酱油只含食盐 9 g 以下,其他显味成分的含量基本跟一般酱油相同。

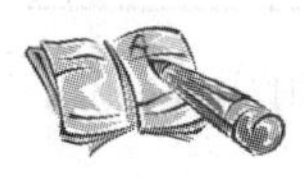

任务 1　原料的选择及处理

一、酱油生产常用原料

酱油生产的原料分为基本原料(如蛋白质原料、淀粉质原料、食盐和水等)和辅助原料(如增色剂、助鲜剂、防腐剂等)。

1. 蛋白质原料

蛋白质原料有大豆、豆粕、豆饼、蚕豆、豌豆、花生饼、菜子饼、芝麻饼等各种油料作物

的饼粕和玉米浆、干豆渣等。蛋白质原料对酱油色、香、味、体的形成至关重要，是酱油生产的主要原料。酱油酿造一般选择大豆、豆粕、豆饼作为蛋白质原料，也可以选用其他蛋白质含量高的代用原料。

大豆是黄豆、青豆及黑豆的统称，富含蛋白质和脂肪，主要用来榨油以供食用，或生产副食品。大豆的一般成分如表 2-1 所示。

表 2-1　大豆的一般成分

名　称	水　分	粗蛋白质	粗脂肪	碳水化合物	纤维素	灰　分
质量分数	7%～12%	35%～40%	12%～20%	21%～31%	4.3%～5.2%	4.4%～5.4%

豆粕是大豆先经适当的热处理(一般低于 100 ℃)，调节其水分到 8%～9%，轧扁，然后加入有机溶剂浸泡或喷淋，使其中油脂被提取，然后去豆粕中溶剂(或用烘干法)得到的。豆粕价格比大豆便宜，容易破碎，其他成分与大豆相同，是酱油生产的理想原料。豆粕的一般成分如表 2-2 所示。

表 2-2　豆粕的一般成分

名　称	水　分	粗蛋白质	粗脂肪	碳水化合物	灰　分
质量分数	7%～10%	46%～51%	0.5%～1.5%	19%～22%	5%左右

大豆用压榨法提取油脂后的产物，习惯上统称为豆饼。按加热的程度不同分为冷榨豆饼和热榨豆饼；按压榨机的形式、压力的不同分为圆车饼、方车饼和红车饼等。豆饼的一般成分见表 2-3。

表 2-3　豆饼的一般成分(质量分数)

项目 名称	水　分	粗蛋白质	粗脂肪	碳水化合物	粗纤维素	灰　分
冷榨豆饼	12%	44%～47%	6%～7%	18%～21%	—	5%～6%
热榨豆饼	11%	45%～48%	3%～4.6%	18%～21%	—	5.5%～6.5%
红车饼	3.38%～4.55%	46.25%～47.94%	3.14%～4.06%	22.84%～28.92%	5.50%	5.9%～6.31%
方车饼	10.77%	42.06%	5.51%	31.6%	4.99%	5.37%

用豆粕和豆饼做酱油，不但不增加生产工序，反而改进了工艺，提高了利用率，降低了成本。

2. 淀粉质原料

酿造酱油用淀粉质原料通常以小麦、面粉等原料为主。其他常用的淀粉质原料还有麸皮、米糠、玉米、甘薯、碎米、小米等。淀粉质原料的主要作用是：①酱油中碳水化合物的主要成分；②形成酱油香气、色素的主要原料之一。

3. 食盐

食盐也是酱油生产的原料之一。它使酱油具有适当的咸味，并与谷氨酸结合构成酱油的鲜味，在发酵过程及成品中又有防止腐败的作用。在制备盐水时应充分搅拌溶解。每 100 kg 水加 1.5 kg 食盐可得约为 1.0 °Bé 的盐水，一般 27 °Bé 即达到饱和状态。

4. 水

酱油生产中需要大量的水，对水质的要求虽不及酿酒工业严格，但也必须符合食用标准。一般可因地制宜选用含铁少、硬度小的自来水、深井水、清洁河水、湖水等。因为含铁过多会影响酱油的香气和风味，而硬度大的水不仅对酱油发酵不利，还会引起蛋白质沉淀。

二、原料的处理

原料处理包括两个方面：一是通过机械作用将原料粉碎成为小颗粒或粉末状；二是经过充分润水和蒸煮，使蛋白质原料达到适度变性，使结构松弛，并使淀粉充分糊化，以利于米曲霉的生长繁殖和酶类的分解作用。

1. 豆饼轧碎

豆饼坚硬而块大，必须予以轧碎。原料粉碎越细，表面积越大，米曲霉的繁殖面积就越大。豆饼轧碎程度以细而均匀为宜，要求颗粒大小为 2～3 mm，粉末量不超过 20%。

2. 加水及润水

加水及润水的目的是使原料中蛋白质含有适量的水分，以便在蒸料时受热均匀，迅速达到蛋白质的一次变性；使原料中的淀粉吸水膨胀，易于糊化，以便溶解出米曲霉生长所需要的营养物质；供给米曲霉生长繁殖所需要的水分。加水量的确定必须考虑到诸多因素，一般认为以豆粕数量计算加水量在 80%～100%(质量分数)较合适。但加水量的多少主要以曲料水分为准，一般冬天掌握在 47%～48%(质量分数)，春天、秋天要求为 48%～49%(质量分数)，夏天以 49%～51%(质量分数)为宜。

3. 蒸料

蒸煮在原料处理中是个重要的工序。蒸煮是否适度，对酱油质量和原料利用率影响极为明显。蒸煮的目的：一是使原料中的蛋白质完成适度的变性；二是使原料中的淀粉吸水膨胀而糊化，并产生少量糖类；三是能消灭附在原料上的微生物。蒸煮的要求：一熟，二软，三疏松，四不黏手，五无夹心，六有熟料固有的色泽和香气。采用的蒸料方法有旋转式蒸煮锅蒸料法和 FM 式连续蒸料法等。

熟料质量标准如下。

(1) 感官特性

① 外观：黄褐色，色泽不过深。

② 香气：具有豆香味，无煳味及其他不良气味。

③ 手感：松散、柔软、有弹性、无硬心、无浮水、不黏。

(2) 理化标准

① 水分(入曲池取样)在 45%～50%(质量分数)为宜。

② 蛋白质消化率在 80%以上。

任务2 种曲的制备

种曲是制酱油的种子，在适当的条件下由试管斜面菌种经逐级扩大培养而成，1克种曲中的孢子数达25亿个以上，在制曲时具有很强的繁殖能力。种曲质量的优劣直接影响到成曲质量，如成曲酶活力高低、杂菌数量等，而成曲的好坏又影响到酱油的质量和出品率。所以，种曲的制备也是酱油生产中一个重要环节。

一、制种曲工艺流程

以培养沪酿3.042米曲霉为例，制种曲工艺流程如图2-1所示。

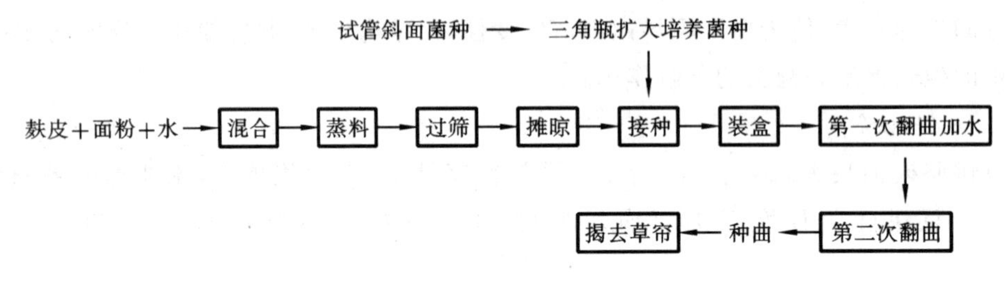

图2-1 种曲制作工艺流程

二、种曲室及其主要设施

种曲室是培养种曲的场所，要求密闭、保温保湿性能好，使种曲有一个既卫生又符合生长繁殖所需要条件的环境。种曲室以小型为宜，一般长4 m、宽3.5 m、高3 m。墙厚度以地区气温情况而定，开有门、窗、天窗各一，室内顶呈弧形，水泥地，有排水沟及保暖设备，种曲室能全部密闭，便于灭菌。周围环境应清洁卫生。

其他设备有：蒸料锅（或蒸料桶），接种混合桶（或盆），振荡筛及扬料机。培养用具有：木盘(45～48)cm×(30～40)cm×5 cm，盘底有0.5 cm厚的横木条3根。

三、菌种制备

1. 菌种的选择

制种曲，首先要选择好优良的菌株。常用的米曲霉菌株有AS3.951（沪酿3.042）、UE336、渝3.811等。从菌种保藏中心购进的菌株，多采用察氏培养基保藏，应用于生产前先用豆汁察氏培养基移接，进行驯化，使其适应生产条件。如不驯化直接用于生产，往往会发生生长慢、孢子数少等现象。

2. 纯种三角瓶培养

(1) 原料配比

麸皮80 g，面粉20 g，水80 mL。

(2) 混合

将上述原料混合均匀，并用筛子将粗粒筛去。

(3) 装瓶

一般采用容量为250 mL或300 mL的三角瓶。将瓶先塞好棉花塞,以150～160 ℃干热灭菌,然后将料装入,料层厚度以1 cm左右为准。

(4) 灭菌

蒸汽加压灭菌,0.1 MPa,维持30 min,灭菌后趁热摇瓶。

(5) 接种及培养

待冷却后,在无菌接种橱内接入试管原菌。摇匀后置于30 ℃恒温箱内,18 h左右,三角瓶内曲料已稍发白结饼,摇瓶1次,将结块摇碎,继续置于30 ℃恒温箱内培养,再过4 h左右,有发白结饼,再摇瓶1次。经过2 d培养后,把三角瓶轻轻地倒置过来(也可不倒置),继续培养1 d,待全部长满黄绿色孢子即可使用。若需放置较长时间,则应置于阴凉处,或置于冰箱中备用。

四、原料要求、配比及处理

1. 原料要求

制种曲原料必须适应曲霉菌旺盛繁殖的需要。曲霉菌繁殖时需要大量糖分作为热源,而豆粕含淀粉较少,因此原料配比中豆饼占少量,麸皮占多量,同时还要加入适当的饴糖,以满足曲霉菌的需要。

2. 种曲原料的各种配比(水分占原料总量的质量分数)

①麸皮80%,面粉20%,水占前两者90%左右;②麸皮85%,豆饼粉15%,水占前两者70%左右;③麸皮80%,豆饼粉20%,水占前两者100%～110%;④麸皮100%,水占95%左右;⑤麸皮90%,豆粕10%,饴糖5%,水占前三者120%。

3. 原料处理方法

豆粕加水浸泡,水温85 ℃以上,浸泡时间30 min以上,搅拌要均匀一致,然后加入麸皮搅拌均匀,入蒸料锅蒸熟达到灭菌的目的并使蛋白质适度变性,出锅后过筛,同时迅速摊开冷却,要求熟料水分为52%～55%,以品温35～40 ℃接种为宜。

4. 灭菌工作

种曲制造必须尽量防止杂菌污染,因此曲室及一切工具在使用前需经洗刷后灭菌。

(1) 使用硫黄

每立方米用硫黄25 g,放于小铁锅内加热,使硫黄燃烧产生蓝色火焰,即二氧化硫(SO_2)气体。SO_2与水化合产生H_2SO_3有灭菌作用,所以采用硫黄灭菌时,要保持曲室及木盒呈潮湿状态。

(2) 使用草帘

用清水冲洗干净,蒸汽灭菌1 h。

(3) 使用甲醛

甲醛对细菌及酵母的杀灭力较强,但对霉菌的杀灭力较弱,甲醛或硫黄两者可混合使用或交替使用效果更佳。

(4) 操作人员的手以及不能灭菌的器件

可用75%的酒精擦洗灭菌。

五、接种及培养

1. 接种

接种温度为夏天38 ℃,冬天42 ℃左右,接种量0.1%～0.5%不等。

2. 装盘入室培养

(1) 堆积培养

将曲料呈丘形堆积于盘中央,每盘装料(干料计)0.5 kg,然后将曲盘以柱形堆叠放于木架上,每堆高度为8个盘,最上层应倒盖空盘一个,以保温保湿。装盘后品温应为30～31 ℃,保持室温29～31 ℃(冬季室温32～34 ℃),干湿球温度计温差1 ℃,经6 h左右,上层品温达35～36 ℃可倒盘一次,使上下品温均匀,这一阶段为沪酿3.042米曲霉的孢子发芽期。

(2) 搓曲、盖湿草帘

继续保温培养约6 h,上层品温达36 ℃左右。由于孢子发芽并生长为菌丝,曲料表面呈微白色,开始结块,这个阶段为菌丝生长期。此时即可搓曲,即用双手将曲料搓碎、摊平,使曲料松散,然后每盘上盖灭菌湿草帘一个,以利于保湿降温,倒盘一次后,将曲盘改为"品"字形堆放。

(3) 第二次翻曲

搓曲后继续保温培养6～7 h,品温又升至36 ℃左右,曲料全部长满白色菌丝,结块良好,即可进行第二次翻曲,或根据情况进行划曲,用竹筷将曲料划成长2 cm的碎块,使靠近盘底的曲料翻起,利于通风降温,使菌丝孢子生长均匀。翻曲或划曲后仍盖好湿草帘并倒盘,仍以品字形堆放。此时室温为25～28 ℃。干湿球温度计温差为0～1 ℃,这一阶段菌丝发育旺盛,大量生长蔓延,曲料结块,称为菌丝蔓延期。

(4) 洒水、保湿、保温

划曲后,地面应经常洒冷水保持室内湿度,降低室温,使品温保持在34～36 ℃,干湿球温度计温差达到平衡,相对湿度为100%,这期间每隔6～7 h应倒盘一次。这个阶段已经长好的菌丝又长出孢子,称为孢子生长期。

(5) 去草帘

自盖草帘后48 h左右,将草帘去掉,这时品温趋于缓和,应停止向地面洒水,并开天窗排潮,保持室温(30±1) ℃,品温35～36 ℃,中间倒盘一次,至种曲成熟为止。这一阶段孢子大量生长并老熟,称为孢子成熟期。

自装盘入室至种曲成熟,整个培养时间共计72 h。在种曲制造过程中,应每1～2 h记录一次品温、室温及操作情况。

六、种曲质量指标

1. 感官特性

外观:菌丝整齐健壮,孢子丛生,呈新鲜黄绿色并有光泽,无夹心,无杂菌,无异色;香气:具有种曲固有的曲香,无霉味、酸味、臭味等不良气味;手感:用手指触及种曲,松软而光滑,孢子飞扬。

2. 理化指标

孢子数：用血球计数板法测定米曲霉种曲，孢子数应在 6×10^9 个/g（以干基计）以上；孢子发芽率：用悬滴培养法测定发芽率，要求达到 90%以上；细菌数：米曲霉种曲细菌数不超过 10^7 个/g；蛋白酶活力：新制曲在5000 单位以上，保存制曲在4000 单位以上；水分：新制曲水分 35%～40%，保存制曲水分 10%以下。

任务3　制曲

制曲是酿造酱油的主要工序。制曲过程实质是创造米曲霉生长最适宜的条件，保证优良曲霉菌等有益微生物得以充分繁殖发育（同时尽可能减少有害微生物的繁殖），分泌酿造酱油需要的各种酶类，这些酶类为发酵过程提供原料分解、转化合成的物质基础。所以，曲子质量直接影响到原料利用率、酱油质量以及淋油效果。要制好曲，就要创造适当的环境条件，适应米曲霉的生理特性和生长规律。在制曲过程中，掌握好温度和湿度是关键。

制曲若采用帘子、竹匾、木盘等简单设备，操作繁重，成曲质量不稳定，劳动效率低。近几年来，随着科学技术的发展，经过酿造科技人员和广大职工的共同努力，成功研发了厚层通风制曲工艺，再加上菌种的选育，使制曲时间由原来的 2～3 d，缩短为 24～28 h。下面以目前我国大中型酿造厂采用的厚层通风制曲工艺为例，介绍酱油酿造制曲过程。

一、制曲工艺流程

1. 工艺介绍

厚层通风制曲就是将接种后的曲料置于曲池内，厚度一般为 25～30 cm。利用通风机供给空气，调节温度和湿度，促使米曲霉在较厚的曲料上生长繁殖和积累代谢产物，完成制曲过程。除通用的简易曲池外，还可使用链箱式机械通风制曲机及旋转圆盘式自动制曲机进行厚层通风制曲。厚层通风制曲的主要设备有曲室、曲池、空调箱、风机、翻曲机。

2. 工艺流程

种曲与适量经干蒸处理过的麸皮在搅拌机中充分拌匀，接入已打碎并冷却到 40 ℃的曲料中，接种完毕用输送带运入曲池中。种曲用量为制曲投料量的 0.3%左右。制曲工艺流程如图 2-2 所示。

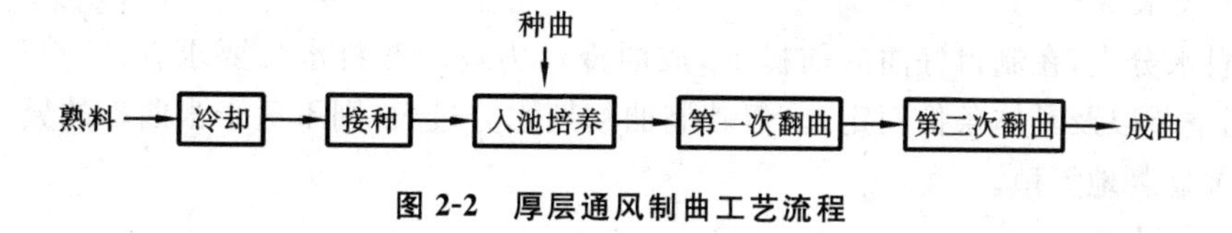

图 2-2　厚层通风制曲工艺流程

二、制曲操作与管理

经过蒸煮的熟料必须迅速冷却，立即送入曲池内培养，接种量为 0.3%～0.5%，种曲

要先用少量麸皮拌匀后再掺入熟料中以增加其均匀性。厚层通风制曲以培养微生物米曲霉(沪酿3.042)和累积代谢产物酶等为主要目的。从米曲霉生理活动来观察,24 h制曲的周期一般分为四个阶段,制曲的全过程就是要掌握管理好在这四个阶段中影响米曲霉生长活动的因素,如营养、水分、温度、空气、pH及时间等方面的变化,具体阶段如下。

(1) 孢子发芽期

曲料接种后进入曲池后,米曲霉得到适当的温度和水分,开始发芽生长。此阶段的温度为32 ℃,最好不低于30 ℃,以30～32 ℃为最佳,时间为4～5 h。在孢子发芽阶段一般不需要供给氧气,更不需要大量地调节空气。

(2) 菌丝生长期

孢子发芽后接着生长菌丝,接种12～14 h后,米曲霉菌丝生长使曲料结块,通风阻力增大,虽连续通风品温仍有超过35 ℃的趋势,此时应进行第一次翻曲,使曲料疏松,减少通风阻力,并保持温度为34～35 ℃。此时肉眼稍见曲料发白,这一阶段是菌丝生长期。

(3) 菌丝繁殖期

第一次翻曲后,菌丝发育更加旺盛,品温上升也极为迅速,应严格控制品温为35 ℃左右,约再隔5 h,进行第二次翻曲。此阶段米曲霉菌丝成分繁殖,肉眼见曲料全部发白,称为菌丝繁殖期。

(4) 孢子着生期

第二次翻曲完成后,品温逐渐下降,但仍宜连续通风维持品温30～34 ℃。一般来讲,曲料接种培养18 h后,曲霉菌丝大量繁殖,培养20 h左右开始着生孢子,培养24 h左右孢子逐渐成熟,使曲料呈现淡黄色直至嫩黄绿色。在孢子着生期,米曲霉的蛋白酶的分泌最为旺盛。培养至30 h左右即可出曲。

三、通风制曲操作要点

通风制曲的操作方法,各厂根据实际情况都有不同,但总的来说是大同小异。为了便于牢记,将通风操作要点归纳为“一熟、二大、三低、四均匀”。

1. 一熟

要求原料蒸熟,不夹生,使蛋白质达到适度变性及淀粉质全部糊化的程度,可被米曲霉吸收,促进其生长繁殖,适于酶类分解。

2. 二大

即大水、大风。

(1) 大水

曲料水分大,在制得好曲的前提下,成曲霉活力高。熟料水分要求在45%～51%之间(根据季节以及具体条件而定)。但若制曲初期水分过大,则不适于米曲霉的繁殖,反而会使细菌显著地繁殖。

(2) 大风

通风制曲料层厚达30 cm左右,米曲霉生长时需要足够的空气,繁殖旺盛期间又产生很多的热量。因此,必须要通入大量的风和有一定的风压,才能透过料层,维持到适宜于米曲霉繁殖的最适温度范围之内。通风小了,就会促使链球菌的繁殖,甚至在通风不良的角落处，会造成厌气性菌的繁殖。

3. 三低

装池(箱)料温低，制曲品温低，进风风温低。

(1) 装池(箱)料温低

熟料装池(箱)后，通入冷风或热风将料温调整至32 ℃左右。此温度是米曲霉孢子最适宜的发芽温度，孢子迅速发芽生长，以此抑制其他杂菌的繁殖。

(2) 制曲品温低

低温制曲能增强酶的活力，同时能控制杂菌繁殖。因此，制曲品温要求控制在30～35 ℃之间，最适品温为33 ℃。

(3) 进风风温低

为了保证在较低的温度下制曲，通入的风温要低些。进入的风温一般在30 ℃左右。风温、风湿可以通过空调箱进行调节。

4. 四均匀

原料混合及润水均匀、接种均匀、装池(箱)疏松均匀、料层厚薄均匀。

(1) 原料混合及润水均匀

原料混合均匀才能使营养成分基本一致。在加水量大的情况下，更要求曲料内水分均匀。

(2) 接种均匀

接种均匀对制曲来讲是一个关键性问题。如果接种不匀，接种多的曲料上米曲霉很快发芽生长，并产生热量，迅速繁殖，而接种少的曲料上米曲霉生长缓慢。

(3) 装池(箱)疏松均匀

装池(箱)疏松与否，与制曲时的空气、温度和湿度有极为重要的关系。如果装料有紧有松，会使品温不一致。

(4) 料层厚薄均匀

因为通风制曲料层较厚，可根据曲池(曲箱)前后通风量的大小，对料层厚薄作适当的调整，否则会产生温差，影响管理。

四、成曲质量指标

1. 感官指标

外观：淡黄色，菌丝密集，质地均匀，随时间延长颜色加深，不得有黑色、棕色、灰色、夹心。香气：具有曲香气，无霉臭及其他异味。手感：曲料蓬松柔软，潮润绵滑，不粗糙。

2. 理化指标

水分：一、四季度含水量多为28%～32%，二、三季度含水量多为26%～30%。蛋白酶活力：1000～1500 U/g(福林法)。

任务4 酱油发酵

将成曲拌入多量盐水，成为浓稠的半流动状态的混合物，俗称酱醪；如将成曲拌入少

量盐水，成为不流动状态的混合物，则称酱醅。将酱醪或酱醅装入发酵容器内，采用保温或者不保温方式，利用曲中的酶和微生物的发酵作用，将酱醪或酱醅中的物料分解、转化，形成酱油独有的色、香、味、体成分，这一过程，就是酱油生产中的发酵。

一、酱油发酵的理论基础

酿造酱油在制曲和发酵过程中，从空气中落入的酵母菌和细菌也进行繁殖、发酵，如由酵母菌发酵生成酒精，由乳酸菌发酵生成乳酸。发酵是利用这些酶在一定条件下的作用，分解合成酱油的色、香、味、体。

1. 淀粉的糖化

在目前的操作条件下，蒸煮原料中植物组织受物理分解的作用是有限的，大部分细胞壁还是完整无损，如果不把细胞壁破坏，使作为细胞内容物的蛋白质和淀粉暴露出来则很难被酶解。发酵过程中，米曲霉分泌的淀粉酶将糊化的淀粉水解成小分子的糊精、麦芽糖，最终生成葡萄糖，在生产中称为糖化。反应过程如下：

淀粉→糊精→寡糖→麦芽糖→葡萄糖

糖化作用后产生的单糖类，除了葡萄糖外，还有果糖及五碳糖。果糖主要来源于豆粕（或豆饼）中的蔗糖水解，五碳糖来源于麸皮中的多聚戊糖。葡萄糖在酵母作用下进行乙醇发酵，生成乙醇和二氧化碳。部分糖分在乳酸菌等微生物作用下产生乳酸、醋酸、琥珀酸等有机酸。有机酸与醇类通过酯化反应形成酯类等香气成分。

2. 蛋白质的分解

在发酵过程中，原料中适度变性的蛋白质在蛋白酶的催化作用下，生成蛋白胨、肽和氨基酸。反应过程如下：

蛋白质→蛋白胨→肽→氨基酸

分解产生的氨基酸与酱油的风味有密切的关系。如谷氨酸、天冬氨酸是酱油的鲜味成分；丙氨酸和色氨酸具有甜味；酪氨酸、色氨酸和苯丙氨酸在氧化酶作用下氧化生成黑色素，具有着色作用。

3. 脂肪的分解

在发酵过程中，米曲霉分泌的脂肪酶将原料中的少量脂肪水解成脂肪酸与甘油，脂肪酸又通过各种氧化作用生成短链脂肪酸。这些脂肪酸与醇类生成酯。脂肪的水解反应过程如下：

甘油三酯→甘油二酯→甘油一酯→甘油＋脂肪酸

4. 纤维素的分解

原料中的纤维素在纤维素酶作用下水解为可溶性的纤维二糖和葡萄糖。葡萄糖又进一步分解成乳酸、醋酸和琥珀酸等。原料中的半纤维素在半纤维素酶的作用下生成戊糖。

5. 色、香、味的形成

酱油色并不是单一成分组成的，它是在酿造过程中经过了一系列的化学变化产生的，它的形成受到许多因素的影响。目前认为酶褐变和非酶褐变反应是酱油颜色生成的基本途径。非酶褐变反应主要是美拉德反应，即羰氨反应，它是氨基酸或蛋白质与糖在加热时产生的复杂化学反应，其最终产物为黑褐色的类黑素。由酶引起的褐变反应是生成酱油颜色的另一条重要途径。它是在蛋白质原料经蛋白酶水解为氨基酸，其中酪氨酸在酿造微生物产生的多酚氧化酶催化下，氧化生成棕色、黑色色素，参与酱油颜色的组成。反应过程说明，酶褐变反应需要有酪氨酸、多酚氧化酶和氧三者同时存在才能进行。

酱油的香气主要通过发酵后期形成的。酱油中的香气成分包括酯类、醇类、羧基化合物、缩醛类及酚类等，乙醇、酯类和酚类化合物是组成酱油香气的主体。乙醇是由酵母菌发酵葡萄糖生成的，具有醇和酒的香气。酯类物质具有特殊的芳香气味。糖利用乳酸菌等微生物的发酵作用产生乳酸、醋酸和琥珀酸等，使酱油的香气浓郁。

酱油的鲜味成分主要有谷氨酸、谷氨酸-天冬氨酸、谷氨酸-丝氨酸、L-氨基酸的二肽等。谷氨酸主要来源于原料中蛋白质的降解。

二、酱油生产典型发酵工艺

酱油生产发酵方法很多，主要有低盐固态发酵法、高盐稀态发酵法、固态分酿法和先固后稀浸出法、天然晒露法、液体曲霉法和生物工程酿制酱油新工艺。低盐固态发酵法，发酵周期为 2 周～1 个月，没有经过高温水解，无水解臭味，具有酱油固有的风味，至今仍为我国酱油生产的主要方法。固态分酿法和先固后稀浸出法是在低盐固态发酵法基础上发展起来的新工艺，发酵周期为 1～2 个月，可使酱油风味有明显改善。高盐稀态发酵法还可分为日本生产工艺和我国传统工艺改进法两大类，该法发酵周期为 3～6 个月，酱油产品氨基酸态氮生产率高，酱油风味好。天然晒露法属传统酿造法，以瓦缸为发酵容器，日晒夜露，产量很少，且酱油久储有沉淀，细菌数偏高，难以实现生产过程机械化。液体曲霉法和生物工程酿制酱油新工艺，尚在研究试产阶段。下面以低盐固态发酵法为例介绍酱油的生产发酵工艺。

1. 工艺流程

低盐固态发酵法工艺流程如图 2-3 所示。

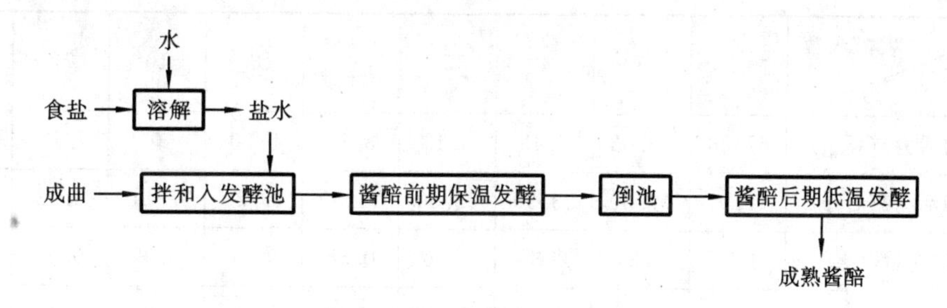

图 2-3 低盐固态发酵法工艺流程

2. 工艺操作要点

(1) 盐水调制

食盐溶解后，以波美表测定其浓度，并根据当时的温度调整到规定的浓度。一般在 100 kg 水中加 1.5 kg 盐得到的盐水浓度为 1 °Bé。波美表一般以 20 ℃(或 15 ℃)为标准，但实际中并不都是 20 ℃或 15 ℃，有时高、有时低，往往需要修正。

$$B=A+0.05(t-20)$$

式中：B 为修正值；A 为实际测得值；t 为盐水的温度。

如果 $t>20$ ℃，则

$$B=A+0.05(t-20)$$

如果 $t<20$ ℃，则

$$B=A-0.05(20-t)$$

盐水的浓度一般要求在 11～13 °Bé（氯化物含量在 11%～13%），盐水的浓度过高，会抑制酶的作用，影响发酵速度；盐水浓度过低，则可能由于杂菌的大量繁殖，酱醅 pH 迅速下降，抑制了中性、碱性蛋白酶的作用，甚至引起酱醅的酸败，影响发酵的正常进行。

配制盐水的质量可根据下式计算：

$$盐水的质量=\frac{曲的质量\times(酱醅要求水的质量分数-曲的水分的质量分数)}{氯化钠的质量分数-酱醅要求水的质量分数}$$

(2) 保温发酵和管理

在发酵过程中，反应速度与温度关系密切。在一定范围内，温度上升，反应速度增加；温度下降，反应速度减小。但温度过高，酶本身被破坏，反应也就停止。所以酶作用的最适温度是制定最适发酵温度的依据。

在发酵过程中，不同发酵时期的目的不同，发酵温度的控制也有所区别。

发酵前期的目的是使原料中蛋白质在蛋白水解酶的作用下水解成氨基酸，因此发酵前期的发酵温度应当控制在蛋白水解酶作用的温度。蛋白酶最适温度是 40～45 ℃，若超过 45 ℃，蛋白酶失活程度就会增加。但是在低盐固态发酵过程中，由于发酵基质浓度较大，蛋白酶在较浓基质情况下，对温度的耐受性会有所提高，但发酵温度最好也不要超过 50 ℃。因此发酵温度前期以 44～50 ℃为宜，在此温度下维持十余天，水解即可完成，数据见表 2-4。后期酱醅品温可控制在 40～43 ℃，在这样的温度下，某些耐高温的有益微生物仍可繁殖，经过十余天的后期发酵，酱油风味可有所改善。

表 2-4　发酵过程中酶活力与生成物质的关系

项目 \ 发酵天数	2	3	4	5	6	8	10	12	14
蛋白酶活力/(U/g)	67.86	29.02	6.43	6.43	3.16	0.90	0	0	0
淀粉酶活力/(U/g)	48.01	47.60	33.90	32.30	16.50	10.20	7.14	6.92	6.56
氨基酸含量/(%)	0.55	0.84	0.86	0.86	0.88	0.91	0.95	0.94	0.86
糖分/(%)	6.24	9.64	9.32	9.32	8.18	8.76	8.94	8.42	7.74

(3) 倒池

倒池可以使酱醅各部分的温度、盐分、水分以及酶的浓度趋向均匀，倒池还可以排除酱醅内部因生物化学反应而产生的有害气体、有害挥发性物质，增加酱醅的氧含量，防止厌氧菌生长，以促进有益微生物繁殖和色素生成。倒池的次数常依具体发酵情况而定。一般发酵周期 20 d 左右时只需在第 9～10 d 倒池一次，如发酵周期在 25～30 d 可倒池两次。适当的倒池次数可以提高酱油质量和全氮利用率。

3. 低盐固态发酵生产中应注意的几个问题

(1) 盐水质地

一般要求为清澈无浊、不含杂物、无异味，pH 在 7 左右。

(2) 拌曲盐水温度

一般来说，夏季盐水温度在 45～50 ℃，冬季在 50～55 ℃。入池后，酱醅品温应控制在 42～46 ℃。盐水的温度如果过高会使成曲酶活性钝化以致失活。

(3) 拌曲盐水量

一般要求将拌曲盐水量控制在制曲原料总质量的 65%左右，连同成曲含水相当于原料质量的 95%左右，此时酱醅水分为 50%～53%。拌曲操作时首先将粉碎成 2 mm 左右的颗粒成曲送出，在输送过程中打开盐水阀门使成曲与盐水充分拌匀，直到每一个颗粒都能和盐水充分接触。开始时盐水略少些，使酱醅疏松，然后慢慢增加，最后将剩余的盐水撒入酱醅表面。

发酵过程中，在一定幅度内，酱醅含水量越大，越有利于蛋白酶的水解作用，从而可以提高全氮利用率。因此，在酱醅发酵过程中，合理地提高水的用量是可以的。但是对于移池浸出法，水分过大，醅粒质软，会造成移池操作困难。所以拌水量必须恰当掌握。

(4) 防止酱醅氧化

在低盐固态发酵过程中，由于酱醅与空气接触以及酱醅水分的大量蒸发与下渗造成酱醅表面氧化，从而导致酱油风味和全氮利用率的下降。为防止酱醅表面氧化，可以加盖面盐或者采用塑料薄膜封盖酱醅表面的方法来解决。

4. 低盐固态发酵工艺成熟酱醅的质量标准

(1) 感官指标

外观：赤褐色，有光泽，不发乌，颜色一致；香气：有浓郁的酱香、酯香气，无不良气味；滋味：由酱醅内挤出的酱汁，口味鲜，微甜，味厚，不酸，不苦，不涩；手感：柔软，松散，不干，不黏，无硬心。

(2) 理化指标

水分：48%～52%（质量分数）；食盐含量：6%～7%（质量分数）；pH：4.8 以上；原料水解率：50%以上；可溶性无盐固形物：25～27 g/(100 mL)。

任务 5　酱油生产的后处理

一、酱油的浸出

酱醅成熟后，利用浸出法使其可溶性物质最大限度地溶出，从而提高全氮利用率和获得良好的成品质量。浸出操作包括浸泡和滤油两个工序。

1. 浸出方式

酱油的浸出是尽可能将固体酱醅中的有效成分分离出来，溶入液相，最后进入成品中。按照浸出时是否需要先把酱醅移到淋油池外，有原池浸出和移池浸出两种方式之分。前法是直接在原来的发酵池中浸泡和淋油，后法则是将成熟酱醅取出，移入专门设置的浸

淋池浸泡淋油。

2. 移池浸出工艺流程

移池浸出工艺流程如图 2-4 所示。

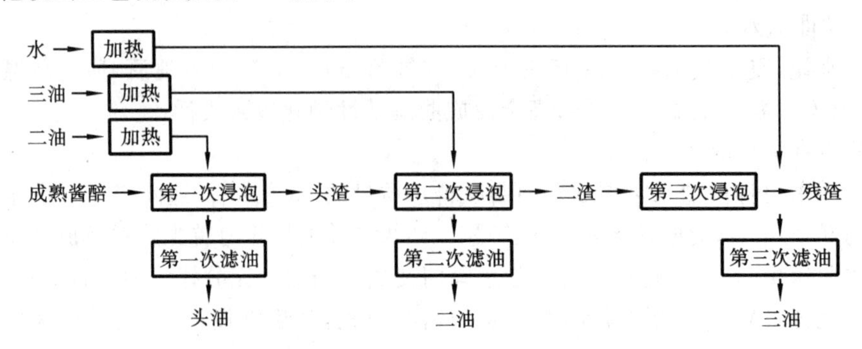

图 2-4　酱油移池浸出工艺流程

3. 浸出工艺操作

(1) 浸泡

酱醅成熟后,即可加入二油。二油应先加热至 70～80 ℃,加入完毕后,发酵容器仍须盖紧,以防止散热。经过 2 h,酱醅慢慢地上浮,然后逐步散开,此属于正常现象。浸泡时间一般在 20 h 左右。浸泡期间,品温不宜低于 55 ℃,一般在 60 ℃以上。温度适当提高与浸泡时间的延长,对酱油色泽的加深,有着显著的作用。

(2) 滤油

浸泡时间达到后,生头油可由发酵容器的底部放出,流入酱油池中。待头油放完后(不宜放得太干),关闭阀门,再加入 70～80 ℃的三油,浸泡 8～12 h,滤出二油(备下批浸泡用)。再加入热水(为防止出渣时太热,也可加入自来水),浸泡 2 h 左右,滤出三油,作为下批套二油之用。

在滤油过程中,头油是产品,二油套头油,三油套二油,热水拔三油,如此循环使用。若头油数量不足,则应在滤二油时补充。从头油到放完三油总共时间仅 8 h 左右。一般头油滤出速度最快,二油、三油逐步缓慢。特别是连续滤油法,如头油滤得过干,对二油、三油的过滤速度有着较明显的影响。因为当头油滤干时,酱渣颗粒之间紧缩结实又没有适当时间的浸泡,会给再次滤油造成困难。

(3) 出渣

滤油结束,发酵容器内剩余的酱渣用人工或机械出渣,输送至酱渣场上储放,供作饲料。

酱渣的理化标准:水分 80%左右;粗蛋白含量≤5%;食盐含量≤1%;水溶性无盐固形物含量≤1%。

4. 原池浸出工艺

原池浸出工艺除不需把酱醅移到淋油池,在原池中浸出外,其工艺同移池浸出工艺。

二、酱油的加热及配制

酱油的加热及配制工艺流程如图 2-5 所示。

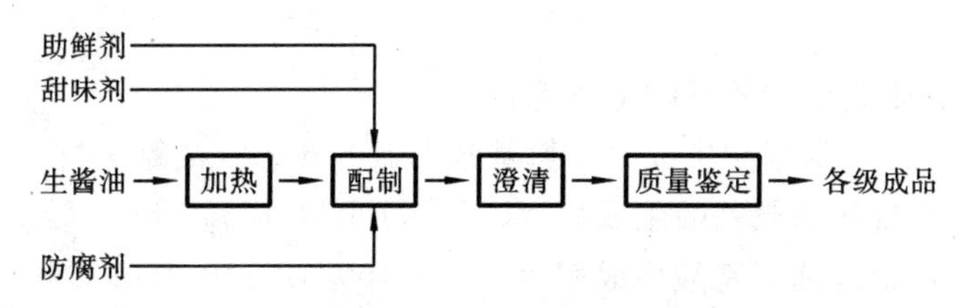

图 2-5　酱油加热及配制工艺流程

1. 酱油的加热

酱油加热目的：①灭菌；②调和香气；③增加色泽；④除去悬浮物；⑤破坏生酱油中存在着的多种酶。通过加热，可使酱油质量稳定。一般酱油加热温度为 65～70 ℃，时间为 30 min，或采用 80 ℃连续灭菌。在这种加热条件下，产膜酵母、大肠杆菌等有害菌都可被杀灭。酱油加热一般采用蒸汽加热法，包括夹层锅加热、盘管加热、直接通入蒸汽加热和列管式热交换器加热等。

2. 成品酱油的配制

配制即将每批生产中的头油和二油或质量不等的原油，按统一的质量标准进行调配，使成品达到感官特性、理化指标要求。由于各地风俗习惯不同、品味不同，还可以在原来酱油的基础上，分别调配助鲜剂、甜味剂以及某些香辛料等以增加酱油的花色品种。常用的助鲜剂有谷氨酸钠（味精），强助鲜剂有肌苷酸、鸟苷酸，甜味剂有砂糖、饴糖和甘草，香辛料有花椒、丁香、豆蔻、桂皮、大茴香、小茴香等。配制前，先要分析化验灭菌后酱油中有关成分的含量，然后以需要配制品种所要求的理化指标为依据，对照衡量是否需要调配，以及要调配哪些指标等。

配制的目的是按照一定的标准拼配出符合要求的质量优良的成品酱油。通过拼配使成品符合质量规格的操作俗称拼格。拼格时，首先要考虑不符合质量指标的项目，以使其符合质量指标。

配制时可按下式计算：

$$aa_1+bb_1=c(a_1+b_1)$$

$$aa_1+bb_1=ca_1+cb_1$$

$$aa_1-ca_1=cb_1-bb_1$$

$$a_1(a-c)=b_1(c-b)$$

$$\frac{a_1}{b_1}=\frac{c-b}{a-c}$$

式中：a 为高于等级标准的酱油质量（全氮或氨基酸态氮的含量）；

a_1 为高于等级标准的酱油数量；

b 为低于等级标准的酱油质量（全氮或氨基酸态氮的含量）；

b_1 为低于等级标准的酱油数量；

c 为标准酱油的质量（全氮或氨基酸态氮的含量）。

［**例 2-1**］　甲批酱油中全氮为 1.35 g/(100 mL)，氨基酸态氮为 0.68 g/(100 mL)，乙批酱油中全氮为 1.10 g/(100 mL)，氨基酸态氮为 0.56 g/(100 mL)，其数量为 15 t，需要多少吨甲批酱油才可配成二级酱油（全氮为 1.20 g/(100 mL)，氨基酸态氮为0.60

g/(100 mL))?

解 先求出各批酱油的氨基酸生成率:

氨基酸生成率=氨基酸态氮×100%/全氮

甲批酱油氨基酸生成率=0.68×100%/1.35=50.37%

乙批酱油氨基酸生成率=0.56×100%/1.10=50.91%

可见甲、乙两批氨基酸生成率都超过了50%(标准二级酱油),所以用全氮来进行拼格。根据公式:

$$\frac{a_1}{b_1}=\frac{c-b}{a-c}$$

将甲、乙两批全氮代入上式

$$\frac{a_1}{15}=\frac{1.2-1.1}{1.35-1.2}$$

解得

$$a_1=10\ \text{t}$$

计算结果表明:需要甲批酱油10 t,可以拼成25 t二级酱油。

三、成品酱油的防腐

1. 酱油生霉(长白)的原因

酱油是耐盐微生物的天然培养基,未经灭菌或灭菌后的成品酱油在气温较高的地区和季节里,酱油表面往往会产生白色的斑点,随着时间的延长逐步形成白色的皮膜,继而加厚变皱,颜色也由嫩白逐渐变成黄褐色,这种现象俗称酱油长白或生花。酱油生霉是由于微生物特别是一些产膜酵母生长繁殖,这些微生物主要有粉状毕赤氏酵母、盐生接合酵母、日本接合酵母、球拟酵母等需氧耐盐产膜酵母,这些产膜酵母最适繁殖温度为25~30 ℃,加热到60 ℃后数分钟就可以被杀灭。

2. 酱油防霉措施

① 改进生产工艺,提高酱油质量。高质量酱油由于成分好,渗透性高,本身具有较高的抗霉能力,因此应尽可能生产优质酱油。

② 加强企业管理,认真贯彻《食品卫生法》,注意生产卫生。

③ 成品加热灭菌,消除内在因素。成品酱油按加热要求进行灭菌,杀灭酱油中的微生物和酶类,能在一定程度上减缓或抑制长白现象的产生。

④ 正确使用防腐剂,防止杂菌丛生。按照生产需要,合理正确地添加允许使用的防腐剂,是通常采用的一种有效防霉措施。酱油中常使用的防腐剂有苯甲酸钠、山梨酸、山梨酸钾、维生素K类,使用量参考国家标准。

四、酱油的储存包装

1. 成品酱油的储存

已经配制合格的酱油,在未包装以前要有一定的储存期,这对于改善风味和体态是有一定作用的。一般把酱油存放于室内地下储池中,或露天密闭的大罐中(有夹层不受外界影响,夹层内能降温),这种静置可使微细的悬浮物质缓慢下降,酱油可以被进一步澄清,包装以后不再出现沉淀物。静置的同时还能调和风味，酱油中的挥发性成分在低温静置期间能进行自然调剂，各种香气成分在自然条件下保留，对酱油起到调味作用，使滋味适口、香气柔和。

2. 成品包装

成品包装要求清洁、卫生、计量准确。包装除巩固成品质量外，还要使酱油便于取用和携带，便于运输、装卸、存放、销售和计量，为消费者和销售工作者减少麻烦。酱油包装也是生产中的一个重要组成部分。现在酱油的包装以瓶装、塑料桶装和散装（罐车）为主。由于瓶装使用轻便，符合卫生要求，需求量逐日增加。

五、成品酱油的保管

包装好的成品在库房内，应分级分批分别存放，排列要有次序，便于保管和提取。搬运堆垛要轻搬轻放，避免碰撞挤压，防止造成损失或影响包装外观。成品库要保持干燥清洁，包装好的成品不应露天堆放，避免日光直接照射或雨淋。成品出厂后的质量保证期限：瓶装在三个月内不得发霉变质，散装在一个月内不得发霉变质。

任务 6　成品酱油的质量标准及检测

一、质量标准

成品酱油的质量标准参照《酿造酱油》(GB 18186—2000)。

1. 感官特性

应符合表 2-5 的规定。

表 2-5　酿造酱油感官特性

项目	要求							
	高盐稀态发酵酱油（含固稀发酵酱油）				低盐固态发酵酱油			
	特级	一级	二级	三级	特级	一级	二级	三级
色泽	红褐色或浅红褐色，色泽鲜艳，有光泽		红褐色或浅红褐色		鲜艳的深红褐色，有光泽	红褐色或棕褐色，有光泽	红褐色或棕褐色	棕褐色
香气	浓郁的酱香及酯香气	较浓郁的酱香及酯香气	有酱香及酯香气		酱香浓郁，无不良气味	酱香较浓，无不良气味	有酱香，无不良气味	微有酱香，无不良气味
滋味	味鲜美、醇厚、鲜、咸、甜、适口		味鲜，咸、甜适口	鲜咸适口	味鲜美，醇厚，咸味适口	味鲜美，咸味适口	味较鲜，咸味适口	鲜咸适口
体态	澄清							

2. 理化指标

可溶性无盐固形物、全氮、氨基酸态氮应符合表 2-6 的规定。

表 2-6 酿造酱油理化特性

项目	指标							
	高盐稀态发酵酱油（含固稀发酵酱油）				低盐固态发酵酱油			
	特级	一级	二级	三级	特级	一级	二级	三级
可溶性无盐固形物/[g/(100 mL)] ≥	15.00	13.00	10.00	8.00	20.00	18.00	15.00	10.00
全氮(以氮计)/[g/(100 mL)] ≥	1.50	1.30	1.00	0.70	1.60	1.40	1.20	0.80
氨基酸态氮(以氮计)/[g/(100 mL)] ≥	0.80	0.70	0.55	0.40	0.80	0.70	0.60	0.40

3. 铵盐

铵盐(以氮计)的含量不超过氨基酸态氮含量的30%。

4. 卫生指标

应符合《酱油卫生标准》(GB 2717—1996)的规定。

5. 标签

标签的标注内容应符合《食品标签通用标准》(GB 7718—1994)的规定，产品名称应标明“酿造酱油”，还应标明产品类别、氨基酸态氮的含量、质量等级，用于“佐餐和/或烹调”。

二、检测

按国标 GB2715 的相关要求检测。

思考题

1. 什么是酿造酱油？酿造酱油可分为哪几类？
2. 制曲过程中常见的杂菌污染包括哪些？分别如何防治？
3. 试比较低盐固态发酵及稀醪高盐发酵工艺的异同点。
4. 在酱油生产过程中，试分析酱油生霉(长白)的原因。

技能训练 低盐固态发酵酱油的生产

一、能力目标

① 通过本实训项目的学习，使学生加深对酱油生产基本理论的理解。
② 使学生掌握酱油生产的基本工艺流程，进一步了解酱油生产的关键技术。
③ 提高学生的生产操作控制能力，能处理酱油生产中遇到的常见问题。

二、生产工艺流程

低盐固态发酵酱油生产工艺流程见图 2-6。

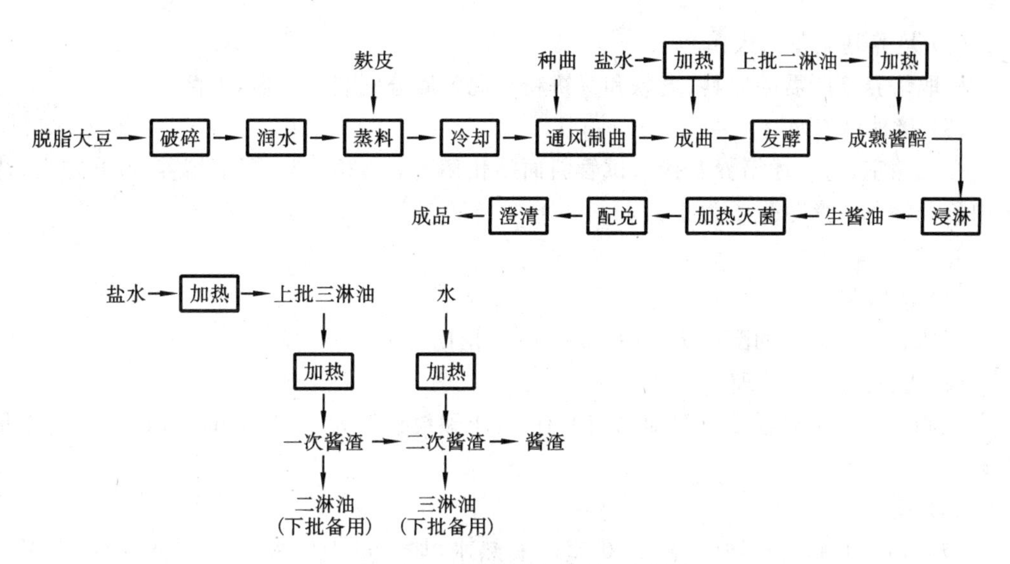

图 2-6 低盐固态发酵酱油的工艺流程

三、实训材料

1. 原料

黄豆或豆粕、麸皮、可溶性淀粉、KH_2PO_4、$MgSO_4 \cdot 7H_2O$、$(NH_4)_2SO_4$、2.5%琼脂。沪酿3.042米曲霉菌种。

2. 仪器与设备

试管、三角瓶、陶瓷盘、铝饭盒、塑料袋、分装器、量筒、温度计、托盘天平、水浴锅、波美计、高压锅、洗涤及浸泡设备、蒸煮锅、曲池(曲箱)、发酵池(发酵罐或发酵箱)、粉碎机等。

四、操作要点

1. 菌种试管活化

(1) 菌种试管活化培养基

豆饼100 g,每100 mL培养基中含0.1% KH_2PO_4,0.05% $MgSO_4 \cdot 7H_2O$,0.05% $(NH_4)_2SO_4$,2%可溶性淀粉,2.5%琼脂,pH为4.0~5.0。

(2) 培养基制备

根据本实训需要,参照规范制备培养基。

(3) 接种培养

在30 ℃恒温培养箱中培养,开始时长出白色菌丝,这种白色菌丝即为米曲霉菌丝,以后米曲霉菌丝逐渐转变为黄绿色,黑曲霉菌丝转变为浅黑色,62 h米曲霉绿色(黑曲霉为黑色)孢子布满斜面,即为成熟。

2. 种曲制备

(1) 种曲培养基

麦麸、豆饼粉、水的配比为4∶3∶6,原料混匀后分别装入容器,灭菌。

(2) 培养基制备与灭菌

称取培养基所需的原料(麦麸和豆饼粉),混匀后分别装入容器,灭菌。

(3) 接种培养

在无菌室,将上述培养基接入试管斜面活化菌种,在28~30 ℃下培养60 h左右,待瓶中长满绿色或黑色孢子为止。

3. 制成曲

(1) 原料配比

豆饼、小麦、麸皮的配比为50∶10∶40(质量比)。

(2) 脱脂大豆的处理

脱脂大豆的破碎程度以粗细均匀为宜,要求颗粒直径为2~3 mm,2 mm以下粉末量不超过20%。

(3) 润水

破碎后的脱脂大豆均匀拌入80 ℃左右热水,加水量为原料(脱脂大豆)的120%~125%。润水适当时间后,混入麸皮,拌匀,蒸料。

(4) 蒸料

采用蒸煮锅,一般控制条件为$(1.5\sim2.0)\times10^5$ Pa,蒸汽温度为125~130 ℃,维持5~15 min。蒸料结束冷却至40 ℃即可出料。熟料要求呈淡黄褐色,有甜香味和弹性,无硬心及浮水,不黏,无其他不良气味,蛋白质变性适度。熟料水分在46%~50%之间。

(5) 接种入池

熟料出锅后,打碎并迅速冷却,拌入粉碎的熟小麦,在45 ℃以下接入种曲,为原料总质量的0.2%~0.4%,混合均匀后,移入曲池制曲。

(6) 制曲工艺主要参数

为了给米曲霉生长创造最适宜的条件,铺料时尽量保持料层疏松、厚薄均匀。制曲过程中控制品温28~32 ℃,最高不得超过35 ℃,室温28~30 ℃,曲室相对湿度在90%以上,制曲时间24~28 h,在制曲过程中应进行2~3次翻曲。

(7) 制曲过程中温度控制

接种后调节温度在32 ℃左右,促使米曲霉孢子发芽,在曲料上、中、下层及面层各插入一支温度计,静止培养6~8 h,此时料层开始升温到35~37 ℃,应通风降温并维持曲料的温度在35 ℃以下,不低于30 ℃。曲料入池培养12 h后,由于菌丝繁殖旺盛,曲料易形成结块,增加了通风阻力,表层与底层的品温温差逐渐加大。当品温超过35 ℃且难以控制时,应及时进行第一次翻曲,使曲料疏松,品温维持在34~35 ℃。继续培养4~6 h后又形成结块,当品温不能维持在35 ℃以下时,进行第二次翻曲,品温维持在30~32 ℃。培养20 h后,米曲霉开始产生孢子,产酶旺盛,为了使蛋白酶活力高,品温尽可能维持在25~28 ℃。翻曲时要求翻松、翻匀,操作迅速。

4. 发酵

(1) 盐水配制

食盐加水溶解,澄清后使用。

(2) 成曲拌盐水

盐水浓度为11～13 °Bé。一般是每100 kg水加盐1.5 kg即为1 °Bé。先将准备好的盐水加热到55 ℃左右，将成曲粉碎后与盐水拌和均匀进入发酵池，最后盖上食品用聚乙烯薄膜，四周以食盐封边，发酵池上加盖木板，以防止酱醅表层形成氧化层，影响酱醅质量。

盐水用量一般控制在制曲原料总量的65%左右，盐水量和成曲本身含水量的总和相当于原料的95%(质量分数)左右，酱醅水分为50%～53%(移池浸出法)。拌曲盐水的温度根据入池后酱醅品温的要求来决定，一般控制在夏季45～50 ℃，冬季50～55 ℃。入池后，酱醅品温在40～45 ℃。

(3) 前期保温发酵

一般条件下，蛋白酶的最适温度是40～45 ℃。因此入池后，应采取保温措施使酱醅品温控制在44～45 ℃，发酵前期时间为15 d左右。每天定点测定温度。

(4) 后期低温发酵

前期发酵结束后，倒池，品温控制在40～43 ℃，后熟，以改善风味。整个发酵周期为20 d左右。

5. 酱油的半成品处理

(1) 浸淋

酱醅成熟后，加入80～90 ℃的二淋油浸泡6 h以上，过滤得头淋油(即生酱油)，头淋油可从容器底部放出，加食盐，加食盐量应视成品规格而定。再加入80～90 ℃的三淋油浸泡2 h以上，滤出二淋油；同法再加入热水浸泡2 h以上，滤出三淋油。

(2) 加热和配制

加热温度以酱油品种、加热时间等因素而定。间隙时加热温度为65～70 ℃，时间为30 min。

每批生产中的头淋油、二淋油或原油，按统一的质量标准进行配兑，使酱油产品达到感官特性、理化指标要求。还可按品种要求加入适量甜味剂、鲜味剂和防腐剂等食品添加剂。

6. 酱油的澄清、储存及包装

(1) 澄清

生酱油加热后，逐渐产生沉淀物，酱油变得混浊，须静置数日，使杂质沉淀于容器底部，成品酱油达到澄清透明的要求，这个过程称为澄清。一般的澄清时间需要7 d以上。

将容器底部的酱油浑脚集中放置于另一容器内，让其自然澄清，析出上层澄清的酱油。然后将较厚的浑脚装入布袋内，压出酱油，回收的酱油须再经加热灭菌处理。头渣再加水搅匀后，装入布袋内压出二油作浸泡用。残渣即为酱渣。

(2) 储存

储存设备要求保持清洁，上面加盖，但必须注意通气，以防散发的水汽冷凝后滴入酱油面层，形成霉变。

(3) 包装

对配制好并经存放1周以上的澄清酱油进行分装。澄清的酱油在分装前应先经巴氏灭菌(65～70 ℃，30 min)，然后用瓶分装。

五、成品检验

1. 感官检查

检查色泽、体态、香气、滋味等。

2. 理化检验和微生物检验

(1) 理化检验

氨基酸态氮测定、食盐测定(以氯化钠计)、总酸测定、全氮测定等。

(2) 微生物检验

菌落总数的测定、大肠菌群检验等。

六、实训报告

写出书面实训报告。

七、实训思考题

1. 制曲在酱油的酿制过程中的作用是什么?
2. 通风制曲时为什么要翻曲?
3. 酱油的检测项目有哪几项,如何检测?
4. 除本法外,还有哪些酿造酱油的方法?

项目2　食醋生产技术

预备知识　食醋的生产历史和分类

一、食醋的生产历史

食醋是我国传统的含有醋酸的酸性调味品,有三千多年的酿造历史。食醋不仅具有酸味,而且含有香气和鲜味等,能调节食品滋味,具有杀菌消炎、增进食欲、帮助消化、防治肠道疾病、软化血管等医疗效果。

我国食醋品种很多,其中不乏名醋,如山西陈醋、镇江香醋、北京熏醋、上海米醋、四川麸醋、江浙玫瑰醋、福建红曲醋等等。这些醋风味各异,远销国外,深受广大消费者欢迎。

我国是世界上最早用谷物酿醋的国家,醋在古代被称之为"醯"、"酢"、"苦酒"、"米醋"等。我国关于食醋的文献记载最早见于《周礼》中,有"醯人主作醯"的记载。"醯"是指醋和其他各种酸味品,由此推算,醋已有3000多年历史。发展到春秋战国时期,酿醋从造酒业中分离出来,开始有专业的酿醋作坊了,但产量很低,这种稀少而又贵重的调料实在非普通农家能享用。据东汉《四民月令》记载:"四月四日可作酢",直到这时,醋才成了人们生活"开门七件事"之一,走进寻常百姓家。南、北朝时期醋的生产有了很大的发展,酿造工艺越来越进步，醋的产量、质量也开始得到迅速提高。北魏贾思勰所著的《齐民要术》中，就介绍了我国古代劳动人民的22种制醋方法。《隋书酷吏传》中有“宁饮三升醋，不见崔弘度”。可见，当时醋已是普通的调味品了。

据史料记载，醋是杜康的儿子黑塔歪打正着而发明的。黑塔率族移居到现在的江苏省镇江，在那里他觉得酒糟扔掉可惜，就浸泡在缸里存放起来。放到了第二十一日的酉时一开缸，一股未曾遇到的香气扑鼻而来，在浓郁香味的诱惑下，黑塔不禁尝了一口，酸甜兼备，味道很美，便储藏着作调味酸浆。这种调味浆叫什么名字好呢？他想正值第二十一日的酉时，就用二十一日加酉字来命名这种调味酸水，即为“醋”字。新中国成立前，食醋的生产一直处于落后状态，设备简陋，产量低，劳动强度大。新中国成立以后，在党和政府的关怀下，食醋生产面貌焕然一新，数量和质量都在不断提高。

二、食醋的分类

食醋的种类很多，由于酿醋原料和工艺条件的不同，使食醋风味各异。对于食醋，目前尚无统一的分类方法，大致归纳如下。

（一）按原料分类

用粮食作为原料酿制的食醋可称为粮食醋或米醋；以麸皮为原料酿制的食醋称为麸醋；用薯类原料酿制的食醋称为薯干醋；以含糖物质，如糖稀、废糖蜜、糖渣、蔗糖等为原料可酿制糖醋；用果汁或果酒可酿制果醋；用白酒、酒精或酒糟等可酿制酒醋；用冰醋酸加水兑制成醋酸醋；用野生植物及中药材等酿制代用原料醋等。

（二）按原料处理方法分类

以粮食为原料制醋，因原料的处理方法不同可分为生料醋和熟料醋。粮食原料不经过蒸煮糊化处理，直接用来制醋，所得产品称为生料醋；经过蒸煮糊化处理的原料酿制的食醋称为熟料醋。

（三）按生产工艺分类

1. 按制醋用糖化曲分类

（1）麸曲醋

以麸皮和谷糠为原料，人工培养纯粹曲霉菌制成的麸曲做糖化剂，以纯培养的酒精酵母作发酵剂酿制的食醋称为麸曲醋。用麸曲作糖化剂具有淀粉出品率高，生产周期短，成本低，对原料适应性强等优点。但麸曲醋风味不及老法曲醋，麸曲也不易长期储存。

（2）老法曲醋

老法曲是以大麦、小麦、豌豆为原料制的麦曲，是野生菌自然培育制成的糖化曲。由于曲子的酶系统较复杂，所以老法曲酿制的食醋风味优良，曲子也便于长期储存。但老法曲醋耗用粮食多，生产周期长，出品率低，生产成本高，故除了传统风味的名牌醋使用外，多不使用。

2. 按醋酸发酵方式分类

（1）固态发酵醋

用固态发酵工艺酿制的食醋，风味优良。固态发酵是我国传统的酿醋方法。其缺点

是生产周期长，劳动强度大，出品率低。

(2) 液态发酵醋

用液态发酵工艺酿制的食醋，其中包括传统的老法液态醋，速酿塔醋及液态深层发酵醋。其风味和固态发酵醋有较大区别。

(3) 固稀发酵醋

食醋酿造过程中的酒精发酵阶段为稀醪发酵，醋酸发酵阶段为固态发酵，出品率较高。

(四) 按颜色分类

浓色醋：颜色呈黑褐色或棕褐色的食醋，如熏醋和老陈醋。

淡色醋：酿造过程中不添加焦糖色或不经过熏醅处理，颜色为浅棕黄色的食醋。

白醋：用酒精为原料生产的氧化醋或用冰醋酸兑制的醋酸醋，呈无色透明状态。

(五) 按风味分类

传统的名牌醋在酿造方法上都有独到之处，使其风味差异很大。如陈醋的酯香味较浓，熏醋具有特殊的焦香味，甜醋则需人工添加食用糖等甜味剂，还有的添加中药材、植物性香料等，形成各种风味不同的食醋。

(六) 按制醋工艺流程分类

酿造醋：酿造醋是以淀粉质、糖质、酒质为原料，经过醋酸发酵酿制而成的。

合成醋：合成醋是用冰醋酸加水兑制而成的。其口味单调、颜色透明。如醋精、白醋精等。

再制醋：再制醋是在酿造醋中添加各种辅料配制而成的食醋系列花色品种。添加的辅料并未参与醋酸发酵过程，所以称再制醋。例如，海鲜醋、五香醋、姜汁醋、甜醋等是在酿造过程品中添加鱼露、虾粉、五香液、姜汁、砂糖等而制成的食醋。

任务1　原料的选择及处理

一、食醋生产原料

食醋生产的原料分为主料(如淀粉质原料、糖类原料、酒精原料等)、辅料及填充料、添加剂和水。

(一) 主料

1. 淀粉质原料

凡是含有淀粉的物质，都可以用来酿醋。

(1) 谷类原料

酿醋常用的谷类原料有高粱、大米、糯米、小米、玉米、小麦等。谷类原料的主要成分的含量见表2-7。长期以来，我国长江以南习惯用糯米和大米为酿醋原料，长江以北则多用高粱、小米。玉米是高产作物，价格便宜。近年来许多地方用玉米酿醋。

表 2-7　谷类原料的主要成分的含量(质量分数)

名称	水分	淀粉	蛋白质	脂肪	粗纤维	灰分
糯米	13%～15%	69%～73%	5%～8%	2.4%～3.2%	0.6%～1.0%	0.8%～1.0%
大米	12%～14%	72%～75%	7%～10%	0.1%～1.3%	1.5%～1.8%	0.4%～1.2%
高粱	10%～14%	62%～68%	8%～15%	3%～5%	1%～3%	1.5%～3.0%
玉米	11%～19%	62%～70%	8%～16%	3%～5.9%	1.5%～3.5%	1.2%～2.6%
小麦	13%～16%	58%～68%	9%～18%	1.0%～2.5%	3.0%～4.5%	1.3%～2.9%

不同的谷类原料生产的醋的质量和风味有很大差异。用不同的粮食酿造的食醋，其风味也不同，如糯米酿制的醋，因为残留的糊精和低聚糖较多，口味较浓甜。大米含糖低，淀粉含量高，杂质较少，用大米酿造的食醋风味较纯净。高粱含有少量的单宁，发酵时能生成特殊的芳香物质，因此高粱醋有独特的香味。玉米中含有较多的植酸，发酵时能促进醇甜物质的生成，玉米醋的甜味较突出。

(2) 薯类原料

为了节约粮食，可使用薯类原料来酿醋。薯类原料的淀粉颗粒较大，容易蒸煮糊化，是酿醋的较理想的原料。

常用的薯类原料有甘薯和甘薯干、马铃薯和马铃薯干、木薯和木薯干等。我国中部地区甘薯中含有丰富的微生物所需之维生素、如每百克鲜甘薯中含有胡萝卜素 0.09～5.51 mg、硫胺素 0.12 mg、核黄素 0.04 mg、尼克酸 0.05 mg、抗坏血酸 30 mg。使用薯干为原料酿醋的主要缺点是有薯干杂味，可能由以下物质形成：瓜干酮、黑尿素、2,5-二苯羟基醋酸、生物碱以及糠醛、丙烯醛等。这些生成杂味的物质应尽量在发酵过程中除去。

2. 糖类原料

(1) 食用糖与糖蜜

食用糖可以作酿醋的原料，使用方便。由于日常生活中食用糖消耗量大，故使用糖蜜更为经济，如甘蔗糖蜜、甜菜糖蜜、蜂蜜等。糖蜜又称废糖蜜，是甘蔗或甜菜厂的一种副产品，含糖量较高，含有相当数量的可发酵糖，可直接被酵母利用。

(2) 果蔬类原料

富含碳水化合物的水果、蔬菜可用来酿造食醋。除碳水化合物外，果蔬原料中还含有较多的维生素和矿物质，因此以此为原料酿制的食醋具有较高的营养、保健作用。常用的酿醋的水果有梨、柑橘、柿子、苹果、菠萝、荔枝、西瓜、猕猴桃、杏等。能用于酿醋的蔬菜有番茄、菊芋、山药、瓜类、海带等。

此外，野生植物原料，如野果、橡子、酸枣、桑葚、葛根、胶藕、蕨根、菱角等，也可用于酿醋。使用野生植物为原料时，应注意化验其成分中是否含有对人体有毒害的物质。利用新的野生植物，须经当地卫生防疫部门批准。

3. 酒精原料

食用酒精、白酒、果酒、啤酒等酒类可以用于酿造食醋，简化生产工序，缩短生产周期、提高劳动效率。

(二) 辅料及填充料

食醋酿造过程中需要耗用较多的辅料，以供微生物活动所需的营养物质或增加食醋中糖分和氨基酸含量。辅料一般采用细谷糠、麸皮、豆粕等，它们不但含有碳水化合物，而且还有丰富的蛋白质、矿物质和维生素。

固态发酵制醋和速酿法制醋都需要填充料。常用的填充料有麸皮、细谷糠、粗谷糠、小米壳、高粱以及粉碎的玉米秸、玉米芯、高粱秸、花生皮、甘薯蔓等。其主要作用是调整淀粉浓度、吸收酒精及浆液，使醅料疏松、储存空气等，以利于醋酸菌的正常发酵。

应注意的是，辅料及填充料不应有特异气味，也不应有霉烂变质现象，以免影响食醋的风味。

(三) 添加剂

为使食醋具有更好的色、香、味，在醋酿造过程中还可使用食盐、蔗糖、香料、炒米色等添加剂。

食盐起到抑制醋酸菌等不耐盐细菌的生理作用，阻止醋酸菌对醋酸的分解，起到增强风味和调味的作用。蔗糖增加甜味和浓度。芝麻、茴香、桂皮、生姜等香料赋予食醋特殊的风味。炒米色可以增加食醋的香气和色泽。

(四) 水

酿醋用水最好为软水，如水的硬度过大，应处理后再使用。水质需符合食用水卫生标准，受到污染的水不能用来酿醋。

二、原料的处理

制醋原料多为植物性原料，在收割、采集和储运过程中，往往会混入泥石、金属等杂质。除去杂质后，为了扩大原料同酶类的接触面积，充分利用有效成分，须将原料粉碎，并加水蒸料，使淀粉颗粒吸水膨胀，以利于液化和糖化。蒸料一般是在旋转式蒸煮锅中完成，同时还达到去除某些有害物质和灭菌的作用。液态发酵则要加 3 倍水浸泡，煮熟呈粥状，加酶或曲糖化。

任务 2　发酵剂的制备

以淀粉质原料酿制食醋，必须经过糖化、酒精发酵和醋酸发酵三个生化阶段，每个生化阶段所需的发酵剂分别为糖化剂、酒母和醋酸菌。为了给发酵提供充足的生物催化剂，保证食醋的质量风味，应当运用科学的方法，选择和制备品质优良的发酵剂。

一、糖化剂的制备

(一) 糖化剂的种类

把淀粉转变成可发酵性糖所用的催化剂称为糖化剂。我国食醋生产中所用的糖化剂见表 2-8。

表 2-8 食醋生产中应用的糖化剂

名称	生产所用原料	含有主要菌种	特　点
大曲	大麦、小麦、豌豆	根霉、毛霉、曲霉、酵母菌	酿制名、特醋
小曲	米粉、米糠、中草药	根霉、毛霉、酵母菌	适用于糯米、大米、特定原料
麸曲	麸皮	黑曲霉	糖化酶活力高，原料适应性广
红曲	大米	红曲霉	糖化酶活力高，有红色素产生
液体曲	玉米粉、麸皮、黄豆饼粉等	黑曲霉、泡盛曲霉	糖化酶活力高，原料适应性广
酶制剂	玉米粉、麸皮、黄豆饼粉等	黑曲霉、泡盛曲霉	糖化酶活力高，原料适应性广

(二) 糖化剂制备

我国食醋酿造过程中应用最广的糖化剂是纯种麸曲，而大曲、小曲和红曲糖化剂一般适用于名、特醋酿造。目前越来越多的生产厂选用由专业酶制厂生产的液体曲和酶制剂。

1. 大曲

大曲是以纯小麦或按一定比例配合的大麦、豌豆等为原料，经粉碎加水压制成砖状曲坯，放置于曲室内，依靠自然界带入的各种野生菌在原料上自然培育，再经风干制成的。制成的大曲要经 3～6 个月的储藏，该过程称为陈曲。这类曲便于保管和运输，由于微生物种类多、酶系全，故酿成的食醋风味好；但淀粉利用率较低，糖化力、发酵力不足，粮食耗用大，生产周期长。

(1) 大曲的生产工艺流程

大曲的生产工艺流程如图 2-7 所示。

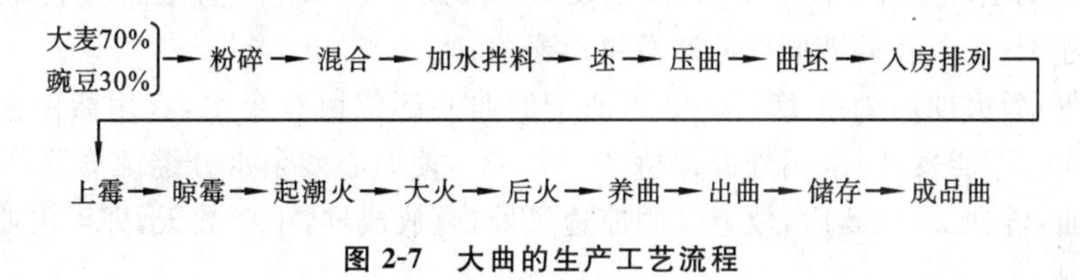

图 2-7 大曲的生产工艺流程

(2) 大曲的制备

a. 原料粉碎：将大麦 70%与豌豆 30%分别粉碎后混合。原料粉碎的粗细与大曲的质量有着密切的关系。原料太粗，空隙大，容易烧皮；原料太细，则菌丝生长成熟困难。因此，原料的粉碎度要适当。一般，冬季制曲时，粒状粗料与粒状细料之比为 4∶6，夏季制曲时，比例为 4.5∶5.5。

原料粉碎后，按曲料的 50%～55%加水拌料。

b. 压曲：将曲料压制成砖块形，便于堆积、运输和储存。过去多采用人工踩曲，现已使用压曲机成型。将粉碎后的原料装进压曲机进料口，自动装入曲模，机械压制成曲坯。曲坯含水分在 36%～38%，每块重 3.2～3.5 kg。要求曲坯厚薄一致，四角饱满无缺，外形平整。

c. 入房排列：曲坯入房前应调节曲室温度在 15～20 ℃。将曲堆放在铺有稻壳(或粗谷糠)的地面上，铺成“品”字形，有利于曲块间空气流通。

d. 上霉:入室曲坯稍风干后,即在曲坯上面及四周盖预先喷湿的苇席或麻袋保温,一般经过 1～2 d,曲坯表面可见白色菌丝密布,此阶段称为“上霉”或“生衣”阶段。上霉良好,则曲坯表面出现根霉菌丝和拟内孢霉的粉状霉点,还有比针头稍大一点的乳白色或乳黄色的酵母菌落。

e. 晾霉:曲坯品温升到 38～39 ℃时,须及时打开曲房门窗,揭去曲坯上层覆盖的席子,以排除潮气和降低室温。此阶段又称为“放潮”。晾霉期为 2～3 d,每天翻曲一次,曲坯增加一层,控制曲坯表面微生物的生长,勿使菌丛过厚,令其表面干燥,使曲固定成形。晾霉应及时,如果晾霉太迟,菌丛长得太厚,曲皮起皱,致使曲坯内部水分不易挥发;如晾霉过早,菌丛长得少,会影响曲坯中微生物进一步繁殖。

晾霉时不允许有较大的对流风,防止曲皮干裂,一般夏季晾至 32～33 ℃,冬季晾至 23～25 ℃。

f. 起潮火:在晾霉 2～3 d 后,曲坯表面不粘手时,即封闭门窗,而进入“起潮火”阶段。入曲室后第 5～6 d 起,曲坯开始升温,品温上升到 36～38 ℃后,进行翻曲,曲坯排成“人”字形,每 1～2 d 翻曲一次。此时每日放潮两次,昼夜开窗 2 次,品温两起两落,曲坯品温由 38 ℃逐渐升到 45～46 ℃,这需要 4～5 d。此后即进入“大火”阶段,曲坯已增高至七层左右。

g. 大火(高温阶段):这阶段微生物的生长仍然旺盛,菌丝由曲坯表面向内部生长,水分及热量由内部向外散发。通过开闭门窗来调节曲坯品温,使其保持在 44～46 ℃高温条件下 7～8 d,不可超过 48 ℃,也不能低于 28～30 ℃;在“大火”阶段每天翻曲一次,使曲块逐渐干燥。“大火”阶段结束时,基本上有 50%～70%的曲块已成熟。

h. 后火:这阶段曲坯日渐干燥,品温逐渐下降到 36～37 ℃,直至曲块不再升温为止。“后火”期为 3～5 d,在此期间曲心水分继续蒸发。

i. 养曲:后火期后尚有 10%～20%曲子的曲心部位留有余水,宜用微温来蒸发。这时曲子本身已不能发热,采用外温保持 34～35 ℃,使曲心残余水分继续蒸发。

j. 出曲:养曲 2～3 d 后,放置于阴凉透风处,叠放成堆,干燥数天,即可出曲。

2. 小曲

小曲是含霉菌和酵母菌等多种微生物的混合糖化剂,在我国具有悠久的历史。生产小曲时,常添加能促进微生物发育繁殖的中草药,如桂林酒曲丸添加桂林香草,绍兴酒药添加辣蓼草。相对大曲而言,小曲用量少,质量和体积较小,又便于保管和运输,但对原料选择性强,适用于糯米、大米等原料,但对于薯类及糖类原料的适应性差。

小曲品种较多,归纳起来可分为药小曲(又名酒药或酒曲丸)、酒曲饼、无药白曲、无药糠曲、纯种混合曲及浓缩甜酒药等。它的特点是用生米粉作培养基,添加中草药及种曲(曲母),有的还添加白土泥作填充料。著名的四川老法麸醋就是用小曲作糖化剂酿造的食醋。由于配料与制备工艺不同,各地添加中草药的品种和数量有所不同,有的添加十几种到百余种,有的只添加一种。

(1) 小曲的生产工艺流程

小曲的生产工艺流程如图 2-8 所示。

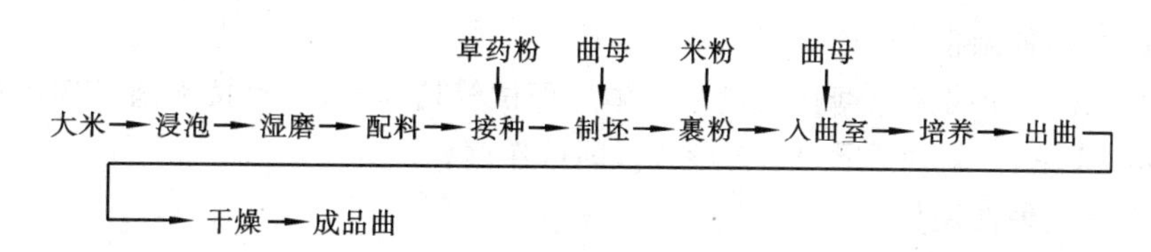

图 2-8 小曲的生产工艺流程

(2) 小曲的制备

① 原料配比。

a. 大米粉：总用量为 20 kg，其中酒药坯用米粉 15 kg，裹粉用细米粉（过 180 目筛）5 kg。

b. 草药粉：用量为 13%（以酒药坯的米粉质量计）。

c. 曲母：为上次制作小曲时保留下来的一部分酒药种。制坯时曲母用量为米粉质量的 2%，裹粉质量的 4%。

d. 水：用水量为米粉质量的 60%左右。

② 生产工艺。

a. 浸米：大米预先用水浸泡 3～6 h。

b. 湿磨：将米淘洗干净，磨成米浆，用布袋压干水分，直至可捏成粒状酒药坯为适度。

c. 制坯：压干的粉浆，按原料大米量的 13%添加草药粉，并添加 2%的曲母，60%左右的水，混合均匀，捏成酒药坯。

d. 裹粉：将 5 kg 细米粉和 0.2 kg 曲母混匀，作裹粉用。先撒小部分裹粉于簸箕中，并洒水于酒药坯上。倒入簸箕中，震动裹粉。裹粉完毕后，即可入室培养。

e. 培养：在培养曲用的木格底垫以新鲜的稻草，然后将药坯装格入室培养。培养过程中室温保持在 28～31 ℃，在前期（20 h）品温不超过 37 ℃，中期（24～48 h）品温控制在 35 ℃左右。保持 48 h 后，品温逐步下降，曲子成熟，即可出曲。

f. 出曲：曲子成熟后移至烘房烘干或晒干，储存备用。

3. 麸曲

麸曲是麸曲醋生产中的糖化剂，是以麸皮为主要原料，加水拌料后灭菌，人工接入纯种曲霉糖化菌，用固体表面培养法制成的。由于麸曲制备时间较大曲或小曲为缩短，通常为 2～3 d，故又称快曲。麸曲能适用于各种酿醋原料，是食醋工业使用最多的糖化剂，但麸曲不宜长期保存。麸曲在生产中只能作糖化剂使用，具有以下特点：糖化力强，生产周期短，培养基简单，适应性强，管理方便等。

麸曲生产因生产方式不同，通常有曲盘制曲、帘子制曲和机械通风制曲三种。前两者料层较薄，采用自然通风；后者料层较厚，需采用机械通风。盘曲和帘子曲由于劳动强度大，需较大的厂房，生产效率低，产品质量不稳定，已逐渐被厚层通风制曲所取代，但一些中小型工厂还在采用帘子曲。机械通风制曲料层厚度为 25～30 cm，用风机通入具有一定湿度和温度的空气，以维持曲霉适宜的生长条件，达到高产、优质及降低劳动强度的目的。

下面以厚层通风制曲为例介绍麸曲生产工艺。

(1) 试管菌种制备

用麦汁、米曲汁或米汁糖化液制成固体斜面试管培养基，严格按无菌操作接种，(30±1) ℃培养 3 d左右，斜面上孢子生长致密，即可作菌种。

(2) 三角瓶种曲制作

三角瓶种曲制作如图 2-9 所示。

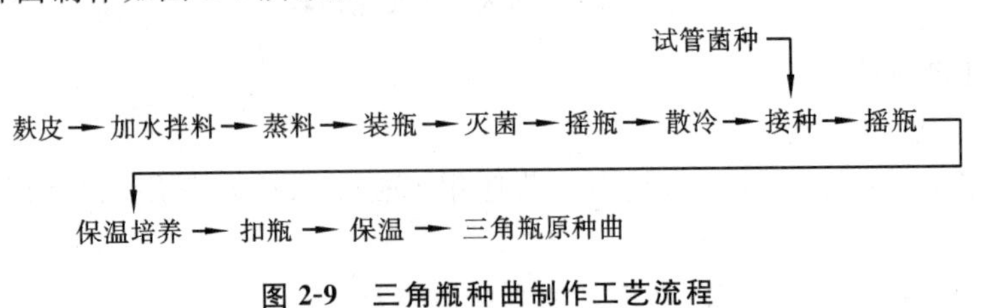

图 2-9　三角瓶种曲制作工艺流程

取麸皮 100 g(如麸皮过细，可加 5%～10%的谷糠)，加 85%～95%水拌匀后装入灭菌三角瓶中，料厚度为 0.5～1 cm，以 0.1 MPa 灭菌 30 min，趁热将曲料摇松。冷却后，严格按无菌操作接入试管菌种，摇匀，置 30 ℃恒温箱培养。接种后约 16 h，瓶内曲料开始结块，轻摇瓶一次将结块摇碎。继续培养 4～6 h，曲料发白结块，菌丝蔓延生长，麸皮刚刚连成饼，进行扣瓶，即将三角瓶轻轻振摇并倒放，使呈饼状的曲料离开瓶底，这样底部曲料也能生长菌丝。30 ℃继续培养 65～72 h 至孢子由黄色全部变成黑褐色，即成熟。

成熟的三角瓶种曲若当时不使用，可置于 40 ℃下干燥后于 4 ℃冰箱保存，但最长不超过 1 个月。

(3) 帘子种曲的制备

种曲的制备工艺流程如图 2-10 所示。

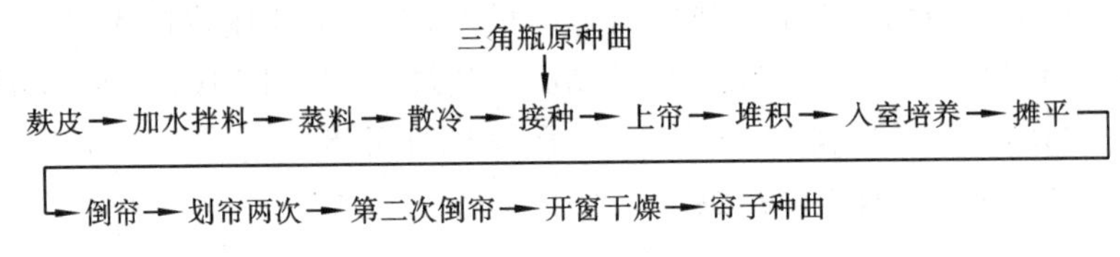

图 2-10　帘子种曲的制备工艺流程

麸皮 100 kg，加水 95～105 kg 拌匀，堆积 1 h 左右，使麸皮充分吸水，拌料后水分含量为 56%～58%；将上述曲料蒸煮(常压蒸煮 60 min)，要求蒸熟蒸透，料不发黏。熟料迅速移至种曲室，降温至 37 ℃时，按 0.2%～0.3%(原料量)接入三角瓶种曲，拌匀。

接种后的曲料先经过 6～8 h 的堆积，堆积高度为 30～40 cm，当品温由 31～33 ℃升高至 35 ℃，可翻拌一次，促进孢子发芽。堆积以后的曲料置于苇帘或竹帘上，料层厚度为 2～3 cm，曲料要求装得蓬松，入室培养。入室时，室温为 26～28 ℃。入室后门窗关闭，保温培养。培养约经 4 h，品温升至 37 ℃以上，开窗通风降温，当品温降至 37 ℃以下时，仍需关窗保温保湿。培养时要调换曲帘上下位置，调节品温一致，每小时检查一次品温，直至出曲。

(4) 厚层机械通风麸曲制备

厚层机械通风麸曲制备流程如图 2-11 所示。

a. 原料配比：机械通风制曲料层厚度为帘子种曲的 10～15 倍，要求通风均匀，料层

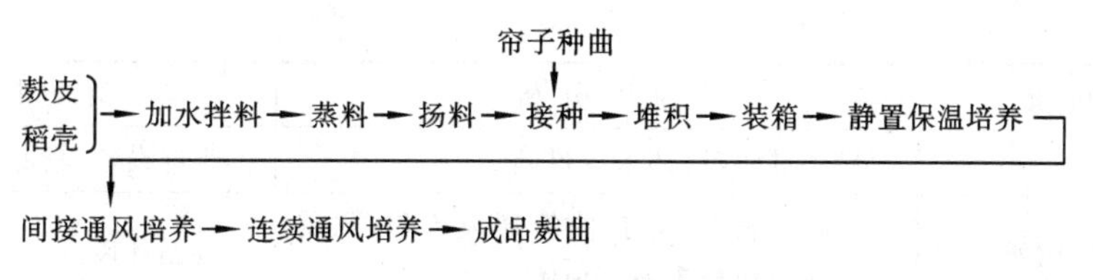

图 2-11　厚层机械通风麸曲制备流程

疏松，阻力小，在配料中加入适量的稻壳，以不堵塞送料管道为原则。加水量一般为原料的 68%～70%。

b. 蒸料：将搅拌均匀的原料堆积 1 h 后入锅蒸熟。常压蒸煮 1 h，焖 30 min，出锅过筛，移入拌和台摊开翻拌，扬料使之快速冷却。

c. 接种：原料冬天冷却至 40 ℃，夏天冷却至 35 ℃，后接入帘子种曲。接种量为原料的 0.3%左右。

d. 堆积：曲料接种后，入池堆积至 50 cm，品温维持在 30～34 ℃，保持 4～5 h，使孢子吸水膨胀、发芽。孢子发芽时不产生热量，不需要大量的通风。孢子发芽后，料层厚度减为 25～30 cm。若料层过厚，不利于通风。

e. 通风培养：5～8 h 后，品温升至 34～35 ℃，开始间歇通风，风温为 28～30 ℃，湿度要求较大。通风 3～4 次以后，曲霉菌生长旺盛，品温上升很快，要连续通风，风温 25 ℃左右，湿度可稍低，使品温控制在 36～38 ℃左右，不得超过 40 ℃。至后期，曲霉菌生长缓慢，水分不断减少，为了有利于糖化酶的产生，品温应控制不超过 30 ℃，可间歇通入干风。培养时间为 28～34 h。培养时间的确定应通过测定曲子糖化力是否达到最高峰来掌握，一般为 30 h。

麸曲质量要求见表 2-9，麸曲生产出现异常情况应采取的预防措施见表 2-10。

表 2-9　麸曲质量要求

外　观	糖化酶活力/(U/g)	酸度(以乳酸计)/(%)
曲色米黄、无干皮夹心、菌丝粗壮、孢子尚未形成、有正常曲香、无怪味或酸味、曲块结实、用手轻捏松而不硬	1500	5

表 2-10　麸曲生产出现异常情况应采取的预防措施

异常情况	原因分析	预防措施
干皮	旧曲房，空气湿度小，曲温过高，水分大量蒸发	加强管理，控制曲房空气湿度和适当品温
曲松散不结块	菌丝生长不良，前期水分过大，使品温过高，烧坏了幼嫩的菌丝，或前期水分过少，品温过低，菌丝发育不良	注意控制堆积水分和第一次通风温度
酸味	过热烧曲	正确掌握曲料水分，装箱温度与湿度管理
结露	空气中水分冷凝成细小水珠洒落在曲料上	勿使风温与室温相差悬殊

续表

异常情况	原因分析	预防措施
夹心	局部过热，局部水分过高	改进设备，精心操作
曲层上下品温相差过大	装箱料松紧不匀，曲箱通风不匀，风走短路或出曲后不及时摊晾	打循环风

4. 红曲

红曲又称红米，是我国特色曲之一。红曲是利用红曲霉在蒸熟的米饭上繁殖，并产生有较强活力的糖化酶。红曲被广泛应用于增色、红曲醋及玫瑰醋等的酿造上。其制备工艺流程如图2-12所示。

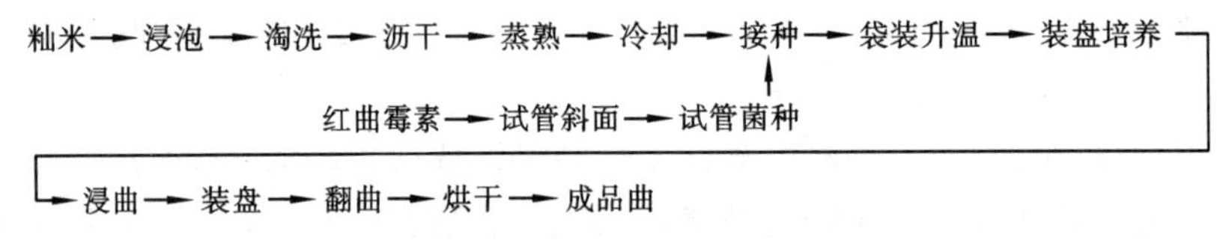

图2-12　红曲制备工艺流程

5. 液体曲

一般以纯培养的黑曲霉菌为菌种，经发酵罐深层培养，得到一种液态的含高活力的α-淀粉酶和糖化酶的糖化剂，可替代固体曲用于食醋酿造。液体曲生产机械化程度高，糖化力也较高，使用方便，但设备投资大，动力消耗大，技术要求高，且不易保存和运输，应及时使用。

6. 淀粉酶制剂

淀粉酶制剂是通过液态深层培养α-淀粉酶活力强的枯草芽孢杆菌和糖化酶活力强的黑曲霉，从其培养液中提取干燥淀粉酶并制成的酶制剂。淀粉酶制剂具有糖化速度快，淀粉利用率高，酶活力高等特点，制备淀粉酶制剂是糖化工艺发展的方向之一。但使用酶制剂做糖化剂存在着酶系单一，产物比较单纯的缺点，酿出的食醋风味不如大曲醋及麸曲醋等。

二、酒母的制备

使糖液或糖化醪进行酒精发酵的催化剂是酵母菌。传统上依靠各种曲子及空气、上批酒醅中存在的酵母菌进行接种。但往往由于菌种纯度不高，酒精发酵性能不稳定，影响食醋的质量。因此，添加纯种的、发酵能力强的酵母菌会提高酒精产率，缩短发酵周期，提高食醋的稳定性。

酵母逐级扩大培养的过程，在食醋酿造中称为酒母的制备。若用淀粉质原料生产食醋，使用大曲或小曲作糖化剂时，发酵时可不添加酒母；若使用麸曲为糖化剂，发酵时一定要添加酒母，利于酒精发酵。常用的酵母菌株有南洋混合酵母、K酵母、拉斯12号等。

1. 工艺流程

酒母制备工艺流程如图2-13所示。

试管菌种→小三角瓶培养→大三角瓶培养→卡氏罐培养→酒母罐培养→酒母

24 h　18~20 h　18 h　8~10 h

图 2-13　酒母制备工艺流程

2. 操作方法

(1) 试管菌种培养

取 5～6 °Bé 麦汁或米曲汁，调 pH 为 4.5 左右，加入 2%琼脂制成的试管斜面培养基，无菌条件下接入酵母菌，在 28～30 ℃下恒温培养 3～4 d。

(2) 小三角瓶培养

多种溶液可作培养基，如 7 °Bé 的米曲汁、麦汁，或 7～7.5 °Bé 饴糖液加入 0.5%～0.6%的豆饼粉，或稀释至 7 °Bé 的生产用糖化醪，调节 pH 为 4.5 左右，150 mL 培养基置于 250 mL 三角瓶中，在无菌条件下，从斜面上挑取 1～2 环原菌于小三角瓶培养基中，摇匀。25～30 ℃恒温箱培养 24 h，可见瓶内有气泡产生，瓶底有白色酵母沉淀。

(3) 大三角瓶培养

培养基同小三角瓶。于 1000 mL 三角瓶中加入液体培养基 500 mL，在无菌条件下，将小三角瓶中的酵母液全部转移到大三角瓶中，摇匀，25～30 ℃恒温箱培养 18～20 h，瓶内有大量 CO_2产生，瓶底有白色酵母泥。

(4) 卡氏罐培养

卡氏罐是容量为 10～20 L 的锡或不锈钢容器。放入约半容积的糖化醪，加热灭菌 30 min 后，冷却至 25～30 ℃备用。将大三角瓶中的酵母液摇匀后全部转移到卡氏罐中，25～30 ℃下培养 18 h，待液面产生大量泡沫，培养成熟。

(5) 酒母罐培养

用种子罐作为酒母罐，若无种子罐也可用大缸加盖代替，容量为 500 L。薯干粉、碎米粉、高粱粉等，均可作为培养基的原料。下面以玉米粉为例，介绍酒母的生产方法。

① 适用于固态发酵工艺的固体酒母培养。

玉米粉中添加麸皮 20%，水 80%，拌匀蒸熟，再加 3 倍的水用蒸汽冲沸，冷却至 70℃左右后，加入玉米粉质量 20%的麸曲，在 60～65 ℃下糖化 3～5 h。糖化结束后，降温至 28 ℃；接入卡氏罐酒母 10%，于 28 ℃培养约 20 h 即可。培养期间需经常通过搅拌来通入空气，以利于酵母增殖。

② 适用于液态发酵工艺的液体酒母培养。

玉米粉中添加麸皮 20%，加入玉米粉质量 6 倍的水，升温至 90 ℃糊化 15 min，加 α-淀粉酶 0.35%，液化 10～15 min，降温至 63 ℃，加入玉米粉质量 20%的麸曲，55～60℃糖化 3～4 h。接入卡氏罐酒母 10%，于 28 ℃培养约 20 h 即可。培养期间需经常通过搅拌来通入空气，以利于酵母增殖。

三、醋酸菌种子的制备

食醋酿造过程中，醋酸菌能够把酒醪(酒醅)中的酒精氧化生成醋酸。醋酸菌的形状，直接影响到产酸率、生产周期等。常用的醋酸菌有沪酿 1.01、沪酿 1.079 等。

1. 醋酸菌菌种的培养及保藏

以葡萄糖 1 g,酵母膏 1 g,酒精 2 mL,琼脂 2.5 g,碳酸钙 1.5 g,水 100 mL,或葡萄糖 0.3 g,酵母膏 1 g,琼脂 2.5 g,碳酸钙 1.5 g,含酒精 6%的水 100 mL 为培养基,接种纯种醋酸菌后 30~32 ℃恒温培养 48 h,0~4 ℃冰箱保藏备用。

2. 醋酸菌固态扩大培养

固态培养的醋酸菌是先经过纯种三角瓶扩培,再在醋醅上进行固态培养,利用自然通风回流法促使其大量繁殖。其纯度虽然不高,但适用于除液态深层发酵制醋外的各种食醋酿造。

醋酸菌固态扩大培养生产工艺如图 2-14 所示。

试管(斜面)原菌 → 三角瓶 → 大缸固态培养

图 2-14　醋酸菌固态扩大培养生产工艺

称取酵母膏 1%,葡萄糖 0.3%,溶解后分装于 1000 mL 的三角瓶中,每瓶装 100 mL,于 0.1 MPa 蒸汽灭菌 30 min,冷却后,无菌条件下加入乙醇至终浓度为 4%。接入试管原菌,30 ℃恒温培养 5~7 d。当液体表面出现薄膜,嗅之有醋酸味,即为醋酸菌生长成熟。

取生产上配制的新鲜醋醅,置于内设假底、下部开洞并接回流导管的大缸中,回流口加木塞。按原料的 2%~3%接入三角瓶培养的纯菌种于醋醅上,搅拌均匀,缸口加盖,32 ℃培养 1~2 d 后,品温升高,将缸底塞子开启,醋液回流浇于醋醅面上,使之降温,控制品温不高于 38 ℃。继续培养 4~5 d,待醋液酸度达 4 g/(100 mL)(以醋酸计)时,可将此醋醅作为醋酸菌种子应用于大生产。如发现醋醅有白花和异臭味,没有醋酸的清香味,应进行显微镜检查是否有杂菌污染。

3. 醋酸菌液态扩大培养

液体扩大培养的醋酸菌用于液态深层发酵制醋。生产工艺如图 2-15 所示。

试管(斜面)原菌 → 试管液体菌 → 三角瓶 → 三角瓶 → 种子罐
一级种子　二级种子　三级种子

图 2-15　醋酸菌液态扩大培养生产工艺

(1) 一级种子培养

将葡萄糖 1%,酵母膏 1%,碳酸钙 2.5%,溶于 150 mL 水中,装入 1000 mL 三角瓶中,0.1 MPa 蒸汽灭菌 30 min,取出冷却后在无菌条件下加入酒精 2%。接入试管原菌,于 32~34 ℃振荡培养 24 h,镜检无异常即可使用。

(2) 二级种子培养

三角瓶中装入 250 mL 培养基(同一级种子),接入 10%一级种子,于 32~34 ℃振荡培养 24 h,镜检无异常即可使用。

(3) 三级种子培养

将 35 L 生产用糖液抽入 50 L 种子罐内,100 ℃灭菌 10 min,迅速降温至品温 32 ℃,按接种量 10%接入醋酸菌,0 ℃下静置培养 30 h,酒醪酒精含量为 4%~5%后,接入 10%二级种子,32~34 ℃通风搅拌培养 12~14 h,要求酸度达到 2 g/(100 mL)。镜检菌体生长正常即可使用。

醋酸菌种子的扩大培养代数，应视产量来定。如果产量大，可适当增加扩大培养代数；产量小，则应适当减少培养代数；对保持菌种的活力有益。

任务3 食醋发酵

食醋酿造在我国有着悠久的历史。人们根据不同地区的气候、原料及饮食习惯等，创造出种类繁多的酿醋工艺。根据醋酸发酵阶段各物料状态不同，可将食醋酿造工艺分为两大类，即固态发酵工艺和液态发酵工艺。

一、固态发酵工艺

1. 固态发酵制醋工艺

固态发酵法是我国酿醋的传统工艺，目前一些中、小型醋厂仍在使用。这种工艺生产设备简单，多采用陶瓷缸或涂有防腐涂料的水泥池作为酒精和醋酸发酵设备，成本较低。

(1) 工艺流程

固态发酵制醋工艺流程如图2-16所示。

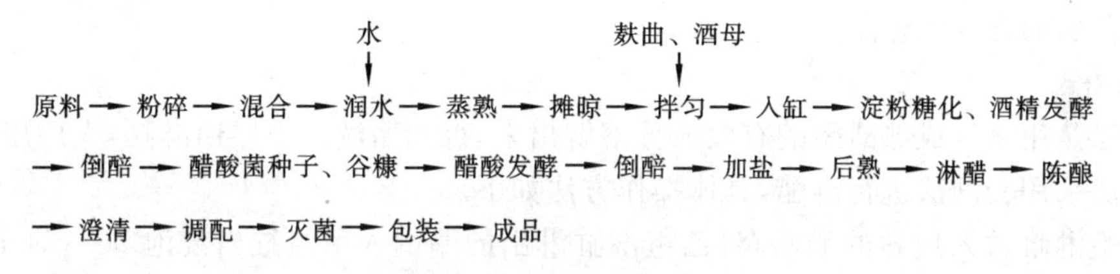

图2-16 固态发酵制醋工艺流程

(2) 操作要点

① 原料配比。

固态发酵工艺中原料配比如表2-11所示。

表2-11 固态法食醋生产原料配比

原料名称	质量/kg	原料名称	质量/kg
高粱或大米	100	麸曲	50
谷糠	80	酒母	40
麸皮	120	食盐	7.5～10
原料加水量	275	谷糠(醋酸发酵母)	50
熟料加水量	180	醋酸菌种子醅	40

② 原料处理。

将各种原料粉碎，混合均匀后加水搅拌，使原料与水充分拌匀吸透。润水完毕后，在150 kPa下蒸料40 min。蒸熟后，将熟料过筛，消除团粒并冷却。

③ 添加麸曲及酒母。

熟料要求夏季降温至28～30 ℃，冬季30～32 ℃后，进行二次加水。翻拌均匀后摊平，撒上细碎的麸曲，再将搅匀的酒母均匀地撒在麸曲上，然后拌匀，使醋醅含水量在

60%～62%为宜，入缸进行糖化和酒精发酵。

④ 淀粉糖化和酒精发酵。

醋醅入缸后，摊平，检查醅温在15～16 ℃，发酵室室温保持在20 ℃为宜。当醅温上升至36 ℃，应进行倒醅。严格控制醅温不超过36 ℃，如发现醅温过高，应再倒醅。倒醅的方法是每10～20个缸留出一个空缸，将已升温的醋醅移入空缸内，再将下一缸倒在新空出的缸内，依次将所有醋醅倒一遍。此阶段为边糖化边发酵双边发酵工艺过程。发酵期为5～6 d。当醅温下降至33～35 ℃，酒精度达7.50%～8.0%(体积分数，余同)，说明酒精发酵已基本结束。

⑤ 醋酸发酵。

酒精发酵结束后，拌入谷壳、麸皮及醋酸菌种子，进行醋酸发酵。发酵室室温为25～30 ℃，品温掌握在39～41 ℃，不超过42 ℃，每天倒醅1～2次，使醋酸松散，供给充足氧气。经12～15 d，品温开始下降，每天取样测定醋酸含量。当品温降至36 ℃时，醋酸含量达到7%左右且不再上升，说明醋酸发酵已结束，应及时加盐，停止醋酸菌继续作用。

⑥ 加盐、后熟。

醋酸发酵完毕后，立即加盐，一般按醋醅的1.5%～2%加食盐，加盐以后再后熟2 d，以改善食醋的香气和色泽。

⑦ 淋醋。

淋醋是用水将成熟醋醅的有效成分溶解出来，得到醋液。小厂用淋缸，大厂用水泥淋池。一般采用套淋法进行淋醋，具体操作方法如下。

甲组淋缸放入成熟的醋醅，将乙组淋缸淋出的醋倒入甲组缸内浸泡20～24 h左右，淋下的称为头醋；乙组缸内醋渣是淋过头醋的头渣，将丙组缸淋下的三醋放入乙组缸内，淋下的是二醋；丙组淋缸内的醋渣是淋过二醋的二渣，将清水放入丙缸内，淋出的就是三醋。这种操作方法既可以保证醋的质量，又可以使醋醅中的有效成分最大限度地溶解淋出，最后醋渣的残酸仅为0.1%。

⑧ 陈酿。

陈酿是醋酸发酵后期为改善食醋风味进行的储存、后熟过程，经过长期陈酿的食醋称为陈醋。

陈酿的方式有醋醅陈酿和成品醋陈酿两种方法。醋醅陈酿是把加盐的醋醅存放于缸中，压实，加盖面食盐，用泥土密封缸口，经10～15 d可淋醋，如长期陈酿，应在15～20 d倒醋一次。成品醋陈酿是将淋好的醋液封存于缸内，陈酿1～2个月或更长时间，使食醋酸度和固形物含量增高。陈酿过程中，由于酯类的形成，使食醋富有浓郁的香气和滋味，色泽也比较鲜艳。为了防止食醋在陈酿过程中变质，醋液的酸度需在5%(醋酸计)以上。

⑨ 灭菌。

灭菌也叫煎醋，是将澄清以后的清亮食醋，在80～90 ℃下加热50 min，具有灭菌和改善风味的双重作用。灭菌的食醋迅速冷却包装即得成品。

2. 酶法液化通风回流制醋工艺

(1) 工艺流程

酶法液化通风回流制醋工艺流程如图2-17所示。

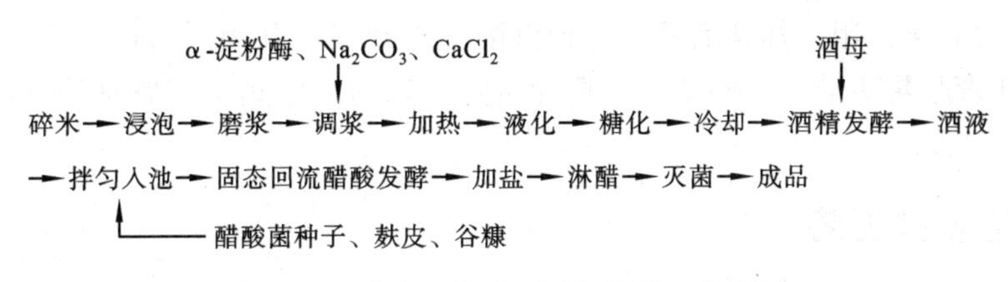

图 2-17 酶法液化通风回流制醋工艺流程

(2) 操作要点

① 原料配比。

酶法液化通风回流制醋原料配比见表 2-12。

表 2-12 酶法液化通风回流制醋原料配比

原料名称	质量/kg	原料名称	质量/kg	原料名称	质量/kg
碎米	1200	麸曲	60	谷糠	1650
Na_2CO_3	约 1.2	酒母	500	醋母	200
$CaCl_2$	2.4	水	3250	食盐	100
中温 α-淀粉酶(酶活力 2000 U/g)	3.0	麸皮	1400		

② 水磨和调浆。

碎米用水浸泡,充分膨胀后按米与水 1∶1.5 比例水磨,磨成 70 目以上细度后用水泵送至粉浆桶进行调浆,用 Na_2CO_3 调节 pH 为 6.2～6.4,再加入 $CaCl_2$,然后在碎米加入中温 α-淀粉酶,搅拌均匀,使酶粉均匀分布在浆液中,打开出料阀,放入液化桶内液化。

③ 液化与糖化。

液化品温控制在 85～90 ℃,维持 10～15 min,用碘液检测,若呈棕黄色,表明液化完全。之后缓慢升温至 100 ℃,保持 10 min,进行灭菌。液化完毕,将液化醪泵入糖化桶,冷却至 61～65 ℃,加入麸曲,糖化 3～4 h。待糖化醪冷却至室温,泵入酒精发酵罐中。

④ 酒精发酵。

加入与糖化醪等体积的水,调节 pH 为 4.2～4.4,投入酒母 500 kg,控制发酵温度在 33 ℃左右进行酒精发酵。发酵 3～5 d,酒精度达到 7%～8%,残糖 0.5%左右后将酒醪送入醋酸发酵池进行醋酸发酵。

⑤ 醋酸发酵。

a. 进池 将酒醪、麸皮、谷糠及醋酸菌种子拌匀后入发酵池,入池品温控制在 35～38 ℃。面层加大醋酸菌种子的接种量。醅料入池完毕,平整表面,盖上塑料膜开始醋酸发酵。

b. 松醅、回流 面层醋酸菌繁殖较快,升温快,24 h 品温可达 40 ℃;而中层醅温较低,需进行松醅,调节温度一致。松醅后,每逢醅温达到 40 ℃即可回流,使醅温降至 36～38 ℃。一般每天回流 5～6 次,每次放出 100～200 kg 醋汁回流。回流 120～130 次,醋醅即成熟。当酸度达到 6.6%～7%,酸度不再增加,醋中酒精残留甚微时,可视为发酵成熟。

⑥ 加盐、淋醋。

醋酸发酵结束后,为避免醋酸继续氧化分解为二氧化碳和水,立即加入食盐 100 kg,

抑制醋酸菌的氧化作用。加盐后马上进行淋醋。先开醋汁管阀门，再把二醋汁分次浇在面层，从醋汁管收集头醋。当醋酸含量降至4%～5%时，停止。一般每千克碎米可得成品食醋7～8 kg。

二、液态发酵工艺

我国常用的液态发酵工艺有浇淋法酿醋工艺、液态深层发酵工艺、表面发酵法酿醋工艺等。一些名优醋如江浙玫瑰香醋、福建红曲醋等，均采用液态发酵工艺。

1. 浇淋法酿醋工艺

浇淋法酿醋在我国河南等地应用较多。可用粮食原料酿酒外，也可用白酒做原料。其特点是将玉米芯、刨花等填充物作为醋酸菌载体，酒液反复浇淋于醋化塔内填充物上进行醋酸发酵。由于是在醋化塔中进行发酵，因此也称为塔醋。醋化塔中氧气供应充足，醋酸发酵迅速，产量高，又称为速酿醋。

① 工艺流程。

浇淋法酿醋工艺流程如图2-18所示。

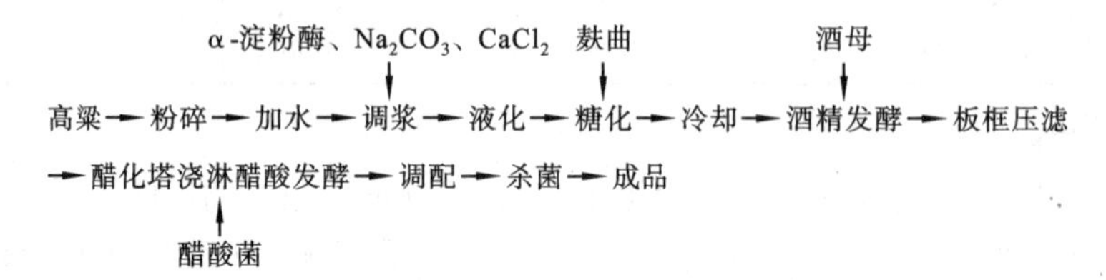

图2-18　浇淋法酿醋工艺流程

② 醋化塔。

醋化塔为圆柱形或圆锥形，底座直径为1.6～1.7 m，假底距塔底0.5 m。塔顶安装的喷淋管可以自动回转。塔内的填充料有刨花（用无芳香气味的树木制成）、木炭、芦苇梗、玉米芯、甘蔗渣、桦树枝等，可因地制宜。填充料使用前先用清水洗净，再用醋酸含量为7%的食醋浸泡，作为醋酸菌的载体。对填充料的要求是接触面积大，具有适当的硬度，经酒液浸渍后不变软。由于醋酸菌大量繁殖后会形成较厚的菌膜，所以填充料需要定时更换。

③ 原理。

淋浇法酿醋的基本原理是让稀酒液浇淋于负载有醋酸菌的物料上，自上而下流过，空气自下而上流通，使酒精很快被氧化成醋酸。经过一次浇淋若不能使酒精全部转化为醋酸，可多次回流。

④ 操作方法。

原料配比及处理，液化、糖化和酒精发酵均同酶法液化通风回流制醋工艺。酒精发酵结束后，酒醪用板式过滤机除渣。

将白酒或酒精、循环底醋、酵母液及热水在原料罐中混合均匀。醋化塔内温度为34～36 ℃，将32～34 ℃的发酵液分次喷洒于塔内，喷洒次数为10～16次，约每隔1 h喷洒一次。经塔内醋酸菌的氧化作用，塔底留出的醋液酸度比喷入的发酵液高。每隔1 h或半小时检测酸度一次，若酸度不再增加，可停止浇淋。收集的醋液除补充循环醋外，新转化的部分可做半成品。

醋酸发酵完后，向醋液中添加 2.5%食盐，加热灭菌，储存一个月，调酸，包装即为成品。

2. 液态深层发酵工艺

液态深层发酵法制醋是较为先进的技术，其特点是发酵周期短、机械化程度高、原料利用率高、劳动强度低、占地面积少、不用填充料、产品质量稳定等，为实现食醋生产自动化创造了条件。但由于此法酿醋周期短，风味欠佳，作为调味品尚有不足。

① 工艺流程。

液态深层发酵法制醋工艺流程如图 2-19 所示。

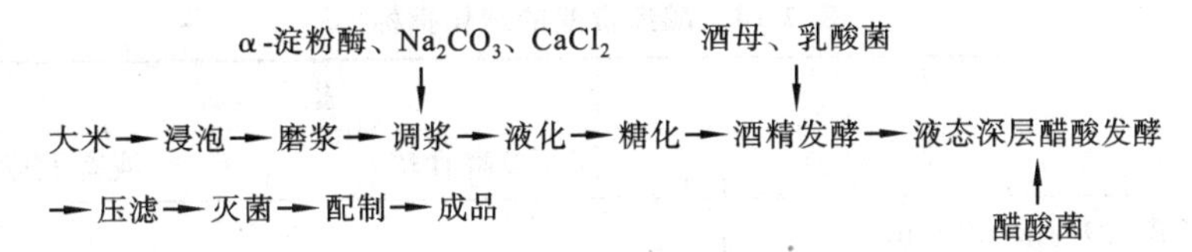

图 2-19　液态深层发酵法制醋工艺流程

② 主要设备。

液态深层发酵目前使用的设备有标准发酵罐和自吸式发酵罐。标准发酵罐带有搅拌器。压缩空气经空气过滤系统导入发酵罐内，通过搅拌使氧气均匀地溶解于发酵液中。

自吸式发酵罐用于制醋工业始于 20 世纪 60 年代后期，由德国开发成功。其原理是发酵液在一定转速的机械搅拌作用下，在搅拌器空腔的转子叶轮背侧出现负压，使空气经由吸风管通过过滤器净化后吸入，再从叶轮甩出。由于搅拌作用，叶轮周围形成强烈湍流，使刚离开叶轮的空气在发酵液中分裂成细微的气泡，扩散到整个发酵罐中。

③ 操作方法。

a. 大米的液化、糖化、酒精发酵　参阅酶法液化通风回流制醋。

b. 醋酸发酵　将酒醪或酒液泵入发酵罐中，装入量为罐容积的 70%。当料液淹没自吸式发酵罐转子时，开动搅拌器自吸入空气。装完料后，接入醋酸菌种子液 10%，保持品温 32～35 ℃进行发酵。控制通风量，65～72 h 后，当醋酸不再增加时发酵结束。

液态深层发酵法生产的食醋，其糖分及氨基酸都低于固态发酵产品，故需添加蛋白水解液和糖，以改善产品风味和颜色。

任务 4　食醋质量标准及检测

一、质量标准

食醋的质量标准参照《酿造食醋》(GB 18187—2000)的有关规定。

1. 感官特性

感官特性指标应符合表 2-13 的规定。

表 2-13　酿造食醋的感官指标

项　目	要　求	
	固态发酵食醋	液态发酵食醋
色泽	琥珀色或红棕色	具有该品种固有的色泽
香气	具有固态发酵食醋特有的香气	具有该品种特有的香气
滋味	酸味柔和，回味绵长，无异味	酸味柔和，无异味
体态	澄清	

2. 理化指标

酿造食醋的理化指标见表 2-14。

表 2-14　酿造食醋的理化指标

项　目	指　标	
	固态发酵食醋	液态发酵食醋
总酸(以乙酸计)/[g/(100 mL)]≥	3.50	
不挥发酸(以乳酸计)/[g/(100 mL)]≥	0.50	—
可溶性无盐固形物/[g/(100 mL)]≥	1.00	0.50

注：以酒精为原料的液态发酵食醋不要求可溶性无盐固形物。

3. 卫生指标

砷(以砷计)不超过 0.5 mg/L；铅(以铅计)不超过 1 mg/L；黄曲霉毒素不超过 5 μg/kg。

二、食醋的检测

1. 醋酸的检测

(1) 定性检测

醋酸的定性检测可采用我国药典规定的醋酸盐定性法，即将用 NaOH 溶液中和后的样液移入试管中，加入 5%硝酸溶液和 0.01 mol/L 碘液各 1 滴，并沿管壁加入 1%氨溶液 1 滴，有蓝棕色环出现。

(2) 定量检测

酿造食醋中醋酸含量的检测多以总酸为指标，即采用酸碱滴定法定量。

若需排除食醋中其他有机酸对酸度的影响，需用蒸馏法将醋酸蒸馏出并收集馏出液，再用酸碱滴定法定量测定醋酸的含量。也可用气相色谱法定量测定可挥发的醋酸含量。

2. 感官检验

色泽、体态：将样品摇匀后用量筒量取 20 mL，放入 20 mL 比色管中，在白色背景上观察，鉴定其颜色、澄清度、有无沉淀物和悬浮物。

香气：量取样品 50 mL，放入 150 mL 三角瓶中，轻轻摇动，嗅其气味。

滋味：吸取样品 0.5 mL 滴入口中，然后涂布满口，反复吮咂，鉴别其滋味优劣及后味长短。第二次品尝前必须用清水漱口。

3. 理化检验

食醋理化检验的方法多为常规方法，可查阅相关资料。

思考题

1. 食醋的种类有哪些？
2. 食醋酿造的原料有哪些？
3. 糖化剂的种类有哪些？
4. 酿造食醋的工艺有哪几类？

技能训练 食醋的酿造——固态法制醋工艺

一、能力目标

① 通过本实训的学习，使学生加深对食醋生产基本理论的理解。
② 使学生掌握食醋生产的基本工艺流程，进一步了解食醋生产的关键技术。
③ 提高学生的生产操作控制能力，能处理食醋生产中遇到的常见问题。

二、生产工艺流程

固态法制醋工艺流程如图 2-20 所示。

水（加入润水）；麸曲、酒母、水（加入拌匀）

碎米、麸皮、谷糠→混合→润水→蒸熟→出锅摊晾→拌匀→边糖化边发酵→拌糠接种醋酸菌→翻醋→成熟→熏醋→陈酿→醋酸加盐→淋醋→陈酿储存→配对→加热灭菌→包装→成品

图 2-20 固态法制醋工艺流程

三、实训材料

1. 原料

碎米、麸皮、谷糠、麸曲、酒母、水、AS1.41 醋酸菌种子醅（即成熟生醋醅）

2. 仪器与设备

粉碎机、蒸锅、电炉、温度计、灭菌锅

四、操作要点

（一）原料配比与处理

1. 原料配比

碎米 10 kg，谷糠 8 kg，麸皮 12 kg，蒸前原料润水 27.5 kg，蒸后熟料加水 18 kg，麸曲 5 kg，酒母 4 kg，谷糠（转醋酸发酵时加入）5 kg，醋酸菌种子醅 4 kg，食盐 0.75～1.0 kg。

2. 原料处理

碎米粉碎成粉状，原料常压蒸熟 1.5～2 h，再焖 1 h，出锅摊晾时补充水分（蒸后熟料加水量）并迅速降温。

(二) 加麸曲、酒母

加麸曲、酒母的温度夏天控制在 30 ℃以下，冬天控制在 40 ℃以下。麸曲要打碎，酒母要拌匀，入缸水分一般为 60%～66%。

(三) 入缸管理

1. 入缸

醅入缸要填满压实。夏天入缸品温 24 ℃，冬季 28 ℃，缸口加草盖，室温 25～28 ℃。

2. 第一次翻醅

入缸第二天品温升高至 30～34 ℃时应进行第一次翻醅（倒缸）。

3. 酒精发酵

此阶段要求品温 30～34 ℃为好，最高不要超过 37 ℃，入缸后 5～7 d 酒精发酵结束。酒醅中酒精含量为 7%～8%。

4. 醋酸发酵

一般醋醅第六天可达 38 ℃，这时每缸拌入粗糠 1 kg，醋酸菌种子 0.8 kg，通过翻醅使其均匀。品温一般为 37～39 ℃，每天倒缸一次（品温不得超过 40 ℃）。醋酸发酵接近成熟时，应及时下盐。

(四) 淋醋

淋醋采用三循环法，用二淋醋浸甲醋缸中成熟醋醅 20～24 h，淋出的醋称为头醋（放醋速度需慢），乙醋缸中醋渣是淋过头醋的渣子，用三淋醋浸泡，淋出的醋称为二淋醋。丙醋缸中的醋渣是淋过二醋的醋渣，用清水浸泡，淋出的醋称为三醋，剩下的醋渣可作饲料或作填充料反复使用。

(五) 熏醋

取发酵成熟的醋（醅用量为 1/3）置于熏醅缸中，缸口加盖，用文火加热，维持 70～80 ℃，每隔 24 h 倒缸一次，共熏 5～7 h，出缸为熏醅。

(六) 陈酿

将加盐后熟的醋醅（含酸 7%以上）移入缸内砸实，上盖食盐一层，泥封加盖，放置 15～20 d，倒醅一次再封缸，陈酿数月后淋醋。

(七) 配对成品及灭菌

若总酸在含量 5%以上，不需要添加防腐剂；若总酸含量在 5%以下，应在加热时加入 0.06%～0.1%苯甲酸钠防腐剂，灭菌 90 ℃维持 15 min。

五、成品检验

1. 感官检查

检查色泽、体态、香气、滋味等。

2. 理化检验和微生物检验

(1) 理化检验

醋酸测定、食盐测定(以氯化钠计)、总酸测定等。

(2) 微生物检验

菌落总数的测定、大肠菌群检验等。

六、实训报告

写出书面实训报告。

七、实训思考题

1. 制曲在食醋的酿制过程中的作用是什么?
2. 通风制曲时为什么要翻曲?
3. 食醋的检测项目有哪几项? 如何检测?
4. 除本法外,还有哪些酿造食醋的方法?

项目3 腐乳生产技术

预备知识 腐乳的生产历史和分类

一、腐乳的生产历史

腐乳(soybean cheese,sufu,Chinese cheese)又称为乳腐、豆腐乳或酱豆腐,是以大豆为主要原料,霉菌(或细菌)为主要发酵菌种的大豆发酵制品,是我国独有的一种传统佐餐食品或调味料,产地遍及全国。因其口味鲜美、风味独特、营养丰富、质地细腻、价格低廉,越来越受到国内外广大消费者的关注和喜爱。

腐乳在我国已有一千余年的生产历史。据史料记载,早在公元5世纪北魏古书中即有腐乳生产工艺的记载:“干豆腐加盐成熟后为腐乳”,到了明代有更多关于腐乳加工的加载,最详细记载腐乳制作方法的是明代李畔的《蓬栊夜话》和王士桢的《食宪鸿秘》两书。在清代李化楠的《醒园录》中,记载了腌制型和发霉型腐乳的生产方法。清代赵学敏在《本草纲目拾遗》中记载了“腐乳又名菽乳,以豆腐腌过,加酒糟或酱制者,味甘咸,性平,养胃调中。”清代袁牧的《随园食单》中也有:“广西白腐乳味甚佳”的记载。明清以后,腐乳的制造业进入了兴旺时期,生产规模和技术水平也有了较大发展,并依据各地人们的口味,逐步形成了具有地方特色的各种腐乳品牌，如：浙江绍兴腐乳，北京王致和臭腐乳、酱豆腐，上海奉贤的丰鼎腐乳，云南的石林牌腐乳，湖南益阳的金花腐乳，广西桂林的桂林腐乳以及黑龙江的克东腐乳等，它们以不同的生产菌种及工艺，形成了各具地方特色的传统食品。

我国腐乳的生产历史虽然悠久，但工业化生产发展较慢，长期处于落后的状态，生产设备简陋，工艺操作繁琐，劳动强度高，环境条件差，生产率低下。新中国成立后，在党和政府的关怀下，小作坊式的腐乳生产逐步向机械化迈进，产品质量、产量、品种、工艺技术和生产设备不断地进行更新和改造，劳动条件得到了改善。尤其是制定了豆制品、腐乳的质量标准、规格和产品检验标准，为全面提高腐乳的产品质量创造了有利的条件。

近年来，国内外大量的科研工作者致力于腐乳的基础应用和生产技术研究，在产品品种、产量、质量及生产工艺及设备上，都得到了长足的发展。在生产技术方面，改革了原来传统的豆腐毛坯的制造方法，选择优良菌种进行纯种培养并接种发酵，减少了杂菌污染的机会，保证了产品的卫生质量，也提高了产品的风味。同时，不断地开发出适应市场需求的花色品种，满足不同人群的需求，并按照 GMP 和 HACCP 原则使腐乳业基本上步入了工业化、现代化生产轨道，产品质量和安全得到了进一步的提升。

但目前腐乳生产也存在着一些问题，如发酵期长、食盐含量过高、香气成分难以检测等，因此需要运用现代生物科技手段，对其制作过程做更为深入的研究。

二、腐乳的分类

我国现有的腐乳种类很多，分类方法也多样。根据生产工艺分为腌制型腐乳和发霉型腐乳，发霉型腐乳按照所使用的微生物类型又可分为毛霉型腐乳、细菌型腐乳和根霉型腐乳；按产品颜色和风味大体上分为红腐乳、白腐乳、青腐乳、酱腐乳和各种花色腐乳；按生产规格又可分为太方腐乳、中方腐乳、丁方腐乳和棋方腐乳。

1. 腌制型腐乳

腌制型腐乳的特点是豆腐坯不经发霉阶段而直接进入后期发酵。这是一种原始的腐乳生产方法，由于没有微生物生长前期发酵，使蛋白酶源不足，风味形成主要依赖于添加的辅料，如面糕曲、红曲米、米酒或黄酒，因此产品不够细腻，发酵期长，氨基酸含量低。该工艺所需的厂房设备少，操作简单，已逐渐被淘汰。山西太原的一些腐乳，绍兴腐乳中的棋方腐乳都是腌制型腐乳。

2. 发霉型腐乳

发霉型腐乳是豆腐坯先经过天然的或纯种微生物前期发酵，再添加配料进行后期发酵制成的。前期发酵阶段豆腐坯表面长满菌丝体，同时分泌大量酶，特别是蛋白酶，使豆腐坯经腌制和后期发酵，产品细腻、氨基酸含量高。天然发霉型腐乳生产周期长，同时受到季节限制，不能常年生产。现在大中型及一些小型腐乳生产厂家均以纯种接种生产腐乳，可常年生产，大大提高了生产效率。

发霉型腐乳所用的霉菌以毛霉为主，也有用根霉的，特别是耐高温型根霉，适于在南方制作，上海、南京一带一些厂家均用此法生产腐乳。根霉和毛霉的作用近似，优点是能耐 37 ℃高温，它们都在腐乳坯上生长成茂密菌丝形成菌膜，包住坯乳，为保持腐乳形态起主导作用；菌丝分泌大量酶系，如蛋白酶、淀粉酶、肽酶等，以使后期发酵产生腐乳特有的色、香、味。

细菌型腐乳以黑龙江克东腐乳为代表，所用菌种为藤黄微球菌（嗜盐小球菌），其特点是质地柔软、色泽鲜艳、口味鲜美、后味绵长，为其他产品所不及。但该产品成型较差。

3. 红腐乳

红腐乳简称红方，因生产过程中使用红曲，故产品呈红色而得名，是腐乳中的一个大类产品。其表面鲜红或紫红，断面为杏黄色，滋味咸鲜适口，质地细腻，以浙江绍兴、上海奉贤、四川夹江、黑龙江克东的产品最著名。

4. 白腐乳

白腐乳主要是南方生产的一大类产品，又名糟豆腐，简称糟方，因上盖白色糯米酒糟、产品色白微带黄色而得名。产品颜色上表里一致，为乳黄色、淡黄色或青白色。醇香浓郁，鲜味突出，质地细腻。其主要特点是含盐量低，发酵期短，成熟快。以苏州、无锡、绍兴及桂林的产品最著名。

5. 青腐乳

青腐乳，又名青方，俗称臭豆腐。此类产品表里颜色呈青色或豆青色，由于青腐乳发酵后使一部分蛋白质的巯基和氨基游离出来，产生硫臭和氨臭。但因其分解蛋白质较其他品种彻底，使氨基酸含量较为丰富，特别是含有较多的丙氨酸，有独特的甜味和酯香味，故青腐乳闻着臭，吃着香，滋味鲜美。如北京王致和的臭豆腐，上海、苏州、无锡的青方等。

6. 酱腐乳

这类腐乳是在后期发酵中，以酱曲（大豆酱曲、蚕豆酱曲及面酱曲）为主要辅料制作而成的。产品表面和内部颜色基本一致，具有自然生成的红褐色或棕褐色，酱香浓郁，质地细腻。它与红腐乳的区别是不添加着色剂红曲，与白腐乳的区别是酱香味浓但酒香味淡。

7. 花色腐乳

花色腐乳，又叫别味腐乳，是依据不同地区的生活习惯添加各种风味的辅料而制成的各具特色的新型风味腐乳。如北京的玫瑰腐乳、南京的火腿腐乳、成都的辣味腐乳、安庆的虾子腐乳、桂林的桂花腐乳等。

8. 太方腐乳、中方腐乳、丁方腐乳和棋方腐乳

这是按产品规格划分的，其特点分别如下。

太方腐乳，块型最大，一般为 7.2 cm×7.2 cm×2.4 cm，每四块质量为 500 g 左右，以红腐乳最多。因其块型太大，吃剩下的不易保存，且包装和销售都有不便而鲜有生产。

中方腐乳，一般大小在 4.2 cm×4.2 cm×1 cm 左右，大小适中，是目前最常见的一种规格。

丁方腐乳，块型比中方大而比太方小，大小为 5.5 cm×5.5 cm×2.2 cm，多见于红腐乳。

棋方腐乳，块型最小，大小一般为 2.2 cm×2.2 cm×1.2 cm，目前出口较多的酱香腐乳大多采用这种规格，但因块型小，生产效率低，在其他品种中少见。

任务1　腐乳生产的原辅材料

制造腐乳的原料种类甚多，有大豆、糯米、红曲米、食盐、酒类、曲类、甜味剂、凝固剂及香辛料等。这些原料要根据腐乳品种的特色和产品的质量要求来选择，同时还要符合产品的卫生要求。原料的好坏直接关系到产品的产量和质量，因此，选择优质的原料是生产腐乳的基础和品质保证。

一、腐乳生产的主要原料

腐乳生产的主要原料是指蛋白质原料，有大豆、豆饼及豆粕等。

1. 大豆

大豆是生产腐乳的最佳原料。因大豆未经提油处理，所制成的腐乳柔、糯、细，口感好。

2. 冷榨豆片

冷榨豆片是大豆经水压机低温榨油后的豆饼。冷榨豆片在化学成分含量上与大豆有所不同，脂肪含量显著减少。蛋白质受到外界物理化学因素的影响，容易产生变性蛋白，一般大豆中水溶性蛋白质占蛋白质总量的70%左右，非水溶性蛋白质占30%左右，如果压榨时采用高压高温则大部分成为不溶于水的蛋白质，用以制造豆腐产率低质量差。因此生产腐乳都采用冷榨豆片，而不能用热榨豆饼。

3. 豆粕

大豆经软化轧片处理，用溶剂萃取脱脂的产物为豆粕。腐乳生产选择的豆饼，必须是采用低温真空脱溶法(80 ℃以下)提油后的，豆粕中保留了较高比例的水溶性蛋白质(保存率在95%左右)，以提高原料的利用率和品质。

大豆、冷榨豆片、热榨豆饼及豆粕的主要成分含量见表2-15。

表2-15　大豆、冷榨豆片、热榨豆饼及豆粕的主要成分含量(质量分数)

种类	水　分	粗蛋白	粗脂肪	碳水化合物	灰　分
大豆	9.4%～10.1%	36.1%～41.9%	14.2%～19.9%	18.7%～30.1%	3.8%～5.7%
冷榨豆片	12.0%	44.2%～47.3%	6.1%～7.0%	18.4%～20.6%	5.5%～6.3%
热榨豆饼	11.0%	46.12%～48.94%	3.0%～4.5%	18.3%～22.3%	5.5%～6.5%
豆粕	7.0%～10.1%	46.4%～51.0%	0.5%～1.5%	19.0%～22.1%	5.0%

二、腐乳生产的辅助原料

腐乳生产所用的辅助原料对腐乳的色、香、味有着重要的影响。使用较普遍的有糯米、食盐、红曲、酒、面糕和香辛料等。

1. 糯米

糯米俗称江米，是制造腐乳的主要辅料之一，也是酿制米酒和酒酿的主要原料，在全国各地均有种植。习惯上多用浙江和安庆的品种，其品质纯，颗粒均匀，质地柔软，产酒率高，残渣少。近年来，各企业为了降低成本，使用大米生产米酒，每 500 kg 大米能生产米酒 1300 kg。

2. 酒类

在腐乳后期发酵过程中需添加一些含酒精的原料，如白酒、黄酒、酒酿以及酒酿卤等。酒精可以抑制杂菌生长，减少蛋白酶作用，又能与有机酸形成酯，促进腐乳香气的形成，同时还是色素的良好溶剂。为了增加腐乳的风味，用黄酒或酒酿、酒酿卤作配料效果更佳。黄酒、酒酿、酒酿卤一般由腐乳厂自制。

(1) 黄酒

20 世纪 50 年代以前，生产腐乳所用的酒以黄酒为主，后来才根据不同地区的口味习惯采用不同的酒类。黄酒的特点是：酒精含量低，一般在 16%左右，酸度在 0.45%以下，香气浓，颜色呈黄色，为广大消费者所喜爱。

(2) 白酒

白酒宜采用纯粮或淀粉酿制的纯质白酒，无异味，酒精含量在 50%以上，并根据腐乳品种来决定配料中酒精含量的高低。

(3) 酒酿

酒酿是以糯米为主要原料，经过根霉、酵母菌、细菌等协同作用，将淀粉分解为糊精、糖分、酒精、香气等物质酿制而成的。其主要特点是：糖分高，浓度厚，酒香浓，酒精含量低，是江南一带的佳酿食品。由于腐乳的品种不同，所用的酒酿也有不同。甜酒酿一般用于糟方腐乳。

(4) 酒酿卤

它的发酵期长，要求高，既要含有一定量的酒精，又要保持适当的糖分，酸度也不得超标。特点是：香气浓、糖分高、卤汁稠厚。整个发酵期一般为 8 d 左右，达到要求后上榨弃糟，使卤质沉淀，用澄清的酒酿卤制作腐乳。

(5) 米酒

米酒也是制作腐乳的常用辅料。米酒是以大米或糯米为原料酿制而成的。

3. 曲类

(1) 面曲和面酱

面曲也称面糕，是制面酱的半成品，是用面粉经米曲霉培养而成的。面曲中有大量酶系存在，加到腐乳中可以提供酶源，增加成品糖分含量，促进腐乳的成熟，提高其香气和鲜味。面曲的用量为每万块腐乳用面曲 7.5～10 kg。

制备面糕和面酱的工艺流程如图 2-21 所示。

面粉→加水搅拌→蒸熟→冷却→接种→发酵—{出室干燥→面糕；面酱}

图 2-21 面糕和面酱制备工艺流程

(2) 米曲

米曲是用糯米制作而成的。其制作方法为：将糯米除去碎粒，用冷水浸泡 2～4 h，沥干蒸熟，再用 25～30 ℃温水冲淋，当品温达到 30 ℃时送入曲房，接种 0.1%米曲霉，使孢

子发芽，待温度上升至 35 ℃时翻料一次，当品温再上升至 35 ℃时过筛分盘，每盘厚度为 1 cm，培养过程中要防止结块，孢子尚未大量着生时立即通风降温，即可出曲，晒干后备用。

(3) 红曲

红曲又称为红曲米、红米、丹曲。红曲是以籼米为主要原料，经红曲霉菌发酵而成的紫红色大米，是红腐乳必备的着色剂。红曲可使腐乳染成红色，并加快腐乳的成熟。还可用于肉、鸡、鸭、鱼等食品的着色。

4. 食盐

食盐是腐乳生产中必不可少的辅料之一。加入食盐既能调味(咸味)，又能在发酵过程及成品储存中起到抑菌防腐的作用。由于粗盐含有其他的杂质，影响腐乳的品质，因此在使用中要求用精盐或碘盐。

5. 凝固剂

腐乳生产中，凝固剂是不可缺少的添加剂。常用的凝固剂可分为两类，即盐类和有机酸类。从出品率来看，前者高于后者，而用有机酸作凝固剂使豆腐乳口感细腻，因此，也可以将两类凝固剂混合，制成复合凝固剂，以取长补短。

(1) 盐卤

盐卤是制造海盐的副产品，固体块状呈棕褐色，溶于水即为卤水。含水 50%左右的盐卤，氯化镁约占 46%，硫酸镁不超过 3%，氯化钠不超过 2%。使用时，将盐卤用水溶解制成 26～30 °Bé 的水溶液，再经澄清、过滤后使用。盐卤的用量一般为黄豆量的 5%～7%。

(2) 石膏及其他钙盐

石膏是一种矿物质，呈乳白色，主要成分是硫酸钙，微溶于水，38 ℃时最大溶解度为 0.292 g/(100 mL)水，与蛋白质凝固反应速度较慢，适用范围广，制作老、嫩豆腐都可以。保水性和弹性良好。

(3) 有机酸及有机酸复合凝固剂

最常用的有机酸为醋酸(浓度为 5%左右)，其他还有葡萄糖酸、柠檬酸、富马酸、山梨酸、苹果酸等。在有机酸表面涂覆一层固体酯类，这些酯类在常温时不溶解。当温度升至 70 ℃以上时，涂覆剂溶解，包在里面的有机酸缓慢释放出来，使豆浆凝固。

(4) 复合凝固剂

将不同的凝固剂按一定比例混合使用，可大大改善豆腐品质。如：右旋葡萄糖酸内酯与硫酸钙以 7∶3 混合；氯化钙、氯化镁、右旋葡萄糖酸内酯、硫酸钙以 3∶4∶6∶7 混合，都可以制得外观、口感、保水性较好的豆腐。

凝固剂的用量非常重要，过多或过少都影响产品质量和出品率。凝固剂用量过少，蛋白质凝聚不完全，不能形成网格状组织；用量过多，使蛋白质收缩过度，不保水，豆腐坯粗老、无弹性、发硬易碎、出品率低。

6. 甜味剂

腐乳中使用的甜味剂主要是糖类，如蔗糖、葡萄糖和果糖等，甜度以蔗糖为标准。另外一类甜味剂不是糖类但具有甜味，如糖精钠、甘草、甜叶菊苷、天门冬酰苯丙氨酸甲酯

(APM)等。目前腐乳生产中使用的甜味剂以蔗糖为主。

7. 香辛料

腐乳后期发酵过程中需添加一些香辛料或药料，以符合各地的口味习惯，所用品种及数量因腐乳品种不同而差异较大。常用的有花椒、茴香、桂皮、生姜、辣椒等。这些香辛料所含的特殊成分具有强烈的芳香气味和独特的滋味，起到调味作用，某些成分还有杀菌和防腐作用。

任务2 腐乳酿造中的微生物

一、腐乳酿造中的微生物

1. 腐乳酿造中所用的微生物

目前腐乳生产，绝大多数已改传统的自然发酵工艺为纯菌种发酵工艺。纯菌种发酵的周期短，风味较好，质量稳定。由于生产中仍采用敞开式自然环境培养，外界的微生物难免侵入，加上配料池中也带有微生物，所以腐乳酿造用微生物十分复杂。

目前国内豆腐乳生产所用菌种大多为丝状真菌，如毛霉属(*Mucor*)、根霉属(*Rhizopus*)等。毛霉菌和根霉菌能分泌大量的蛋白酶，使豆腐坯中的蛋白质水解程度较高，腐乳质地柔糯、滋味鲜美。且毛霉菌丝高大柔软，能包被在豆腐坯外面，以保持豆腐乳的块型整齐。毛霉的缺点是不耐高温，不利于全年生产。在一些高温地区，为了能够全年生产腐乳也使用根霉作为生产菌，根霉的特点是较耐高温、生长迅速。

目前国内腐乳生产使用细菌较少，只有黑龙江省克东腐乳的生产在使用藤黄微球菌。由于此菌能充分生长在豆腐坯内部，因此蛋白酶活性高，腐乳滋味鲜美，独具特色，但腐乳成型不好，易碎。豆腐乳生产常用微生物见表2-16。

表2-16 豆腐乳生产常用微生物

微　生　物	豆腐乳产地
五通桥毛霉(*Mucor wutungkiao*)	四川五通桥
腐乳毛霉(*Mucor sufu*)	浙江、绍兴、江苏、苏州
总状毛霉(*Mucor racemosus*)	台南
雅致放射毛霉(*Actinomucor elegans*)	北京王致和腐乳
根霉(*Rhizopus*)	南京
藤黄微球菌(*Micrococcus luteus*)	黑龙江克东腐乳
枯草芽孢杆菌(*Bacillus subtilis*)	武汉

2. 筛选豆腐乳生产用优良菌种时应遵循的原则

随着科学技术的发展，有许多新的菌种应用于腐乳生产。腐乳生产需选择优良菌种，且一般需要具备以下特点。

① 不产毒素，符合食品的安全与卫生要求。

② 生长繁殖快，抗杂菌力强。

③ 生产温度范围宽，有利于常年生产。

④ 能分泌出大量高活力的蛋白酶、脂肪酶、肽酶及有利于提高腐乳质量的酶系。

⑤ 能使产品质地细腻柔糯，不散不烂，气味鲜香。

二、毛霉（根霉）菌粉及菌液的制备

1. 毛霉（根霉）菌粉制备

毛霉（根霉）菌粉的制备要通过 3 个阶段来完成。首先制备固体试管菌种，再制备克氏瓶（或三角瓶）菌种，最后制备毛霉（根霉）菌粉。

（1）制备固体试管菌种

将大豆洗净、浸泡，按 1∶3 加水制成豆浆汁。在豆浆汁内加入 2.5%的蔗糖，2.0%的琼脂，加热使琼脂熔化，分装试管，121 ℃灭菌 45 min，摆斜面，冷却。在无菌条件下，接种毛霉（根霉）菌种于斜面上，20～25 ℃恒温培养 7 d，即为试管菌种。

（2）制备克氏瓶菌种

大豆粉与大米面按 1∶1 比例混合均匀，分装于克氏瓶（每瓶 250 g）中，121 ℃灭菌 45 min，冷却至室温。在无菌条件下接种，每支固体试管菌种可接克氏瓶 10 个左右，20～25 ℃恒温培养 5～6 d，即得克氏瓶菌种。

（3）制备毛霉（根霉）菌粉

将成熟菌种从克氏瓶中取出，干燥，每瓶菌种加 2～2.5 kg 大米面混合，粉碎，即可作为生产用菌粉使用。

2. 毛霉（根霉）菌液制备

毛霉（根霉）菌液的制备通过 3 步来完成。

（1）制备试管菌种

取蔗糖 3 g，硝酸钠 0.3 g，磷酸二氢钾 0.1 g，氰化钾 0.05 g，硫酸镁 0.05 g，硫酸亚铁 0.001 g，琼脂 2 g，水 100 mL，混合后加热，使琼脂全部溶解。待溶液稍冷后，调节 pH 为 4.6 左右。分装于试管中，121 ℃灭菌 45 min，摆斜面，冷却至室温。在无菌条件下，将毛霉（根霉）菌种接种于斜面培养基上，置恒温箱内 25～30 ℃培养 3～4 d，备用。

（2）三角瓶菌种制备

将豆腐坯切成 5 cm×2 cm×0.5 cm 的条状，置于 500 mL 三角瓶中，每瓶放 3～5 条，121 ℃灭菌 1 h，冷却至 30 ℃接种。接种时，先将固体试管菌种用无菌水冲洗，使菌丝及孢子悬浮于水中，然后在无菌条件下将菌液均匀地接种于三角瓶豆腐条上，要求每块豆腐条均能与菌液接触。每支固体试管菌种悬浮液可接种三角瓶 5～6 瓶。接种后，置于 28～30 ℃恒温培养 3～4 d，取出备用。

（3）毛霉菌液制备

在成熟的三角瓶菌种中添加冷开水，每瓶加 100～150 mL，分两次冲洗，以便使毛霉菌充分洗出。洗后用纱布将菌丝滤出，滤液调节 pH 为 4.6 左右，即制成毛霉（根霉）菌液。生产接种时，用喷雾器将菌液均匀地喷洒在豆腐坯上。

任务3 腐乳生产工艺

豆腐坯又称白坯，实际上就是(白)豆腐干。豆腐坯的制备是豆腐乳生产过程的必须工序，豆腐坯质量的好坏直接影响到腐乳的发酵和腐乳产品的感官和质量。腐乳生产的类型各有不同，但豆腐坯制作工艺基本一样，下面以霉菌性腐乳的豆腐坯制备为例作一简要介绍。

一、豆腐坯制作

1. 工艺流程

豆腐坯制作生产流程如图2-22所示。

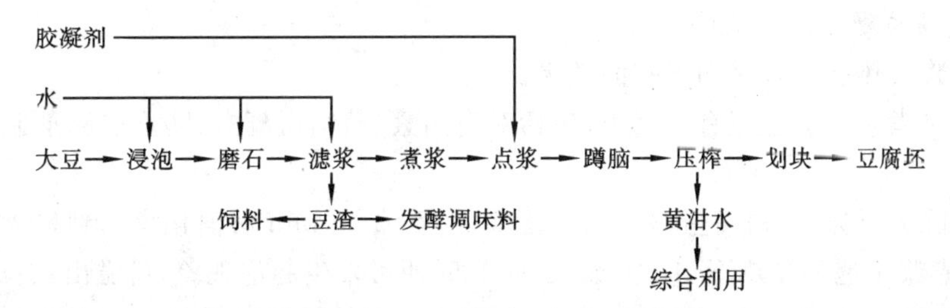

图2-22 豆腐坯制作工艺流程

2. 豆腐坯制作工艺要点

(1) 选料

豆腐坯的生产通常使用当年收获的新豆，大豆储存期最长不得超过2年。在豆腐加工厂一般使用选料机进行选料，先用风选机将轻于原料的杂质风选除去，再筛选除掉石块，最后经磁选设备将金属碎屑等除去。

(2) 大豆浸泡

经精选、洗净后的大豆用软水浸泡，泡豆水的用量一般控制在1∶3.5左右，采用碳酸钠调节泡豆水呈碱性(pH10～12为宜)，提高大豆蛋白的溶解度。浸泡时间长短要根据大豆的品种、颗粒大小、新鲜程度、水温及大豆含水量多少而定，其中浸豆水温度的影响最大。冬季水温为5℃左右时，共需浸泡14～18 h；春秋水温为10～15℃，需12～16 h；夏季水温30℃左右时，只需6～7 h，期间应换水。大豆经冷榨去油后的豆片浸泡时间可缩短。外观以浸泡后开始起泡、豆片柔软为度。

(3) 磨浆

磨浆是将浸泡适度的大豆或豆片借助于机械力进行磨碎，从而破坏大豆的组织细胞，使蛋白质释放出来分散到水中，形成豆乳。磨浆时加水量控制在1∶6左右为宜。

磨浆细度要适宜，磨得太细，会使一些纤维通过筛网混合到豆浆中，不仅制成的坯死板无弹性、粗糙易碎，还有豆腥味，有时还会堵塞分离筛网眼，影响分离操作，降低出率；磨得太粗，则会使蛋白质提取率下降。合理的颗粒粒度应在10 μm左右，手感无颗粒。

(4) 滤浆

滤浆是利用滤浆机或离心机将豆浆与豆渣分离。在生产实践中采用二次磨碎和三次洗提工艺,蛋白质提取率明显提高。在离心过程中,豆渣要洗涤四次,洗涤的淡浆水可以套用,以提高豆浆的浓度和原料水的利用率。豆糊分离出来的是头浆,第二次洗涤分离的是二浆,第三次洗涤分离的是三浆,第四次洗涤分离的是四浆。套用即四浆水套三浆,三浆水套二浆,二浆水套头浆,二浆与头浆合并为豆浆。头浆分离的豆渣,有条件的可重复磨碎一次。一般 100 kg 大豆出浆为 1000 kg,豆浆出率太高或太低均影响腐乳质量。

(5) 煮浆

煮浆又叫冲浆,是将豆浆在 95～100 ℃加热煮沸 5 min 左右,再通过 80～100 目振动筛,然后泵入点浆缸。煮浆的作用如下。

① 蛋白质适度变性。热变后豆浆中的蛋白质疏水基团暴露在外,破坏蛋白质的外围水膜,为蛋白质凝固创造条件。

② 豆浆加热起到杀菌和灭酶的效果。

③ 通过煮浆消除生理有害因子,包括对皂角素、植物血凝素、胰蛋白酶抑制素等的清除作用。

④ 清除大豆异味,提高蛋白质的消化率,当煮沸 15 min 后消化率达到最大值。煮浆时应避免煮浆不透和受热不匀。煮浆到 94 ℃时便可发生起泡现象,易溢出,造成"假沸现象",应予防止。煮浆温度也不宜过高,以免影响后来的豆腐坯质量。豆浆更不能反复烧煮,以免降低豆浆稠度,影响蛋白质凝固。

(6) 点浆

点浆又叫点花或点脑,即在豆浆中加适量凝固剂,将发生热变性的蛋白质表面的电荷和水合膜破坏,使蛋白质分子链状结构相互交联,形成网状结构,大豆蛋白质由溶胶变为凝胶,制成豆腐脑。点浆温度空载在 82 ℃为宜,当煮沸过筛的豆浆冷却到 85 ℃时即开始下卤。点浆时豆浆的 pH 应调节到 6.8～7.0。

点浆的方法是将盐卤以细流缓缓滴入热浆中,边滴边搅拌豆浆,使容器内豆浆上下翻动旋转。搅拌起始速度快,随着凝固块的形成,搅拌速度越来越慢,至最后停止。下卤流量要均匀一致,并注意豆腐花的凝聚状态。当豆浆出现少量桂花状的豆腐脑时即停止下卤,用勺在表面层拉翻几次,待出现少量黄泔水为止,表面再洒少量卤。从点脑到全部凝固成型,一般应控制在 5 min 左右。

(7) 蹲脑

点脑以后,需静置 15～20 min,称为蹲脑,又称养浆。大豆蛋白质由溶胶状态转变为凝胶状态,需要一定时间来完成。豆腐坯的品质和出品率与蹲脑时间长短有很大的关系。豆浆中添加凝固剂后,凝固物虽然已经形成,但如果时间过短,凝固物内部结构还不稳定,蛋白质分子之间的联结还比较脆弱。豆腐坯成型时,由于受到较强压力,已联结的大豆蛋白质组织容易破裂,豆腐坯质地粗糙,弹性差,保水性差。如果静置时间长,温度低,黄泔水不易析出,豆腐坯压型有困难。

(8) 压榨

蹲脑后,豆腐花下沉,黄泔水澄清后,即可上厢压榨。压榨是制坯的关键,对豆腐坯的质量、块型厚薄、水分含量、产坯率等均有影响。压榨的原则是：对凝固适当、保水性强的豆腐脑，要重压多歇；对凝固过老的豆腐脑，由于其自身不保水，上厢操作中要轻压保水。

目前压榨设备有传统的杠杆式木质压榨床、电动液压制坯机以及履带式制坯机。具体的过程如下。

① 清洗压榨工具，防止杂菌污染。

② 将 60%蹲脑后的黄泔水，用滤器上吸出。

③ 将豆腐脑均匀放入有四方步的厢内摊平，将四周包住，厢外多余的包布向内折叠，上厢完毕。待黄泔水沥出后，用压榨机压榨，进一步排出豆腐脑中的余水。压榨去水程度依据豆腐坯的含水量来决定，随品种和季节而异。

压成的豆腐坯要薄厚均匀，柔软而有弹性，色泽正常，无气泡及麻皮现象。压榨完毕的坯温一般控制在 60～70 ℃之间。压榨后及时进行划块工序。

(9) 划块

将豆腐坯用切块机按品种规格划块。划块有热划和冷划两种。刚压榨的豆腐，通常品温在 60 ℃左右。若趁热划块，则块应适当放大，以满足冷却后产品规格。冷划是待豆腐坯冷却缩小后按原定规格再划块。

划块后立即送入培养室进行前期发酵。

二、前期培菌(发酵)

腐乳发酵包括前期培菌(发酵)和后期发酵两个阶段。

前期发酵的主要目的是在豆腐坯上培养霉菌，使豆腐坯上长满菌丝，形成柔软、细密而坚韧的皮膜，并产生足够量的酶，为腐乳的后期发酵创造条件。经过前期培菌(发酵)后，豆腐坯的含水量由 73%降到 64%，坯变小、坯身变硬，蛋白质开始水解，氨基酸含量增大。

1. 工艺流程

前期培养(发酵)工艺流程如图 2-23 所示。

毛霉(根霉)菌粉/菌液
↓
豆腐坯→摆坯→接种→培养(发花)→晾花→搓毛

图 2-23 前期培养(发酵)工艺流程

2. 前期培养(发酵)操作要点

(1) 摆坯

摆坯是将豆腐坯轻轻摆入培菌格内，侧面竖立，每行间隔约 3 cm，均匀排列，每块四周留有一定空隙，使空气流通，有利于毛霉(根霉)菌的繁殖及排除二氧化碳。

(2) 接种

当使用毛霉(根霉)菌作菌种时，待豆腐坯降温至 15～20 ℃，均匀地将菌粉沾在白坯的六面，然后将白坯装入笼屉；如使用毛霉(根霉)菌液作菌种，则先将豆腐坯装入笼屉中，排好后，再将菌液均匀地喷洒在白坯表面。

接种时应使用新鲜的菌液，菌液使用前应摇匀，只有当孢子呈悬浮状态时才能接种均匀。喷雾接种应注意喷雾均匀，使豆腐坯的前、后、左、右、上五面都喷到菌液，这样菌丝长势才能一致，繁殖速度一致。

夏季气温高时，豆腐坯应凉透再接种。接种后，最好将笼屉一一平铺在地上，使多余的水分挥发掉后，再进行堆码，因为水分过大容易引起腐败细菌的生长。

接种后，入发酵室进行前期发酵。

(3) 培养(发花)

豆腐坯接种后，进入培养室进行培养。培养室要求定期灭菌，发酵用具也应刷洗干净，灭菌、晾干后使用。笼屉堆码的层数要根据季节与室温变化确定。

根据毛霉菌的生长习惯，培养室的温度控制在23～25 ℃，室内相对湿度控制在95%±1%。这样，豆腐坯在接种培养8～10 h即可发芽，14 h开始生长，22 h左右生长旺盛，并产生大量繁殖热。此时应及时进行倒屉，将上、中、下的笼屉位置倒换，以散发热量，调节温差，补给新鲜空气。28 h后，随着毛霉菌生长繁殖达到最旺盛阶段，进行第二次倒屉。一般在40 h左右，毛霉菌丝基本长成。这时可以进行晾花，即打开培养室门窗，使其通风降温，促进毛霉菌散热与水分散发。56 h左右，毛霉菌呈微黄色或淡黄色时，即可搓毛。

(4) 搓毛

搓毛又称倒毛或抹毛，是用人工的方法将毛坯间的相互连接的菌丝轻轻地分开，使坯块之间不粘连，并将菌丝体搓倒，形成一层有韧性的薄膜，将豆腐坯包裹起来，有利于保持腐乳的块形。搓毛工序要细致，每一块毛坯表面菌丝都应整理。

三、后期发酵

各种腐乳特有的色、香、味主要是在后期发酵期间形成的。

后期发酵时，在毛霉、根霉、米曲霉及少量酵母菌等分泌的酶类作用下，发生了一系列复杂的化学反应，生成各种呈色、呈味的物质，再配以辅料中酒类及各种香辛料等的复合作用，构成了腐乳丰富的营养及独有的色、香、味。

1. 工艺流程

后期发酵工艺流程如图2-24所示。

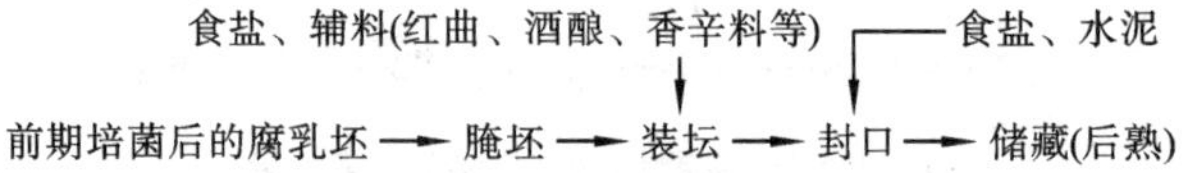

食盐、辅料(红曲、酒酿、香辛料等)　　　　食盐、水泥
↓　　　　　　　　　↓
前期培菌后的腐乳坯 → 腌坯 → 装坛 → 封口 → 储藏(后熟)

图2-24　后期发酵工艺流程

2. 腌坯

毛坯搓毛以后进入后期发酵之前，需加适量食盐进行腌制。

腌制的作用有以下几方面：①毛坯加盐腌制，霉菌菌丝及腐乳坯由于盐分的渗透而发生收缩，坯体变得硬挺，菌丝在坯体外围形成一层膜，经后期发酵也不松散；②腌制以后，因为水分的析出，盐坯含水量下降，在后期发酵时不致过快糜烂；③食盐具有防腐能力，可防止后期发酵时腐败菌的污染；④高浓度的食盐对蛋白酶有抑制作用，使蛋白质的水解较为缓慢，有利于香气的形成；⑤食盐还给腐乳以咸味。

腌制方法主要是：毛坯入腌池或缸时，先在距底部18～20 cm处铺上带孔木板，撒一层食盐，再排码毛坯，毛坯竖立排码，从下向上，码一层毛坯撒一层盐。由于盐溶解后会下沉，为了保证上、下各层的食盐量基本一致，确保产品质量，上层加盐量要高于下层。毛坯装满后，再撒一层盖面盐封池口或缸口。

腌制时食盐的用量和腌制时间有一定的要求。一般毛坯 100 kg，用盐为 18～20 kg。食盐用量过多，腌制时间过长，使成品过咸，后期发酵时间延长，且高盐抑制蛋白酶活性，蛋白质分解较差，腐乳易出现硬芯，影响成品柔糯感。食盐用量不足，后期发酵时间虽短，但易引起腐败。

腌制时间根据地区及气候的不同而有差异。一般为 8 d 左右，有的地区冬季腌 13 d 左右，春秋季腌 11 d 左右，夏季腌 8 d 左右；有的地区冬季腌 7 d，春夏秋季腌 5 d 左右，还有的腌制 2 d。一般咸坯含盐量以不超过 15%为宜。

也有特殊加工的腐乳品种，毛坯不经腌制，前期发酵后直接加配料进入后期发酵。如：四川夹江腐乳、四川唐场腐乳、桂林腐乳等。

3. 配料与装坛

配料与装坛是腐乳后熟的关键，与腐乳色、香、味的形成有着直接的关系。

毛坯腌制后称为腌坯。将腌坯从腌池或缸中取出，晾 24 h，去掉多余的水分。检查质量，如发现腌坯表面附着有泥沙杂物等，需用清洁的腌坯卤水洗净，沥干。后期发酵用的坛子应预先检查是否有沙眼、裂纹等，然后用清水洗净并晾干或晒干才能使用。腐乳装坛时，需先将腌坯搓开计数，再竖立装入坛中。腌坯块与块之间松紧适度。装得过紧易造成发酵不完全，中间有硬芯；装得过松或歪斜，造成空隙过大，增加糖料用量，不利于运输。根据不同腐乳品种的要求，向坛内添加不同品种汤料并使汤料没过腌坯 1.5～2 cm 即可。

腐乳汤料的配制，各地区、各品种均不相同。

(1) 小红方

每万块(4.1 cm×4.1 cm×1.6 cm)用酒量 100 kg，酒精体积分数为 15%～16%，面曲 2.8 kg，红曲 4.5 kg，糖精 15 g。一般每坛装 280 块，每万块可装 36 坛。

(2) 小油方

每万块(4.1 cm×4.1 cm×1.6 cm)用酒量 100 kg，酒精体积分数为 15%～16%，砂糖 9 kg，食盐 5.4 kg，糖精 50 g。

(3) 小糟方

每万块(4.1 cm×4.1 cm×1.6 cm)用酒量 95 kg(包括糟米中加酒)，酒精体积分数为 14%左右，糟米折合糯米为 20 kg，食盐 5.4 kg。

(4) 小醉方

每万块(4.1 cm×4.1 cm×1.6 cm)用酒量 105 kg，食盐 5.4 kg，花椒 50 g。

(5) 青方

青方(4.2 cm×4.2 cm×1.8 cm)一般用 70%～80%豆腐黄泔水加上 20%～30%冷开水，加入 6%～7%食盐配成汤即可。灌汤时每 1000 块腌坯加 25 g 花椒。每坛加封烧酒 50 g。

(6) 小白方

小白方(3.1 cm×3.1 cm×1.8 cm)一般每坛装 350 块，腌坯用盐 0.6 kg，每坛加封黄酒 0.25 kg。

4. 封口与储藏(后熟)

腐乳按品种用汤料装坛后,擦净坛口,封口。坛口若不擦净,会造成杂菌污染;封口不严,在后期发酵过程中会导致酒精挥发,腐乳容易感染杂菌而发霉变质。将封口后的坛子移入后期发酵室,进行人工保温发酵,这样发酵周期比较短。也可放置在室外,自然发酵,发酵周期为 3～6 个月。实践证明,低温长时间发酵的腐乳风味较好。不同腐乳的发酵时间见表 2-17。

表 2-17　不同腐乳的发酵时间

名　　称	时间/月
桂林腐乳	3
广州辣椒腐乳	2～3
浙江绍兴腐乳	5～6
四川夹江腐乳	6
四川唐场腐乳	10～12
南京鹰牌红辣方、红方、青方、糟方	5～6
北京门丁腐乳、甜辣腐乳	4～5
黑龙江克东腐乳	4
北京王致和臭腐乳	2～5
杭州太方腐乳	6
西安辣油方腐乳	2～3

腐乳成熟的标志是:酒味小,形成腐乳特有的香气,相对密度较其汁液略小,转动包装瓶子可以看到腐乳离开瓶底而转动。

任务 4　腐乳生产常见问题及质量标准

一、腐乳生产常见问题

腐乳生产工艺分为制豆腐坯、前期培菌(发酵)、后期发酵 3 个阶段,共约 28 个生产工序。任意一个生产工序操作不当,都会导致腐乳出现不同程度的质量问题,如制坯工序中原料蛋白质利用率不高,豆腐坯发硬、粗糙、松散等;前期培菌时出现"红色斑点"、"黄衣"、毛坯发黏等;后期发酵出现腌坯过硬、咸淡不均、有异味;腐乳成熟后常出现白腐乳褐变、发霉及"白点"、青方腐乳卤汤面层产生结晶状物质等。

1. 豆腐制坯阶段的质量问题

(1) 豆腐坯过硬与粗糙

造成豆腐坯过硬、粗糙的主要因素如下。

① 豆浆纯度低。由于磨浆时磨得太细,使部分纤维通过筛网混入豆浆中;或豆渣分离过程中使用的筛网规格不合适,使豆浆中含有过多的豆渣。这些豆渣进入到豆腐坯中,

增大纤维含量，形成较大的拉力，弹性较差，造成豆腐坯死板、无弹性、粗糙易碎、白坯发硬。

② 豆浆浓度低。豆浆浓度低，蛋白质含量少，在下盐卤时大量凝固剂与少量蛋白质接触，导致蛋白质脱水过度，形成鱼子状，俗称“点煞浆”，造成白坯发硬、粗糙。

③ 煮浆与点浆时的温度控制不当。豆腐坯硬度与豆浆加温和冷却的温度、时间有一定的关系。点浆温度过高，蛋白质凝固加快，蛋白质固相保不住液相的水分，造成白坯粗糙结实。

④ 盐卤浓度大。盐卤浓度大，蛋白质凝固速度快，导致保水性差，质地坚硬。

⑤ 上榨速度慢。若上榨速度太慢，豆腐脑温度过低，不能达到豆腐热结合的温度，从而使白坯质地松散发硬。

(2) 豆腐坯无光泽

大豆浸泡之前没有将大豆中的各种异物全部除掉，如发霉的大豆、泥沙等，导致白坯色泽差、无光泽。

2. 培菌阶段的质量问题

在培菌阶段，最容易发生的是杂菌污染。常见的杂菌有嗜温性芽孢杆菌和黏质沙雷菌。

(1) 嗜温性芽孢杆菌污染——“黄衣”

豆腐坯接种后，经 4～6 h 培养，由于嗜温性芽孢杆菌大量繁殖，抑制毛霉菌生长，使坯身逐渐变黄、发黏，出现黄汗，发亮，且有一股刺鼻味，此现象俗称“黄衣”或“黄身”。主要防治措施有以下几点。

① 做好调温、排湿、卫生工作，以利于毛霉菌生长繁殖。

② 豆腐坯降温至 30 ℃左右再进发酵房，以免热量和水分挥发，不利于毛霉菌培养。

③ 毛霉菌种要新鲜、健壮、繁殖力强、生长力快，孢子悬液要适量，在腐乳坯上尽快生长，占据优势，以抵制杂菌生长。

④ 豆腐坯各面接种均匀，不给杂菌可乘之机。

(2) 沙雷菌污染——红色斑点

豆腐乳在毛霉菌培养过程中，若被沙雷菌属细菌污染，在培养 24 h 左右会出现细小的红色斑点。斑点由少到多，由浅到深，且豆腐坯发黏，品温比正常品温略高，有异味。红色斑点是沙雷菌分泌出的非水溶性色素——灵菌素色素形成的。该菌是由受污染的工具或辅料带入，因此一旦生产中发现此菌污染，需立即停止使用所有工具，及时进行彻底消毒，防止蔓延。在消毒时，避免长期使用一种消毒剂，否则会使杂菌产生耐药性，减弱消毒效果。应交替使用硫黄和甲醇进行消毒。

(3) 毛坯产生气泡

在正常生产情况下，菌膜应紧密黏附在豆腐坯表面。由于菌种不纯、豆腐坯含水过多、豆渣过多、豆腐坯摆放过于紧密或晾花不及时，使品温过高，会出现菌膜与豆腐坯之间产生气泡，甚至脱壳现象。

3. 后期发酵阶段的质量问题

(1)“腌煞坯”

用盐过多或腌制时间过长，会使白坯含盐过高，造成口感粗硬、味道咸苦不鲜，并使坯身过度脱水而收缩变硬，这种硬坯统称为“腌煞坯”。主要是由于盐度过高，影响了后期发酵中蛋白酶的水解作用，蛋白质分解程度不够。为避免上述质量问题，咸坯 NaCl 含量应控制在 15%以下。

（2）腐乳褐变

褐变常见于白腐乳，红腐乳离开液体暴露在空气中也会逐渐褐变，颜色从褐色逐步加深到黑色。这主要是由于毛霉分泌的儿茶酚氧化酶在游离氧的作用下氧化各种酚类成醌，进而聚合为黑色素所致。隔绝氧气可防止腐乳褐变。

4. 成熟腐乳中的质量问题

（1）腐乳表面形成结晶物

腐乳成熟后，经常在表面形成一种无色或浅琥珀色的透明硬质片状结晶体，影响产品质量。尤其是白腐乳更为明显。研究表明，这些结晶物是磷酸铵镁和磷酸镁的复合物。这些结晶物不溶于水也不溶于碱，再加上微量的铁离子形成了碱式有机盐，如碱式醋酸铁，就使上述结晶染上轻微的浅琥珀色。

腐乳汁液中产生结晶物质是不可避免的，但可以控制其生成量，防止结晶析出。措施主要有：防止原辅材料的污染；酿造用水中 Mg^{2+} 含量要较低；使用高纯度的精制盐，减少 KCl、$MgCl_2$、$CaCl_2$ 等杂质的混入。

（2）腐乳“白点”现象

腐乳白点是指附着于成熟腐乳表面的乳白色硬质圆形小点，有的呈片状，有时附着于腐乳表层的毛霉菌丝悬浮于腐乳汁液中或沉于容器底部。一般是在后期发酵阶段，大豆蛋白质水解释放出的酪氨酸积累的结果。“白点”的出现严重破坏了腐乳的外观，影响销售。

通过控制品温、悬浮液的 pH、调节发酵房相对湿度及温度到毛霉菌生长的最适条件，均能够有效地预防和减少腐乳白点的产生。

二、腐乳质量标准

腐乳的质量标准参照《腐乳》(SB/T 10170—2007)的规定。

1. 感官指标

感官指标标准适用于以大豆为主要原料，添加红曲生产的红腐乳；以大豆为主要原料生产的白腐乳和青腐乳；以及以酱曲为主要辅料的酱腐乳。豆腐乳的外观和感官指标见表 2-18。

表 2-18　豆腐乳的外观和感官指标

项目	要求			
	红腐乳	白腐乳	青腐乳	酱腐乳
色泽	表面呈鲜红色或枣红色，断面呈杏黄色或酱红色	呈乳黄色或黄褐色，色泽基本一致	呈豆青色，表里色泽基本一致	呈酱褐色或棕褐色，表里色泽基本一致

续表

项目	要求			
	红腐乳	白腐乳	青腐乳	酱腐乳
滋味、气味	滋味鲜美，咸淡适口，具有红腐乳特有气味，无异味	滋味鲜美，咸淡适口，具有白腐乳特有香味，无异味	滋味鲜美，咸淡适口，具有青腐乳特有之气味，无异味	滋味鲜美，咸淡适口，具有酱腐乳特有之气味，无异味
组织形态	块形整齐，质地细腻			
杂质	无外来可见杂质			

2. 理化指标

理化指标应符合表 2-19 的规定。

表 2-19 豆腐乳理化指标

项　　目		要求			
		红腐乳	白腐乳	青腐乳	酱腐乳
水分/(%)	≤	72.0	75.0	75.0	67.0
氨基酸态氮(以氮计)/[g/(100 g)]	≥	0.42	0.35	0.60	0.50
水溶性蛋白质/[g/(100 g)]	≥	3.20	3.20	4.50	5.00
总酸(以乳酸计)/[g/(100 g)]	≤	1.30	1.30	1.30	2.50
食盐(以氯化钠计)/[g/(100 g)]	≥	6.5			

3. 卫生指标

卫生指标应符合表 2-20 的规定。

表 2-20 豆腐乳卫生指标

项　　目		红、白、青、酱腐乳
砷/(mg/kg)	≤	0.5
铅/(mg/kg)	≤	1.0
食品添加剂		符合 GB2760 的规定
黄曲霉毒素 B/(μg/kg)	≤	5
大肠菌群/[个/(100 g)]	≤	30
致病菌(肠道致病菌及致病性球菌)		不得检出

三、腐乳的技术指标

1. 出品率

出品率是指 1 kg 大豆原料经加工后制得成品豆腐坯的质量(kg)。用下式表示：

$$出品率=\frac{成品收得量}{原料投入量}\times 100\%$$

因为原料大豆质量、含蛋白质数量及豆腐坯水分含量各不相同，故此公式不能科学地反映出生产技术水平，只是一种粗略的计算方法。

2. 蛋白质抽提率

蛋白质抽提率表示大豆中的蛋白质转移到豆浆中的比例，按下式计算：

$$蛋白质抽提率=\frac{豆浆质量\times豆浆蛋白质含量}{大豆原料质量\times大豆原料蛋白质含量}\times100\%$$

正常生产情况下，蛋白质抽提率应达75%～85%。

3. 蛋白质凝固率

蛋白质凝固率指豆浆加凝固剂后，凝固形成豆腐坯的蛋白质质量占豆浆中蛋白质质量的百分数，也就是豆浆中蛋白质转移到豆腐坯中的比例。计算公式如下：

$$蛋白质凝固率=\frac{豆腐坯质量\times豆腐坯蛋白质含量}{豆浆质量\times豆浆中蛋白质含量}\times100\%$$

一般工厂，正常操作条件下，蛋白质凝固率应在90%～95%。

4. 蛋白质利用率

蛋白质利用率指豆腐坯蛋白质总量占大豆原料蛋白质总量的百分数，即大豆原料所有蛋白质转移到豆腐坯中的比例。蛋白质利用率有两种计算方式：

① $$蛋白质利用率=\frac{豆腐坯质量\times豆腐坯蛋白质含量}{大豆原料质量\times大豆原料蛋白质含量}\times100\%$$

② $$蛋白质利用率=蛋白质抽提率\times蛋白质凝固率$$

正常生产中，蛋白质利用率应达65%以上。

蛋白质抽提率、蛋白质凝固率和蛋白质利用率，可以较科学地反映生产技术水平。

思考题

1. 简述腐乳的类型。
2. 腐乳生产中常用到的原料有哪些？
3. 腐乳常见的质量问题有哪些？
4. 画出豆腐坯的生产工艺流程图并解释操作要点。

技能训练　豆腐乳的制作

一、能力目标

① 通过本实训的学习，使学生加深对豆腐乳生产基本理论的理解。
② 使学生掌握豆腐乳发酵的基本工艺流程，进一步了解腐乳生产的关键技术。
③ 理解实验变量的控制，分析影响豆腐乳品质的条件。
④ 提高学生的生产操作控制能力，能处理豆腐乳生产中遇到的常见问题。

二、实训材料

1. 原料

豆腐、黄酒、米酒、糖、香辛料（如胡椒、花椒、茴香、桂皮、姜、辣椒等）。

2. 仪器与设备

高压锅、酒精灯。

三、操作要点

① 将豆腐切成 3 cm×3 cm×1 cm 的若干块。所用豆腐的含水量为 70%左右，水分过多则腐乳不易成形。

② 将豆腐块平放在铺有干稻草的盘内，稻草可以提供菌种，并能起到保温的作用。每块豆腐等距离排放，周围留有一定的空隙。豆腐上面再铺上干净的稻草。气候干燥时，将平盘用保鲜膜包裹，但不要封严，以免湿度太高，不利于毛霉菌的生长。

③ 将平盘放入温度保持在 15～18 ℃的地方。毛霉菌逐渐生长，大约 5 d 后豆腐表面丛生着直立菌丝(即长白毛)。

④ 当毛霉菌生长旺盛并呈淡黄色时，去除包裹平盘的保鲜膜以及铺在上面的稻草，使豆腐块的热量和水分能够迅速散失，同时散去霉味。

⑤ 当豆腐凉透后，将豆腐间连接在一起的菌丝拉断，并整齐排列在容器内，准备腌制。

⑥ 长满毛霉菌的豆腐块与要加入盐的质量比为 5∶1。

⑦ 将黄酒、米酒和糖按口味不同配以各种香辛料(如胡椒、花椒、茴香、桂皮、姜、辣椒等)，混合制成卤汤。卤汤酒精含量控制在 12%左右为宜。

⑧ 将广口玻璃瓶刷干净后，用高压锅在 100 ℃蒸汽灭菌 30 min。将豆腐乳摆入瓶中，加入卤汤和辅料后，将瓶口用酒精灯加热灭菌，用胶条密封。在常温条件下，一般四个月可以成熟。

四、成品检验

1. 感官检查

检查色泽、香气、滋味、组织形态等。

2. 理化检验

腐乳中水溶性蛋白质、水分、氨基酸态氮、总酸含量等。

五、实训报告

写出书面实训报告。

六、实训思考题

1. 豆腐乳发酵过程中，温度如何控制？
2. 豆腐乳的理化检测项目有哪几项，如何检测？
3. 除本法外，还有哪些发酵豆腐乳的方法？

项目4　味精生产技术

预备知识1　味精简介

味精，也称味之素(商品名称)，学名谷氨酸钠，是调味料的一种，主要成分为谷氨酸钠。谷氨酸钠是谷氨酸的钠盐，是一种无臭无色的晶体，在232 ℃时解体熔化，吸湿性强，易溶于水。谷氨酸钠还具有治疗慢性肝炎、肝昏迷、神经衰弱、癫痫病、胃酸缺乏等病的作用。

要注意的是，如果在100 ℃以上的高温中使用味精，鲜味剂谷氨酸钠会转变为致癌性的焦谷氨酸钠。如果在碱性环境中，味精会起化学反应产生一种叫谷氨酸二钠的物质。因此要注意使用和存放味精的条件。

(1) 味精的发展

第一阶段：1866年，德国人H. Ritthasen博士从面筋中分离到谷氨酸，根据原料定名为麸酸(因为面筋是从小麦里提取出来的)。1908年，日本东京大学池田菊苗试验，从海带中分离得到L-谷氨酸结晶体，这个结晶体和从蛋白质水解得到的L-谷氨酸是同样的物质，而且都是有鲜味的。

第二阶段：在1965年以前是以面筋或大豆粕为原料通过用酸水解的方法生产味精的。这种方法消耗大，成本高，劳动强度大，对设备要求高，需耐酸设备。

第三阶段：随着科学的进步及生物技术的发展，使味精生产发生了革命性的变化。自1965年以后我国味精厂都以粮食(玉米淀粉、大米、小麦淀粉、甘薯淀粉)为原料，通过微生物发酵、提取、精制得到符合国家标准的谷氨酸钠，用了它以后使菜肴更加鲜美可口。

随着人们对味精的认识不断深入提高，对它的营养价值、安全性及如何正确使用都有了普遍的了解。但是至今还有一部分人不甚了解，所以要不断宣传。

(2) 味精的营养价值

随着生产的发展以及人们消费水平的提高，味精在人们生活中已经成为不可缺少的鲜味物质。在味精没有工业化生产以前，人们摄取鲜味物质完全靠动、植物本身所含有的谷氨酸、肌苷酸、鸟苷酸，但是动物类型不一样，含量也就不一样，如100 g牛奶中含蛋白质结合型谷氨酸盐0.65 g，含游离型谷氨酸盐0.001 g；100 g番茄中含蛋白质结合型谷氨酸盐0.6 g，含游离型谷氨酸盐0.246 g。

味精不仅能为菜肴增添鲜味，还具有丰富的营养。谷氨酸钠被人们食用后，能够通过胃酸的作用解离为谷氨酸，能很快被消化吸收，变成人体组织中必不可少的蛋白质。而谷氨酸是一种高级营养辅助药，在医疗上有护肝、解毒、改善神经系统的功能，对于少年儿童还有促进神经系统发育的作用，在日常生活中适量地食用味精，能促进发育，增强体质。因此，味精的作用及营养价值很重要。

(3) 味精食用的安全性和使用

味精是由粮食原料通过生物发酵生产出来的安全食品。对工业化生产出来的谷氨酸,其化学结构早在1908年就被日本东京大学池田菊苗证实,和动、植物中存在的谷氨酸是一致的,可以参与体内的新陈代谢。游离的谷氨酸也存在于很多食物中,如番茄、豆类、香菇、对虾等,在人乳里也含有游离的谷氨酸。蛋白质是由多种氨基酸构成的,其中哪种氨基酸最多呢?科学分析的结果是不论动物蛋白质还是植物蛋白质,含量最高的氨基酸都是谷氨酸。人体中蛋白质含量为14%~17%,而蛋白质所含各种氨基酸中谷氨酸约占1/5。人体各器官存在着相当量的游离谷氨酸。所以正常食用味精对人体是安全的。

1973年,联合国食品法规委员会(CAC)把谷氨酸钠归入推荐的食品添加剂的A(1)类(安全型类)。1987年3月,在荷兰海牙召开的第19届联合国粮食及农业组织和世界卫生组织食品添加剂法规委员会会议上,决定取消对食用味精加以限量的规定。美国食品和药品管理局(FDA)在搜集了9000种以上的文献和试验数据后,又追加以新的动物试验,得出了"在现在的使用量、使用方法下,长期食用味精对人体没有任何障碍"的结论。1999年,我国完成了味精的长期毒理试验,这是我国首次独立完成对国内味精的试验,试验得出与国际上一致的结论,即食用味精是安全的。

任何营养物质均应适量食用才有益于健康。味精的主要成分谷氨酸钠是脑组织氧化代谢的氨基酸之一,对改进和维持丘脑的机能十分重要。它具有降低血液中氨含量的作用,可作为精神病人的中枢及大脑皮层补剂,还可改善神经有缺陷儿童的智力。一般情况下,每人每天食用味精不宜超过6 g,否则就可能产生头痛、恶心、发热等症状;过量食用味精也可能导致高血糖。老年人及患有高血压、肾炎、水肿等疾病的病人应慎重食用味精。谷氨酸钠在120 ℃以上会发生化学变化,有轻微的毒性。若使用不当也会产生不良影响,使味精失去调味意义,或对人体健康产生副作用。因此,在味精使用时应禁忌以下几点。

① 忌高温。

烹调菜肴时,如果在菜肴温度很高时投入味精就会发生化学变化,使味精变成焦谷氨酸钠。这样,非但不能起到调味作用,反而会产生轻微的毒素,对人体健康不利。科学实验证明,在70~90 ℃的温度下,味精的溶解度最好。所以,味精投放的最佳时机是在菜肴将要出锅的时候。若菜肴需勾芡的话,味精投放应在勾芡之前。

② 忌低温。

温度低时味精不易溶解。如果做凉拌菜需要放味精提鲜时,可以把味精用温水溶解,冷却后浇在凉菜上。

③ 忌碱性食物。

在碱性溶液中味精会起化学变化,产生一种具有不良气味的谷氨酸二钠。所以烹制碱性食物时,不要放味精。如鱿鱼是用碱发制的,就不能加味精。

④ 忌酸性食物。

味精在酸性菜肴中不易溶解,酸度越高越不易溶解,效果也越差。

⑤ 忌甜品菜肴。

凡是甜品菜肴如"冰糖莲子"、"番茄虾仁"都不应加味精。甜菜放味精非常难吃,既破坏了鲜味,又破坏了甜味。

⑥ 忌投放过量。

过量的味精会产生一种似咸非咸、似涩非涩的怪味，使用味精并非多多益善。

⑦ 忌炒鸡蛋。

鸡蛋本身含有许多谷氨酸，炒鸡蛋时一般都要放盐，而盐的主要成分是氯化钠，加热后谷氨酸与氯化钠这两种物质会发生反应，产生新的物质——谷氨酸钠，即味精的主要成分，使鸡蛋呈现很纯正的鲜味。因此炒鸡蛋加味精如同画蛇添足。

(4) 味精的分类和特点

我国味精目前有四种规格，即按含有谷氨酸钠纯度可分为99%、95%、90%、80%四种。除99%以外，其他三种分别加5%、10%、20%食盐等作填充料，有白色柱状结晶型和白色粉末状结晶型。市场上供应的味精，谷氨酸钠含量低于80%的只能称之为调味品，所以在选购时要看清包装上谷氨酸钠的含量。

有关味精的国家标准已于2007年12月正式实施。国标要求，味精产品必须无肉眼可见杂质，且没有异味。按照《谷氨酸钠(味精)》(GB/T 8967—2007)规定，将味精按添加成分分成三大类：普通味精、加盐味精和增鲜味精。

① 谷氨酸钠(味精)。

以淀粉质、糖质为原料，经微生物(谷氨酸棒状杆菌等)发酵，提取、中和、结晶精制而成的谷氨酸钠含量不小于99.0%，具有特殊鲜味的白色结晶或粉末。

② 加盐味精。

在谷氨酸钠(味精)中定量添加了精制盐的均匀混合物，谷氨酸钠含量不低于80%的均匀混合物。

③ 增鲜味精。

在谷氨酸钠(味精)中，定量添加了核苷酸二钠[5′-鸟苷酸二钠(GMP)、5′-肌苷酸二钠(IMP)或呈味核苷酸二钠(IMP+GMP)]等增鲜剂，其鲜味度超过混合前的谷氨酸钠(味精)。谷氨酸钠含量不小于97%，添加剂含量不得超过3%。

国家标准《味精卫生标准》(GB 2720—2003)对铅、总砷等有害杂质规定了限量，其中，总砷(以As计)$\leqslant$0.5 mg/kg；铅(Pb)$\leqslant$1 mg/kg；锌(Zn)$\leqslant$5 mg/kg。

预备知识2　谷氨酸发酵

一、谷氨酸简介

氨基酸发酵工业是利用微生物的生长和代谢活动生产各种氨基酸的现代工业。谷氨酸是最先成功地利用发酵法进行生产的氨基酸，是典型的代谢调控发酵。谷氨酸发酵受菌种生理特征和环境条件的影响，必须严格控制菌体的生长环境，否则很难积累谷氨酸。

谷氨酸是一种酸性氨基酸。分子内含两个羧基，化学名称为α-氨基戊二酸，分子式为$C_5H_9NO_4$，相对分子质量147.13。谷氨酸是无色晶体，有鲜味，微溶于水，而溶于盐酸，等电点为3.22。谷氨酸在生物体内的蛋白质代谢过程中占重要地位，参与动、植物和微生物中的许多重要化学反应。医学上，谷氨酸主要用于治疗肝性昏迷，还用于改善儿童智力发育。食品工业上，味精是常用的增鲜剂，其主要成分是谷氨酸钠盐。

目前，国内谷氨酸生产大都以淀粉质材料为原料，先将其水解成葡萄糖，并以此为碳源，以液氨为氮源，发酵而成。在发酵工艺上，由原先的中糖一次性发酵普遍发展为高糖流加发酵，平均发酵水平为10%～11%，糖酸转化率在55%左右。

由于发酵所产生的产物氨基酸都是微生物的中间代谢产物，它的积累建立在对微生物正常代谢的控制上，因此，谷氨酸发酵的关键取决于其控制机制是否能够被解除，是否能打破微生物的正常代谢调节，人为地控制微生物的代谢。了解谷氨酸的发酵机制，掌握其发酵工艺，将有助于对代谢调控发酵理论的理解，有助于对其他有氧发酵的理解和掌握，也有助于对整个生物与化学知识的融会贯通。

二、谷氨酸发酵原理

谷氨酸发酵包括了谷氨酸的生物合成和产物积累两个过程。

谷氨酸的生物合成途径大致是：葡萄糖经糖酵解（EMP途径）和己糖磷酸支路（HMP途径）生成丙酮酸，再氧化成乙酰辅酶A（乙酰CoA），然后进入三羧酸循环，生成α-酮戊二酸。α-酮戊二酸在谷氨酸脱氢酶的催化及有NH_4^+存在的条件下，生成谷氨酸。因此，谷氨酸的生物合成途径包括EMP、HMP、TCA循环、DCA循环和CO_2固定作用等。

主要酶反应：

$$\alpha\text{-酮戊二酸}+NH_4^+ +NADPH_2 \xrightarrow{\text{谷氨酸脱氢酶}} \text{谷氨酸}+H_2O+NADP$$

由葡萄糖生成谷氨酸的总反应式为

$$C_6H_{12}O_6+NH_3+\frac{3}{2}O_2 \longrightarrow C_5H_9O_4N+3H_2O+CO_2$$

谷氨酸棒状杆菌、黄色短杆菌的代谢均存在EMP途径和HMP途径。经这两条途径发酵至丙酮酸后，一部分经氧化脱羧生成乙酰CoA，一部分通过羧化固定CO_2生成草酰乙酸或苹果酸，草酰乙酸与乙酰CoA在柠檬酸合酶催化作用下，缩合成柠檬酸，再经TCA循环中的部分步骤生成α-酮戊二酸，经转氨反应生成谷氨酸。

三、谷氨酸发酵用途

谷氨酸除用于制造味精外，还可以用来治疗神经衰弱以及配制营养注射液等。我国的谷氨酸发酵虽然在产量、质量等方面有了较大的提高，但与国外先进水平相比还存在一定差距，主要表现在：设备陈旧，规模小，自控水平、转化率和提取率低，易受噬菌体污染，废水污染问题尚未完全解决等。

任务1 谷氨酸发酵

谷氨酸发酵工艺流程如图2-25所示。

材料准备→谷氨酸发酵生产菌种的制备→谷氨酸发酵培养基的制备→移种→谷氨酸发酵过程的控制→谷氨酸等电点回收→谷氨酸中和、精制→味精的结晶与干燥→提交工作任务报告单

图2-25 谷氨酸发酵工艺流程

一、材料准备

谷氨酸发酵常用材料有玉米、小麦、甘薯、大米等。其中甘薯和淀粉最为常用，大米进行浸泡磨浆，再调节 pH 为 6.0，加 α-淀粉酶于 85 ℃液化 30 min，加糖化酶于 60 ℃糖化 24 h，过滤后可供配制培养基。甘蔗糖蜜、甜菜糖蜜等糖蜜原料不宜直接用来作为谷氨酸发酵的碳源，预处理时可以用活性炭、树脂吸附或破坏生物素，也可以在发酵液中加入表面活性吸附剂或添加青霉素。

因此，谷氨酸生产时发酵原料具有一定的选择原则。首先要考虑菌体生长繁殖的营养，是否有利于谷氨酸的大量积累，还要考虑原料是否丰富、价格便宜，发酵周期是否短，产品是否易提取等因素。表 2-21 是一份较为详细的材料准备单，仅供参考。

表 2-21　谷氨酸发酵生产准备单

材料与试剂	1　北京棒状杆菌(AS1.299)或者钝齿棒状杆菌
	2　葡萄糖、蛋白胨、牛肉膏、氯化钠、硫酸镁、磷酸氢二钾、硫酸亚铁、硫酸锰、尿素、氢氧化钠、琼脂(均为实验室配制微生物培养基用)
	3　糖蜜：制糖时所剩余的糖蜜
	4　玉米浆：玉米用亚硫酸浸泡，经浓缩后所得
	5　玉米浆粉：玉米浆喷雾干燥所得
	6　盐酸、碳酸钠
仪器设备	1　试管：18 mm×180 mm，7 支
	2　三角瓶：250 mL，10 支
	3　高压灭菌锅：全自动高压灭菌锅
	4　摇床：恒温摇床
	5　培养箱：恒温培养箱
	6　显微镜：放大倍数 1000×
	7　膜组件：分离面积 1 m^2
	8　板块过滤器：不锈钢材质
	9　旋转蒸发器：真空度 0.2 MPa
	10　发酵罐：GUJS-50-500 型，种子罐 50 L，发酵罐 500 L

二、菌种的制备

1. 关于菌种

目前在谷氨酸发酵生产中所使用的菌种主要如下。

① 棒状杆菌属：谷氨酸棒状杆菌、北京棒状杆菌、钝齿棒状杆菌。

② 短杆菌属：黄色短杆菌、天津短杆菌。

这些菌种具有以下共同的特征。

① 细胞形态为棒状、短杆；

② 革兰氏阳性菌，无芽孢，无鞭毛，不能运动；

③ 都是需氧型；

④ 都是生物素缺陷型；

⑤ 脲酶强阳性；

⑥ 不分解淀粉；

⑦ 谷氨酸脱氢酶活力强；

⑧ 不分解谷氨酸，并能耐高浓度谷氨酸；

⑨ 发酵中菌体发生明显的形态变化，同时细胞膜渗透性发生变化；

⑩ CO_2固定反应酶系活力强；

⑪ 乙醛酸循环弱；

⑫ α-酮戊二酸氧化缺失或微弱。

2. 菌种的选育

根据各个菌种的特征，选择合适的菌种作为培养的对象很重要，因此，在生产实践中，育种思路可以从以下几个方面考虑。

一是可通过诱变选育 L-谷氨酸的结构类似物抗性突变株和营养缺陷型的回复突变株，以解除自身的反馈抑制和反馈阻遏，增大 L-谷氨酸积累量。如可以选育酮基丙二酸抗性突变株、谷氨酸氧肟酸盐抗性突变株、谷氨酰胺抗性突变株等。

二是增加 L-谷氨酸的前体物的合成量，可通过选育抗氟乙酸、氟化钠、氮丝氨酸、氟柠檬酸等突变株，以及强化 CO_2固定反应突变株（选育以琥珀酸或苹果酸为唯一碳源、生长良好的菌株，选育氟丙酮酸敏感性突变株及选育丙酮酸缺陷、天冬氨酸缺陷突变株），使谷氨酸大量积累。

三是选育强化能量代谢的突变株。谷氨酸高产菌的两个显著特点是：α-酮戊二酸继续向下氧化的能力缺陷和乙醛酸循环弱，使能量代谢受阻；TCA 循环前一阶段的代谢减慢。强化能量代谢，可补救上述两点不足，使 TCA 循环前一段代谢加强，谷氨酸合成的速度加快。

四是通过选育不能以 L-谷氨酸为唯一碳源生长的突变株。由于该突变株切断或减弱 L-谷氨酸向下一步的代谢途径，从而使 L-谷氨酸得到持续的积累。

另外需要注意以下几点：①菌种能高产谷氨酸，首先要使菌种具备在高糖、高酸的培养基中仍能正常生长、代谢的能力，即在高渗透压的培养基中菌体的生长和谷氨酸的合成不受影响或影响很小；②选育细胞膜渗透性好的突变株；③选育减弱 HMP 途径后段酶活性的突变株。

3. 菌种的制备

菌种制备的主要目的是尽可能地培养出高活性、能满足大规模发酵需要的纯种，主要方式为：分离纯化和扩大培养。

分离纯化是为了保证菌种的性能稳定，一般 2 个月左右就应分离纯化一次，分两步进行。第一步是用平板稀释法分离出单细胞菌落，具体方法是把待分离的菌株用无菌生理盐水制成菌悬液，并在装有玻璃珠的三角瓶中充分振荡（或者在摇床上振荡 20～30 min），利用玻璃珠的滚动使菌体细胞分散，然后将菌悬液稀释成一定的浓度，分别做平板

培养，使被分离的单细胞长成单菌落；第二步是挑取若干单细胞菌落接种于试管斜面培养基上，然后把这些菌株分别用三角瓶进行摇瓶发酵试验，比较各菌株产酸的高低，选择产酸高的菌株供生产用。

扩大培养是菌种制备的主要手段，其培养顺序为：斜面菌种、一级种子、二级种子。

(1) 斜面菌种

斜面菌种是生产用菌种分离纯化后接种于斜面培养基的菌种。

① 培养基的制备。

葡萄糖 0.1%，蛋白胨 1.0%，牛肉膏 1.0%，氯化钠 0.5%，琼脂 2.0%，pH2.0。分装试管后于 0.1 MPa 灭菌 30 min，摆成斜面。于 37 ℃培养 24 h，检查无菌后方可使用。

② 培养方式。

将原种上的菌苔划线接种到新制斜面上，于 37 ℃培养 24 h，制成斜面菌种。

③ 制备要点。

a. 培养完成后，要观察菌苔的生长情况，菌苔的边缘和颜色等特征是否正常，有无感染杂菌的迹象。

b. 斜面菌种应保存于冰箱中。

c. 生产中使用的斜面菌种不宜多次移接，一般只移接 3 次(代)，避免造成菌种自然变异而引起退化。

(2) 一级种子(三角瓶菌种)的制备

一级种子是斜面菌种接种于三角瓶进行液体振荡培养的菌种。一般用 1000 mL 三角瓶装 200～250 mL 液体培养基，其培养目的在于制备大量高活性的菌体。

① 培养基制备。

葡萄糖 2.5%，尿素 0.5%，硫酸镁 0.04%，硫酸氢二钾 0.1%，玉米浆 2.5%～3.3%，硫酸亚铁、硫酸镁各 2×10^{-6}(0.0002%)，pH7.0。用 250 mL 三角瓶装 100 mL 培养基，8 层纱布封口，于 0.1 MPa 灭菌 30 min，冷却后接入斜面菌苔 2～3 次。

② 培养方式。

将接种完毕的三角瓶置于恒温摇床上，培养温度为 30～32 ℃，培养 12 h。

③ 一级种子质量标准。

种龄 12 h，ΔA(560 nm 吸光度净增值)>0.5，RG(残糖)0.5%以下，pH6.4±0.1。

(3) 二级种子(种子罐种子)的制备

二级种子制备的目的是培养获得与发酵罐体积及培养条件相称的高活性菌体。二级种子数量一般是按发酵罐体积实际定容(比例为发酵罐体积的 70%)的 1%进行培养。如 7 L 发酵罐实际定容为 4.9 L，二级种子量即为 49 mL。

① 培养基制备。

葡萄糖 2.5%，尿素 0.34%，硫酸氢二钾 0.16%，糖蜜 1.16%，硫酸镁 0.043%，消泡剂 1 mL/L，硫酸亚铁、硫酸锰各 2×10^{-6}(0.0002%)，pH7.0。

② 培养方式。

根据种子罐-发酵罐操作规范，对种子罐进行空消后加入培养基，再进行实消。实消条件为 0.1 MPa 30 min，冷却后火焰接种，接种量为培养基的 2%。控制培养条件，温度

37 ℃，搅拌机转速 220 r/min，每分钟通气量 0.8∶1(体积比)，培养 10 h。

③ 二级种子菌种的质量要求。

a. 菌体大小均匀，呈单个或"八"字形排列，细胞呈棒状略有弯曲，革兰氏染色为阳性。

b. 二级种子培养过程中 pH 的变化有一定的规律，先从 pH6.8 上升到 pH8.0 左右，然后逐步下降。当二级种子 pH 下降到 7.0～7.2 时，结束二级种子的培养，这个变化过程需 7～10 h。如果培养时间过长会让 pH 继续下降，菌体容易衰老。

c. 活菌浓度要求达到 1000 万～1 亿个/mL。生产实践中应用光电比色计或分光光度计实际检测二级种子培养液的吸光度 A 的增长值大于或等于 0.6。

三、培养基的制备

依据谷氨酸棒状杆菌的生理生化特性，选择适宜的培养基进行菌种的制备是进行发酵的首要前提。按工艺要求配制发酵培养基，发酵罐定容后的装填系数为 0.7，例如 500 L 发酵罐定容至 350 L，700 L 发酵罐定容至 490 L。实际配制时，定容到预定体积的 75%左右(即 500 L 发酵罐定容到约 260 L，700 L 发酵罐定容到约 370 L)，另 25%体积为蒸汽冷凝水和种子液预留。

1. 培养基配方

葡萄糖 13%、硫酸镁 0.06%、硫酸氢二钾 0.1%、糖蜜 0.3%，$MnSO_4$ 和 $FeSO_4$ 各 2×10^{-6}，氢氧化钾 0.04%，玉米浆粉 0.125%，消泡剂 0.2%，pH7.0。实罐灭菌温度为 115 ℃，20 min。

尿素配成质量分数为 40%的溶液，装在 1000 mL 的三角瓶中，每一瓶装 800 mL。于 108 ℃单独灭菌 15 min，备用。

2. 培养基配制操作

打开发酵罐盖上的加料口，将培养基原液加入发酵罐内。补充水分达到预定体积的 75%左右。拧紧加料孔螺母(注意：不要拧得太紧，否则会损坏密封圈)。开动搅拌机，防止培养基液结块。

四、过程的控制

谷氨酸发酵是典型的代谢控制发酵，它是建立在容易变动的动态平衡上的，受多方面的环境条件支配。所以有了好的菌种而没有合适的环境条件和操作工艺，也不可能积累大量的谷氨酸。如果培养条件不适宜，则谷氨酸几乎不产生，仅得到大量的菌体或者由谷氨酸发酵转换成的乳酸、琥珀酸、α-酮戊二酸、丙氨酸、谷氨酰胺、乙酰谷氨酰胺等产物。因此环境条件对谷氨酸发酵具有重要的影响，最适宜的环境条件是提高发酵产率的重要条件。

培养基是菌体生长和代谢的基质，其组成对菌体的生长和代谢起着重要的作用。谷氨酸发酵的两个阶段对营养的要求是不同的。在长菌阶段，要求营养平衡，比如要求生物素含量相对充裕，风量相对较小，以求在短期内得到大量高活性的产酸型菌体；在产酸阶段，要求所消耗的物料按添加的形式与控制要求相匹配。因此在发酵过程中，对培养基、

溶解氧、温度、pH和磷酸盐等因素的调节和控制有一定的严格要求。

1. 溶解氧

谷氨酸产生菌是典型的好氧菌，通风和搅拌不仅会影响菌种对氮源和碳源的利用率，而且会影响发酵周期和谷氨酸的合成量。尤其是在发酵后期，加大通气量有利于谷氨酸的合成。其中谷氨酸棒状杆菌在溶解氧不足时产生的是乳酸或琥珀酸。

溶解氧对谷氨酸产生菌种子培养影响很大。溶解氧过低，菌体呼吸受到抑制，从而抑制生长，引起乳酸等副产物的积累；但是并非溶解氧越高越好，当溶解氧满足菌的需氧量后继续升高，不但会造成浪费还会由于高氧水平抑制菌体生长和谷氨酸的生成。

2. 温度

在整个流加发酵中，并非一定要控制恒温培养，因为菌体最适生长温度不一定是菌体积累代谢终产物的最佳温度。

谷氨酸发酵0～12 h为长菌期，菌种生长的最适温度为30～32 ℃。当菌体生长到稳定期，进入产酸期，控制温度为34～36 ℃。由于发酵期代谢活跃，发酵罐要注意冷却，防止温度过高引起发酵迟缓。例如，在生产过程中，发酵初期提高温度可以缩短细胞生长时间，减少发酵总时间；发酵中、后期的菌体活力较强，适当提高发酵温度有利于细胞膜渗透和产酸，故温度应控制稍高一些。

3. pH

在发酵过程中，随着营养物质的利用，代谢产物的积累，培养液的pH会不断变化。如随着氮源的利用，放出氨，pH会上升；当糖被利用生成有机酸时，pH会下降。其中谷氨酸棒状杆菌在pH呈酸性时生成乙酰谷氨酰胺。

为了维持发酵的最佳条件，根据谷氨酸产生菌发酵的最适pH在7.0～8.0之间，采用提高通风量、控制流加氮源的方法来调节谷氨酸的发酵。例如：长菌期，(0～12 h)控制pH不大于8.2(由尿素流加量、风量和搅拌转速来调节)；产酸期，(12 h以后)控制pH在7.1～7.2；放罐，达到放罐标准(残糖在1%以下且糖耗速度缓慢且小于0.15%/h，或残糖含量小于0.5%)后，及时放罐。

4. 磷酸盐

磷酸盐是谷氨酸发酵过程中必需的，但浓度不能过高，否则会转向缬氨酸发酵；但磷浓度过低，则菌体生长不好，不利于高产酸。发酵结束后，常用离子交换树脂法等进行提取。

5. 生物素

在生物素缺陷型的谷氨酸发酵中，生物素起着细胞膜通透的开关作用，对发酵有一定影响。如果生物素过量，则只长菌，不产酸；如果不足，则菌体生长缓慢甚至不长。菌体从培养液中摄取生物素的速度很快，远远超过菌体繁殖所需要的生物素量。因此，培养液中残存的生物素量很少，在培养过程中菌体内的生物素含量由多逐渐减少，从而达到亚适量，保证了谷氨酸的积累。一般来讲，生物素过量时菌体生长繁殖快，细胞膜致密使得细胞内的谷氨酸无法排出，发酵液中由菌种细胞排出的谷氨酸仅占氨基酸总量的12%；生物素亚适量时，菌体代谢失调，细胞膜通透性增强，细胞内的谷氨酸能及时排出，发酵液中由菌种细胞排出的谷氨酸仅占氨基酸总量的92%,有利于谷氨酸的积累。因此,分不同阶段进行控制最为合理。

6. 接种时间

利用对数生长期中后期的种子接种,可缩短其延滞期,而且菌体生长迅速,菌体浓度相对较高,有利于缩短发酵周期,提高代谢产物的产量。

7. 接种量

接种量大小直接影响发酵产酸。接种量太小,发酵前期生长缓慢,整个发酵期间长,菌种的活力下降,发酵效果差;接种量过大,会引起菌体增长过快,单位体积内的养料和溶解氧供应不足,代谢废物较多,不利于产酸。接种量适宜,能减少染菌机会,缩短发酵周期。因此,接种量一般要求以适量为原则。

8. 通风

通风的实质就是供氧并使菌体和培养基充分混合。谷氨酸产生菌为兼性好氧菌,在有氧、无氧的条件下都能生长,只是其代谢产物不同。在谷氨酸发酵过程中,通风必须适度。在罐压一定的情况下,风量的增加可以增加发酵培养基的氧分压。通风的计量,一般采用每分钟发酵液体积与所通的空气体积之比来确定,如风量为1∶0.5表示每分钟每立方米发酵液中通入了0.5 m^3的空气。罐压恒定时,尾风风量与进风风量相同,因此,在实际操作中,用安装在发酵罐尾气排放口上的空气流量计来读取数据。

9. 泡沫

谷氨酸发酵是好气型发酵,因通风和搅拌产生泡沫是经常存在的现象,但泡沫过多会带来一系列问题,例如泡沫形成泡盖时代谢产生的气体不能及时排出,妨碍菌体呼吸作用,影响菌体的正常代谢;泡沫过多,发酵液会外溢,易冲上罐顶,造成浪费和污染。因此,在发酵过程中如何避免泡沫的过多产生是需要重视的问题。

发酵工业上消除泡沫的方法常有两种,即机械消泡和化学消泡剂消泡。

(1) 机械消泡

机械消泡是借助机械力将泡沫打破,或借压力变化使泡沫破裂。其优点是不用在发酵液中加入其他物质,节省原料(消泡剂),减少由于加入消泡剂引起污染的机会;缺点是不能从根本上消除引起泡沫的因素,消泡效果往往不如化学消泡剂迅速可靠,且需要消耗一定的动力。

(2) 化学消泡剂消泡

化学消泡剂消泡是借助一些化学药剂来消除泡沫的方法。其优点是消泡效果好,作用迅速,尤其是合成消泡剂效率高,用量少;其缺点是选择不当会影响菌体生长繁殖或者影响代谢产物的积累,操作上会增加染菌的机会,且用量过多时会影响氧的传递,从而影响菌体的代谢。

根据消泡原理和发酵液的性质、要求选择不同的消泡剂。消泡剂应当具有以下特点:必须是表面活性剂,且具有较低的表面张力;具有一定的亲水性,对气-液界面的铺展系数必须足够大;无毒,不影响菌体的生长和代谢、产物的提取和产品质量;不干扰溶解氧、pH等测定仪表的使用,最好不影响氧的传递。

目前,普遍使用的消泡剂是聚醚类消泡剂,此类消泡剂均为无色或淡黄色黏性液体,

不易挥发，热稳定性高，它们的表面化学性质基本相近，属于非离子型表面活性剂，起消泡作用的基团是分子中的疏水基、亲水基和末端羟基，使消泡剂在发泡介质中能良好铺展，以促进消泡效力的发挥。

10. 无菌

谷氨酸产生菌对杂菌及噬菌体的抵抗力差，一旦染菌，就会造成减产或无产现象的发生，致使谷氨酸发酵生产失败，所以预防及挽救菌种是非常重要的。

常见的杂菌有芽孢杆菌、阴性杆菌、葡萄球菌和霉菌。针对芽孢杆菌，打料时要检查板式换热器和维持管压力是否高出正常水平。如果堵塞，容易造成灭菌不透。板式换热器要及时清洗或拆换。罐要打开，检查管路是否有泄漏或短路，阀门和法兰是否损坏。针对阴性杆菌，对照放罐体积看是否异常，如果高于正常体积，可能是排灌泄漏，要对接触冷却水的管路和阀门等处进行检查。针对葡萄球菌，流加糖罐和空气过滤器要进行无菌检查，如果染菌要统一杀菌处理。针对霉菌，则要加大对环境的消毒力度，对环境死角要进行彻底清理。

感染噬菌体是最严重的一种染菌，发酵罐一旦感染上噬菌体，谷氨酸菌体量在很短的时间内迅速下降，发酵将无法进行。噬菌体有一个致命点，就是必须有谷氨酸菌体宿主的存在，如无宿主噬菌体将无法生存。另外，噬菌体不耐高温，一般升温至 80 ℃就会死亡。在发酵 2～10 h 时感染噬菌体，判断正确后，把发酵液加热至 45 ℃10 min 将谷氨酸菌杀灭。在发酵 10～14 h 时感染噬菌体，耗糖速度减慢直至停止，此时残糖在 6%～10%之间，产酸 3%～5%之间。在这时段出现感染噬菌体，仍然是把发酵液加热至 45 ℃10 min，压出发酵罐，进行分罐处理，一般可分为两罐来处理。发酵 18 h 后出现 OD 值下跌，此时残糖在 3%左右，出现耗糖缓慢或停止。

任务 2　谷氨酸提取

谷氨酸提取的基本方法有：等电点结晶法、特殊沉淀法、离子交换法、溶剂萃取法、液膜萃取法。目前国内从发酵液中提取 L-谷氨酸最常用的方法是等电点法结晶大量 L-谷氨酸。

一、等电点法简介

等电点法提取谷氨酸，由于具有设备简单、操作简便、投资少等优点，为国内许多味精厂所采用。通过加盐酸将发酵液调至谷氨酸的等电点 pH3.22，使谷氨酸呈过饱和状态，从而结晶析出。此法是利用谷氨酸的两性解离与等电点时溶解度最小的性质。

等电点法提取谷氨酸可以在除去谷氨酸棒状杆菌菌体的情况下进行，也可在不经过除菌的条件下操作；发酵液可以经浓缩处理，也可以不经浓缩处理；可在常温下操作，也可在低温下进行。

二、等电点法操作步骤

具体操作要点如下。

① 将已除菌的发酵液先测定放罐体积、pH、谷氨酸含量和温度，开始搅拌。若放罐的发酵清液温度高，应先将发酵液冷却到 25～30 ℃，消除泡沫后再开始调 pH。用盐酸调到 pH5.0（视发酵液中谷氨酸含量高低而定），此时以前即使加酸速度稍快，影响也不大。

② 当 pH 达到 4.5 时，应放慢加酸速度，在此期间应注意观察晶体形成的情况，若观察到有晶体形成，应停止加酸，搅拌育晶 2～4 h。若发酵不正常，产酸量低于 4%，虽调 pH 到 4.0 仍无晶核出现，遇到这种情况应适当将 pH 降低到 3.5～3.8。

③ 搅拌 2 h，以利于晶体形成，或者适当加点晶体刺激起晶。

④ 搅拌育晶 2 h 后，继续缓慢加酸，耗时 4～6 h，调 pH 至 3.0～3.2。停酸复查 pH，搅拌 2 h 后开冷却水降温，使温度尽可能降低。

⑤ 到等电点 pH 后，继续搅拌 16 h 以上，停止搅拌，静置沉淀 4 h。关闭冷却水，吸取上层菌液。至近谷氨酸层面时，用真空将谷氨酸表层的菌体抽到另一容器里回收，取出底部谷氨酸，离心甩干。

等电点法提取谷氨酸技术虽然操作简单、投资少，但在生产过程中仍然存在一些缺陷。例如：在结晶和离子交换过程中要使用大量的硫酸调节发酵液和母液的 pH，造成环境污染；在低温下交换，高温下洗脱，使树脂反复溶胀收缩，使用寿命缩短；等电点废液中存在大量 NH_4^+，用氢型树脂进行交换时，NH_4^+ 可与 L-谷氨酸离子进行竞争，使 L-谷氨酸的回收率降低。

分析谷氨酸钠现行生产工艺，可以看出现在味精生产均采用先从谷氨酸铵发酵液分离谷氨酸半成品，用 NaOH 或 Na_2CO_3 进行中和转化为谷氨酸一钠，经脱色、浓缩、精制而成味精的基本工艺。因此在提取工艺中，需要完成谷氨酸铵→谷氨酸→谷氨酸一钠的产品转化过程。而此转化过程需要消耗大量的酸碱，提高了生产成本。

任务 3 谷氨酸制备味精

从发酵液中提取到的谷氨酸，仅仅是味精生产中的半成品。谷氨酸与适量的碱进行反应，中和生成谷氨酸一钠，其溶液经过脱色、除铁，并除去部分杂质，最后通过减压浓缩、结晶及分离，得到较纯的谷氨酸一钠的晶体。此时，不仅酸味消失，而且有很强的鲜味。谷氨酸一钠的商品名称就是味精或者味之素。如果谷氨酸与过量的碱作用，生成的是谷氨酸二钠，不具有味精的鲜味。主要工艺流程如图 2-26 所示。

谷氨酸→中和→脱色→除铁→浓缩和结晶→分离和干燥→成品

图 2-26 谷氨酸制备味精主要工艺流程

一、中和

提取到的谷氨酸没有鲜味，要得到味精就必须对其进行中和和精制。味精的生产过程中，与谷氨酸起中和反应的碱可以是氢氧化钠，也可以是碳酸钠。生产实践中，谷氨酸的中和一般不用氢氧化钠，因为氢氧化钠中含杂质氯化钠较多（30%浓度的氢氧化钠中含杂质氯化钠达4%以上),最终会影响结晶味精成品的质量。碳酸钠虽然是强碱弱酸盐,但与谷氨酸反应时也能达到中和的目的。

使用碳酸钠对谷氨酸进行中和,pH一般控制在6.7~7.0得到的是谷氨酸一钠(有鲜味)。当pH超过7时,随着pH升高溶液中谷氨酸2价负离子逐渐增多,此时生成的谷氨酸二钠也就越多,一般在pH为9~10时,得到谷氨酸二钠(无鲜味)。不过,由于谷氨酸的电离过程是可逆的,谷氨酸二钠也易溶于水,也能解离成谷氨酸1价负离子和Na^+,所以谷氨酸二钠可重新变成谷氨酸一钠。因此中和反应应严格控制反应完成时的pH。

在实际操作中,由于谷氨酸在水中溶解度较小,中和反应的体系应当控制在60 ℃左右,应当先将谷氨酸加入到热水中,再逐步加入碳酸钠,完成中和。如果将谷氨酸加入到碳酸钠溶液中,会由于谷氨酸长时间接触碱性物质而消旋,生成L-谷氨酸,从而使鲜味下降。

二、脱色

纯净的谷氨酸是白色的结晶,而粗谷氨酸往往带有程度不等的淡黄色,这是由于粗谷氨酸中含有杂质的缘故。这些杂质中含有少量色素,不除去就会使中和液透光率降低、色泽加深,从而影响味精的色泽和纯度。

脱色常用的是活性炭脱色法,溶液的温度和pH对脱色效果有一点影响。在较高温度下,分子运动速度加快,被吸附物质分子向吸附剂表面的扩散速度增加,此时,溶液的黏度减小,从而降低了分子运动的阻力,这些因素都有利于吸附的进行。但是温度也不能太高,因为随着温度的上升,解吸的速度也会迅速增大。中和液用活性炭脱色时,温度一般控制在50~60 ℃。

除此之外,溶液的pH与活性炭的脱色效果也有一定的关系。实践表明溶液在pH为4.5~5.5时脱色效果最佳。但是溶液的pH不能太低,否则谷氨酸的溶解度就会降低,中和反应就不完全,因此中和液的pH应保持在6.4以上。

脱色效果还与时间有关,脱色时间长,被吸附物质分子与活性炭表面接触的机会多,有利于吸附作用。尤其是当被吸附物质是一些相对分子质量较大的色素分子时,由于分子大,扩散速度慢,吸附作用就更需要时间。为了加快吸附的进行,适当的搅拌也是必要的,搅拌可以促进扩散运动的进行。

三、除铁

根据实际操作所使用设备的材质以及所选用原料的纯度,此步骤可选做。味精的质量标准中规定,99%的味精中含铁在5×10^{-6}以下,80%的味精中含铁在10×10^{-6}以下。如果在谷氨酸的发酵和提取过程中,由于使用的设备被腐蚀或者所用原料不纯等原因,会使中和液中带有铁离子等杂质。味精中如果含有铁离子等杂质,成品的色泽就会发黄。因此,建议尽量使用不锈钢材质的设备和纯度较高的原料。

四、浓缩和结晶

谷氨酸钠在水中的溶解度很大,要想从溶液中析出结晶,必须除去大量的水分,使溶液达到过饱和状态,过量的溶质才会以固体状态结晶出来。晶体的产生是先形成极细小的晶核,然后这些晶核再成长为一定大小形状的晶体。因此,从溶液到晶体生成包括以下三个过程。

1. 形成过饱和溶液

溶液过饱和是结晶的前提,使溶液处于过饱和状态的方法通常有两种:①降低溶液的温度,使溶液的溶解度降低,因而使溶液由原来的饱和状态甚至不饱和状态转变成过饱和状态;②通过蒸发使溶液中的一部分溶剂减少,达到溶液过饱和的状态。

工业上采用减压蒸汽的方法使液体的沸点相应降低。此时,真空度越高,沸点下降得就越多,蒸发速度就越快,谷氨酸钠就被破坏得越少。这样既可缩短浓缩时间,又可避免谷氨酸钠因脱水环化而造成破坏。

2. 晶核形成

晶核形成即起晶。用外界的刺激促进晶核形成的起晶方式称为刺激起晶;将溶液蒸发浓缩,使之进入介稳区而自然产生晶体的方式称为自然起晶;将溶液蒸发浓缩至介稳区中过饱和程度较低的养晶区,加入一定大小和数目的晶种,这时超过溶解度的那部分溶质便在加入晶种的晶面上长大,这种外加入晶种的方式称为晶核起晶。由此可以发现,起晶的必要条件是溶液要达到一定的过饱和浓度。

3. 晶体成长

和谷氨酸一样,谷氨酸钠起晶后也要根据产品的要求育晶,达到要求后即可分离干燥。育晶过程中,应保持真空度恒定,这样可稳定操作,避免出现伪晶,提高结晶收率。

五、分离和干燥

澄清的脱色液(18～20 °Bé,35℃)加入旋转蒸发器(加料量小于 1/2 蒸发器容积),真空度要求在 80 kPa 以上,$T<70$ ℃,浓缩至 34～34.5 °Bé,温度达到 80 ℃时放料。放至冷却后,搅拌 2～3 h,再开冷却水降温,降温至室温(+5 ℃),此时有大量味精晶体析出。

用抽滤装置将味精晶体分离,再放入干燥箱干燥,干燥温度不超过 60 ℃,即得到味精原晶体。

六、成品包装、标志、运输和储存

产品的外包装按照《包装储运图示标志》(GB/T 191—2008)的要求,外包装物应有明显的标志。标志内容应包括产品名称、厂名、厂址、净含量、生产日期(批号)等。预包装产品包装按《预包装食品标签通则》(GB 7718—2004)规定标注,加盐味精包装上需标注谷氨酸钠具体含量;产品内包装材料需符合食品包装材料的卫生要求。包装要求:内包装封口严密,不得透气,外包装不得受到污染。产品在运输过程中应轻拿轻放,严防污染、雨淋和曝晒。运输工具应清洁、无毒、无污染。严禁与有毒、有害、有腐蚀性的物质混装混运。产品储存在阴凉、干燥、通风、无污染的环境下,不应露天堆放。

任务4　谷氨酸发酵生产味精的质量标准、检测及鉴别

谷氨酸发酵生产味精应符合《谷氨酸钠(味精)》(GB/T 8967—2007)的相关要求。

一、质量标准

1. 感官要求

无色至白色结晶状颗粒或粉末,易溶于水,无肉眼可见杂质。具有特殊鲜味,无异味。

2. 理化要求

根据其加入成分的分类要求,对三种类型的味精都作了相应的理化指标的规定。

(1) 谷氨酸钠(味精)理化要求

谷氨酸钠(味精)应符合表2-22的要求。

表2-22　谷氨酸钠(味精)理化要求

项　目		指　标
谷氨酸钠/(%)	≥	99.0
透光率/(%)	≥	98
比旋光度$[\alpha]_D^{20}$/(°)		+24.9～+25.3
氯化物(以Cl^-计)/(%)	≤	0.1
pH		6.7～7.5
干燥失重/(%)	≤	0.5
铁/(mg/kg)	≤	5
硫酸盐(以SO_4^{2-}计)/(%)	≤	0.05

(2) 加盐味精理化要求

加盐味精应符合表2-23的要求。

表2-23　加盐味精理化要求

项　目		指　标
谷氨酸钠/(%)	≥	80.0
透光率/(%)	≥	89
食用盐(以NaCl计)/(%)	<	20
干燥失重/(%)	≤	1.0
铁/(mg/kg)	≤	10
硫酸盐(以SO_4^{2-}计)/(%)	≤	0.5

注:加盐味精需用99%的味精加盐。

(3) 增鲜味精理化要求

增鲜味精应符合表2-24的要求。

表 2-24 增鲜味精理化要求

项目		指标		
		添加 5′-鸟苷酸二钠(GMP)	添加呈味核苷酸二钠	添加 5′-肌苷酸二钠(IMP)
谷氨酸钠/(%)	⩾	97.0		
呈味核苷酸二钠/(%)	⩾	1.08	1.5	2.5
透光率/(%)	⩾	98		
干燥失重/(%)	⩽	0.5		
铁/(mg/kg)	⩽	5		
硫酸盐(以 SO_4^{2-} 计)/(%)	⩽	0.05		

注:增鲜味精需用 99%的味精增鲜。

3. 卫生指标

应符合《味精卫生标准》(GB 2720—2003)和《味精卫生标准的分析方法》(GB/T 5009.43—2003)。

4. 标签及包装

应按照《预包装食品标签通则》(GB 7718—2004)、《定量包装商品净含量计量检验规则》(JJF 1070—2005)的要求,对生产出的味精成品在包装袋表面作详细的描述,如味精的使用方法、用量及注意事项等因素。

二、检测

按照《谷氨酸钠(味精)》(GB/T 8967—2007)的方法检测。

三、味精的鉴别

味精的主要成分是谷氨酸钠,按谷氨酸钠的含量分为若干种规格,其中 99%的味精结晶呈针状或粒状,其余几种是用不同量的精盐和味精混制而成的粉状体或混盐结晶体。

1. 优质味精

颗粒形状一致,色洁白有光泽,颗粒间呈散粒状态,稀释至 1∶100 的比例,口尝仍感到有鲜味。

2. 劣质味精

颗粒形状不统一,大小不一致,颜色发乌、发黄,甚至颗粒成团结块,稀释至 1∶100 的比例后,只能感到苦味、咸味或甜味而无鲜味。

3. 掺假味精

常见的味精掺假物主要有食盐、淀粉、小苏打、石膏、硫酸镁、硫酸钠或其他无机盐类。掺假味精的鉴别方法如下。

① 眼看:真味精呈白色结晶状,粉状均匀;假味精色泽异样,粉状不均匀。

② 手摸:真味精手感柔软,无粒状物触感;假味精摸上去粗糙,有明显的颗粒感。若

含有生粉、小苏打,则感觉过分滑腻。

③ 口尝:真味精有强烈的鲜味。如果咸味大于鲜味,表明掺入食盐;如有苦味,表明掺入氯化镁、硫酸镁;如有甜味,表明掺入白砂糖;难于溶化又有冷滑黏糊之感,表明掺了木薯粉或石膏粉。

思考题

1. 谷氨酸发酵过程中应当注意哪些因素的影响?
2. 谷氨酸发酵的机制是什么?
3. 味精生产工艺中应注意的事项是什么?
4. 如何辨别味精的真假?
5. 查阅资料,阐述鸡精与味精的区别(生产工艺和质量标准等方面)。
6. 探讨谷氨酸目前发展的状况。

技能训练　谷氨酸发酵味精的生产

一、能力目标

① 了解发酵工业菌种的制备工艺和质量控制,并为发酵实验准备菌种。
② 使学生掌握味精生产的基本工艺流程,进一步了解味精生产的关键技术。
③ 提高学生的生产操作控制能力,能处理味精生产中遇到的常见问题。
④ 了解谷氨酸钠的主要质量标准及分析方法。
⑤ 掌握成品味精的谷氨酸钠含量及透光率的分析方法。

二、生产工艺流程

谷氨酸发酵味精的生产工艺流程见图 2-27。

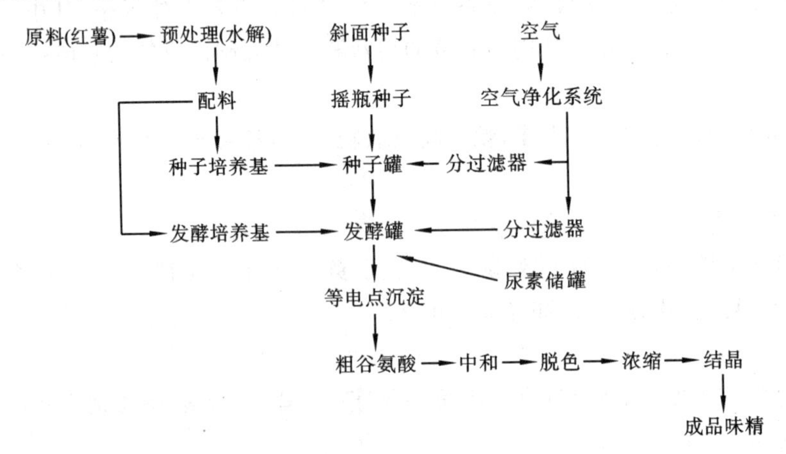

图 2-27　谷氨酸发酵味精的工艺流程

三、实训材料

1. 原料

红薯淀粉、碘液、无水乙醇、碳酸钠、葡萄糖、蛋白胨、牛肉膏、食盐、琼脂、尿素、玉米浆、硫酸镁、磷酸氢二钾、磷酸二氢钾、硫酸铁、硫酸锰、氯化钾、盐酸、水解糖、发酵使用B9菌种。

2. 仪器与设备

试管、三角瓶、抽滤瓶、塑料袋、分装器、量筒、托盘天平、洗涤及浸泡设备、蒸煮锅、曲池(曲箱)、粉碎机、酸度计或pH试纸、分析天平、电子秤、温度计、恒温水浴锅、波美计、高压蒸汽灭菌锅、无级调速搅拌机、水环式真空泵、培养箱、摇床、发酵罐或发酵箱、蒸汽发生器。

四、工艺操作要点

1. 制备淀粉水解糖

将红薯淀粉加水调成粉浆使其浓度为16 °Bé,并用碳酸钠调pH至6.2～6.4,加入备好的液化酶,用量为每克干淀粉5单位。将粉浆温度调至85～90 ℃,保温约20 min左右,用碘液检查,呈棕红色或橙黄色即液化完全。再将粉浆温度调至100 ℃,保持5 min以便杀灭液化酶。然后将粉浆温度降至55～60 ℃,用盐酸调pH至1.8,加糖化酶保温。用无水乙醇检查糖化终点,无反应时即结束糖化,将糖化液加热至100 ℃灭酶。用碳酸钠调整水解糖液的pH为4.6～4.8,中和温度一般在80 ℃左右。然后加入0.3%的活性浆,搅拌均匀,使糖液脱色,脱色时间应不少于30 min。脱色完毕,将糖液过滤,即得水解糖液。

2. 发酵

发酵的过程分为:斜面活化→二级摇瓶种子→二级罐种子→发酵。谷氨酸发酵时使用B9菌种。

斜面培养基成分为:葡萄糖0.1%,蛋白胨1%,牛肉膏0.5%,食盐5%,琼脂2%。pH7.0,32 ℃斜面培养18 h。

一级种子培养基成分为:葡萄糖2.5%,尿素0.5%,玉米浆3%,硫酸镁0.04%,磷酸氢二钾0.1%,硫酸铁2%,硫酸锰2%。pH6.8～7.0,一级种子在32 ℃培养12 h。

二级种子培养基成分为:水解糖2.5%,尿素0.4%,玉米浆3%,磷酸氢二钾0.15%,硫酸镁0.05%,硫酸锰2%。pH6.8～7.0,二级种子在34 ℃培养7～8 h。

发酵罐用培养基成分为:水解糖2.5%,尿素0.6%,玉米浆0.6%,磷酸二氢钾0.17%,氯化钾0.03%,硫酸镁0.06%,硫酸锰2%。pH6.7～7.0。培养条件是:接种量为1%,培养温度为35～36 ℃,培养时间为35 h左右。

3. 谷氨酸提取

大部分工厂提取谷氨酸采用等电点法。将发酵液的pH调至3.22,谷氨酸就处于过饱和状态呈结晶析出。

4. 中和脱色

谷氨酸与碳酸钠中和制成谷氨酸钠，才具有强力鲜味。中和温度为60～65 ℃，中和液的浓度为22 °Bé，pH为6.9～7.0。106 g的碳酸钠可中和294 g的谷氨酸。中和完毕后，需将中和液脱色。先用谷氨酸将中和液pH调回至6.3，加热至60 ℃，使谷氨酸钠充分溶解，加入粉末活性炭进行脱色，搅拌30 min后，即可让其自然沉淀或进行过滤。

5. 浓缩结晶

将脱色液放入真空浓缩锅内，真空度保持在8000 Pa以上，温度控制在60 ℃以下。当锅内液体浓度达到32 °Bé时，即开搅拌机，关掉蒸汽，用真空吸入晶种，进行起晶，然后将所得晶液在离心机内进行离心分离。

6. 干燥过筛

将结晶味精于80 ℃干燥，然后过8、12、20、30目的筛，其中12、20、30目的可作为成品99%味精。大片的可打碎成粉拌入食盐，作为粉状味精；过细的作为小结晶味精或当晶种用。

7. 成品包装、标志、运输和储存

产品的外包装按照《包装储运图示标志》(GB/T 191—2008)的要求，外包装物应有明显的标志。产品在运输过程中应轻拿轻放，严防污染、雨淋和曝晒。产品储存在阴凉、干燥、通风无污染的环境下，不应露天堆放。

五、质量检验

1. 感官检查

检查色泽、状态、气味、杂质度等。

2. 理化检验

谷氨酸钠含量测定、食盐测定(以氯化钠计)、pH测定、干燥失重测定、透光率测定等。

六、实训报告

写出书面实训报告，如实记录整个工作流程及操作步骤，并进行分析描述最终产品的性状。

七、实训思考题

1. 味精的制备过程中使用的提取方法以及具体内容是什么？
2. 如何控制晶体的生长？
3. 味精的检测项目有哪几项？如何检测？

模块三

酒类的生产

项目1 啤酒生产技术

预备知识 啤酒的文化历史和品种

啤酒是一种外来酒，其名称是外语的谐音，例如英语称为Beer，德语称为Bier等。啤酒的生产原料主要有水、麦芽、大米、酒花和酵母等。作为一种含有碳水化合物、蛋白质、维生素、矿物质等平衡性良好的，营养十分丰富的低酒精度的饮品，啤酒有“液体面包”之美称。

一、啤酒的定义

1. 中国国家标准规定

《啤酒》(GB 4927—2008)规定：啤酒是以麦芽、水为主要原料，加啤酒花(包括酒花制品)，经酵母发酵酿制而成的、含有二氧化碳的、起泡的、低酒精度的发酵酒。

2. 广义说法

啤酒是以发芽的大麦或小麦，有时添加生大麦或其他谷物，利用酶工程制取谷物提取液，加入啤酒花进行煮沸，并添加酵母发酵成的一种含有CO_2、低酒精度的饮料。

啤酒的特点是低酒精度、含有二氧化碳及较高的营养价值，其口味特点是具有麦芽香味、酒花清香及适口的苦味，由于二氧化碳的存在，倒入酒杯后有洁白的泡沫升起，饮用时有杀口感。

啤酒与其他酿造酒有所不同，主要在于：使用的原料不同；使用的酿造方式和酵母菌种不同，啤酒有特殊或专用的酿造方法，发酵用的酵母是经纯粹分离和专门培养的啤酒酵母菌种；生产周期不固定，长短不一，可根据品种、工艺和设备条件而变化，短的仅14 d，长的可达40 d以上。

啤酒的酒精含量是按质量计的，通常不超过2%～5%啤酒度不是指酒精含量，而是

指酒液原汁中麦汁的质量分数。啤酒的浓度变化较大，在10～20 °Bx之间。

二、啤酒的历史文化

啤酒是历史最悠久的谷类酿造酒。啤酒起源于9000年前的中东和古埃及地区，后传入欧洲，19世纪末传入亚洲。目前，除了伊斯兰教因宗教原因不生产和不饮用啤酒外，啤酒几乎遍及世界各国。

最初的啤酒是不加酒花的。在中世纪的欧洲，人们曾用一种名叫格鲁特的药草及香料为啤酒提味，这就需要多种材料并要求生产者具备医学知识，故当时啤酒主要在修道院生产。但自14世纪起，添加蛇麻花的啤酒逐渐盛行于欧亚大陆，因为在那里蛇麻花是随处可见的植物。蛇麻花即啤酒花，简称酒花，在全世界啤酒酿造工业中一直沿用至今。人们还利用单宁来澄清啤酒，并抑制杂菌繁殖。由于林德(Linde)发明了冷冻机，使啤酒的低温两段发酵成为可能，因此啤酒口味更趋柔稳。古代的啤酒生产纯属家庭作坊式，它是微生物工业的起源之一。巴斯德(Pasteur)发明的在60 ℃下保持30 min以杀灭酵母和杂菌的方法，使啤酒的保存期大为延长。1878年，汉逊及耶尔逊确立了酵母的纯粹培养和分离技术，对控制啤酒生产的质量和保证工业化生产作出了极大贡献。近几年来，膜过滤等技术的迅速发展使“纯生啤酒”的生产成为现实。

在中国，最早建立的啤酒厂是1900年俄国人在哈尔滨八王子建立的乌卢布列夫斯基啤酒厂；1903年，英国和德国商人在青岛开办英德酿酒有限公司，是现在青岛啤酒集团有限公司的前身；1904年，在哈尔滨出现了中国人自己开办的啤酒厂——东北三省啤酒厂；1914年，哈尔滨又建起了五洲啤酒汽水厂，同年，北京建立了双合盛啤酒厂；1934年，广州出现了五羊啤酒厂(广州啤酒厂的前身)；1941年，建起了北京啤酒厂。

从2002年开始，中国啤酒产量一举超过美国，成为“世界第一啤酒生产大国”，啤酒、饮料制造技术和设备生产能力也得到同步提升。未来几年我国啤酒行业将会出现几大趋势：一是集团化、规模化发展，企业总体数量下降；二是一业为主、多元化发展，一些啤酒企业将逐步进入茶饮料业、葡萄酒业、生物制药等领域；三是科技化，更多企业将在啤酒保鲜度、延长保鲜期等方面进行科技创新；四是品种多样化，各种功能性保健啤酒、果汁啤酒、无醇啤酒等特色啤酒的消费量将越来越大。此外，纯生啤酒生产技术、膜过滤技术、微生物检测和控制技术、糖浆辅料的使用、PET包装的应用、啤酒错流过滤技术及ISO管理模式等将在啤酒生产中继续应用推广，啤酒质量将得到明显提高。

三、啤酒的分类

1. 据啤酒的色泽分类

① 淡色啤酒：色度为2～14 EBC的啤酒(比尔森啤酒、青岛啤酒)。

② 浓色啤酒：色度为15～40 EBC的啤酒(爱尔啤酒)。

③ 黑啤酒：色度大于等于41 EBC的啤酒(慕尼黑啤酒)。

2. 按生产方式分类

① 鲜啤酒：又称生啤酒。啤酒包装后，在生产中未经巴氏灭菌或瞬时高温灭菌的新鲜啤酒。味鲜美，营养价值高，稳定性差，多为夏季桶装啤酒。一般货架期少于7 d。

② 熟啤酒：装瓶后经过巴氏灭菌或瞬时高温灭菌的啤酒。稳定性好，不易发生混浊，易保管，保质期可达3个月左右。多用于瓶装和听装。

③ 纯生啤酒：啤酒包装后，不经过巴氏灭菌或瞬时高温灭菌，而采用物理方法除菌（如微孔薄膜过滤除菌）及无菌罐装，从而达到一定生物、非生物和风味稳定性的啤酒。此种啤酒口味新鲜、淡爽、纯正，啤酒的稳定性好，保质期可达半年以上。多为瓶装，也有听装。

3. 按所使用的酵母品种分类

① 下面发酵啤酒：用下面酵母进行发酵的啤酒。麦汁的制备宜采用复式浸出或煮出糖化法。下面发酵啤酒是世界上最流行的种类，产量最大，以德国、捷克、丹麦、荷兰为典型，如比尔森啤酒（Pilsener beer）、慕尼黑啤酒（Munich beer）、多特蒙德啤酒（Dortmund beer）、青岛啤酒等均为下面发酵啤酒。

② 上面发酵啤酒：用上面酵母进行发酵的啤酒。多用浸出糖化法制备麦汁。以英国、澳大利亚、新西兰、加拿大等为典型，如爱尔（Ale）淡色啤酒、司陶特（Stout）啤酒、波特（Porter）啤酒等，产量一般不大。

4. 按原麦汁浓度分类

① 低浓度啤酒：原麦汁浓度2.5～8 °P，乙醇含量0.8%～2.2%（无醇啤酒乙醇含量少于0.5%）。

② 中浓度啤酒：原麦汁浓度9～12 °P，乙醇含量2.5%～3.5%。多为淡色啤酒，我国啤酒大多属此类。

③ 高浓度啤酒：原麦汁浓度13～22 °P，乙醇含量3.6%～5.5%。多为浓色啤酒。

5. 特种啤酒

由于消费者的年龄、性别、职业、健康状态以及对啤酒口味嗜好的不同，厂家在原辅材料或生产工艺方面进行某些重大改变，从而改变了原有啤酒的风味，成为独特风格的啤酒。

① 干啤酒（高发酵度啤酒）：实际发酵度在72%以上的啤酒。残糖低，适于糖尿病人饮用。

② 低（无）醇啤酒：酒精度为0.6%～2.5%的啤酒称为低醇啤酒，少于0.5%的为无醇啤酒。适于司机或不会饮酒的人饮用。

③ 小麦啤酒：以小麦麦芽为主要原料（占总原料的40%以上），采用上面发酵或下面发酵酿制的啤酒。

④ 混浊啤酒：在成品中含有一定量的活酵母菌或显示特殊风味的胶体物质，浊度为2.0～5.0 EBC的啤酒。

⑤ 冰啤酒：在酿制过程中经过冰晶化处理的啤酒。

⑥ 果味啤酒：在后期发酵中加入水果提取液，使啤酒有酸甜感，富含多种营养物质的天然果汁饮料型啤酒，适于妇女、老年人饮用。

⑦ 绿啤酒：啤酒中加入天然螺旋藻提取液，富含氨基酸和微量元素，啤酒呈绿色，属于啤酒的后修饰产品。

⑧ 头道麦汁啤酒：利用过滤所得的麦汁直接进行发酵，而不掺入冲洗残糖的二道

麦汁。

⑨ 暖啤酒:属于啤酒的后调味。啤酒中加入姜汁或枸杞,有预防感冒和胃寒的作用。

四、啤酒酿造工艺

啤酒酿造工艺流程如图 3-1 所示。

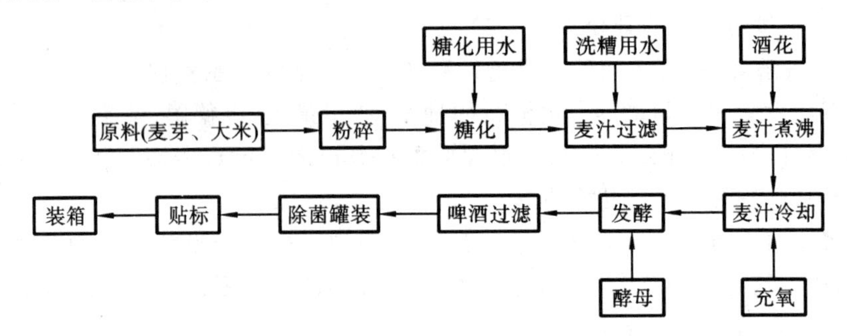

图 3-1　啤酒酿造工艺流程

任务 1　麦芽制备

一、认识大麦及其他原料

1. 大麦

大麦属于禾本科植物,有 30 多个品种,是继小麦、玉米及大米之后的第四种重要谷类作物,据信已有 9000 多年的种植历史,其发源地被认为是靠近现今以色列和约旦附近的满月湾山谷。在所有的谷类作物中,大麦最适合酿酒的原因有:便于发芽,并产生大量的水解酶类;种植遍及全球;化学成分适合酿造啤酒;是人类非食用主粮。

按籽粒在麦穗上的断面分配形式,可将大麦分为六棱、二棱、四棱。二棱大麦淀粉含量较高,蛋白质含量较低,浸出物收得率高于六棱大麦。啤酒酿造过程中,若不使用辅助原料,一般选二棱大麦作主要原料;若使用辅助原料较多时,选蛋白质含量高的六棱大麦做原料。大麦粒可粗略分为胚(由胚芽和胚根组成)、胚乳及谷皮三大类。大麦含水分 12%～20%,含干物质 80%～88%,主要化学成分是淀粉,其次是蛋白质、纤维素、半纤维素和麦胶物质,以及不同多糖的分解产物。

2. 辅助原料

大米:原则上凡大米不论品种均可用于酿造,但从啤酒风味而言,米的食感越好,酿造的啤酒风味也越好。我国多采用大米为辅助原料,欧美国家较普遍使用玉米。

玉米:是世界栽培最广的品种,也是酿造啤酒的主要品种。

小麦:我国是世界小麦主要生产国。小麦发芽后制成的小麦芽也是酿造啤酒的主要原料。

淀粉:用淀粉作啤酒辅料是有前途的。

蔗糖和淀粉糖浆：在麦汁制造中，用糖补充浸出物，可直接加入麦汁煮沸锅中，工艺简单，使用方便。

酵母：直接决定啤酒品质的因素是啤酒酵母，直接影响酿酒工艺和控制的因素也是啤酒酵母。

3. 啤酒花和酒花制品

酒花又称蛇麻花，雌雄异株。作用：赋予啤酒柔和的微苦味，加速麦汁中高分子蛋白质的絮凝，提高啤酒泡沫起泡性和泡持性，增加麦汁和啤酒的生物稳定性。

酒花适宜在近寒带的温带地区栽培，我国酒花主要产地有新疆、内蒙、甘肃等地区。酒花一般含水分、总树脂、挥发油、多酚物质、糖类、果胶、氨基酸等化学成分。酒花中对啤酒酿造有特殊意义的三大成分为：酒花精油、苦味物质和多酚物质。

（1）酒花的苦味物质

酒花的苦味物质为啤酒提供愉快苦味，在酒花中主要指 α-酸，β-酸及其一系列氧化、聚合产物，过去把它们统称为“软树脂”。

（2）酒花精油

酒花精油是酒花腺体另一重要成分，经蒸馏后成黄绿色油状物，由于它容易挥发，是啤酒开瓶闻香的主要成分。

（3）多酚物质

多酚物质占酒花总量的 4%～8%。它们在啤酒酿造中的作用为：在麦汁煮沸时和蛋白质形成热凝固物；在麦汁冷却时形成冷凝固物；在后期发酵和储酒直至灌瓶以后，和蛋白质缓慢结合，形成气雾及永久混浊物；在麦汁和啤酒中形成色泽物质和涩味。

（4）酒花的品种

优质香型酒花，有捷克的 Saaz，德国的 Tettnanger、Spalter 等；香型酒花，有德国的 Hallertauer、Hersbrucker 等；没有明显特征的酒花；苦型酒花，如 Northern Brewer 等。

（5）酒花的储藏

压榨酒花应保存于低温，隔绝空气，避光及有防潮措施的条件下储藏，长期保藏应在干燥的条件下，并保证温度低于－8 ℃。周转保藏也应在 0 ℃以下。

（6）酒花制品

酒花粉：我国啤酒厂目前均使用商品压榨酒花，在使用前用锤式粉碎机先粉碎成粒径 1 mm 以下的酒花粉。

颗粒酒花：颗粒酒花是把酒花粉压制成直径为 2～8 mm，长约 15 mm 的短棒状，以增加其密度，减少其体积，在充惰性气体后保藏，酒花更不易氧化。颗粒酒花是世界上使用最广泛的酒花形式。

酒花浸膏：应用有机溶剂或 CO_2 萃取酒花得到的有效物质，后制成浓缩 2～10 倍的浸膏，在煮沸或发酵储酒中使用。世界上 25%～30%的酒花被加工成浸膏。

另外，国外尚有各种类型的酒花油、酒花精油等，用于调整啤酒的香味。

4. 啤酒酿造用水

水是啤酒酿造非常重要的原料，按用途分可分为多种，每种水的用途不同，要求也不一样，如图 3-2 所示。

- 啤酒厂用水
  - 酿造用水
    - 糖化用水(去硬水)
    - 洗糟用水(去硬水)
  - 酵母洗涤用水(杀菌)
  - 稀释用水(去硬、杀菌、除氧)
  - 冷却用水
  - 洗刷用水(自来水)

图 3-2　啤酒厂用水分类

若啤酒厂用水某些项目达不到要求，必须进行适当处理。水处理方法有机械过滤、活性炭过滤、砂滤、加酸法、煮沸法、添加石膏法、离子交换法、电渗析法、紫外线消毒等。

二、大麦的质量检测

对于啤酒酿造，大麦的质量是至关重要的，所以麦芽生产厂和啤酒厂的制麦车间对大麦有严格的质量控制指标及检验方法。

1. 外观

色泽：将大麦分析样品放在自然光线明亮的地方，观察其颜色和光泽并记录。良好大麦有光泽，淡黄；受潮大麦发暗，胚部呈深褐色；受霉菌侵蚀的大麦则呈灰色或微蓝色。

气味：用手握住大麦分析样品 5 min 后，松开手指用鼻闻，记录。良好大麦具有新鲜稻草香味，若有异味，则根据闻到的气味及程度记录为稍有霉味、有霉味、严重霉味等。

谷皮：将大麦分析样品用小刀小心剥皮、观察。根据观察到皮壳的状况记录为皮薄、皮厚，有细小均匀的皱纹，有粗大不均匀的皱纹。优良大麦皮薄，有细密纹道。

麦粒形态：将大麦分析样品放在自然光线明亮的地方观察，根据观察到的大麦籽粒的状态记录为粒大、饱满、整齐；粒大，大小不一；籽粒瘦小、无病斑粒；有病斑粒、有虫蛀粒等。良好大麦粒形以短胖者为佳。

夹杂物：取大麦 200 g，将其中杂草、植物种子、秸秆、土石和杂质等非大麦的物质捡出，用感量为 0.1 g 的天平称其质量 m(g)。大麦中夹杂物的质量分数 $w=m/200\times100\%$。夹杂物含量高的一般不宜酿造啤酒。杂谷粒和沙土等应在 2%以下。

2. 物理检验

千粒重：以无水物计，千粒重 37～40 g 的为轻级，40～44 g 的为中级，45 g 以上的为重级。二棱大麦较六棱大麦重。测定方法有 EBC 法和轻工业部部颁法。

麦粒均匀度：按国际通用标准，麦粒腹径可分为 2.8 mm、2.5 mm、2.2 mm 三级。2.5 mm 以上麦粒占 85%者为一级大麦；2.5～2.2 mm 麦粒占 85%者为二级；2.2 mm 以下麦粒占 85%者为次大麦，用作饲料。测定方法为选粒试验。

胚乳性质：胚乳断面可分为粉状、玻璃质和半玻璃质三种状态，优良大麦中粉状粒占 80%以上。

发芽力和发芽率：新收大麦必须经过储藏后才能得到较高的发芽力和发芽率。发芽力指在发芽 3 d 之内发芽麦粒的百分率，要求达到 85%以上。发芽率指全部样品中最终能发芽的麦粒的百分率，要求不得低于 96%。测定方法包括 Schonfeld 法、Aubry 法、

BRF 法、染色法和过氧化氢法。

水敏感性：指大麦吸收水分到某一程度发芽即受到抑制，吸水稍高发芽率反而下降的现象。对于水敏感性大麦，浸麦时应采取相应的浸麦方法处理。吸水率为 26%～45%的大麦为水敏感性，吸水率为 45%的大麦以上为严重水敏感性。

吸水能力：在特定的浸麦条件下((14±0.1) ℃)浸渍 72 h 后，其水分含量为 50%以上者为优良大麦。吸水能力越高的大麦，制成的麦芽粉状粒和酶活性越高。

3. 化学检验

水分：原料大麦水分不能高于 13%，否则不能储存，易发生霉变，呼吸损失大。

蛋白质：蛋白质含量一般要求为 9%～12%，蛋白质含量高，制麦不易管理，易生成玻璃质，溶解差，浸出物相应较低，成品啤酒易混浊。

浸出物：通过检测浸出物可以间接衡量淀粉含量，一般为 72%～80%。采用麦芽浸出液法和糖化酶法测定。

酿造大麦的质量标准：应符合《啤酒大麦》(GB/T 7416—2008)的规定。在啤酒麦汁制造的原料中，除了主要原料大麦麦芽以外，还包括特种麦芽、小麦麦芽及辅助原料。

三、制麦

麦芽是在大麦发芽时适当限制苗芽和小根而得到的产物。制麦包括三个阶段：浸泡、发芽和烘干。通过浸泡激活了谷物的发育，相继发芽以后将绿麦芽烘干，以阻止大麦幼苗发育，并产生麦芽的风味和色泽。

新收大麦发芽力低，经一段储藏期充分后熟，才能达到正常的发芽力。促进大麦后熟的方法有：①储藏于 1～5 ℃，促进大麦的生理变化，缩短后熟期，提早发芽；②用 80～170 ℃热空气将大麦处理 30～40 s，改善种皮的透气性和透水性，促进发芽；③用化学药品(高锰酸钾、甲醛、草酸、赤霉素等)处理，打破休眠。

1. 大麦的浸渍

浸麦目的：使大麦吸水充足，达到发芽要求；洗涤除尘、除杂质和微生物；加速麦皮中有害物质的浸出，提高发芽速度、缩短制麦周期。浸麦水可以是饮用水、饱和澄清石灰水、甲醛水溶液(100 L 水加 40%甲醛液 70 g)等，水温为 13～18 ℃。最好使用中等硬度的饮用水，不得存在有害健康的有机物，应无漂浮物。

1) 浸麦方法

(1) 间歇浸麦法(浸水-断水交替法)

此法是浸水和断水交替进行，即大麦每浸渍一段时间后就断水，使麦粒接触空气。在浸水和断水间均需通风供氧。具体方法有“浸 2 断 6”、“浸 4 断 4”、“浸 2 断 8”和“浸 3 断 9”等。此法适合于浸麦槽。

(2) 快速法

在发芽箱中连续通入湿空气，氧气供应充分，使浸麦和发芽时间大为缩短。此法适合于箱式发芽。

(3) 喷浸法

在浸麦断水期间，用水雾对麦粒淋洗。

2）浸麦度

浸渍后的大麦含水率称为浸麦度，一般为43%～48%（不足，大麦发芽率低；过头，大麦胚芽遭破坏）。浸麦度是制麦工艺的一个关键工艺控制点。浸麦度多用筒式测定器（多孔的金属圆锥筒）测定，方法是装入100 g大麦样品，放入浸麦槽中，与生产大麦一起浸渍。浸渍结束后，取出测定器内的大麦，擦干大麦外表水分，称其质量，按下式计算：

$$浸麦度(\%)=\frac{浸麦后质量-(原大麦质量-原大麦含水量)}{浸麦后质量}\times 100\%$$

生产中检查浸麦度的方法有：手握大麦感受其是否软有弹性；中心有无白点，皮壳是否易脱离；观察露点率。

2. 发芽

发芽的目的：激活酶，形成大量新酶。

发芽工艺条件：发芽室内相对湿度维持在85%以上；发芽温度为13～18 ℃；通入适量新鲜湿空气供麦粒呼吸作用；避免阳光直射。

发芽方式：有地板式发芽和通风式发芽两种。目前普遍采用的通风发芽方式有萨拉丁发芽箱、劳斯曼发芽箱、麦堆移动式发芽箱、矩形发芽-干燥两用箱等。

3. 绿麦芽的干燥和技术条件

干燥目的（或生产啤酒不直接使用绿麦芽而使用干麦芽的理由）：①终止酶的作用，从而避免麦粒的营养物质继续被消耗，根芽继续生长；②去除绿麦芽生腥味，产生特有的色香味；③除麦根，避免麦根不良味道带入啤酒中；④除去绿麦芽多余的水分，使其降至5%以下。

干燥过程分萎凋和焙焦两个阶段。

萎凋：水分由42%～45%降至10%左右，此时绿麦芽脱水较易。

焙焦：水分由10%左右降至5%以下，此时绿麦芽脱水较困难。一般采用干燥炉干燥。

4. 麦芽除根

出炉的麦芽中大多还带有3%～4%的根芽，因其对麦汁制备毫无价值而需除去。麦根吸湿性很强，出炉麦芽必须在24 h之内除根。除根后的麦芽应冷却到室温。

5. 麦芽保存

除根后的麦芽一般要经过至少一个月，长者6个月的储存后，再投入使用。对于溶解不足和用高温焙焦的麦芽，储存期要长；溶解正常以及低温焙焦的麦芽，储存期宜短。

6. 麦芽的质量评价

麦芽是酿造啤酒的主要原料，麦芽的质量直接影响啤酒的质量。麦芽质量的好坏主要由三项指标决定，即糖化力、溶解度和粗细粉差，了解这三项指标便可粗知麦芽的质量。但要全面了解麦芽质量必须对麦芽的外观特征及一系列的理化特性进行评判。外观特征主要从麦芽的色泽、香味和麦粒形态三方面进行检查。优质浅色麦芽具淡黄色且具有光泽感，而劣质麦芽外观发暗，有霉味及酸味。香味检查方法为：取20 g麦芽，微微压碎，加水100 mL，加热到50 ℃，辨别其嗅味。

任务2 麦汁制备

麦汁制造是将固态的麦芽、非发芽谷物、酒花用水调制加工成澄清透明的麦汁的过程。制成的麦汁供酵母发酵，加工制成啤酒。

麦汁制造过程包括：原料的粉碎、原料的糊化、糖化、糖化醪的过滤、混合麦汁加酒花煮沸、麦汁冷却、凝固物分离及充氧等一系列物理学、化学、生物化学的加工过程。

一、麦芽及其辅料的粉碎

麦芽粉碎的目的：增加淀粉粒、水及酶之间的接触面，加速酶促反应及可溶性物质析出。麦芽可粉碎成谷皮、粗粉和细粉三部分，其各部分的质量分数称为“粉碎度”。麦芽的粉碎度应视投产麦芽的性质、糖化方法、麦汁过滤设备的具体情况来调节。对于粉碎的麦芽与辅料，一般要求粗粉和细粉的比例在1∶2.5以上，谷皮破而不碎，在麦汁过滤时能形成过滤性能良好的过滤层。麦芽含水量高低影响着粉碎效果，水分含量大于10%，难以粉碎；水分含量小于4%，虽易碎，但谷皮不完整，成小碎片使麦汁过滤困难；适当的水分含量在4%～7%。麦芽粉碎方法分为三种，即干法粉碎、增湿粉碎和湿法粉碎。干法粉碎是一种传统的并且一直延续至今的粉碎方法，近来增湿粉碎和湿法粉碎被越来越多的厂家采用。

二、糖化

糖化指麦芽和非发芽谷物原料的不溶性固形物（淀粉、蛋白质、核酸、植酸盐、半纤维素等）通过麦芽中各种水解酶类作用，转化为可溶性的、并有一定组成比例的浸出物的全过程。糖化后麦汁中可溶性蛋白质、肽类和氨基酸三类的绝对量及相对比例应符合酿造啤酒品种特性的要求。

1. 糖化控制原理

糖化控制就是创造适合于各类酶作用的最佳条件，原理如下。

(1) 酸休止

利用麦芽中磷酸酯酶对麦芽中菲汀的水解，产生酸性磷酸盐，有时还利用乳酸菌繁殖产生乳酸。工艺条件：温度为35～37 ℃，pH5.2～5.4，时间为30～60 min。

(2) 蛋白质休止

麦汁中含氮物质主要来源于麦芽，在糖化过程中，适当控制蛋白质休止（即蛋白质分解）条件，麦汁中含氮物质可以得到相应的调整和改善。工艺条件：温度为45～55 ℃，pH5.2～5.3，时间为10～120 min。

注意：蛋白质在制麦过程中已有部分分解，糖化时在蛋白质分解酶的作用下继续分解，但分解的数量不如制麦时分解得多。因此，使用溶解不良的麦芽来进行糖化，很难改变其固有的不良性质。

(3) 糖化分解

淀粉水解成可溶性糊精和可发酵性糖。工艺条件：α-淀粉酶最适温度为70 ℃，β-淀粉酶最适温度为60～65 ℃,pH5.5～5.6,时间为30～120 min。

(4) 糖化终了

无论哪一种糖化方法,糖化终了时,必须使醪中除了α-淀粉酶以外的其他水解酶均失活(钝化),此温度为70～80 ℃。

(5) 100 ℃煮出

部分糖化醪加热到100 ℃,主要利用热力作用,促进物料的水解,特别使生淀粉彻底糊化、液化,提高浸出物收率。

(6) 应用酶制剂和添加剂

2. 糖化方法

有煮出糖化法、浸出糖化法及其他糖化方法。

(1) 煮出糖化法

煮出糖化法是兼用酶的生化作用和热力的物理作用进行糖化的方法。

特点:分批地将糖化醪液的一部分加热到沸点,然后与其余未煮沸的醪液混合,使全部醪液温度分阶段地升高到不同酶分解所需要的温度,最后达到糖化终了的温度。

煮出糖化法可以弥补一些麦芽溶解不良的缺点。根据醪液的煮沸次数,煮出糖化法可分为一次、二次和三次煮出糖化法,以及快速煮出法等。传统下面发酵啤酒无论浅色还是深色啤酒,均采用煮出糖化法。

(2) 浸出糖化法

浸出糖化法是纯粹利用酶的作用进行糖化的方法。

特点:从一定的温度开始,将全部醪液缓慢分阶段升温到糖化终了温度。浸出糖化法需要使用溶解良好的麦芽。应用此法,醪液没有煮沸阶段。根据糖化过程中是否添加辅料,可以分为单醪浸出糖化法、双醪浸出糖化法。

(3) 复式糖化法

浸出和煮出糖化法主要用于麦芽做原料酿造啤酒。若采用不发芽谷物作辅料进行糖化,由于糖化时需先对添加的辅料进行预处理——糊化、糖化,因此称为复式糖化法,分为复式一次煮出糖化法、复式煮浸糖化法、谷皮分离糖化法、外加酶制剂糖化法等。我国大多使用非发芽谷物作辅料,故多采用此法。

三、麦汁过滤

糖化醪过滤是以大麦皮壳为自然滤层,采用重力过滤器或加压过滤器将麦汁分离。过滤方法有过滤槽法、压滤机法和快速渗出槽法等。过滤槽法麦汁过滤工艺主要有顶热水、进醪、静置、混浊麦汁回流、第一麦汁过滤、洗糟和出糟七个工艺流程。采用压滤机法过滤时必须使压滤机板框之间充满麦糟,醪液要很快地送入压滤机板框内,以避免板框之间麦糟分布不均。

四、麦汁煮沸及酒花添加

麦汁过滤结束后需要进行煮沸,并在煮沸过程中添加一定数量的啤酒花。煮沸后的麦汁称为定型麦汁。

1. 麦汁煮沸的目的

蒸发多余的水分；破坏酶的活性，终止生物化学变化，固定麦汁组成；麦汁灭菌；浸出酒花中的有效成分；使蛋白质变性凝固，延长啤酒的保存期。

2. 麦汁煮沸的方法

当麦汁已将煮沸锅加热层盖满后进行加热。当麦汁尚在过滤期间，煮沸锅的温度可保持在 80 ℃左右，使残留的酶能起作用；待洗糟结束，测量混合麦汁浓度、记录下混合麦汁容积后，加大蒸汽量，使麦汁达沸腾。

3. 酒花添加

啤酒酒花可以赋予啤酒爽口的苦味和特有的香味，促进蛋白质凝固，提高啤酒的非生物稳定性，此外还有防腐杀菌和增加泡持性的作用。酒花添加量有两种计算方法，第一种是按每百升麦汁或啤酒添加酒花的质量计，第二种是按每百升麦汁添加酒花中 α-酸的质量计。一般情况下，若遇麦汁浓度较高、要求啤酒保存期较长或软水制作的啤酒应多添加酒花。一般分三次添加酒花。

五、麦汁冷却、凝固物分离及充氧

煮沸后，要尽快将麦汁中的酒花糟和热凝固物分离出去，以获得更加澄清的麦汁，并通入无菌空气以提供酵母生长繁殖所需的氧。根据析出的温度不同，凝固物分为热凝固物和冷凝固物。

1. 热凝固物及其分离

在比较高的温度下凝固析出的凝固物称为热凝固物，这种凝固物主要是在麦汁煮沸时产生，在麦汁冷却至 60 ℃以上的过程中也有生成。

发酵前必须除掉热凝固物，分离热凝固物的方法很多，如沉淀槽分离、回旋沉淀槽分离、离心机分离、硅藻土过滤机分离等。目前绝大多数啤酒厂采用回旋沉淀槽分离热凝固物。

2. 麦汁冷却

常用的麦汁冷却设备是薄板冷却器，分为两段冷却和一段冷却。

两段冷却：第一段冷却用自来水作冷却介质，将麦汁从 95 ℃冷却至 40～50 ℃，冷却水由不到 20 ℃被加热到 55 ℃；第二段冷却是用深度冷冻的水作为冷却介质，麦汁被进一步冷却到发酵入罐温度为 7 ℃，冷冻水从－4～－3 ℃升温至 0 ℃。

3. 麦汁充氧

在啤酒发酵过程中，前期主要是酵母细胞的增殖，此过程需氧，要将麦汁通风，使麦汁达到一定的溶解氧含量。由于啤酒发酵是纯种培养，所以通入的空气应该先进行无菌处理，即空气过滤。空气在麦汁中的溶解速度与其分散度有关，通常采用文丘里管充气。一般充氧要求为每升麦汁充氧 7～8 mg。后期是厌氧发酵，酵母细胞利用麦汁中的营养成分生成酒精、杂醇油和有机酸等。

4. 冷凝固物及其分离

冷凝固物是指分离热凝固物后澄清的麦汁随即冷却，麦汁重新析出无定形的细小颗粒。冷凝固物在 25 ℃左右析出最多。若把此麦汁重新加热到 60 ℃以上，麦汁又恢复澄清透明。冷凝固物从 80 ℃开始析出，随温度的降低析出量增多。冷凝固物的组成主要是蛋白质与多酚的复合物，另外还黏附有碳水化合物、苦味物质和无机盐等。

在进入正式发酵之前应将冷凝固物分离，否则会黏附酵母细胞，造成发酵困难，增加啤酒过滤负荷，啤酒口味粗糙，啤酒泡沫性质及啤酒口味稳定性不好。分离冷凝固物常用方法有酵母繁殖槽沉降法和浮选法。

任务 3　啤酒发酵

一、啤酒酵母的扩大培养

啤酒酵母的扩大培养是啤酒厂微生物工作的核心。近代发酵规模越来越大，对接种酵母要求也越来越严。各厂扩大培养方式和顺序大致相同，而扩大培养得到种酵母的纯度、强壮情况、污染情况差异很大，其原因在于是否有一个科学的扩大培养技术。

1. 扩大培养工艺流程

啤酒酵母扩大培养工艺流程如图 3-3 所示。

斜面原种→5 mL麦汁试管3支各活化3次→25 mL麦汁试管3支→250 mL麦汁三角瓶3只→3 L麦汁三角瓶3只→100 L铝桶1只，第一次加麦汁18 L，第二次加麦汁73 L→100 L大缸3只，一次加满→1 t增殖槽只，加麦汁600 L→5 t发酵槽，第一次加麦汁1.8 t，第二次加麦汁3.2 t

图 3-3　啤酒酵母扩大培养工艺流程

2. 温度控制

卡尔酵母最适生长温度是 31.6～34 ℃，在实际生产的扩大培养过程中，还需考虑到减少酵母的死亡率、降低染菌的可能及让酵母逐步适应发酵温度。因此，扩大培养采用逐级降温培养法。

例如，以适宜低温发酵的酵母如青岛酵母为例，其温度控制流程如图 3-4 所示。

液体试管(28 ℃)→小三角瓶(25 ℃)→大三角瓶(23 ℃)→卡尔罐(20 ℃)→汉生罐(13~15 ℃)→一级繁殖罐(12~13 ℃)→二级繁殖罐(11~12 ℃)→发酵(10 ℃)

图 3-4　青岛酵母温度控制流程

3. 酵母的回收

主发酵结束后，回收沉积于主发酵槽底部的酵母，洗涤后静止保存，可以在生产上循环使用。

回收的酵母泥能否作种酵母要从镜检、肝糖染色、死亡率及有无异常酸味和酵母自溶味等方面综合考虑。

4. 啤酒酵母的质量

(1) 外观

细胞大小正常，无异常细胞，液泡和颗粒物正常。

(2) 发酵度

分外观发酵度和真发酵度(实际发酵度)。

(3) 凝絮性

啤酒酵母的凝絮性是重要的生产特性,会影响酵母回收再利用于发酵的可能,影响发酵速率和发酵度,影响啤酒过滤方法的选择,乃至影响到啤酒风味。按凝絮性分类,啤酒酵母有:粉末型酵母、凝聚性酵母、凝絮性酵母。

(4) 热死温度

每株酵母均有一个热死温度,热死温度发生改变,往往表示菌株发生变异或有野生酵母污染。

(5) 发酵试验

用酵母进行小型啤酒发酵实验,如果制出来的嫩啤酒口味正常,并带正常的芳香味,说明酵母质量合格。

二、啤酒发酵机理

1. 发酵过程主要物质变化

(1) 糖的变化

啤酒酵母的可发酵性糖和发酵顺序是:葡萄糖>果糖>蔗糖>麦芽糖>麦芽三糖。

(2) 含氮物的变化

啤酒发酵初期,接种啤酒酵母必须通过吸收麦汁中的含氮化合物来合成酵母细胞蛋白质、核酸和其他含氮化合物,含氮物含量大约下降1/3。

(3) 酸度的变化

pH减小,前快后缓,最后稳定pH4.0左右。正常下面发酵啤酒终点pH为4.2~4.4。

2. 乙醇的生成

麦汁中可发酵性糖主要是麦芽糖,还有少量的葡萄糖、果糖、蔗糖等。单糖可直接被酵母吸收而转化为乙醇,寡糖则需要分解为单糖后才能被发酵。由麦芽糖生物合成乙醇的总反应式如下:

$$\frac{1}{2}C_{12}H_{22}O_{12}+\frac{1}{2}H_2O \longrightarrow C_6H_{12}O_6+2ADP+2Pi$$

$$\longrightarrow 2C_2H_5OH+2CO_2+2ATP+226.09kJ$$

3. 酯类的形成

酯类多属芳香成分,能增进啤酒风味。对啤酒风味起主导作用的酯类主要是乙酸乙酯和乙酸异戊酯。

4. 硫化物的形成

硫化物主要来源于原料中蛋白质的分解产物,此外酒花和酿造用水也会带入一部分硫,影响啤酒风味。要减少硫化物的生成,主要控制制麦过程不能过分溶解蛋白质。

5. 连二酮(VDK)的形成与消失

连二酮是乳制品中不可缺少的香味成分,但在啤酒中不受欢迎,其口味阈值为0.2

mg/L，通常的储酒过程都以此值为成熟标准规定值。

三、传统啤酒发酵工艺

冷却后的麦汁添加酵母以后便是发酵的开始，整个发酵过程可以分为：酵母恢复阶段、有氧呼吸阶段、无氧呼吸阶段。发酵方法有两类，上面发酵和下面发酵。上面发酵的主要方法有传统的撇去法、落下法、巴顿联合法、约克夏法。我国主要采用下面发酵。

下面发酵法分主发酵和后期发酵。

1. 主发酵（前期发酵）

主发酵为发酵的主要阶段。分为酵母繁殖期、起泡期（低泡期）、高泡期、落泡期。

2. 后期发酵

麦汁经主发酵后的发酵液称为嫩啤酒，此时酒的二氧化碳含量不足，双乙酰、乙醛、硫化氢等挥发性物质没有降低到合理的水平，酒液的口感不成熟，不适合饮用。大量的悬浮酵母和凝结析出的物质尚未沉淀下来，酒液不够澄清，一般还要几个星期的后期发酵和储酒期。

任务4　成品啤酒

一、啤酒过滤

啤酒过滤目的是除去酒中悬浮的固体微粒，改善啤酒外观清亮度，提高胶体稳定性和生物稳定性。

啤酒过滤原理是通过过滤介质的筛分作用、深层效应和吸附作用使啤酒中的悬浮微粒等大颗粒固形物被分离出来。常用过滤介质有硅藻土、滤纸板、微孔薄膜和陶瓷芯等。

啤酒过滤影响因素有：过滤设备、过滤助剂、啤酒过滤性及自动化程度。

啤酒过滤步骤由啤酒过滤前卫生、管道、设备的清洗，过滤介质选取，过滤机的预涂，啤酒的粗滤，啤酒的精滤，过滤后啤酒的稳定化处理及过滤效果评价等部分构成。

二、啤酒包装

啤酒包装是啤酒生产的最后一道工序，对啤酒质量和外观有直接影响。过滤好的啤酒从清酒罐分别装入瓶、罐或桶中，经过压盖、生物稳定处理、贴标、装箱，成为成品啤酒或直接作为成品啤酒出售。啤酒包装应符合以下要求：①包装过程中应尽量避免与空气接触，防止因氧化作用而影响啤酒的风味稳定性和非生物稳定性；②包装中应尽量减少酒中二氧化碳的损失，以保证啤酒口味和泡沫性能；③严格无菌操作，防止啤酒污染，确保啤酒符合卫生标准。

对包装容器的要求有：①能承受一定的压力，包装熟啤酒的容器应承受1.76 MPa以上的压力，包装生啤酒的容器应承受0.294 MPa以上的压力；②便于密封；③能耐一定的酸度，不能含有与啤酒发生反应的碱性物质；④一般应具有较强的遮光性，避免光对啤酒质量的影响，一般选择绿色、棕色玻璃瓶或塑料容器，或采用金属容器。

下面以瓶装熟啤酒包装工艺为例进行说明。

1. 空瓶的洗涤

洗瓶工艺要求：瓶内外无残存物，瓶内无菌，瓶内滴出的残水不得呈碱性反应。洗涤剂要求无毒性。

2. 装瓶

装瓶要严格无菌操作，主要工艺要求：啤酒中CO_2控制在0.45%～0.55%；溶解氧含量小于0.3 mg/L。

3. 压盖

灌装好的啤酒应尽快压盖，瓶盖要通过无菌空气除尘处理。

4. 杀菌

为保证啤酒有较长的保存期，常采用巴氏灭菌的方法进行杀菌处理。常用杀菌设备为隧道式喷淋杀菌机和步移式巴氏灭菌机。习惯上把60 ℃经过1 min处理所达到的杀菌效果称为1个巴氏灭菌单位，用Pu表示。以Pu为单位的杀菌效果$=T\times 1.393^{(t-60)}$[式中T为时间(min)，t为温度(℃)]，生产上一般控制在15～30 Pu。待杀菌的装瓶啤酒从杀菌机一端进入，在移动过程中瓶内温度逐步上升，达到62 ℃左右(最高杀菌温度)后，保持一定时间，然后瓶内温度又随着瓶的移动逐步下降至接近常温，从出口端进入相邻的贴标机贴标。整个杀菌过程需要1 h左右。

5. 贴标

使用的商标必须与产品一致，生产日期必须标示清楚，商标应整齐美观，不歪斜，不脱落，无缺陷。贴标后经人工或机械装箱即可销售。

三、啤酒质量检测

我国啤酒的质量标准为《啤酒》(GB 4927—2008)、《啤酒分析方法》(GB/T 4928—2008)。

思考题

一、基础知识题

1. 酒花是啤酒中的苦味物质的主要来源，其苦味物质主要是由(　　)异构化而来的。

(A) α-酸　　(B) β-酸　　(C) 多酚物质　　(D) 蛋白质

2. 麦汁酸度在煮沸过程会(　　)。

(A) 减少　　(B) 增加　　(C) 没有变化

3. 下列不属于煮沸过程麦汁的变化的是(　　)。

(A) 水分蒸发　　(B) 酶的破坏　　(C) 热凝固物析出　　(D) 冷凝固物析出

4. 滤酒添加硅胶的作用主要是(　　)。

(A) 去除多酚　　(B) 去除蛋白质　　(C) 去除酵母　　(D) 去除草酸钙

5. 导致过滤机进出口压差迅速升高的原因有(　　)。

(A) 待滤酒酵母总数高　　(B) 硅藻土流加不及时

(C) 未添加硅胶

6. 添加酒花后,酒花成分的去向有(　　)。

(A) 麦芽糟　　(B) 冷凝固物　　(C) 热凝固物　　(D) 泡盖

7. 洗糟过度带来的不良影响有(　　)。

(A) 多酚物质大量溶出　　(B) 麦汁色度升高

(C) 煮沸时间延长　　(D) 啤酒的非生物稳定性降低

8. 请写出目前国内外著名的啤酒企业名称。

二、技能题

9. 现有一批质量稍差的浅色麦芽,欲采用复式浸出糖化法进行糖化,又要较好地发挥麦芽中各种酶的作用,请设计出相应的糖化生产工艺流程并注明相应的工艺条件。

10. 主发酵前期降糖速度正常,后期降糖慢甚至不降糖,是什么原因?

11. 某操作员在控制有三段氨阀的锥形圆柱罐时,在储藏温度上、中、下分别达到-1.5 ℃、-1.0 ℃、2.0 ℃时,及时开下段氨阀,结果导致结冰。通过发酵液控温原理解释上述现象。

12. 啤酒过滤过程中氧通过哪些途径进入酒液里?

13. 添加硅藻土的目的是什么? 添加量过多、过少引起的后果如何?

三、计算题

14. 现有6批料要装入发酵罐中,要求满罐,现已经进了5批(每批料50 kL),发酵人员检测酵母时测得此时酵母数是1800万个/mL,按照工艺要求满罐酵母数达到2200万个/mL,在进第6批料时需要添加浓度为60%的酵母泥多少公斤(设1 g酵母泥含酵母25亿个,不计添加过程损失)?

15. 经研究,发酵液中约70%可发酵性糖被发酵,其中96%产生酒精和二氧化碳,剩余2.5%产生副产品,1.5%合成酵母新的细胞,并且产生的二氧化碳约2%不能被回收。一般发酵二氧化碳纯度达到99.75%时开始回收。假如有300.00 t发酵液,回收二氧化碳时糖度为12.86%,封罐后糖度为3.46%。试计算此发酵液可回收的二氧化碳的量(假定可发酵性糖全为葡萄糖)。

技能训练1　啤酒酵母的质量检查

一、能力目标

学习酵母菌种的质量鉴定方法。

二、工作原理

酵母的质量直接关系到啤酒的好坏。酵母活力强,发酵就旺盛;若酵母被污染或发生变异,酿制的啤酒就会变味。因此,不论在酵母扩大培养过程中,还是在发酵过程中,必须对酵母质量进行跟踪调查,以防发生不正常的发酵现象,必要时对酵母进行纯种分离,对分离到的单菌落进行发酵性能的检查。

三、实训材料

1. 原料

0.025%美蓝(又称次甲基蓝,Methylene blue)水溶液:0.025 g 美蓝溶于 100 mL 水中。

pH4.5 的醋酸缓冲液:0.51 g 硫酸钙,0.68 g 硫酸钠,0.405 g 冰醋酸溶于 100 mL 水中。

醋酸钾(钠)培养基:葡萄糖 0.06%,蛋白胨 0.25%,醋酸钾(钠)0.5%,琼脂 2%,pH7.0。

2. 仪器与设备

显微镜,恒温水浴锅,培养箱,高压蒸汽灭菌锅,带刻度的锥形离心管等。

四、操作要点

1. 显微形态检查

载玻片上放一小滴蒸馏水,挑酵母培养物少许,盖上盖玻片,在高倍镜下观察。优良健壮的酵母菌形态整齐均匀,表面平滑,细胞质透明均一。年幼健壮的酵母细胞内部充满细胞质;老熟的细胞出现液泡,呈灰色,折光性较强;衰老的细胞中液泡多,颗粒性储藏物多,折光性强。

2. 死亡率检查

方法同上,可用水浸片法,也可用血球计数板法。酵母细胞用 0.025%美蓝水溶液染色后,由于活细胞具有脱氢酶活力,可将蓝色的美蓝还原成无色,因此染不上颜色,而死细胞则被染上蓝色。

一般新培养酵母的死亡率应在 1%以下,生产上使用的酵母死亡率在 3%以下。

3. 出芽率检查

出芽率指出芽的酵母细胞占总酵母细胞数的比例。随机选择 5 个视野,观察出芽酵母细胞所占的比例,取平均值。一般生长健壮的酵母在对数生长阶段出芽率可达 60%以上。

4. 凝集性试验

对下面发酵来说,凝集性的好坏影响发酵的成败。若凝集性太强,酵母沉降过快,发酵度就太低;若凝集性太弱,发酵液中悬浮有过多的酵母菌,对后期的过滤会造成很大的困难,啤酒中也可能会有酵母味。

凝集性可通过本斯试验来确证:将 1 g 酵母湿菌体与 10 mL pH4.5 的醋酸缓冲液混合,20 ℃平衡 20 min,加至带刻度的锥形离心管内,连续 20 min,每隔 1 min 记录沉淀酵母的容量。实验后,检查 pH 是否保持稳定。

一般规定 10 min 时的沉淀酵母量在 1.0 mL 以上者为强凝集性,0.5 mL 以下者为弱凝集性。

5. 死灭温度检测

死灭温度可以作为酵母菌种鉴别的一个重要指标,一般说来,培养酵母的死灭温度在

52～53 ℃之间，而野生酵母或变异酵母的死灭温度往往较高。

温度试验范围一般为48～56 ℃，温度间隔为1 ℃或2 ℃，在已灭菌的麦汁试管中（内装5 mL 12%麦汁）接入培养24 h的发酵液0.1 mL，放于恒温水浴锅内。每一样品做3个平行试验，并在另一同样的试管中放入温度计。待温度计达到所需温度时开始计时，保持10 min后，置于冷水中冷却，25 ℃培养5～7 d，不能发酵的温度即为死灭温度。

6. 子囊孢子的产生试验

子囊孢子也是酵母菌种鉴别的一个重要指标。一般说来，培养酵母不能形成子囊孢子，而野生酵母较易形成子囊孢子。

将酵母菌体接种于醋酸钾培养基上，25 ℃培养48 h后，用显微镜检查子囊孢子产生的情况。

7. 发酵性能测定

酵母的发酵度反映酵母对各种糖类的发酵情况。有些酵母不能发酵麦芽三糖，即发酵度低，有些酵母甚至能发酵麦芽四糖或异麦芽糖，即发酵度高。

将150 mL麦汁盛放于250 mL三角瓶中，灭菌，冷却后加入酵母泥1 g，置25 ℃培养箱中发酵3～4 d，每隔8 h摇动一次。发酵结束后，滤去酵母，蒸出乙醇，添加蒸馏水至原体积，测相对密度。

$$\text{外观发酵度}=\frac{P-m}{P}\times 100\%$$

式中：P为发酵前麦汁浓度；

m为发酵液外观浓度（不排除乙醇）。

$$\text{真发酵度}=\frac{P-n}{P}\times 100\%$$

式中：n为发酵液的实际浓度（排除乙醇后）；

一般外观发酵度应为66%～80%，真发酵度为55%～70%。

啤酒酵母主要有两类。

① 上面发酵啤酒酵母：进行上面发酵，发酵温度相对较高（15～20 ℃），发酵结束后，大部分酵母浮在液面。例如英国著名的淡色爱尔（Ale）啤酒，司陶特（Stout）黑啤酒等。

② 下面发酵啤酒酵母：进行下面发酵，发酵温度在10 ℃左右，发酵结束后，大部分酵母沉于容器底部。例如捷克的比尔森（Pilsen）啤酒，德国的慕尼黑啤酒和多特蒙德啤酒，丹麦的嘉士伯啤酒等，我国的啤酒多属于此类型。

五、实训报告

写出书面实训报告。

六、实训思考题

1. 如何评价一株啤酒酵母菌种的质量优劣？
2. 简述发酵度、外观发酵度和真发酵度的含义。

技能训练2　协定法糖化试验

一、能力目标

协定法糖化试验是欧洲啤酒酿造协会(EBC)推荐的评价麦芽质量的标准方法,用该法进行小量麦汁制备,并借此评价所用麦芽的质量。

二、工作原理

利用麦芽所含的各种酶类将麦芽中的淀粉分解为可发酵性糖类,将蛋白质分解为氨基酸。

三、实训材料

① 实验室糖化器:由水浴锅和500～600 mL的烧杯组成糖化仪器,杯内用玻棒搅拌或用100 ℃温度计作搅拌器(此时搅拌应十分小心,以免敲碎水银头)。实验时杯内液面应始终低于水浴液面。最好采用专用糖化器:该仪器有一水浴锅,水浴锅本身有电热器加热和机械搅拌装置。水浴锅上有4～8个孔,每个孔内可放一糖化杯,糖化杯由紫铜或不锈钢制成,每一杯内都带有搅拌器,转速为80～100 r/min,搅拌器的螺旋桨直径几乎与糖化杯相同,但又不碰杯壁,离杯底距离只有1～2 mm。

② 白色滴板或瓷板、玻棒或温度计。

③ 滤纸、漏斗、电炉。

④ 碘溶液(0.02 mol/L):2.5 g碘和5 g碘化钾溶于水中,稀释到1000 mL。

四、操作要点

1. 协定法糖化麦汁的制备

① 取50 g麦芽,用植物粉碎机将其粉碎。

② 在已知质量的糖化杯(500～600 mL烧杯或专用金属杯)中放入50 g麦芽粉,加200 mL46～47 ℃的水,在45 ℃水浴锅中保温30 min并不断搅拌。

③ 使醪液以每分钟升温1 ℃的速度加热水浴锅,在25 min内升至70 ℃。此时于杯内加入100 mL 70 ℃的水。

④ 70 ℃保温1 h后,在10～15 min内急速冷却到室温。

⑤ 冲洗搅拌器。擦干糖化杯外壁,加水使其内容物准确称量为450 g。

⑥ 用玻棒搅动糖化醪,并注于干漏斗中进行过滤,漏斗内装有直径20 cm的折叠滤纸,滤纸的边沿不得超出漏斗的上沿。

⑦ 收集约100 mL滤液后,将滤液返回重滤。过30 min后,为加速过滤可用一玻棒稍稍搅碎麦糟层。将滤液收集于一干烧杯中。在进行各项试验前,需将滤液搅匀。

2. 糖化时间的测定

① 在协定法糖化过程中,糖化醪温度达70 ℃时记录时间,5 min后用玻棒或温度计

搅拌。取麦汁1滴，置于白滴板(或瓷板)上，再加碘液1滴，混合，观察颜色变化。

② 每隔5 min重复上述操作，直至碘液呈黄色(不变色)为止，记录此时间。

由糖化醪温度达到70 ℃开始至糖化完全无淀粉反应时止，所需时间为糖化时间。报告以每5 min计算：如少于10 min；10～15 min；15～20 min等。

正常范围值：浅色麦芽为15 min内；深色麦芽为35 min内。

3. 过滤速度的测定

以从麦汁返回重滤开始至全部麦汁滤完为止所需的时间来计算，以快、正常和慢等来表示，1 h内完成过滤的规定为"正常"，过滤时间超过1 h的报告为"慢"。

4. 气味的检查

糖化过程中注意糖化醪的气味。具有相应麦芽类型的气味规定为"正常"。因此对深色麦芽，若有芳香味，应报以"正常"；若样品缺乏此味，则以"不正常"表示，其他异味亦应注明。

5. 透明度的检查

麦汁的透明度用透明、微雾、雾状和混浊表示。

6. 蛋白质凝固情况检查

强烈煮沸麦汁5 min，观察蛋白质凝固情况。在透亮麦汁中凝结有大块絮状蛋白质沉淀，记录为"好"；若蛋白质凝结为细粒状，但麦汁仍透明清亮，则记录为"细小"；若虽有沉淀形成，但麦汁不清，可表示为"不完全"；若没有蛋白质凝固，则记录为"无"。

五、实训报告

写出书面实训报告。

六、实训思考题

简述糖化过程麦芽中各种酶的作用。

技能训练3　啤酒主发酵

一、能力目标

学习啤酒主发酵的过程，掌握酵母发酵规律。

二、工作原理

酵母菌是一种兼性厌氧微生物，先利用麦汁中的溶解氧进行好氧生长，然后利用EMP途径进行厌氧发酵生成酒精。显然，对于同样体积的液体培养基，用粗而短的容器盛放和用细而长的容器盛放相比，氧更容易进入液体，因而前者降糖较快(所以测试啤酒生产用酵母菌株的性能时，所用液体培养基至少要1.5 m深，才接近生产实际)。定期摇动容器，既能增加溶解氧，也能改善液体各成分的流动，最终加快菌体的生长过程。这种有酒精产生的静止培养比较容易进行，因为产生的酒精有抑制杂菌生长的能力，允许一定程度的粗放操作。由于培养基中糖的消耗，CO_2与酒精的产生，相对密度不断下降，可用糖度表监视。若需分析其他指标，应从取样口取样测定。

三、实训材料

带冷却装置的发酵罐(50 L、100 L)，若无发酵装置，可将玻璃缸放于生化培养箱中进行微型静止发酵。

四、操作要点

将糖化后冷却至10 ℃左右的麦汁送入发酵罐，接入酵母菌种，然后充氧，以利于酵母菌生长，同时使酵母在麦汁中分散均匀，待麦汁中的溶解氧饱和后，酵母进入繁殖期，约20 h后，溶解氧被消耗，逐渐进入主发酵。由于发酵罐密闭，很难看清发酵的整个过程，建议一个组在1000 mL玻璃缸中进行啤酒主发酵小型试验。具体方法如下。

① 洗标本缸，缸口用8层纱布包扎后，进行高压灭菌。

② 将协定法糖化得到的麦汁加水至600 mL，再加葡萄糖使糖度达到10 °Bx，灭菌，冷却后摇动充氧，沉淀，将上清液以无菌操作方式倒入已灭菌的标本缸中。

③ 接入50 mL酵母菌种，在10 ℃生化培养箱中发酵，每天观察发酵情况。

④ 主发酵：于10 ℃发酵7 d。一般主发酵整个过程分为酵母繁殖期、起泡期、高泡期、落泡期和泡盖形成期等五个时期。仔细观察各时期的区别。

⑤ 主发酵测定项目：接种后取样作第一次测定，以后每过12 h或24 h测1次直至结束。全部数据叠画在1张方格纸上，纵坐标为7个指标，横坐标为时间。共测定下列几个项目：a. 糖度(用糖度表测)；b. 细胞浓度、出芽率、染色率；c. 酸度；d. α-氨基酸态氮；e. 还原糖；f. 酒精度；g. pH；h. 色度；i. 浸出物浓度；j. 双乙酰含量。

发酵液的取样方法如下。

若在发酵罐中发酵，可从取样开关处直接取样(先弃去少量发酵液)。

若无取样开关，可用一灭过菌的乳胶管，深入发酵池面下20 cm处，用虹吸法使发酵液流出，弃去少量先流出的发酵液，然后用一清洁干燥的三角瓶接取发酵液作样品。

注意事项：除少数特殊的测定项目外，应将发酵液在两干净的大烧杯中来回倾倒50次以上，以除去CO_2，后过滤，滤液用于分析。分析工作应尽快完成。

五、实训报告

写出书面实训报告。

六、实训思考题

1. 画出发酵周期中主发酵7个指标的曲线图，并解释它们的变化。
2. 啤酒发酵中，双乙酰是如何形成的？怎样控制？

项目2 葡萄酒生产技术

预备知识1 葡萄酒的文化历史和品种

葡萄酒主产于欧洲，全球消费量仅次于啤酒，在国际贸易中占有重要的地位。葡萄酒酒精含量低，营养价值高，是饮料酒中主要的发展品种。

一、葡萄酒的定义

① 国际葡萄与葡萄酒组织（OIV，2003）对葡萄酒的定义：葡萄酒只能是以新鲜葡萄或者是新鲜葡萄汁经过全部或者部分酒精发酵而生产出来的饮料，其所含的酒精度不得低于8.5%（以容量计），某些地区由于气候、土壤、品种等因素的限制，其酒精度可以降到7%（以容量计）。

② 2008年1月1日，新国标对葡萄酒进行了重新的定义：葡萄酒是以新鲜葡萄或者葡萄汁为原料，经全部或者部分发酵酿制而成的，含有一定酒精度的发酵酒。规定除了葡萄酒只能是以新鲜葡萄或者是新鲜汁经过全部或者部分酒精发酵而生产出来的饮料，其所含的酒精度不得低于8.5%（以容量计），由于气候、土壤、品种等因素的限制，某些地区酒精度可以降到7%（以容量计）以外。

二、葡萄酒的历史文化

1. 葡萄酒的历史文化

据考古资料，最早栽培葡萄的地区是小亚细亚里海和黑海之间及其南岸地区；公元前2000年，古巴比伦的《汉谟拉比法典》中已有对葡萄酒买卖的规定；欧洲最早开始种植葡萄并进行葡萄酒酿造的国家是希腊；公元前6世纪，希腊人把小亚细亚原产的葡萄酒通过马赛港传入高卢（即现在的法国），并将葡萄栽培和葡萄酒酿造技术传给了高卢人。罗马人从希腊人那里学会葡萄栽培和葡萄酒酿造技术后，很快在意大利半岛全面推广；随着罗马帝国的扩张，葡萄栽培和葡萄酒酿造技术迅速传遍法国、西班牙、北非以及德国莱茵河流域地区，并形成很大的规模，至今，这些地区仍是重要的葡萄和葡萄酒产区；15至16世纪，葡萄栽培和葡萄酒酿造技术传入南非、澳大利亚、新西兰、日本、朝鲜和美洲等地；公元19世纪60年代，是美国葡萄和葡萄酒生产的大发展时期。现在南北美洲均有葡萄酒生产，阿根廷、美国的加利福尼亚以及墨西哥均为世界闻名的葡萄酒产区。

中国的欧亚种葡萄开始于汉武帝建元年间，公元前138年由汉朝张骞出使西域时从大宛引入，引进葡萄的同时还招来了酿酒艺人。据《太平御览》，汉武帝时期，“离宫别观傍尽种蒲萄”，其时，葡萄酒的酿造也达到一定规模。到东汉末年，由于战乱和国力衰微，葡萄种植业和葡萄酒业极度困难，葡萄酒变得异常珍贵。在魏晋及稍后的南北朝时期，葡萄酒的消费和生产又有了恢复和发展。但直到唐朝，我国的葡萄酒生产才有了很大的发展。

唐朝著名诗人，如王绩、王翰、李白等，都有咏葡萄酒的著名诗句。元朝立国虽然只有90余年，却是我国古代社会葡萄酒业和葡萄酒文化的鼎盛时期。由于葡萄酒的酿造不用粮食与酒曲，元朝政府对其进行了税收扶持，并明确葡萄酒不在酒禁之列。元代葡萄酒文化逐渐融入文化艺术各个领域，除了大量的葡萄酒诗外，在绘画、词曲中都有表现。经过2000多年的漫长发展后，中国葡萄酒业出现了第一个近代新型葡萄酒厂，储酒容器也从瓮改用橡木桶，它就是1892年由爱国华侨实业家张弼士在烟台创办的张裕葡萄酒公司。1915年，在“巴拿马万国博览会”上，张裕所产的“红葡萄酒”、“白兰地”、“味美思”，以及用欧洲著名优良葡萄品种命名的“雷司令”、“解百纳”葡萄酒等荣获金质奖章，自此，烟台葡萄酒名声大振。以后，陆续有几家葡萄酒厂，但规模都不大，多为外国人经营，无法形成民族工业的体系。新中国成立以前，葡萄与葡萄酒业经历了漫长而艰辛的历程，终因受当时的政治、经济体制所限，未能获得发展。新中国成立后，葡萄与葡萄酒业获得了新生。改革开放30多年来，中国葡萄与葡萄酒产业取得了快速发展。葡萄栽培面积逐步扩大，葡萄产量快速增加。经过广大葡萄酒工作者的努力，我国已形成了甘新干旱地区、渤海沿岸平原地区、黄河故道及淮河流域地区、黄土高原干旱地区等葡萄和葡萄酒生产基地。

2. 葡萄酒与健康

葡萄酒中除酒精外还含有各种有机和无机物质，因此不仅是营养丰富的饮料，而且在适量饮用的条件下还能防治各种疾病，有利身体健康。我国古代医学家很早就认识到了葡萄酒的滋补、强身的作用，并有“葡萄酒益气调中、耐饥强志”和“葡萄酒驻颜色、耐寒”等描述；葡萄酒可以调整结肠的功能，甜白葡萄酒含有山梨醇，有助于胆汁和胰腺的分泌，帮助消化，防治便秘；一些白葡萄酒的酒石酸钾和硫酸钾含量较高，可以利尿，防治水肿；葡萄酒中的白藜芦醇还能抗菌、抗癌、抗诱变；葡萄酒还能提高血液中高密度脂蛋白的浓度，防止胆固醇沉积于血管内膜，防治动脉硬化。

三、葡萄酒的品种

1. 按酒的颜色分类

(1) 红葡萄酒

用果皮带色的葡萄制成。

(2) 白葡萄酒

用白葡萄或红皮白肉葡萄的果汁制成。

(3) 桃红葡萄酒

用带色红葡萄短时间浸提或分离发酵制成。

2. 按含糖的多少分类

(1) 干葡萄酒

含糖(以葡萄糖计)小于或等于4.0 g/L的葡萄酒；或者当总糖与总酸(以酒石酸计)的差值小于或等于2.0 g/L时，含糖最高为9.0 g/L的葡萄酒。

(2) 半干葡萄酒

含糖大于干葡萄酒，最高为12.0 g/L的葡萄酒；或者当总糖与总酸(以酒石酸计)的差值小于或等于2.0 g/L时，含糖最高为18.0 g/L的葡萄酒。

(3) 半甜葡萄酒

含糖大于半干葡萄酒，最高为 45.0 g/L 的葡萄酒。

(4) 甜葡萄酒

含糖大于 45.0 g/L 的葡萄酒。

3. 按是否含二氧化碳分类

(1) 平静葡萄酒

在 20 ℃时，二氧化碳压力小于 0.05 MPa 的葡萄酒。

(2) 起泡葡萄酒

在 20 ℃时，二氧化碳压力等于或大于 0.05 MPa 的葡萄酒。

(3) 高泡葡萄酒

在 20 ℃时，二氧化碳(全部自然发酵产生)压力大于等于 0.35 MPa(对于容量小于 250 mL 的瓶子，二氧化碳压力大于等于 0.3 MPa)的起泡葡萄酒。又可分为有天然高泡葡萄酒、绝干高泡葡萄酒、干高泡葡萄酒、半干高泡葡萄酒、甜高泡葡萄酒。

(4) 低泡葡萄酒

在 20 ℃时，二氧化碳(全部自然发酵产生)压力在 0.05～0.34 MPa 的起泡葡萄酒。

4. 特种葡萄酒

用鲜葡萄或葡萄汁在采摘或酿造工艺中使用特定方法酿制而成的葡萄酒。

(1) 利口葡萄酒

由葡萄生成总酒精度为 12%(体积分数)以上的葡萄酒中，加入葡萄白兰地、食用酒精或葡萄酒精以及葡萄汁、浓缩葡萄汁、含焦糖葡萄汁、白砂糖等，使其终产品酒精度为 15.0%～22.0%(体积分数)的葡萄酒。

(2) 葡萄汽酒

酒中所含二氧化碳是部分或全部由人工添加，具有同起泡葡萄酒类似物理特性的葡萄酒。

(3) 冰葡萄酒

将葡萄推迟采收，在气温低于－7 ℃的条件下使葡萄在树枝上保持一定时间，结冰，采收，在结冰状态下压榨，发酵，酿制而成的葡萄酒(在生产过程中不允许外加糖源)。

(4) 贵腐葡萄酒

在葡萄的成熟后期，葡萄果实感染了灰绿葡萄孢，使果实的成分发生了明显的变化，用这种葡萄酿制而成的葡萄酒。

(5) 产膜葡萄酒

葡萄汁经过全部酒精发酵，在酒的自由表面产生一层典型的酵母膜后，可加入葡萄白兰地、葡萄酒精或食用酒精，所含酒精度等于或大于 15.0%(体积分数)的葡萄酒。

(6) 加香葡萄酒

以葡萄酒为酒基，经浸泡芳香植物或加入芳香植物的浸出液(或馏出液)而制成的葡萄酒。

(7) 低醇葡萄酒

采用鲜葡萄或葡萄汁经全部或部分发酵，采用特种工艺加工而成的，酒精度为

1.0%～7.0%(体积分数)的葡萄酒。

(8) 脱醇葡萄酒

采用鲜葡萄或葡萄汁经全部或部分发酵,采用特种工艺加工而成的、酒精度为0.5%～1.0%(体积分数)的葡萄酒。

(9) 山葡萄酒

采用鲜山葡萄(包括毛葡萄、刺葡萄、秋葡萄等野生葡萄)或山葡萄汁经过全部或部分发酵酿制而成的葡萄酒。

其他还有:年份葡萄酒、品种葡萄酒、产地葡萄酒等。

预备知识2　葡萄的品种和成分

葡萄属于葡萄科(Vitaceae)葡萄属(*Vitis*)。葡萄属是葡萄科中经济价值最高、栽培最广泛的一个属,有70多个种,我国约有35个种。

不同类型的葡萄酒对葡萄的特性要求也不同,制白葡萄酒、香槟酒和白兰地的葡萄品种含糖量为15%～22%,含酸量为6.0～12 g/L,出汁率高,有清香味;对制红葡萄酒的品种则要求色泽浓艳。酿造白葡萄酒的优良品种包括龙眼、雷司令、贵人香、白羽、李将军、霞多丽、长相思等;酿造红葡萄酒的优良品种包括法国兰、佳丽酿、汉堡麝香、赤霞珠、蛇龙珠、品丽珠、黑品乐等。

一穗葡萄浆果包括果梗和果实两个部分,其中果梗占4%～6%,果实占94%～96%。葡萄酒带梗发酵,弊多利少,因果梗富含单宁、苦味树脂及鞣酸等物质,所以常使酒产生过重的涩味。果梗的存在也使果汁水分增加3%～4%。当制造白葡萄酒或浅红葡萄酒时,带梗压榨,可使果汁易于流出和挤压,但不论哪一种葡萄都不带梗发酵。葡萄果实包括三个部分,其中果皮占6%～12%,果核(子)占2%～5%,果肉(浆液)占83%～92%。果皮含有单宁、多种色素及芳香物质,这些成分对酿制红葡萄酒很重要。一般葡萄含有4个果核,果核中含有破坏葡萄酒风味的物质,如脂肪、树脂、挥发酸等。这些东西如带入发酵液会严重影响品质,所以,在葡萄破碎时须尽量避免将核压破。果肉和果汁是葡萄的主要成分,所含糖分由葡萄糖和果糖组成,成熟时两者的比例基本相等;葡萄的酸度主要来自酒石酸和苹果酸;少量果胶的存在能增加酒的柔和味。其主要化学成分见表3-1。

表3-1　葡萄果肉和果汁主要化学成分

成分	水分	还原糖	有机酸	无机酸	含氮物	果胶物质	其他成分
含量	68%～80%	15%～30%	5%～6%	5%～6%	5%～6%	5%～6%	5%～6%

任务1　葡萄汁的制备

在葡萄酒的酿造过程中,由于葡萄酒类型的不同,其工艺流程也有所差异,但各类型葡萄酒的酿造工艺中仍存在着一些共同的环节,如:葡萄酒酿制前的准备工作,分选,葡萄汁成分的调整,二氧化硫处理,酵母的添加,酒精发酵的管理和控制等。

一、葡萄酒酿制前的准备工作

1. 葡萄采收

葡萄栽培要求在无污染的环境中进行，以施用有机肥为主，采收前1个月不使用杀虫剂，采摘前10 d不使用杀菌剂，在葡萄栽培过程中禁止使用催熟剂和着色剂。若用于酿制优质白葡萄酒，葡萄含糖量不低于170 g/L，每公顷产量不超过15000 kg，；酿制优质红葡萄酒，葡萄含糖量不低于1870 g/L，每公顷产量不超过12000 kg。盛装原料的容器不得装过农药，不得对葡萄原料造成污染。

无论是什么类型的葡萄酒，都是以葡萄浆果为原料生产的。葡萄浆果的成熟度决定着葡萄酒的质量和种类，是影响葡萄酒生产的主要因素之一。在大多数葡萄酒产区，只有用成熟度良好的葡萄果实才能生产品质优良的葡萄酒。葡萄的最佳采收期应根据葡萄成熟度确定，按照葡萄品种、质量等级采摘。采收期可通过外观检查与品尝或M值法确定。

2. 葡萄酒生产的辅料准备

（1）二氧化硫

二氧化硫处理就是在发酵基质中或在葡萄酒中加入适量的二氧化硫，以便发酵能顺利进行或有利于葡萄酒的储藏。使用二氧化硫可杀菌、澄清、抗氧化、溶解、增酸。合理使用二氧化硫能净化发酵基质，可提高葡萄酒酒精度和有机酸含量，降低挥发酸含量，增加色度，改善葡萄酒的味感质量，缓和霉味、泥土味和醋味及氧化味并保持果香味。使用不当或用量过高，可使葡萄酒具怪味且对人产生毒害。二氧化硫在葡萄酒和葡萄汁中有两种存在形式，即游离二氧化硫和结合二氧化硫。葡萄酒标准中规定：总二氧化硫含量要求小于250 mg/L，游离二氧化硫含量小于50 mg/L。添加方式有液体、气体、固体三种。气体添加：燃烧硫黄绳、硫黄纸、硫黄块，一般仅用于发酵桶的消毒，现在已很少使用。液体添加：市售亚硫酸试剂，如液体SO_2、亚硫酸等，液体SO_2一般储存在高压钢瓶中，此种方式使用最为普遍。固体添加：常用偏重亚硫酸钾。SO_2用量不可过大，要分多次使用，且每次用量要少，在有把握的情况下，能够少用或不用更好。酿造红葡萄酒时，SO_2应在葡萄破碎后发酵前加入葡萄浆或汁中。酿造白葡萄酒时，应在取汁后立即添加SO_2，以免葡萄汁在发酵前发生氧化作用。

（2）清洗消毒剂

如5%热碱液、1.5%硫酸溶液、石灰水、酸性亚硫酸钙溶液、氢氧化钠、柠檬酸等。

（3）其他酿造辅助材料

如果胶酶、酒石酸、单宁、维生素C、食用酒精或葡萄蒸馏酒、CO_2、无菌空气、助滤剂、澄清剂、菌种等。另外还要对设备、仪表进行检查与调试，并对厂区环境、厂房、用具等进行全面消毒杀菌、清洗。

二、葡萄的分选、破碎与除梗

将不同品种、不同质量的葡萄分别存放即为分选。此工作最好在田间采收时进行，完毕后送破碎机破碎。分选目的：提高葡萄的平均含糖量，减轻或消除成品酒的异味，增加酒的香味，减少杂菌。

不论酿制红或白葡萄酒，都需先将葡萄除梗。新式葡萄破碎机都附有除梗设置，有先破碎后除梗和先除梗后破碎两种形式。破碎时要求每粒葡萄都要破碎，籽粒不能压破，梗不能压碎，皮不能压扁，破碎过程中，葡萄及其浆、汁不得与铁、铜等金属接触。红葡萄酒是连葡萄皮一起酿制的，葡萄皮中富含单宁，兼之酶的活性，氧化后便呈美丽的红色。单宁的存在是红葡萄酒和白葡萄酒之间的最重要的区别之一。单宁是红葡萄酒的灵魂，白葡萄酒是将葡萄原汁与皮渣进行分离后，用葡萄汁发酵制成，所以，白葡萄酒的精髓是酸而不是单宁。单宁遇铁会发生反应而变黑。葡萄酒中的磷酸盐与铁可形成雾浊、混浊和白色沉淀的磷酸铁，因此破碎时不能使用铁质容器。铜离子与二氧化硫结合会形成胶体状物质，该物质进一步结合葡萄酒中的蛋白质便使葡萄酒发生混浊，所以也要注意避免接触铜器。

在葡萄酒酿造中，可以部分除梗（10％～30％），也可以全部除梗。如果生产优质、柔和的葡萄酒，应全部除梗。若为红葡萄酒酿造，在葡萄破碎后，要马上除去葡萄果梗；对于白葡萄酒，葡萄破碎即行压榨，最后将果梗与果渣一并除去。目前的趋势是，在生产优质葡萄酒时，只将原料进行轻微的破碎。如果需加强浸渍作用，最好是延长浸渍时间，而不是提高破碎强度。

三、压榨和渣汁的分离

压榨就是将存在于皮渣中的果汁或葡萄酒通过机械压力压出来，使皮渣部分变干。从压榨机出来的葡萄汁或葡萄酒可分为三个部分：未经压榨所出的汁为自流汁；第一次和第二次压榨所出的汁为压榨汁。

在生产红葡萄酒时，压榨是对发酵后的皮渣而言。在生产白葡萄酒时，压榨是对轻微沥干的新鲜葡萄而言。一般来说，对于红葡萄酒，压榨汁占15％左右；对于白葡萄酒，压榨汁占30％左右。

四、葡萄汁成分的调整

由于各种条件的变化，有时葡萄浆果没有完全达到其成熟度，有时浆果受病虫害危害等，使酿酒原料的各种成分不符合要求。在这种情况下，可以通过多种方法提高原料的含糖量（即潜在酒精度）、降低或提高含酸量等，以对原料进行改良。

需要指出的是，原料的改良并不能完全抵消浆果本身的缺点所带来的后果。因此，要获得优质葡萄酒，必须首先保证浆果达到最佳成熟度，并在采收过程中保证浆果完好无损、无污染。

浆果成熟度不够主要是由不良气候条件（低温、高湿）或采收过早造成的。这样的浆果有两个特点：含糖量低，含酸量高（主要是苹果酸含量）。对于这类原料的改良主要有两个方面，即加蔗糖（白砂糖）或浓缩汁提高含糖量；直接中和或间接地利用生物方法降酸。

（1）提高含糖量

提高含糖量就是人为地提高原料的含糖量，从而提高葡萄酒的酒精度。最常见的有加糖和加浓缩葡萄汁两种方式。

① 添加蔗糖。

所用的糖必须是蔗糖，一般用98%～99.5%的结晶白砂糖（甘蔗糖或甜菜糖）。

加糖量：从理论上讲，加入17 g/L蔗糖可使酒精度提高1%。但在酿造红葡萄酒时，往往选择18 g/L蔗糖作为基准使酒精度提高1%。

$$潜在酒精度=含糖量(g/L)/17(g/L)$$

［**例3-1**］ 利用潜在酒精度为9.5%的5000 L葡萄汁生产酒精度为12%的葡萄酒，蔗糖的添加量至少应为多少？

解 需要增加的酒精度12%－9.5%＝2.5%

需要添加的蔗糖量2.5%×17.0 g/L×5000＝212.5 kg

但加糖产生的酒精度应不大于2%。

添加方法：先将需添加的蔗糖在部分葡萄汁中溶解，然后加入发酵罐中，添加蔗糖以后，必须倒一次罐，以使所加入的糖均匀地分布在发酵汁中。

添加时间：添加蔗糖的时间最好在发酵刚刚开始的时候，并且一次加完。因为这时酵母菌正处于繁殖阶段，能很快将糖转化为酒精。如果加糖时间太晚，酵母所需其他营养物质已部分消耗，发酵能力降低，常常发酵不彻底。此外，在控制发酵温度时应考虑加入的糖在发酵过程中所释放的热量。

② 添加浓缩葡萄汁。

浓缩葡萄汁的制备：将葡萄汁进行二氧化硫处理，以防止发酵。再将处理后的葡萄汁在部分真空的条件下加热浓缩，使其体积降至原体积的1/4～1/5，这样获得的浓缩葡萄汁中各种物质的含量都比原来增加4～5倍。

以上两种方法都能提高葡萄酒的酒精度。但添加蔗糖时，葡萄酒的含酸量和干物质含量略有降低。与之相反，添加浓缩葡萄汁则提高葡萄酒的含酸量和干物质含量，这两种方法在实践中可任选一种。

虽然在制备过程中，部分酒石酸转化为酒石酸氢钾沉淀，但浓缩葡萄汁中的含酸量仍然较高。因此，为了防止葡萄酒中的酸度过高，可在进行浓缩以前对葡萄汁进行降酸处理。此外，浓缩汁中钾、钙、铁、铜等含量也较高。

(2) 降低含酸量

降低葡萄汁或葡萄酒的含酸量的方法主要有三种，即化学降酸、生物降酸和物理降酸。

① 化学降酸。

化学降酸就是用盐中和葡萄汁中过多的有机酸，从而降低葡萄汁和葡萄酒的酸度。常用的盐有酒石酸钾、碳酸钙、碳酸氢钾。其中以碳酸钙最有效、最便宜。葡萄汁酸度过高，主要是由于苹果酸含量过高。但化学降酸的作用主要是除去酒石酸氢盐，并且影响葡萄酒的质量和葡萄酒对病害的抗性。此外，由于化学降酸提高pH，有利于苹果酸-乳酸发酵，可能会使葡萄酒中最后的含酸量过低。因此，必须慎重使用化学降酸。

② 生物降酸。

生物降酸是利用微生物分解苹果酸，从而达到降酸的目的。可用于生物降酸的微生物有：a. 进行苹果酸-乳酸发酵的乳酸菌；b. 能将苹果酸分解为酒精和CO_2的裂殖酵母。

苹果酸-乳酸发酵：在适宜条件下，乳酸菌可通过苹果酸-乳酸发酵将苹果酸分解为乳酸和 CO_2。这一发酵通常在酒精发酵结束后进行，导致酸度降低，pH 增高，并使葡萄酒口味柔和。对于所有的干红葡萄酒，苹果酸-乳酸发酵是必须的发酵过程，而在大多数的干白葡萄酒和其他已含有较高残糖的葡萄酒中，则应避免这一发酵。

裂殖酵母的使用：一些裂殖酵母将苹果酸分解为酒精和 CO_2，它们在葡萄汁中的数量非常大，而且受到其他酵母的强烈抑制。因此，如果要利用它们的降酸作用，就必须添加活性强的裂殖酵母。此外，为了防止其他酵母的竞争性抑制，在添加裂殖酵母以前，必须通过澄清处理，最大限度地降低葡萄汁中的内源酵母群体。这种方法特别适用于苹果酸含量高的葡萄汁的降酸处理。

③ 物理降酸。

物理降酸方法包括冷处理降酸和离子交换降酸。

有的浆果在一定条件下，含糖量达到最大值，有机酸含量则很低，用这类浆果酿造的葡萄酒不厚实，没有清爽感，而且不稳定，容易在储藏过程中感染各种病害。对于这类浆果不仅要尽量保持现有的含酸量，而且还应添加一些物质，提高其含酸量的方法有直接增酸和间接增酸。

任务 2 葡萄酒的酿造

一、葡萄酒酵母的培养与添加

在葡萄皮及果梗上生长有大量天然酵母，当葡萄被破碎、压榨后，酵母进入葡萄汁中，进行发酵。这些能将葡萄汁中所含的糖进行发酵、降解的酵母被称为葡萄酒酵母。

我国的酿酒活性干酵母是 20 世纪 80 年代中期出现的。菌种选育途径有三：①选用天然酵母；②利用微生物方法从天然酵母中选育优良的果酒酵母；③通过人工诱变、同宗配合、原生质体融合、基因转化改良酵母菌株。

1. 利用人工选择酵母制备葡萄酒酒母

我国所利用的人工选择酵母一般为试管斜面培养的酵母菌。利用这类酵母菌制备葡萄酒酒母需经几次扩大培养，工艺流程如图 3-5 所示。

葡萄酒酵母菌种→试管培养→三角瓶培养→大玻璃瓶培养→酵母桶培养→生产用葡萄酒酵母

图 3-5 利用人工选择酵母制备葡萄酒酒母的工艺流程

2. 利用活性干酵母制备葡萄酒酒母

活性干酵母为灰黄色的粉末，或呈颗粒状，装在金属盒内销售。它具有活细胞含量高（略为 30×10^9 个/g）、储藏性好（在低温下可储藏一年）、使用方便等优点。活性干酵母的使用简单，但也不能直接投入葡萄汁中进行发酵，需要抓住复水活化、适应使用环境（尤其是对特殊用途的酵母）、防止污染这三个关键才能成功。复水活化做法是：往 35～42 ℃的温水（或含糖 5%～10%的水溶液）中加入 10%的活性干酵母；小心混匀，静置使之复水、活化；每隔 10 min 轻轻搅拌一下；经 20～30 min（在此活化温度下最多不超过 30 min）酵

母已经复水活化,可直接添加到加 SO_2 的葡萄汁中进行发酵。由于活性干酵母有潜在的发酵活性和生长繁殖能力,为了提高使用效果、减少活性干酵母的用量,也可在复水活化后再进行扩大培养,制成酒母使用。

二、红葡萄酒的酿造

酿制红葡萄酒一般采用红皮白肉或皮肉皆红的葡萄品种。我国酿造红葡萄酒主要以干红葡萄酒为原酒,然后按标准调配、勾兑成半干、半甜、甜型葡萄酒。生产干红葡萄酒应选用适宜酿造干红葡萄酒的、单宁含量低、糖含量高的优良酿造葡萄作为生产原料。

红葡萄酒是带皮发酵酿造而来的,即浸渍和发酵同时进行。

1. 红葡萄酒的传统发酵

葡萄经破碎后,果汁和皮渣共同发酵或纯汁发酵至残糖 5 g/L 以下,经压榨分离皮渣,进行后期发酵。

整个发酵期分为前期发酵和后期发酵两个阶段。

(1) 前期发酵

前期发酵的主要目的是进行酒精发酵、浸提色素物质和芳香物质,前期发酵进行的好坏是决定葡萄酒质量的关键。

形式:开放式和密闭式两种,目前多采用后者。

搅拌方式:①人工用木耙压醪盖;②循环喷淋(用泵将汁循环喷淋到醪盖上)。

应注意以下问题。

① 容器充满系数:一般为 75%~80%。

② 皮渣的浸渍:发酵时葡萄渣往往浮在葡萄汁表面,形成很厚的盖子,俗称皮盖。皮盖和空气直接接触,容易感染有害杂菌,败坏葡萄酒的质量。为保证葡萄酒的质量,并充分浸渍皮渣上的香气物质和色素,需将皮盖压入醪中。这一过程称为压盖。

③ 温度控制:发酵温度是影响红葡萄酒色素物质含量和色度值大小的主要因素。一般发酵温度高的,葡萄酒的色素物质含量高,色度值高。葡萄酒发酵的最适温度范围为 26~30 ℃。进入主发酵期,必须采取措施控制发酵温度。控制方法有外循环冷却法、循环倒池法和池内蛇形管冷却法。

④ 葡萄汁的循环作用:红葡萄酒发酵时进行葡萄汁的循环是必要的,它能增加葡萄酒的色素物质含量;降低葡萄汁的温度;可使葡萄汁与空气接触,增加酵母的活力;葡萄浆与空气接触,可促使酚类物质的氧化,使之与蛋白质结合成沉淀,加速酒的澄清。

⑤ 二氧化硫的添加:在破碎后,产生大量酒精以前,恰好是细菌繁殖之际加入。

(2) 酒醪固液分离

当残糖降到 5 g/L 以下,发酵液液面只有少量气体,皮盖已经下沉,液面较平静,发酵液温度接近室温,并且有明显酒香,表明前期发酵已经结束,可以出池提取自流酒液、压榨。出池时先将自流原酒由排汁口放出,放净后打开人孔清理皮渣进行压榨。一般前期发酵时间为 4~6 d。

皮渣的压榨靠使用专用设备压榨机来进行。压榨出的酒进入后期发酵,皮渣可蒸馏制作皮渣白兰地,也可另作处理。

(3) 后期发酵

目的:残糖继续发酵;澄清;陈酿;降酸;排放溶解的二氧化碳。

工艺管理要点如下。

① 补加 SO_2　前期发酵结束后压榨得到的原酒需补加 SO_2,添加量(以游离 SO_2 计)为 30～50 mg/L。

② 控制温度　原酒进入后期发酵容器后,品温一般控制在 18～20 ℃。若品温高于 20 ℃,不利于酒的澄清,并给杂菌繁殖创造条件。

③ 隔绝空气　后期发酵的原酒应避免接触空气,工艺上称为厌氧发酵。其隔氧措施一般为封口安装水封或酒精封。

④ 卫生管理　由于前期发酵液中含有残糖、氨基酸等营养物成分,易感染杂菌,影响酒的质量,搞好卫生是后期发酵重要的管理内容。如出现气泡溢出多;出现臭鸡蛋味(SO_2添加量过大,产生 H_2S,立即倒桶);挥发酸升高等异常现象,要积极处理,适当改进。

2. 红葡萄酒的其他生产方法。

(1) 旋转罐法生产红葡萄酒

旋转罐法是采用可旋转的密闭发酵容器对葡萄浆进行发酵处理的方法,是当今世界比较先进的红葡萄酒发酵工艺及设备。目前使用的旋转罐有两种,一种是法国生产的 Vaslin 型旋转罐,一种是罗马尼亚生产的 Seity 型旋转罐。两种罐的结构不同,发酵方法也有不同。

Seity 型旋转罐工艺流程如图 3-6 所示。

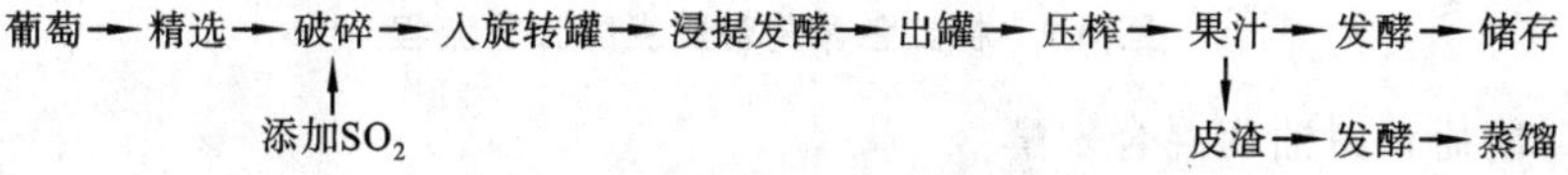

葡萄→精选→破碎→入旋转罐→浸提发酵→出罐→压榨→果汁→发酵→储存

添加SO_2(↑破碎)

皮渣→发酵→蒸馏(↓压榨)

图 3-6　Seity 型旋转罐工艺流程

Vaslin 型旋转罐工艺流程如图 3-7 所示。

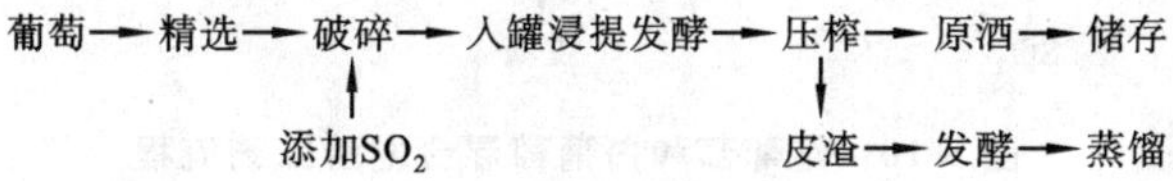

葡萄→精选→破碎→入罐浸提发酵→压榨→原酒→储存

添加SO_2(↑破碎)

皮渣→发酵→蒸馏(↓压榨)

图 3-7　Vaslin 型旋转罐工艺流程

(2) 二氧化碳浸渍法

二氧化碳浸渍法(carbonic maceration)简称 CM 法,就是把整粒葡萄放到一个密闭罐中,罐中充满二氧化碳气体,葡萄经受二氧化碳的浸渍后再进行破碎、压榨,后按一般工艺进行酒精发酵,酿制红葡萄酒。工艺流程如图 3-8 所示。

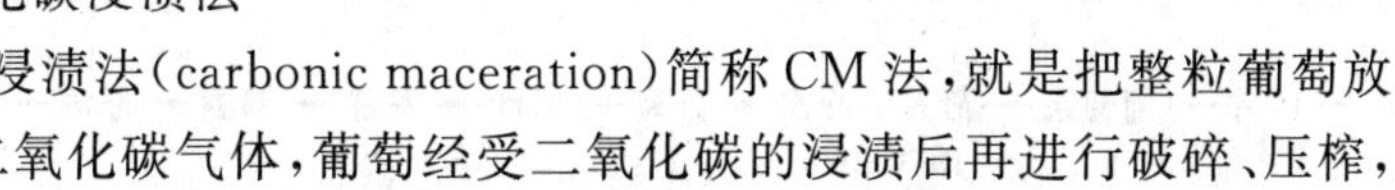

葡萄→密闭浸渍罐→压榨→果汁→发酵→澄清处理→储存→原酒

CO_2和SO_2(↑密闭浸渍罐)　皮渣(↓压榨)　酵母和SO_2(↓果汁)

图 3-8　二氧化碳浸渍法酿制红葡萄酒工艺流程

(3) 热浸提法生产红葡萄酒

热浸提法生产红葡萄酒是利用加热果浆,充分提取果皮和果肉的色素物质和香味物质，然后进行皮渣分离，纯汁进行酒精发酵。

三、白葡萄酒酿造

白葡萄酒是以白葡萄或红皮白肉葡萄为原料，经果汁分离、果汁澄清、控温发酵、陈酿及后加工处理而成的。白葡萄酒与红葡萄酒的前加工工艺不同：白葡萄酒加工采用先压榨后发酵，而红葡萄酒加工要先发酵后压榨。白葡萄经破碎（压榨）或果汁分离，果汁单独进行发酵。果汁分离时应注意葡萄汁与皮渣分离速度要快，缩短葡萄汁的氧化时间。果汁分离后，需立即进行二氧化硫处理，以防果汁氧化。

四、其他葡萄酒的生产工艺

1. 桃红葡萄酒的酿造工艺

桃红葡萄酒是近年来国际上发展起来的葡萄酒新类型。其色泽和风味介于红葡萄酒和白葡萄酒之间，色泽一般可分为淡红、桃红、橘红、砖红等。其生产工艺介于果渣浸提与无浸提之间。目前生产桃红葡萄酒有以下几种方法。

（1）桃红色葡萄带皮发酵

工艺流程如图 3-9 所示。

桃红葡萄→破碎→葡萄浆→静置→分离→果汁→发酵→倒酒→原酒→储存

（破碎 ↑ SO_2；分离 ↓ 皮渣）

图 3-9　桃红色葡萄带皮发酵工艺流程

（2）红葡萄和白葡萄混合发酵

工艺流程如图 3-10 所示。

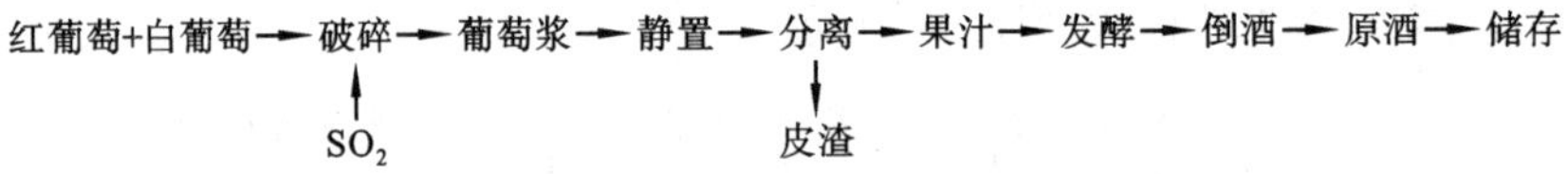

红葡萄+白葡萄→破碎→葡萄浆→静置→分离→果汁→发酵→倒酒→原酒→储存

（破碎 ↑ SO_2；分离 ↓ 皮渣）

图 3-10　红葡萄和白葡萄混合发酵工艺流程

（3）冷浸生产法

工艺流程如图 3-11 所示。

葡萄→破碎→葡萄浆→静置、冷浸（5 ℃ 24 h）→分离→果汁→发酵→倒酒→原酒→储存

（破碎 ↑ SO_2；分离 ↓ 皮渣）

图 3-11　冷浸生产法工艺流程

2. 山葡萄酒的生产工艺

山葡萄酒其色泽浓郁，余味绵长，酒体丰满，在葡萄酒中独树一帜。原料与酵母是决定酒质的重要基础。酿造山葡萄酒的酵母必须经过驯养，以适应山葡萄酸高、单宁多、糖低的特点及适应含二氧化硫的环境。山葡萄酒的生产工艺与红葡萄酒的生产工艺相似。

五、特色酒生产工艺

1. 白兰地的生产

白兰地是英文 Brandy 的译音。它是由果实的浆汁或皮渣经发酵、蒸馏而制成的蒸馏酒。通常含有55%～60%的水分,40%～45%的酒精。

白兰地生产工艺流程如图 3-12 所示。

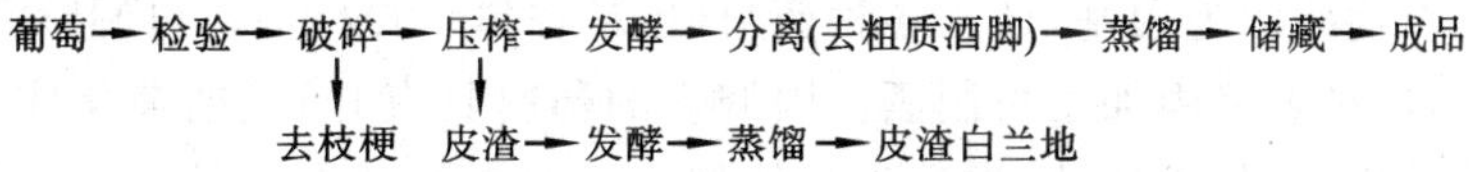

葡萄→检验→破碎→压榨→发酵→分离(去粗质酒脚)→蒸馏→储藏→成品

破碎↓去枝梗　压榨↓皮渣→发酵→蒸馏→皮渣白兰地

图 3-12　白兰地生产工艺流程

白兰地是以葡萄为原料的,它的工艺中发酵前几步工序基本上和发酵白葡萄酒相同,在破碎时应防止果核的破裂,一般大粒葡萄破碎率为 90%,小粒葡萄破碎率为 85%以上,及时去掉枝梗,立即进行压榨工序。取分离汁入罐(池)发酵,将皮渣统一堆积发酵。

2. 香槟酒的生产

相传香槟酒是法国郝特威尔修道院中一位名叫柏里容的修士于 1760 年发明的。按生产方法分类:瓶式发酵法香槟酒和罐式发酵法香槟酒。按含糖量多少分类:甜型香槟酒、半甜型香槟酒、干型香槟酒、半干型香槟酒。按基础酒的颜色分类:红色香槟酒、桃红色香槟酒、白色香槟酒。白色香槟酒比例最大,是香槟酒的代表产品。

(1) 在瓶内经二次发酵的香槟酒

在瓶内经二次发酵的香槟酒的生产工艺流程如图 3-13 所示。

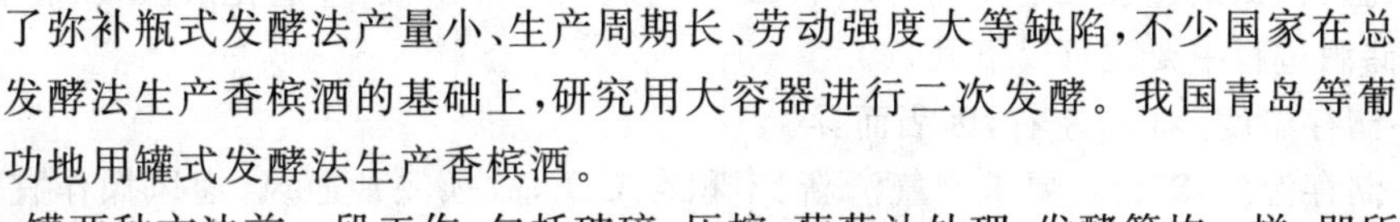

酿造葡萄品种→取汁发酵生产白葡萄酒原酒→化验品尝→调配加糖加酵母→装瓶二次发酵→装瓶发酵后倒放集中沉淀→去塞调味→压入木塞、罩铁丝扣→冲洗烘干→贴商标装箱→成品

图 3-13　在瓶内经二次发酵的香槟酒的生产工艺流程

(2) 在罐中发酵的香槟酒

为了弥补瓶式发酵法产量小、生产周期长、劳动强度大等缺陷,不少国家在总结传统的瓶式发酵法生产香槟酒的基础上,研究用大容器进行二次发酵。我国青岛等葡萄酒厂也已成功地用罐式发酵法生产香槟酒。

瓶、罐两种方法前一段工作,包括破碎、压榨、葡萄汁处理、发酵等均一样,即所用原酒是一样的。所不同的是把瓶改用大罐,在工艺上把瓶发酵的许多工序简化了。

3. 味美思的生产

味美思葡萄酒是用植物香料苦艾为主要香料配制的加香葡萄酒,是鸡尾酒的主体,深受人们的喜爱。味美思起源于希腊,发展于意大利,定名于德国。按产地分为三种类型:意大利型、法国型和中国型。

制造味美思的酒基就是葡萄酒,其制造可参考干、甜葡萄酒制备,再加计算量的白兰地或精制酒精加强后,加入转化糖或葡萄糖浓缩液达到一定糖分。由于白葡萄酒比较清雅纯正,有利于芳香植物的香气充分表现,故是最理想的酒基。

味美思的加香可采用如下方法。

① 在已制成的葡萄酒中加入药料直接浸泡。用这种方法酿造味美思最普遍。

② 预先制成香料按比例配入的方法。

③ 葡萄酒发酵时加入药料而制成味美思的方法。

④ 制成的味美思还可加入 CO_2，制成起泡味美思。

4. 滋补酒的生产

滋补酒是以葡萄酒为酒基，调入各种药料(也是香料)的浸出液，再调整酒精及含糖量配制而成的饮料，是葡萄酒加工再制酒。因调入的药料具有开胃、助消化作用，因此有些酒特定为餐前饮用，能促进食欲，有利于身体健康。如饭前开胃酒是以丁香为主要香料，配以健胃药料肉桂、豆蔻等，用陈酿期长的优质红葡萄酒为基酒调配而成。

任务3　葡萄酒的储存

在适当的储藏管理条件下，可以观察到葡萄酒的饮用质量在储藏过程中有如下变化规律如图3-14所示。

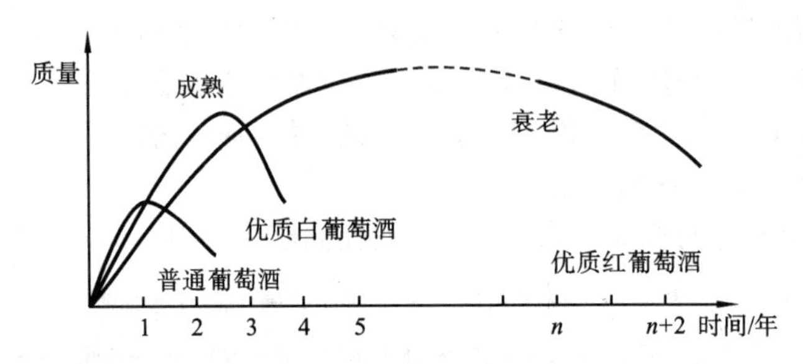

图3-14　葡萄酒的饮用质量在储藏过程中的变化

一、葡萄酒的储存与陈酿

葡萄酒在储藏过程中主要经历以下几个阶段：①成熟阶段；②老化阶段；③衰老阶段。在储酒过程中要注意以下几点。

① 储存温度：15 ℃左右，因酒而异。

② 储存湿度：85%。要求空气清新、不积存 CO_2，故须经常通风，通风操作宜在清晨进行。

③ 储存期：一般白葡萄酒为1～3年；干白葡萄酒为6～10个月。

葡萄酒只具有良好的风味是不够的，澄清度是消费者所需求的第一个质量指标。虽然有的沉淀并不影响葡萄酒的感官质量，但从经营的角度看，必须将之除去，以满足顾客的要求。葡萄酒的澄清分为自然澄清和人工澄清。葡萄酒在储藏和陈酿过程中，一些物质可逐渐沉淀于储藏容器的底部，可用转罐(转桶)的方式将这些沉淀物除去。此外，为了防止氧化和变质，还应经常添罐(添桶)。

1. 转罐(换桶)

转罐就是将葡萄酒从一个储藏容器转到另一个储藏容器，同时将葡萄酒与其沉淀物分开。转罐是葡萄酒在陈酿过程中的第一项,也是最重要的一项管理措施。葡萄酒储藏的失败,常常是由于转罐次数过少或转罐方法不当造成的。

通过转罐,可将葡萄酒与酒脚分开,避免腐败味、还原味以及 H_2S 味等,避免沉淀物重新以悬浮状态进入葡萄酒,使葡萄酒重新变混浊。可使葡萄酒与空气接触,溶解部分氧(2~3 cm^3/L)。有利于葡萄酒的变化及其稳定。生葡萄酒为 CO_2 所饱和,转罐有利于 CO_2 和其他一些挥发性物质的释出。转罐可使储藏容器中的葡萄酒均质化。调整葡萄酒中游离 SO_2 的浓度,可通过混合不同容器中的葡萄酒或添加亚硫酸而获得。利用转罐的机会,可对储藏罐进行去酒石、清洗以及对橡木桶进行检查、清洗等工作。

2. 添罐(添桶、满桶)

为了避免菌膜及醋酸菌的生长,必须随时使储酒桶内的葡萄酒装满,不让它的表面与空气接触,亦称添桶、满桶。在葡萄酒储藏过程中,由于发酵结束后,葡萄酒品温降低;溶解在葡萄酒中的 CO_2 不断地、缓慢地逸出;葡萄酒通过容器壁、口蒸发等,使葡萄酒体积缩小,储藏容器口和葡萄酒表面之间形成空隙。添罐就是用葡萄酒将这部分空隙添满。添罐注意事项:添罐用酒应为优质、澄清、稳定的葡萄酒。一般要用同品种、同酒龄的酒进行添罐,在某些情况下可用比较陈的葡萄酒。一般情况下,橡木桶储藏的葡萄酒每周添两次,金属罐储藏则每周添一次。

二、葡萄酒的净化与澄清

1. 下胶

下胶就是在葡萄酒中加入亲水胶体,使之与葡萄酒中的胶体物质和单宁、蛋白质以及金属复合物、某些色素、果胶质等发生絮凝反应,并将这些物质除去,使葡萄酒澄清、稳定。下胶的材料有两大类:有机物,如明胶、蛋清、鱼胶、干酪素、单宁、橡木屑、PVPP 等;无机物,如皂土、硅藻土等。

2. 葡萄酒的冷冻处理

葡萄酒冷冻处理时,以高于其冰点 0.5~1.0 ℃为宜,葡萄酒的冰点与酒精度和浸出物含量等有关,可根据经验数据查找出相对应的冰点。冷冻处理的方法有自然冷冻和人工冷冻两种。

3. 热处理

在密闭容器中,将葡萄酒间接加热至 67 ℃保持 15 min,或 70 ℃保持 10 min 即可。通过热处理可除去蛋白质与铜离子,使微生物和酶失活,加速老熟。冷热处理顺序依实际情况而定。

三、葡萄酒生产企业要求

我国葡萄酒生产企业应遵从《食品安全管理体系　葡萄酒生产企业要求》(CNCA/CTS 0025—2008)。

1. 加强卫生控制

在葡萄酒酿造过程中必须加强卫生控制。

① 调酒室(或调酒罐)卫生,调酒室的容器、管道、工器具等每次冷却后要刷洗干净,冷却前应按工艺卫生要求进行清洗,冷却温度要按工艺要求控制。调酒室内应保持良好的通风和采光,地面应保持清洁,每周至少消毒一次。

② 化糖室卫生,化糖室内应清洁,地面应干净,无糖迹、污物,墙壁应防水不脱落,室内应设通风防尘设施。化糖锅须用符合食品卫生标准的材料制成,工作后应将工作场所及用具清洗干净。

③ 发酵工艺卫生,发酵罐及酵母培养室的设备、工具、管路、墙壁、地面要保持清洁,避免生长霉菌和其他杂菌;储酒室、滤酒室的机器、设备、工具、管路、墙壁、地面要经常保持清洁,定期消毒。前后发酵要按工艺要求做好卫生管理;过滤机的过滤介质应符合卫生要求;盛装和转运原酒的容器所用涂料应符合卫生标准并严格按工艺要求进行涂刷。

④ 地下储酒室卫生,地面要保持清洁、无积水、无异味;墙壁无霉菌生长,下水沟畅通。每周至少消毒、杀菌一次。盛酒容器保持清洁。

⑤ 冷冻,冷冻葡萄酒所用的容器应用不锈钢材料制成,做到防腐蚀、防霉菌。冷冻间内应经常清洗、消毒,保持清洁,无异味,无霉菌滋生。冷冻容器应定期消毒和清洗。

⑥ 灌酒、打塞,灌酒操作人员在操作前应洗手;灌酒机、打塞机使用前应按工艺要求进行清洗。机械压盖或人工封口,应保证不渗不漏;每次灌装的成品酒,应按工艺要求连续装完,没有装完的酒应有严密的储存防污染措施。

2. 注意包装和运输要求

① 瓶装酒须装入绿色、棕色或无色玻璃瓶中,要求瓶底端正、整齐,瓶外洁亮。瓶口封闭严密,不得有漏气、漏酒现象。

② 酒瓶外部要贴有整齐干净的标签,标签上应注明酒名称、酒精度、糖度、含原汁酒量、注册商标、生产厂、生产日期及代号、生产许可证号,并严格执行《预包装饮料酒标签通则》(GB 10344—2005)的规定。

③ 包装储运应符合《包装储运图示标志》(GB/T 191—2008)的规定。

④ 包装的葡萄酒允许在 0～35 ℃温度条件下运输和管理。

⑤ 运输、保管过程中不得潮湿,不得与易腐蚀、有气味的物质放在一起,保管库内应清洁干燥,通风良好,不允许日光直射,用软木塞封口的葡萄酒应卧放。

3. 关键过程控制

(1) 原辅材料和包装材料采购控制

企业应编制文件化的原辅材料控制程序,明确原辅材料采购标准要求,并形成记录,定期复核。生产中所使用的原辅材料应是食用级的产品并符合国家标准或行业标准的规定。如使用的原辅材料为实施生产许可证管理的产品,应选用获证企业生产的产品。所有采购的原辅材料应经检验或验证合格后方可投入生产。

(2) 水质控制

葡萄酒用水在符合《生活饮用水卫生标准》(GB 5749—2006)基础上,应符合葡萄酒生产的技术要求。

(3) 原料处理过程控制

葡萄汁的二氧化硫处理,须确保:在破碎过程中或破碎结束时加入二氧化硫;将二氧化硫均匀地分布在破碎的葡萄及葡萄汁中;所使用的二氧化硫用量和质量要求应符合《食品安全国家标准　食品添加剂使用标准》(GB 2760—2011)及增补公告的相关要求,保持使用记录。葡萄汁澄清过程所使用的皂土(膨润土)、果胶酶用量和质量要求,应符合《食品安全国家标准　食品添加剂使用标准》(GB 2760—2011)及增补公告的相关要求,保持使用记录。葡萄汁增酸过程中使用的酒石酸或柠檬酸用量和质量要求,应符合《食品安全国家标准　食品添加剂使用标准》(GB 2760—2011)及增补公告的相关要求,保持使用记录。

(4) 发酵过程控制

红葡萄酒发酵过程中要定期进行葡萄汁循环;严格控制发酵温度和时间;严格监测发酵现象,禁止出现溢罐现象,每天检测发酵液酒精度和残糖变化,控制残糖浓度;酿酒所用的菌种应经卫生部门鉴定,证明其不产毒。

(5) 葡萄酒澄清处理和调配过程控制

葡萄酒澄清过程中使用的凝聚性澄清剂主要有:明胶、蛋清、鱼胶、藻朊酸盐、二氧化硅胶液、酪蛋白、皂土(膨润土)、蛋白。所使用的澄清剂应符合《食品安全国家标准　食品添加剂使用标准》(GB 2760—2011)及增补公告的相关要求,在使用之前要进行确定添加量的试验。葡萄酒生物稳定处理和调配过程中使用的偏酒石酸、抗坏血酸、二氧化硫等添加剂应符合《食品安全国家标准　食品添加剂使用标准》(GB 2760—2011)及增补公告的相关要求。保持使用上述物品的记录。

任务 4　葡萄酒的质量检测

葡萄酒的质量检测应按《葡萄酒》(GB 15037—2006)要求进行。

思考题

1. 葡萄酒可分为哪些种类?
2. 提高原料含糖量的方法有哪些?请予以评价。
3. 简述葡萄酒生产各单元操作的目的和操作要点。
4. 红、白葡萄酒的生产过程有哪些不同?
5. 葡萄酒储存过程中为什么要换桶?

技能训练　葡萄酒的制作

一、能力目标

① 通过测定浆果的成熟度,了解原料的成熟质量,确定各品种的最佳工艺成熟度,并以此决定葡萄酒类型和相应的工艺条件。

② 能监控葡萄酒发酵过程中的工艺参数变化情况并进行正确操作。

③ 能确定葡萄酒发酵的结束时间,会对葡萄酒进行分离和封装,转入后发酵。

④ 能按照葡萄酒质量要求进行相关指标的测定。

二、生产工艺流程

生产工艺流程如图 3-15 所示。

原料选择→清洗→除梗、破碎→SO_2处理→成分调整→入罐(桶)发酵→酒、渣分离→后期发酵→陈酿→成品调配→装瓶、密封、杀菌→成品

图 3-15　葡萄酒生产工艺流程

三、实训材料

葡萄、蔗糖、硫黄、柠檬酸、亚硫酸氢钠、发酵酒罐(或缸、桶,少量时可用大三角瓶代替)、台秤、pH 计、手持糖度计、温度表、酒精度表、小型螺旋压榨机、压盖机或软木塞、胶帽和纱布等。

果胶酶,斐林试剂 A、B 液,1%次甲基蓝,0.1 mol/L 氢氧化钠溶液、1%酚酞指示剂、邻苯二甲酸氢钾,95%酒精,盐酸等。

四、操作要点

1. 测定浆果成熟度

据此进行选料并清洗(亦可直接从市场选取充分成熟,新鲜完整的红色葡萄果实,剔除腐烂果,洗净果实)。

(1) 采样

从转色期开始每隔 5～7 d 采样一次,对于大面积园,采用 250 株取样法:每株随机取 1～2 粒果实,并取 300～400 粒;对于面积较小的品种,可随机取 5～10 穗果实,装入塑料袋中,冷藏,迅速带回实验室分析。简单的成熟度的测定可用手持糖量计测定,如果是精确的测定可在实验室中采用斐林试剂测定。

(2) 百粒重与百粒体积

随机取 100 粒果实,称重,然后将其放入 250 mL(或 500 mL)量筒中,加入一定体积的水,至完全淹没果实。读取量筒水面的读数,减去加入时的水量,即为百粒体积。

(3) 出汁率的测定

取 100 g 分选较好的葡萄果粒,用纱布挤汁,放入小烧杯中,立即称量:

$$出汁率=\frac{葡萄汁质量}{葡萄果实质量}$$

在发酵结束后还需要再进行出汁率的测定。

$$自流汁率=W_1/W_2\times100\%$$

$$总出汁率=(W_1+W_2)/W_s\times100\%$$

式中:W_1 为葡萄浆自流汁的质量,g;

W_s 为试样质量,g;

W_2 为经压榨流出的葡萄汁质量,g。

(4) 可溶性固形物与 pH

用手持糖量计测定葡萄汁的可溶性固形物(%),取 20 mL 汁测 pH。

(5) 还原糖与总酸

用斐林试剂法测定还原糖,用碱滴定法测定总酸。

(6) 果皮色价测定

取 20 粒果实,洗净擦干,撕下果皮并用吸水纸擦净皮上所带果肉及果汁,然后剪碎,称取 0.2 g 果皮用盐酸乙醇溶液(1 mol/L 盐酸与 95%乙醇的体积比为 15∶85)50 mL 浸泡,浸泡 20 h 左右,然后测定 540 nm 下的吸光度,计算果皮色价。

(7) 分选葡萄果实

剔除病虫、生青、腐烂的果实。

(8) 活化酵母菌、果胶酶

采用浊度法确定酵母菌对数生长期。

活化方法:采用工业专用酵母,按照 200 mg/L 的量称取酵母,放入三角瓶中,加入 50 mL 蒸馏水,在 40 ℃条件下活化 20 min。按照 20 mg/L 称取果胶酶,在 40 ℃左右活化 10 min。

2. 除梗、破碎

去除果梗后,用破碎机或手工破碎。

3. SO_2处理

原料破碎后加果胶酶酶解,按 100 kg 葡萄加入亚硫酸氢钠 10~12 g,抑制有害微生物的生长及酶褐变。

4. 成分调整

将汁液含糖量调整到 22%~25%,含酸量调整至 0.8%~1.0%,同时,加入酵母液,用量为葡萄浆的 3%~5%。

5. 入罐(桶)发酵

将硫处理和成分调整后的葡萄汁(发酵液)连皮一同倒入事先用硫黄熏蒸或 75%的酒精擦洗消毒的发酵容器进行主发酵。入罐(桶)时需留出 1/4 的空隙,以免发酵旺盛时果汁溢出。

在主发酵期做好以下管理工作。一是温度控制在 26~30 ℃,最高不超过 30 ℃。可用蛇形管安装在发酵容器内,利用冷热水调节温度,也可以采用人工调温。二是要注意压帽,即发酵期每天将葡萄皮渣和汁液上下翻搅两次,以供给酵母菌繁殖所需要的氧气,同时防止酒帽受醋酸菌侵染而造成发酵液酸败。三是测定发酵期温度和含糖量的变化(每天两次)。发酵开始后,品温逐渐升高,到旺盛发酵期达到高峰,发酵液起泡、混浊。当气泡消失,汁液澄清,发酵液接近室温,含糖量降至 1%左右时,主发酵结束。主发酵需 5~7 d。

6. 酒、渣分离

主发酵结束后,要及时用胶管虹吸法(用泵抽出)将上清液导入另一发酵罐中,使新酒与果渣分离。

7. 后期发酵

后期发酵温度控制在 20~21 ℃,当糖分下降至 0.1%~0.2%时(约 15 d)即完成后期发酵。若酿造红葡萄酒，这时可用 $KHCO_3$ 调整 pH≥3.2，触发苹果酸-乳酸发酵。

8. 陈酿

后期发酵结束后进行第二次果酒分离，除去沉淀，可转入陈酿。生产上常将酒封闭好放入地下室温度较低的地方（10～15 ℃）进行陈酿。初期 3 个月换桶 1 次，以后半年换桶 1 次，陈酿期半年至两年不等。

9. 酒精度的测定

量取 50 mL 酒样，移入圆底烧瓶中，加入 100 mL 蒸馏水，连接酒精蒸馏装置，加热蒸馏，直到蒸出的液体大约为 100 mL 时，用蒸馏水定容至 100 mL，然后用酒精计测定酒精度，并且还要测定相应的温度，记录温度和酒精度。

10. 成品调配

按产品标准调整酒精度、糖度、酸度、色泽以及香气，以提高果酒的口感，保持质量的一致性。经过调整的酒有明显的生味，应再入桶，短期储藏（多为 1 周），待生味消失，味醇和可口后，再行装瓶。

11. 装瓶、密封、杀菌

空瓶要事先洗净、晾干，酒装至瓶颈为度，用压盖机封口（或用软木塞塞好，套胶帽），在 70 ℃下杀菌 10～15 min，即成成品。

五、成品检验

产品质量标准：色泽呈桃红或玫瑰红，果香和酒香味浓，酸、涩适口，酒精含量为 10%～16%，酸度为 0.45%～0.60%，无混浊，无沉淀。

六、实训报告

列表记载新鲜原料质量，砂糖用量，成品的色泽、滋味、气味、酒精度、酸度，杀菌方法与时间等内容；计算成品得率和加工成本（不含人工费）。

七、实训思考题

1. 如何防止澄清葡萄酒的混浊现象发生？
2. 如何保证葡萄酒自然发酵的顺利进行？

项目 3　黄酒生产技术

预备知识　黄酒的文化历史和品种

一、黄酒的生产历史

黄酒是中华民族的传统特产，它是我国也是世界上最古老的酒精饮料之一，源于中国，且唯中国有之，历史悠久，据考证，约起源于4000多年以前。因其大多数颜色呈黄色或褐色，故称为黄酒。我国黄酒品种繁多，分布广泛。

黄酒是一种酿造酒，酒精浓度适中，风味独特，香气浓郁，口味醇厚，含有多种营养成分(氨基酸、维生素和糖等)，故深受消费者欢迎。黄酒用途广泛，除作饮用外，还可作烹调菜肴的调味料，不仅可以去腥，而且能增进菜肴鲜美风味。另外，黄酒还可作药用，是中药中的辅佐料或"药引子"，并能配制成多种药酒及作其他药用。新中国成立后，我国的黄酒生产得到了较大发展，不仅满足了国内消费者的需求，有些品种(如绍兴酒等)还打入国际市场，在国际上享有很高声誉。

二、黄酒的分类

1. 按含糖量分类

分为干黄酒(含糖量小于10 g/L，以葡萄糖计)、半干黄酒(含糖量10～30 g/L)、半甜黄酒(含糖量30～100 g/L)、甜黄酒(含糖量100～200 g/L)和浓甜黄酒(含糖量大于或等于200 g/L)五类。

2. 按生产原料分类

分为稻米黄酒和非稻米黄酒两大类。稻米黄酒可细分为糯米黄酒、粳米黄酒、籼米黄酒等；非稻米黄酒也可细分为黍米黄酒、玉米黄酒等。

3. 按糖化发酵剂分类

分为麦曲酒、红曲酒、乌衣红曲酒、小曲酒等。

4. 按生产工艺分类

分为传统工艺黄酒和新工艺黄酒。在传统生产工艺中，主要有淋饭法、摊饭法和喂饭法三种生产方式，故所生产的酒分别称为淋饭酒、摊饭酒(如绍兴加饭酒、元红酒等)和喂饭酒(如嘉兴黄酒等)。

任务1 原料的选择与处理

一、黄酒生产常用原料

1. 大米

(1) 糯米

糯米分粳糯、籼糯两大类。

粳糯的淀粉几乎全部是支链淀粉，籼糯则含有0.2%～4.6%的直链淀粉。支链淀粉结构疏松，在蒸煮中能完全糊化成黏稠的糊状；直链淀粉结构紧密，蒸煮时消耗的能量大，但吸水多，出饭率高。

选用糯米生产黄酒，应尽量选用新鲜糯米。陈糯米精白时易碎，发酵较急，米饭溶解性差；发酵时所含的脂类物质因氧化或水解转化为含异臭味的醛酮化合物；浸米浆水常会带苦味而不宜使用。尤其要注意糯米中不得含有杂米，否则会导致浸米吸水、蒸煮糊化不

均匀，饭粒返生老化，沉淀生酸，影响酒质，降低酒的出率。

（2）粳米

粳米的直链淀粉平均含量为15%～23%。直链淀粉含量高的米粒，蒸饭时显得蓬松干燥、色暗、冷却后变硬，熟饭伸长度大。粳米在蒸煮时要喷淋热水，让米粒充分吸水，彻底糊化，以保证糖化发酵的正常进行。

（3）籼米

籼米所含的直链淀粉高达23%～35%。杂交晚籼米因蒸煮后能保持米饭的黏湿、蓬松和冷却后的柔软，且酿制的黄酒口味品质良好，适合用来酿制黄酒。早、中籼米由于在蒸饭时吸水多，饭粒蓬松干燥，色暗，淀粉易老化，发酵时难以糖化，易使酒醪酸度升高，出酒率低，不适宜酿制黄酒。

2. 其他原料

（1）黍米

黍米俗称大黄米，色泽光亮，颗粒饱满，米粒呈金黄色。黍米的淀粉质量分数为70%～73%，粗蛋白质质量分数为8.7%～9.8%，还含有少量的无机盐和脂肪等。黍米按颜色大致分黑色、白色和黄色三种，其中以大粒黑脐的黄色黍米品质最好，蒸煮时容易糊化，是黍米中的糯性品种，适合酿酒。白色黍米和黑色黍米是粳性品种，米质较硬，蒸煮困难，糖化和发酵效率低，并悬浮在醅液中而影响出酒率和增加酸度，影响酒的品质。

（2）粟米

粟米俗称小米，去壳前称谷子。糙小米需要经过碾米机将糠层碾除出白，成为可供食用或酿酒的粟米（小米），但由于供应不足，现在酒厂已很少采用。

（3）玉米

近年来出现了以玉米为原料酿制黄酒的工艺。玉米淀粉质量分数为65%～69%，脂肪质量分数为4%～6%，粗蛋白质质量分数为12%左右。玉米直链淀粉占10%～15%，支链淀粉为85%～90%，黄色玉米的淀粉含量比白色的高。玉米与其他谷物相比含有较多的脂肪，脂肪多集中在胚芽中，含量达胚芽干物质的30%～40%，酿酒时会影响糖化发酵及成品酒的风味，故酿酒前必须先除去胚芽。

3. 小麦

小麦是黄酒生产的重要辅料，主要用来制备麦曲。小麦含有丰富的碳水化合物、蛋白质、适量的无机盐和生长素。淀粉质量分数为61%左右，蛋白质质量分数为18%左右，制曲前先将小麦轧成片。小麦片疏松适度，很适合微生物的生长繁殖，它的皮层中还含有丰富的β-淀粉酶。小麦的糖类中含有2%～3%糊精和2%～4%蔗糖、葡萄糖和果糖。小麦的蛋白质含量比大米高，大多为麸胶蛋白和谷蛋白，麸胶蛋白的氨基酸中以谷氨酸为最多，是黄酒鲜味的主要来源。

黄酒麦曲所用小麦应尽量选用当年收获的红色软质小麦。大麦由于皮厚且硬，粉碎后非常疏松，制曲时，在小麦中混入10%～20%的大麦，可改善曲块的透气性，促进好氧微生物的生长繁殖，有利于提高曲的酶活力。

4. 水

黄酒生产用水包括酿造水、冷却水、洗涤水、锅炉水等。

酿造用水直接参与糖化、发酵等酶促反应，并成为黄酒成品的重要组成部分。水分含量在黄酒成品中达到80%以上，故酿造用水首先要符合饮用水的标准，其次从黄酒生产的特殊要求出发，应达到以下条件：①无色、无味、无臭、清亮透明、无异常；②pH在中性附近；③硬度2～6 °d为宜；④铁的质量浓度小于0.5 mg/L；⑤锰的质量浓度小于0.1 mg/L；⑥黄酒酿造水必须避免重金属的存在；⑦有机物含量是水污染的标志，常用高锰酸钾耗用量来表示，超过5 mg/L为不洁水，不能用作酿酒；⑧酿造水中不得检出NH_3，氨态氮的存在表示该水不久前曾受到严重污染；⑨酿造水中不得检出NO_2^-，NO_3^-质量浓度应小于0.2 mg/L，NO_2^-是致癌物质，NO_3^-大多是由动物性物质污染分解而来，能引起酵母功能损害；⑩硅酸盐(以SiO_3^{2-}计)含量小于50 mg/L；⑪细菌总数大肠菌群的量应符合生活饮用水卫生标准，不得存在产酸细菌。

二、原料的处理

1. 精白

糙米的糠层含有较多的蛋白质、脂肪，会给黄酒带来异味，降低成品酒的质量；糠层妨碍大米的吸水膨胀，米饭难以蒸透，影响糖化发酵；糠层所含的丰富营养会促使微生物旺盛发酵，品温难以控制，容易引起生酸菌的繁殖而使酒醪的酸度升高。

2. 洗米

大米中附着一定数量的糠秕、米粞和尘土及其他杂物。处理的方法有用洗米机清洗，洗到淋出的水无白浊为度；洗米与浸米是同时进行的；也有取消洗米而直接浸米的。

3. 浸米

(1) 浸米的目的

浸米的目的是：大米吸水膨胀以利蒸煮，获取含乳酸的浸米浆水。

(2) 浸米过程中的物质变化

浸米开始，米粒吸水膨胀，含水量增加；浸米4～6 h，吸水达20%～25%；浸米24 h，水分基本吸足。浸米时，米粒表面的微生物利用溶解的糖分、蛋白质、维生素等营养物质进行生长繁殖。浸米2 d后，浆水略带甜味，米层深处会冒出小气泡，乳酸链球菌将糖分逐渐转化为乳酸，浆水酸度慢慢升高。数天后，水面上将出现由产膜酵母形成的乳白色菌膜，与此同时，米粒中所含的淀粉、蛋白质等高分子物质受到微生物分泌的淀粉酶、蛋白酶等的作用而水解，其水解产物提供给乳酸链球菌等作为转化的基质，产生有机酸，使浸米水的总酸达0.5%～0.9%。酸度的升高促进了米粒结构的疏松，并出现"吐浆"现象。经分析，浆水中细菌最多，酵母次之，霉菌最少。

浸米过程中，由于溶解作用和微生物的吸收转化，淀粉等物质有不同程度的损耗。浸米15 d，测定浆水所含固形物达3%以上，原料总损失率达5%～6%，淀粉损失率为3%～5%。

配料所需的酸浆水应是新糯米浸后从中间抽出的洁净浆水。当酸度大于0.5%时，可加清水调整至0.5%上下，经澄清，取上清液使用。

4. 蒸煮

(1) 蒸煮的目的

蒸煮的目的是：使淀粉糊化，原料灭菌，挥发掉原料的怪杂味，使黄酒的风味纯净。

(2) 蒸煮的质量要求

黄酒酿造采用整粒米饭发酵，是典型的边糖化边发酵工艺，发酵时的醪液浓度高，呈半固态，流动性差。为了有利于酵母的增殖，使发酵彻底，同时又有利于压榨滤酒，在操作时特别要注意保持饭粒的完整。蒸煮时，要求米饭蒸熟蒸透，熟而不糊，透而不烂，外硬内软，疏松均匀。为了检验米饭的糊化程度，可用刀片切开饭粒，观察饭心，不得有白心存在。

蒸煮时间由米的种类和性质、浸米后的含水量、蒸饭设备以及蒸气压力所决定，一般糯米与精白度高的软质粳米，常压蒸煮 15～25 min；硬质粳米和籼米应适当延长蒸煮时间，并在蒸煮过程中淋浇 85 ℃以上的热水，促进饭粒吸水膨胀，达到更好的糊化效果。

5. 米饭的冷却

米饭蒸熟后必须冷却到微生物生长繁殖或发酵的温度，才能使微生物很好地生长并对米饭进行正常的生化反应。冷却的方法有淋饭法和摊饭法。

(1) 淋饭法

在制作淋饭酒、喂饭酒和甜型黄酒及淋饭酒母时，使用淋饭冷却。此法用清洁的冷水从米饭上面淋下，以降低品温，如果饭粒表面被冷水淋后品温过低，还可接取淋饭流出的部分温水(40～50 ℃)进行回淋，使品温回升。淋饭法冷却迅速方便，冷却后温度均匀，并可调节至所需要的品温。淋饭冷却还可适当增加米饭的含水量，使饭粒表面光洁滑爽，便于拌药搭窝，颗粒间分离透气，有利于好氧微生物的生长繁殖。

大米经淋饭冷却后，饭粒含水量有所提高。如表 3-2 所示。

淋后米饭应沥干余水，否则，根霉菌繁殖速度减慢，糖化发酵力变差，酿窝浆液混浊。

表 3-2　不同米种吸水率比较

	浸渍吸水率	蒸煮、淋饭吸水率	总吸水率	浸渍吸水率占总吸水率的比例	浸渍损失率
糯米	35%～40%	55%～60%	90%～100%	35%～45%	2.7%～6.0%
粳米	30%～35%	80%～85%	110%～120%	25%～32%	35%～40%
早籼米	20%～25%	120%～125%	140%～150%	13%～18%	4%左右

(2) 摊饭法

将蒸熟的热饭摊放在洁净的竹簟或磨光的水泥地面上，依靠风吹使饭温降至所需温度。可利用冷却后的饭温调节发酵罐内物料的混合温度，使之符合发酵要求。摊饭冷却，速度较慢，易感染杂菌和出现淀粉老化现象，尤其是含直链淀粉多的籼米原料，不宜采用摊饭冷却，否则淀粉老化严重，出酒率低。一般摊饭冷却温度为 50～80 ℃。

任务 2　糖化发酵剂的制备

一、酒药

酒药又称小曲、酒饼、白药，主要用于生产淋饭酒母或淋饭法酿制甜黄酒。

经分离研究，酒药中主要含根霉、毛霉、酵母及少量的细菌和犁头霉等微生物。酒药作为黄酒生产的糖化发酵剂，具有糖化发酵力强、用量少、制作简单、储存使用方便等优点。目前，酒药的制造方法有传统法和纯种法两种。传统法有白药（蓼曲）和药曲之分；纯种法主要采用纯根霉和纯酵母分别在麸皮或米粉上培养，然后混合使用。

1. 白药（蓼曲）

1）工艺流程

白药生产工艺流程如图 3-16 所示。

新鲜辣蓼草→除茎去杂→草叶粉碎→辣蓼草粉→（水）→上臼

新早籼谷→陈谷壳→磨粉→拌料→上臼→上框压平→切块→滚角→接种（陈酒药）→入缸保温

培养→出窝→入匾→上房→翻匾→并匾→装箩→并箩→晒药→成品

图 3-16 白药生产工艺流程

2）原辅材料的选择与制备

（1）新早糙米粉的制备

在制酒药的前一天磨好粉，细度以过 50 目筛为佳，磨后摊冷，以防发热变质。要求碾一批，磨一批，生产一批，以保证米粉新鲜，确保酒药的质量。

（2）辣蓼草粉的制备

采集在每年 7 月中旬进行，选取梗红叶厚、软而无黑点、无茸毛尚未开花的辣蓼草，除去黄叶和杂草，当日晒干，趁热去茎留叶，粉碎成粉末，过筛后装入坛内备用。如果当日不晒干，色泽变黄，会影响酒药的质量。

（3）陈酒药的选择

选择前一年糖化发酵力强、生产中发酵正常、温度易掌握、生酸低、成品酒质量好的优质陈酒药作为种母。接入米粉量的 1%～3%，可稳定和提高酒药的质量。

（4）水

采用酿造用水。

3）操作方法

① 配方　糙米粉、辣蓼草粉、水的比例为 20∶(0.4～0.6)∶(10.5～11)，使混合料含水量达 45%～50%。

② 上臼、过筛　将称好的米粉及辣蓼草粉倒在石臼内，拌匀，加水后充分拌和，用石槌捣拌数十下，取出在谷筛上搓碎，移入打药木框内进行打药。

③ 打药　每臼料(20 kg)分三次打药。木框长 70～90 cm，宽 50～60 cm，高 10 cm，上盖软席，用铁板压平，去框，用刀沿木条（俗称木尺）纵横切成方块，分三次倒入悬空的大竹匾内，将方形滚成圆形，然后加入 3% 的陈酒药，再回转打滚，过筛使药粉均匀地黏附在新药上，筛落的碎屑在下次拌料时掺用。

④ 保温培养　先在缸内放入新鲜谷壳，距缸口边沿 0.3 m 左右，铺上新鲜稻草芯，将药粒分行，留出一定间距，摆上一层，然后加上草盖，盖上麻袋，保温培养。气温在 31～32 ℃时，经 14～16 h，品温升至 36～37 ℃后去掉麻袋。再经 6～8 h，缸沿有水汽，并放出香气，可揭开缸盖，观察此时药粒是否全部而均匀地长满白色菌丝。如能看到辣蓼草的浅草

绿色，说明药胚还嫩，不能将缸盖全部揭开，应逐步移开，使菌丝继续繁殖生长。直至药粒菌丝用手摸不黏手，像白粉小球一样，方可揭开缸盖降低温度。再经 3 h 可出窝，凉至室温，经 4～5 h，使药胚结实即可出药并匾。

⑤ 出窝并匾　将酒药移至匾内，每匾盛约 3～4 缸的数量，使药粒不重叠，粒粒分散。

⑥ 进保温室　将竹匾移入保温室内的木架上，每个木架有 5～7 层，层间距约为 30 cm。气温在 30～34 ℃，品温保持在 32～34 ℃，不得超过 35 ℃。装匾后经 4～5 h 进行第一次翻匾（翻匾是将药胚倒入空匾内），至 12 h，上下调换位置。经 7 h 左右，做第二次翻匾和调换位置，再经 7 h 后倒入竹簟上先摊两天，然后装入竹箩内，挖成凹形，并将竹箩搁高通风以防升温，早晚各倒箩一次，2～3 d 移出保温室至空气流通的地方，再培养 1～2 d，早晚各倒箩一次。自投料开始培养 6～7 d 即可晒药。

⑦ 晒药入库　正常天气在竹簟上须晒 3 d。第一天晒药时间为上午 6:00—9:00，品温不超过 36 ℃；第二天上午为 6:00—10:00，品温为 37～38 ℃；第三天晒药时间和品温与第一天相同。之后趁热装坛密封储存备用。

⑧ 药曲添加　酒药生产中添加各种中药制成的小曲称为药曲。中药的加入可能提供了酿酒微生物所需的营养，或能抑制杂菌的繁殖，使发酵正常并带来特殊的香味，但大多数中药对酿酒微生物具有不同程度的抑制作用，不应盲目添加。

2. 纯种根霉曲

纯种根霉曲是采用人工培养纯种根霉菌和酵母菌制成的小曲。用它来生产黄酒，成品酒具有酸度低、口味清爽且一致的特点，出酒率比传统酒药提高 5%～10%。

1）工艺流程

纯种根霉曲生产工艺流程如图 3-17 所示。

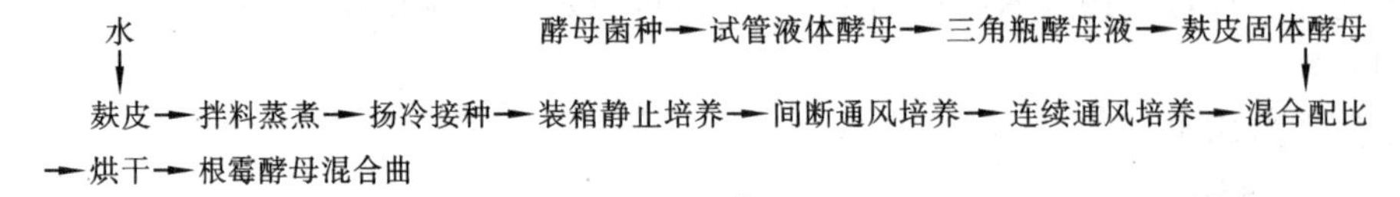

图 3-17　纯种根霉曲生产工艺流程

2）操作说明

（1）斜面培养

根霉试管斜面采用米曲汁琼脂培养基，使用的菌种有 Q303、3.866 等。

（2）种曲培养

三角瓶种曲培养基采用麸皮或早籼米粉。取筛过的麸皮，加入 80%～90%的水（籼米粉加 30%水），拌匀，分别装入经干热灭菌的 500 mL 三角瓶中，料层厚度在 1.5 cm 以内，经 0.098 MPa 蒸汽灭菌 30 min 或常压灭菌两次。冷至 35 ℃左右接种，28～30 ℃保温培养 20～24 h 后长出菌丝，可轻微摇瓶一次，调节空气，促进菌体繁殖。再培养 1～2 d，出现孢子，菌丝布满整个培养基并结成饼状，进行扣瓶。扣瓶的目的是增加空气接触面，促进根霉菌进一步生长，直至成熟。取出后装入灭菌过的牛皮纸袋里，置于 37～40 ℃下干燥至含水分 10%以下，备用。

(3) 帘子曲培养

称取过筛后的麸皮,加水 80%~90%,拌匀堆积 30 min 后经常压蒸煮灭菌,摊冷至 30 ℃,接入 0.3%~0.5%的种曲,拌匀,堆积保温、保湿,促使根霉菌孢子萌发。经 4~6 h,品温开始上升,可进行装帘,料层厚度 1.5~2.0 cm,继续保温培养。控制室温 28~30 ℃,相对湿度 95%~100%,经 10~16 h 培养,菌丝把麸皮连接成块状,这时最高品温应控制在 35 ℃,相对湿度 85%~90%。再经 24~28 h,麸皮表面布满大量菌丝,此时可出曲干燥。要求帘子曲菌丝生长旺盛,并有浅灰色孢子,无杂色异味,手抓疏松不黏手,成品曲酸度在 0.5 g/(100 mL)以下,水分在 10%以下。

(4) 通风制曲

粗麸皮加水 60%~70%,应视季节和原料的粗细不同作相应调整。常压蒸汽灭菌 2 h,出甑摊冷至 35~37 ℃时接入 0.3%~0.5%的种曲,拌匀,堆积数小时,装入通风曲箱内。装箱要求疏松均匀,控制装箱后品温为 30~32 ℃,料层厚度为 25~30 cm,并视气温而定。先静止培养 4~6 h,促进孢子萌发,室温控制在 30~31 ℃,相对湿度 90%~95%。随着菌丝生长,品温逐步升高,当品温上升至 33~34 ℃时,开始间断通风,保证根霉菌获得新鲜空气。当品温降至 30 ℃时,停止通风。接种后 12~14 h,根霉菌生长逐渐进入旺盛期,呼吸发热加剧,品温上升迅猛,料层开始结块收缩,散热比较困难,需要继续连续通风,最高品温可控制在 35~36 ℃,此时应尽量加大风量和风压,通入低温(25~26 ℃)、低湿的风,并在循环风中适当引入新鲜空气。通风后期由于水分不断减少,菌丝生长缓慢,逐步产生孢子,品温降至 35 ℃以下,可停止通风。整个培养时间为 24~26 h。

培养完毕将曲料翻拌打散,送入干燥风进行干燥,使水分下降至 10%左右。储存在石灰缸内备用。

(5) 麸皮固体酵母

传统的酒药是根霉、酵母和其他微生物的混合体,能边糖化边发酵。而纯种根霉菌只起到糖化作用,因此还要培养酵母,然后混合使用,才能满足浓醪发酵的需要。

以糖液浓度为 12~13 °Bx 的米曲汁或麦汁作为黄酒酵母菌的固体试管斜面、液体试管和液体三角瓶的培养基,在 28~30 ℃下逐级扩大保温培养 24 h,然后以麸皮作固体酵母曲的培养基,加入 95%~100%的水,拌匀后经蒸煮灭菌,品温降到 31~32 ℃,接入 2%的三角瓶酵母成熟培养液和 0.1%~0.2%的根霉曲。目的是利用根霉菌繁殖后产生的糖化作用,对麸皮中的淀粉继续糖化,供给酵母必要的糖分。

接种拌匀后装帘培养,装帘要求疏松均匀,料层厚度为 1.5~2.0 cm,品温为 30 ℃,在 28~30 ℃的室温下保温培养 8~10 h,进行划帘。划帘采用经体积分数 75%酒精消毒后的竹木制或铝制的撬。划帘的目的是使酵母呼吸新鲜空气,排除料层内的二氧化碳,降低品温,促使酵母均衡繁殖。继续保温培养,品温升高至 36~38 ℃,再次划帘。培养 24 h后,品温开始下降,待数小时后培养结束,进行低温干燥。干燥方法与根霉帘子曲相同。

将根霉曲和酵母曲按一定比例混合成纯种根霉曲,混合时一般以酵母细胞数为 4 亿个/g 计算,则加入根霉曲中的酵母曲量在 6%左右为宜。

二、麦曲

1. 麦曲的作用和特点

麦曲是指在破碎的小麦上培养繁殖糖化菌而制成的黄酒糖化剂。麦曲在黄酒酿造中占有极为重要的地位,它为黄酒酿造提供了各种酶类,主要是淀粉酶和蛋白酶,同时在制曲过程中形成各种代谢产物,由这些代谢产物相互作用产生的色泽、香味等赋予黄酒以独特的风味。

麦曲根据制作工艺的不同可分为块曲和散曲。块曲主要是踏曲、挂曲、草包曲等,经自然培养而成;散曲主要有纯种生麦曲、爆麦曲、熟麦曲等,常采用纯种培养而成。

2. 踏曲

踏曲又称闹箱曲,是块曲的代表。常在每年农历八、九月间制作。

1) 工艺流程

踏曲生产工艺流程如图 3-18 所示。

水
↓
小麦→过筛→轧碎→拌曲→堆曲→保温培养→通风干燥→成品

图 3-18　踏曲生产工艺流程

2) 操作方法

(1) 过筛、轧碎

小麦经过筛除去泥、石块、秕粒等杂质,使麦粒整洁均匀。过筛后的小麦通过轧麦机,每粒破碎成 3～5 片,呈梅花形,使麦皮破裂,胚乳内含物外露,使微生物易于生长繁殖。

(2) 加水拌曲

称量 25 kg 轧碎的小麦装入拌曲机内,加入 20%～22%的清水,迅速拌匀,使之吸水。不要产生白心和水块,防止产生黑曲或烂曲。拌曲时,可加入少量优质陈麦曲作种子,稳定麦曲质量。

(3) 成型

成型又称踏曲,是将曲料在曲模木框中踩实成砖形曲块,便于搬运、堆积、培菌和储存。曲块以压到不散为度,再用刀切成小方块,曲块大小和厚度各厂不一。

(4) 堆曲

堆曲前先打扫干净曲室,在地面铺上谷皮及竹簟,将曲块搬入室内,摆成“丁”字形,双层堆放,再在上面散铺稻草或草包保温,使糖化菌正常生长繁殖。

(5) 保温培养

堆曲完毕,关闭门窗保温。品温开始在 26 ℃左右,20 h 以后开始上升,经 3～5 d 后,品温上升至 50 ℃左右,麦粒表面菌丝大量繁殖,水分大量蒸发,可揭开保温覆盖物,适当开启门窗通风,及时做好降温工作。继续培养 20 d 左右,品温逐渐回降,曲块随水分散失而变得坚韧,这时可进行拆曲,改成大堆,按“井”字形堆放,通风干燥后使用或入库储存。

成品麦曲应具有正常的曲香,无霉味或生腥味,曲块表面和内部的白色菌丝茂密均匀,无霉烂夹心,曲块坚韧而疏松,含水分为 14%～16%,糖化力较高,在 30 ℃下每克曲

(风干曲)1 h能产生700～1000 mg葡萄糖。

3. 纯种麦曲

纯种麦曲是指把经过纯种培养的黄曲霉(或米曲霉)接种在小麦上,在人工控制的条件下进行扩大培养制成的黄酒糖化剂。

纯种麦曲按原料处理方法的不同可分为纯种生麦曲、熟麦曲和爆麦曲;多数采用厚层通风制曲法,其制造工艺流程如图3-19所示。

原菌→试管培养→三角瓶扩大培养→种曲扩大培养→麦曲通风培养

图3-19　纯种麦曲生产工艺流程

种曲的扩大培养有以下几个步骤。

1) 试管菌种的培养

一般采用米曲汁为培养基,在28～30 ℃培养4～5 d,要求菌丝健壮、整齐,孢子丛生丰满,菌丝呈深绿色或黄绿色,不得有异样的形状和色泽,无杂菌。

2) 三角瓶种曲培养

以麸皮为培养基(亦有用大米或小米做原料进行培养),操作与根霉曲相似。要求孢子粗壮、整齐、密集,无杂菌。

3) 帘子曲培养

操作与根霉帘子曲相似。

4) 通风培养

纯种的生麦曲、熟麦曲和爆麦曲的通风培养主要在原料处理上不同,其他操作基本相同。生麦曲在原料小麦轧碎后直接加水拌匀接入种曲,进行通风扩大培养。爆麦曲是先将原料小麦在爆麦机里炒熟,趁热破碎,冷却后加水接种,装箱通风培养。熟麦曲是先将原料小麦破碎,然后加水配料,在常压下蒸熟,冷却后接入种曲,装箱通风培养。

纯种熟麦曲的通风培养操作程序如图3-20所示。

配料→蒸料→冷却、接种→装箱→静止培养→间断通风培养→连续通风培养→出曲

图3-20　纯种熟麦曲的通风培养操作程序

(1) 配料、蒸料

小麦用辊式破碎机破碎呈每粒3～5瓣,尽量减少粉末形成。加水要根据麦料的干燥、粉碎粗细程度和季节不同有所增减,一般加水量在40%左右。拌匀后堆积润料1 h,常压蒸煮45 min,以达到淀粉糊化与原料杀菌的作用。

(2) 冷却、接种

将蒸料打碎团块,迅速降温至36～38 ℃进行接种。种曲用量为原料量的0.3%～0.5%,拌匀,控制品温在33～35 ℃。

(3) 堆积装箱

曲料接种后先行堆积4～5 h,堆积高度为50 cm左右,促进孢子吸水膨胀、发芽。亦可直接把曲料装入通风培养曲箱内,要求疏松均匀,曲料品温控制在30～32 ℃,料层厚度为25～30 cm,并视气候适当调节。

(4) 通风培养

纯种麦曲通风培养主要掌握温度、湿度、通风量和通风时间。整个通风培养分为三个阶段。

① 间断通风阶段。

前期为间断通风阶段。接种后 10 h 左右，是孢子萌芽、生长幼嫩菌丝的阶段。霉菌呼吸不旺，产热量少，应注意保温、保湿，控制室温在 30～31 ℃，相对湿度在 90%～95%。品温在 30～33 ℃，此时可用循环小风量通风。或待品温升至 34 ℃时，进行间断通风，使品温降到 30 ℃，停止通风，如此反复进行。

② 连续通风阶段。

中期为连续通风阶段。经过前期培养，霉菌菌丝生长进入旺盛期，菌丝大量形成，并产生大量的热，品温升高很快，菌丝相互缠绕，曲料逐渐结块，通风阻力增加，此时开始连续通风，品温控制在 38 ℃左右，不得超过 40 ℃，否则会发生烧曲现象。如果品温过高，可通入部分温度、湿度较低的新鲜空气。

③ 产酶排湿阶段。

后期为产酶排湿阶段。菌丝生长旺盛期过后，呼吸逐步减弱，菌丝体开始生成分生孢子柄及分生孢子，这是产酶和积聚酶最多的阶段，应降低湿度，提高室温或通入干热风，控制品温在 37～39 ℃，以利排湿，这样有利于酶的形成和成品曲的保存。出曲要及时，整个培养时间约需 36 h，若盲目延长时间，酶活力反而会下降。

(5) 成品曲的质量

菌丝稠密粗壮，不能有明显的黄绿色；应具有曲香，不得有酸味及其他霉臭味；曲的糖化力在 1000 单位以上，含水质量分数在 25%以下。制成的麦曲应及时使用，尽量避免存放。

三、酒母

酒母，原意为“制酒之母”。黄酒发酵需要大量酵母菌的共同作用，在传统的绍兴酒发酵时，发酵醪中酵母细胞数高达(6～8)亿个/mL，发酵醪的酒精体积分数可达 18%以上，因此酵母的数量及质量对于黄酒的酿造显得特别重要，直接影响到黄酒的产率和风味。

目前，黄酒酒母的种类可分两大类：一是用酒药通过淋饭酒醅的制造自然繁殖培养酵母，这种酒母称为淋饭酒母；二是由试管菌种开始，逐步扩大培养，增殖到一定程度而称之为纯种培养酒母。

1. 淋饭酒母

淋饭酒母俗称“酒娘”，因将蒸熟的米饭用冷水淋冷的操作而得名。制作淋饭酒母，一般在摊饭酒生产以前 20～30 d 开始。酿成的淋饭酒醅，挑选质量上乘的作为酒母，其余的掺入摊饭酒主发酵结束时的酒醪中，以增强和维持后期发酵的能力。

1)工艺流程

淋饭酒母生产工艺流程如图 3-21 所示。

2) 操作方法

(1) 配料

制备淋饭酒母以每缸投料米量为基准，根据气候不同有 100 kg 和 125 kg 两种，酒药

水 水 酒药 水、麦曲

糯米→浸米→蒸饭→淋水→落缸搭窝→糖化→加曲冲缸→发酵开耙→灌坛养醅→酒母

图 3-21 淋饭酒母生产工艺流程

用量为原料米的 0.15%～0.2%，麦曲用量为原料米的 15%～18%，控制饭水总质量为原料米量的 3 倍。

(2) 浸米、蒸饭、淋水

在洁净的陶缸中装好清水，将米倒入缸内，水量以超过米面 5～6 cm 为宜。浸米时间根据米的质量、气候、水温等不同控制在 42～48 h。捞出冲洗，淋净浆水，常压蒸煮，要求饭粒松软、熟而不糊、内无白心。

将热饭进行淋水，一般每甑饭淋水 125～150 kg，回淋 45 ℃左右的淋饭水 40～60 kg。淋后饭温应控制在 31 ℃左右。

(3) 落缸搭窝

将发酵缸洗刷干净，用石灰水和沸水泡洗，用时再用沸水泡缸一次。然后将淋冷后的米饭沥去水分，倒入发酵缸，米饭落缸温度一般控制在 27～30 ℃，并视气温而定，在寒冷天气可高至 32 ℃。在米饭中撒入酒药粉末，翻拌均匀，在米饭中央搭成倒置的喇叭状的凹圆窝，缸底窝口直径约 10 cm。在上面撒一些酒药粉，这个操作称搭窝。搭窝时，要掌握饭料疏松程度，窝搭成后，用竹帚轻轻敲实，但不能太实，以饭粒不下落塌陷为度。同时，拌药时要捏碎热饭团，以免出现“烫药”，影响菌类生长和糖化发酵的进行。

(4) 糖化、加水加曲冲缸

搭窝后应及时做好保温工作。酒药中的糖化菌、酵母菌在米饭适宜的温度、湿度下迅速生长繁殖。根霉菌等糖化菌分泌淀粉酶，将淀粉分解成葡萄糖，逐渐积聚甜液，此时酵母菌得到营养和氧气，开始繁殖。一般落缸后，经 36～48 h，饭粒软化，香气扑鼻，甜液充满饭窝的 4/5 高度，此时甜液浓度在 35 °Bx 左右，还原糖为 15～25 g/(100 mL)，酒精体积分数在 3%以上，酵母细胞数达 0.7 亿个/mL。此时酿窝已成熟，可以加入一定比例的麦曲和水，俗称冲缸。搅拌均匀，使酒醅浓度得以稀释，渗透压有较大的下降，并增加了氧气，同时由于根霉菌等糖化菌产生乳酸、延胡索酸等酸类物质，调节了醪液的 pH，抑制了杂菌的生长，这一环境条件的变化，促使酵母菌迅速繁殖，24 h 后，酵母细胞数可升至 (7～10)亿个/mL，糖化和发酵作用大大加强。

冲缸后，品温由 34～35 ℃下降到 22～23 ℃，应根据气温冷热情况，及时做好适当的保温工作，使发酵正常进行。

(5) 发酵开耙

加曲冲缸后，由于酵母的大量繁殖，酒精发酵开始占据主要地位，醪液温度迅速上升，8～15 h 后，当达到一定温度时，可用杀菌过的双齿木耙进行搅拌，俗称开耙。开耙温度和时间的掌握十分重要，应根据气温的高低和保温条件灵活掌握。具体如表 3-3 所示。

(6) 后期发酵

第一次开耙以后，酒精含量增长很快，冲缸 48 h 后可达 10%以上，糖化发酵作用仍继续进行。必须及时降低品温，使酒醅在较低温度下继续缓慢发酵，生成更多的酒精。在落缸后第七天左右，将发酵醪灌入酒坛，装至八成满，进行后期发酵，俗称灌坛养醅。经过20～30 d的后期发酵，酒精含量达到15%以上，经认真挑选，优良者可用来酿制摊饭黄酒。

表3-3　酒母开耙温度和时间

	室温/℃	经过时间/h	耙前缸面中心温度/℃	备　注
头耙	5～10	12～14	28～30	继续保温，适当减少保温物
	11～15	8～10	27～29	
	16～20	8～10	27～29	
二耙	5～10	6～8	30～32	耙后3～4 h灌坛
	11～15	4～6		耙后2～3 h灌坛
	16～20	4～6		耙后1～2 h灌坛

2. 纯种酒母

目前纯种酒母有两种制备方法：一是仿照黄酒生产方式的速酿双边发酵酒母，因制造时间比淋饭酒母短，又称速酿酒母；二是高温糖化酒母，是采用55～60 ℃高温糖化，糖化完毕经高温杀菌，使醪液中野生酵母和酸败菌死亡，这样可以提高酒母的纯度，减少黄酒酸败因素，目前为较多的黄酒厂所采用。

1) 速酿酒母

(1) 配比

制造酒母的用米量为发酵大米投料量的5%～10%，米和水的比例在1∶3以上，纯种麦曲用量为酒母用米量的12%～14%，如用踏曲则为15%。

(2) 投料方法

将水、米饭和麦曲放入罐内，混合后加乳酸调节pH3.8～4.1，再接入1%左右的三角瓶酒母，充分拌匀，保温培养。

(3) 温度管理

落罐品温视气温高低决定，一般在25～27 ℃。落罐后10～12 h，品温可达30 ℃，进行开耙搅拌，以后每隔2～3 h搅拌一次，使品温保持在28～30 ℃之间，最高品温不超过31 ℃，培养时间1～2 d。

(4) 成熟酒母质量要求

具有正常的酒香、酯香，酵母细胞粗壮整齐，细胞数为2亿个/mL以上，芽生率15%以上，酸度0.3 g/(100 mL)以下(以琥珀酸计)，酒精体积分数9%～13%以上，杂菌数每个视野不超过2个。

2) 高温糖化酒母

(1) 糖化醪配料

以糯米或粳米做原料，使用部分麦曲和淀粉酶制剂，每罐配料如下：大米600 kg，曲10 kg，液化酶(3000 U/g)0.5 kg，糖化酶(15000 U/g)0.5 kg，水2050 kg。

(2) 操作要点

先在糖化锅内加入部分温水，然后将蒸熟的米饭倒入锅内，混合均匀，加水调节品温在 60℃，控制米、水的比例大于 1∶3.5，再加一定比例的麦曲、液化酶、糖化酶，搅拌均匀后，于 55～60 ℃静止糖化 3～4 h，使糖度达 14～16 °Bx。糖化结束后，将糖化醪品温升至 85 ℃，保持 20 min。冷却至 60 ℃，加入乳酸调节 pH 至 4.0 左右，继续冷至 28～30 ℃。转入酒母罐内，接入酒母醪容量 1%的三角瓶培养的液体酵母，搅拌均匀，在 28～30 ℃培养 12～16 h 即可使用。

(3) 成熟酒母质量要求

酵母细胞数大于(1～1.5)亿个/mL，芽生率 15%～30%，酵母死亡率小于 1%，酒精体积分数 3%～4%，酸度 0.12～0.15 g/(100 mL)，杂菌数每个视野少于 1.0 个。

四、酶制剂及黄酒活性干酵母

1. 酶制剂

目前，应用于黄酒生产的酶制剂主要是糖化酶、液化酶等，它能替代部分麦曲，减少用曲量，增强糖化能力，提高出酒率和黄酒质量。糖化酶最适温度 58～62 ℃，最适 pH 4.3～5.6。用酶量一般按每克淀粉用 50 U。中温液化型淀粉酶，最适温度 60～70 ℃，最适 pH6.0～6.5，钙离子使酶活力的稳定性提高，用量一般按每克淀粉用 6～8 U 计算，Ca^{2+}浓度为 150 mg/L。高温液化型淀粉酶最适温度 85～95 ℃，最适 pH5.7～7.0，用量为 0.1%。

2. 黄酒活性干酵母

黄酒活性干酵母(Y-ADY)是选用优良黄酒酵母菌为菌种，经现代生物技术培养而成。

黄酒活性干酵母的质量指标：水分含量不大于 5%，活细胞率不小于 80%，细菌总数不多于 1×10^5个/g，铅含量不大于 10 mg/kg。

活性干酵母必须先经复水活化后才能使用，复水活化的技术条件如下：活性干酵母的用量 0.05%～0.1%，活性干酵母与温水的比例为 1∶10；活化温度 35～40 ℃；活化 20～30 min 后投入发酵。

任务 3 黄酒的酿造工艺

一、干型黄酒的酿造

干型黄酒含糖质量浓度在 1.0 g/(100 mL)(以葡萄糖计)以下，酒的浸出物较少，口味比较淡薄。麦曲类干型黄酒的操作方法主要有淋饭法、摊饭法和喂饭法三种。

1. 摊饭酒

绍兴元红酒是干型黄酒中具有典型代表性的摊饭酒。采用糯米为原料酿制而成。

1) 工艺流程

摊饭酒生产工艺流程如图 3-22 所示。

2) 操作方法

(1) 配料

元红酒每缸用糯米 144 kg，配入麦曲 22.5 kg，水 112 kg，酸浆水 84 kg，淋饭酒母 5～

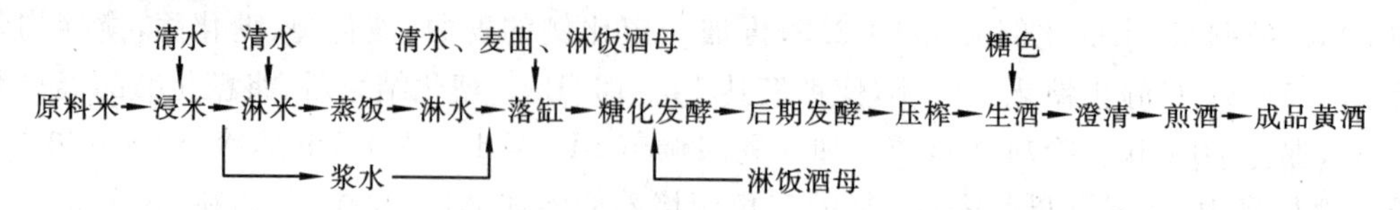

图 3-22　摊饭酒生产工艺流程

6 kg。加入酸浆水与清水的比例为 3∶4,即“三浆四水”。

(2) 浸米

浸米操作与淋饭酒母相同,但摊饭酒的浸米时间较长,达 18～20 d,浸渍过程中要注意及时换水。

(3) 蒸饭和摊晾

蒸饭操作的要求与淋饭酒基本相同,只是摊饭酒的米浸渍后不经淋洗,保留附在米上的浆水进行蒸煮。蒸熟后的米饭,必须经过冷却,迅速把品温降至适合微生物繁殖发酵的温度。对米饭降温要求是品温下降迅速而均匀,不产生热块,并根据气温掌握冷却后温度,一般应为 60～65 ℃。

以前,摊饭酒蒸熟米饭的冷却是把米饭摊在竹簟上,用木楫翻拌冷却。现多改为机械鼓风冷却,有的厂已实现蒸饭和冷却的连续化生产。

(4) 落缸

落缸前,应把发酵缸及一切用具先清洗和用沸水灭菌,在落缸前一天,称取一定量的清水置缸中备用。落缸时分两次投入冷却的米饭,打碎饭块后,依次投入麦曲、淋饭酒母和浆水,搅拌均匀,使缸内物料上下温度均匀,糖化发酵剂与饭料均匀接触。注意勿使酒母与热饭块接触,以免引起“烫酿”,造成发酵不良,引起酸败。落缸的温度根据气温高低灵活掌握,一般控制在 27～29 ℃。及时做好保温工作,使糖化、发酵和酵母繁殖顺利进行。

(5) 糖化和发酵

物料落缸后便开始糖化和发酵,前期主要是酵母的增殖,品温上升缓慢,应注意保温,随气温高低不同保温物要有所增减。一般经过 10 h 左右,醅中酵母已大量繁殖,进入主发酵阶段,温度上升较快,缸内可听见嘶嘶的发酵响声,并产生大量的二氧化碳气体,把酒醅顶上缸面,形成厚厚的米饭层,必须及时开耙。开耙时以饭面下 15～20 cm 的缸心温度为依据,结合气温高低灵活掌握。开耙温度的高低,影响成品酒的风味。高温开耙(头耙 35 ℃以上),酵母易早衰,发酵能力减弱,使酒残糖含量增多,酿成的酒口味较甜,俗称热作酒;低温开耙(头耙温度不超过 30 ℃),发酵较完全,酿成的酒甜味少而酒精含量高,俗称冷作酒。一般情况下的开耙温度和间隔时间如表 3-4 所示。

开头耙后品温一般下降 4～8 ℃,此后各次开耙的品温下降较少。实际操作中,头耙、二耙主要依据品温高低进行开耙,三、四耙则主要根据酒醅发酵的成熟程度,及时捣耙和减少保温物,四耙以后每天捣耙 2～3 次,直至品温接近室温。主发酵一般 3～5 d 结束。注意防止酒精挥发过多,应及时灌坛进行后期发酵。此时酒精体积分数一般达 13%～14%。

表 3-4 开耙温度和间隔时间表

	头耙	二耙	三耙
间隔时间/h	落缸后,20左右	3～4	3～4
耙前温度/℃	35～37	33～35	30～32
室温/℃	10左右		

(6) 后期发酵(养醅)

灌坛操作时,先在每坛中加入1～2坛淋饭酒母(俗称窝醅),搅拌均匀后,将发酵缸中的酒醅分盛于酒坛中,每坛约装20 kg左右,坛口上盖一张荷叶。2～4坛堆一列,堆置室外。最上层坛口除盖上荷叶外,加罩一小瓦盖,以防雨水进入坛内。

后期发酵使一部分残留的淀粉和糖分继续发酵,进一步提高酒精含量,并使酒成熟增香,风味变好。

后期发酵的品温常随自然温度而变化:所以前期气温较低的酒醅,要堆放在向阳温暖的地方,以加快后期发酵的速度;后期天气转暖时的酒醅,则应堆放在阴凉的地方,防止温度过高,产生酸败现象,一般控制室温在20 ℃以下为宜。后期发酵一般需2个月以上的时间。

(7) 压榨、澄清和煎酒

摊饭黄酒的发酵期在两个月以上,一般掌握在70～80 d。酒醅趋于成熟,要进行压榨、澄清和煎酒操作。

2. 喂饭酒

喂饭法发酵是将酿酒原料分成几批,第一批先做成酒母,在培养成熟阶段陆续分批加入新原料,扩大培养,使发酵继续进行的一种酿酒方法。

1) 工艺流程

喂饭酒生产工艺流程如图3-23所示。

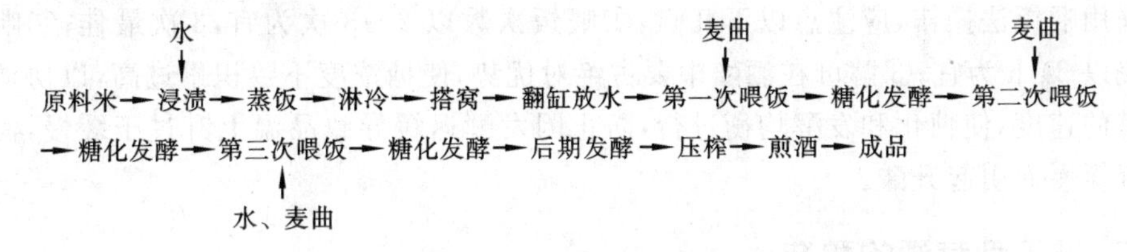

图 3-23 喂饭酒生产工艺流程

2) 操作方法

(1) 浸渍

室温20 ℃左右时,浸渍20～24 h;室温5～15 ℃时,浸渍24～26 h;室温5 ℃以下时,浸渍48～60 h。投入米时,水面应高出米面10～15 cm,米要吸足水分。浸渍后用清水冲洗,洗去黏附在米粒上的黏性浆液后蒸煮。

(2) 蒸饭

"双淋双蒸"是粳米蒸饭质量的关键。所谓"双淋"即在蒸饭过程中两次用40 ℃左右的温水淋洒米饭,炒拌均匀,使米粒吸足水分,保证糊化;"双蒸"即同一原料经过两次蒸煮。蒸饭要求是“饭粒疏松不糊，成熟均匀一致，内无白心生粒”。

(3) 淋水

淋水温度和数量要根据气候和下缸品温灵活掌握。气温低时，要接取淋饭流出的温水，重复回淋到饭中，使饭粒内外温度一致，保证拌药所需的品温。

(4) 拌药、搭窝

蒸饭淋水后，沥干，落缸。一般每缸为粳米 50 kg 的米饭，搓散饭块，拌入酒药 0.2～0.25 kg 搭窝。拌药品温 26～32 ℃，根据气温适当调节。做好保温工作，经 18～22 h 开始升温，24～36 h 品温略回降出现酿液，此时品温约 29～33 ℃。以后酿液逐渐增多，趋于成熟时呈白玉色，有正常的酒香。

(5) 翻缸放水

一般在搭窝 48～72 h 后，酿液高度已达 2/3 的醅深，糖度达 20%以上，酵母细胞数在 1 亿个/mL 左右，酒精体积分数在 4%以下，即可翻转酒醅加入清水。

(6) 第一次喂饭

翻缸 24 h 后，第一次加曲，其数量为总用曲量的 1/2，喂入原料米 50 kg 的米饭，捏碎大的饭块，喂饭后品温一般在 25～28 ℃，略拌匀。

(7) 开耙

第一次喂饭后 13～14 h，缸底的酿水温度在 24～26 ℃，缸面品温为 29～30 ℃，甚至高达 32～34 ℃，开头耙。

(8) 第二次喂饭

第一次喂饭后约 24 h，加入余下的一半麦曲，再喂入原料米 25 kg 的米饭。喂饭前后的品温一般在 28～30 ℃，随气温和酒醅温度的高低，适当调整喂入米饭的温度。

(9) 灌坛、养醅

第二次喂饭以后的 5～10 h，酒醅从发酵缸灌入酒坛，露天堆放，养醅 60～90 d，进行缓慢的后期发酵，然后压榨、澄清、煎酒、灌坛。

采用喂饭法操作，应注意以下几点：①喂饭次数以 2～3 次为宜，3 次最佳；②喂饭时间间隔以 24 h 为宜；③酵母在酒醅中要占绝对优势，使糖浓度不致积累过高，以协调糖化和发酵的速度，使糖化和发酵均衡进行，防止因发酵迟缓导致品温上升过于缓慢，使糖浓度下降缓慢而引起升酸。

二、半干型黄酒的酿造

半干型黄酒含糖量为 1.0%～3.0%。这类黄酒的许多品种酒质优美，风味独特，特别是绍兴加饭酒，酒液黄亮，呈有光泽的琥珀色，香气浓郁芬芳，口味鲜美醇厚，甜度适口，是绍兴酒中的上品，在国内外久负盛名。下面以绍兴加饭酒为代表，介绍半干型黄酒的酿造。

加饭酒，顾名思义是在配料中增加了饭量，实际上是一种浓醪发酵酒，采用摊饭法酿制而成。比干型的元红酒更为醇厚，与元红酒有不同之处。

1. 工艺流程

半干型黄酒生产工艺流程如图 3-24 所示。

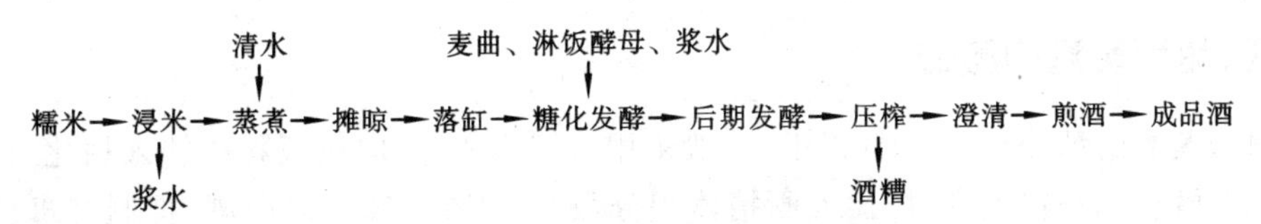

图 3-24 半干型黄酒生产工艺流程

2. 操作说明

① 加饭酒操作基本与元红酒相同,但因减少了放水量,原料落缸时拌匀比较困难,应将落缸经搅拌过的饭料,再翻到靠近的空缸中,以进一步拌匀,俗称"盘缸"。空缸上架有大孔眼筛子,饭料用饭斗捞起倒在筛中漏入缸内,随时将大饭块用手捏碎,以使曲饭均匀,温度一致。

② 因酒醅浓厚,主发酵期间品温降低缓慢,可安排在严寒季节生产。落缸品温不宜过高,一般在 26～28 ℃,并根据气温灵活掌握;同时发酵温度比元红酒低 1～2 ℃。

③ 加饭酒的发酵不仅要求酒精、酸度增长符合要求,而且要保持一定的糖分。因此开耙很关键,主要靠开耙技工的实践经验灵活掌握。加饭酒采用热作开耙,即头耙温度较高,一般在 35～36 ℃,这样有利于糖化发酵迅速进行,使酒精含量增长快,发酵后糟粕少。当发酵升温高潮到来后,根据主发酵酒醅的成熟程度,及时捣冷耙,降低品温。

三、半甜型黄酒的酿造

半甜型黄酒的糖分为 3.0%～10.0%,这是由发酵方法和酿酒操作所形成的。绍兴善酿酒是半甜型黄酒的代表,是用元红酒代水酿制而成的酒中之酒。以酒代水使得发酵一开始就有较高的酒精含量,对酵母形成一定的抑制作用,使酒醅发酵不彻底,从而残留较高的糖分和其他成分,再加上配入芬芳浓郁的陈酒,形成绍兴善酿酒特有的芳香,酒精度适中而味甘甜的特点。下面介绍绍兴善酿酒的酿造工艺。

1. 工艺流程

善酿酒是采用摊饭法酿制而成的,其酿酒操作与元红酒基本相同,不同之处是落缸时以陈元红酒代水酿制。为适应加酒后发酵缓慢的特点,增加了块曲和酒母的用量,同时使用一定量的浆水,浆水的酸度要求在 0.3～0.5 g/(100 mL),目的是为了提高糖化和发酵的速度。

2. 酿酒操作

善酿酒在米饭落缸时,以陈元红酒代水加入,酒精体积分数已在 6%以上,酵母的生长繁殖受到抑制,发酵速度缓慢。为了在开始促进酵母的繁殖和发酵作用,要求落缸品温比元红酒稍高 2～3 ℃,一般在 30～31 ℃,并做好保温工作。落缸后 20 h 左右,随着糖化发酵的进行,品温升到 30～32 ℃,便可开耙。耙后品温下降 4～6 ℃,继续保温,再经10～14 h,品温恢复到 30～31 ℃,开二耙。再经 4～6 d,开三耙做好降温工作。此后要注意捣耙降温,避免发酵太老,糖分降低太多。一般发酵 2～4 d,便可灌醅后发酵,经过 70 d 左右即可榨酒。

四、甜型黄酒的酿造

甜型黄酒的糖分在10.0%以上，一般采用淋饭法酿制，即在饭料中拌入糖化发酵剂，当糖化发酵达到一定程度时，加入酒精体积分数为40%～50%的白酒，抑制酵母菌的发酵作用，以保持酒醅中有较高的含糖量。同时由于酒醅中加入白酒后，酒精含量较高，不致被杂菌污染，所以生产不受季节限制。具有代表性的品种有绍兴的香雪酒、福建省的沉缸酒、江苏丹阳和江西九江的封缸酒等产品，下面着重介绍绍兴香雪酒的酿造工艺。

香雪酒是用白酒代水酿制而成的，酒醅经陈酿后，既无白酒的辣味，又有绍兴酒特有的浓郁芳香，上口香甜醇厚，为国内外消费者所欢迎。

1. 工艺流程

绍兴香雪酒生产工艺流程如图3-25所示。

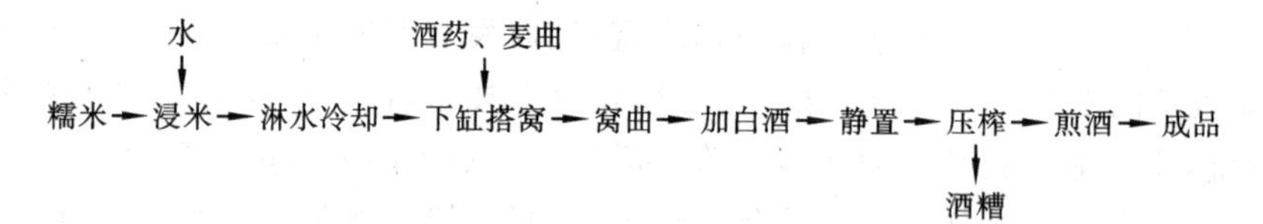

图3-25　绍兴香雪酒生产工艺流程

2. 操作方法

(1) 香雪酒是先用淋饭法制成酒酿，再加麦曲继续糖化，然后加入白酒(糟烧)浸泡，再经压榨、煎酒而成。冲缸以前的操作与淋饭酒母相同。

(2) 酿制香雪酒时，关键是蒸饭要熟透而不糊，酿窝甜液要满，窝内加麦曲(俗称窝曲)、投酒要及时。

首先，米饭要蒸熟，吸水多，糊化彻底，有利于糖化；但不要蒸得太烂，否则淋水困难，搭窝不疏松，影响糖化菌生长，糖分形成少。窝曲是为了补充酶量，加强淀粉的液化和糖化，同时也赋予酒液特有的色、香、味。窝曲后，当糖化作用达到一定程度，必须及时加入白酒来提高酒醅的酒精含量，抑制酵母的发酵作用。白酒加入要及时，一般掌握在酿窝糖液满至90%，糖液口味鲜甜时投入麦曲，充分拌匀，保温糖化12～14 h，待固体部分向上浮起，形成醪盖，其下面积聚醅液约15 cm左右高度时，便可加入白酒，充分搅拌均匀，加盖静置发酵1 d，即灌醅转入后期发酵。

(3) 酒醅的堆放和榨煎

加白酒后的酒醅，经1 d静置，灌坛。灌坛时，用耙将缸中的酒醅充分捣匀，使灌坛固液均匀。灌坛后，坛口包扎好荷叶、箬壳。3～4坛为一列堆于室内，在上层醅压坛口，封上少量湿泥。如用缸封存，则加入白酒后每隔2～3 d捣醅一次，经捣拌2～3次后便可用洁净的空缸覆盖，两缸口衔接处，用荷叶衬垫，并用盐卤拌泥封口。

香雪酒的后期发酵时间长达4～5个月之久，经后期发酵后酒醅已无白酒气味，各项理化指标均已达到规定标准，便可进行压榨。由于黏性大、酒糟厚，榨酒时间比元红酒要长。香雪酒由于酒精含量和糖分都比较高，无杀菌必要，但经煎酒后胶体物质被凝结，维持了酒液的清澈透明和酒体的稳定性，可进行短时间杀菌。

(4) 香雪酒养醅的作用

绍兴香雪酒一般在炎热季节时要堆放数月之久,进行养醅,这对于酒醅的继续成熟和酒中各种成分的变化是必不可少的。

香雪酒醅自灌坛以后酒精含量稍有下降,主要是由于挥发所致,但酸度及糖分逐渐升高,这说明加白酒后醅液中的糖化酶虽被钝化,但并没全部被破坏,糖化作用仍在缓慢进行。此外,从 7 d 酒醅镜检可知,酵母总数达 1 亿个/mL 以上,细胞芽生率在 5%～10%,这充分说明黄酒酵母具有较强的耐酒精能力。

任务 4 黄酒的后处理

经过较长时间的后期发酵,黄酒酒醅酒精体积分数升高 2%～4%,并生成多种代谢产物,使酒质更趋完美协调,但酒液和固体糟粕仍混在一起,必须及时把固体和液体加以分离,进行压滤。之后还要进行澄清、煎酒、包装、储存等一系列操作,才成为黄酒成品。

一、压滤

1. 酒醅成熟检测

酒醅是否成熟可以通过感官检测和理化分析来鉴别。

(1) 酒色

成熟酒醅的糟粕完全下沉,上层酒液澄清透明,色泽黄亮。若色泽仍淡且混浊,说明还未成熟或已变质。如色发暗,有熟味,表示由于气温升高而发生"失榨"现象。

(2) 酒味

成熟酒醅酒味较浓,口味清爽,后口略带苦味,酸度适中。如有明显酸味,应立即压滤。

(3) 酒香

应有正常的新酒香气而无异杂气味。

(4) 理化检测

成熟酒醅经化验酒精含量已达指标并不再上升,酸度在 0.4%左右,并开始略有上升趋势;经品尝基本符合要求,可以认为酒醅已成熟,即可压滤。

2. 压滤

(1) 压滤基本原理

黄酒酒醅具有固体部分和液体部分密度较接近,黏稠成糊状,糟粕要回收利用,不能添加助滤剂,最终产品是酒液等特点,因此不能采用一般的过滤、沉降方法取出全部酒液,必须采用过滤和压榨相结合的方法完成。

黄酒酒醅的压滤过程一般分为两个阶段,酒醅开始进入压滤机时,由于液体成分多,固体成分少,主要是过滤作用,称为"流清";随着时间延长,液体部分逐渐减少,酒糟等固体部分的比例慢慢增大,过滤阻力越来越大,必须外加压力,强制性地把酒液从黏湿的酒醅中榨出来,这就是压榨或榨酒阶段。

(2) 压滤要求

压滤时要求生酒要澄清，糟粕要干燥，压滤时间要短，要达到以上要求必须做到以下几点。

① 滤布选择要合适，对滤布要求：一是要流酒爽快，又要使糟粕不易黏在滤布上，容易与滤布分开；二是牢固耐用，吸水性能差。在传统的木榨压滤时都采用生丝绸袋，而现在的气膜式板框压滤机通常选用36号锦纶布等化纤布作滤布。

② 过滤面积要大，过滤层要薄而均匀。

③ 加压要缓慢，不论哪种形式的压滤，开始时应让酒液依靠自身的重力进行过滤，并逐渐形成滤层，待酒液流速减慢时，才逐渐加大压力，最后升到最大压力，维持数小时，将糟板榨干。

二、澄清

压滤流出的酒液为生酒，俗称“生清”。生酒应集中到储酒池(罐)内静置澄清3～4 d，澄清设备多采用地下池或在温度较低的室内设置澄清罐。通过澄清，沉降出酒液中微小的固形物、菌体、酱色里的杂质。同时在澄清过程中，酒液中的淀粉酶、蛋白酶继续对淀粉、蛋白质进行水解，变为小分子物质；挥发掉酒液中的低沸点成分，如乙醛、硫化氢、双乙酰等，改善酒味。

为了防止酒液再出现泛混现象及酸败，澄清温度要低，澄清时间不宜过长。同时认真做好环境卫生和澄清池(罐)、输酒管道的消毒灭菌工作，防止酒液污染生酸。每批酒液出空后，必须彻底清洗灭菌，避免发生上、下批酒之间的杂菌感染。

经澄清的酒液中大部分固形物已沉到池底，但还有部分极细小、相对密度较轻的悬浮粒子没有沉下，仍影响酒的澄清度。所以经澄清后的酒液必须再进行一次过滤，使酒液透明光亮，过滤一般采用硅藻土粗滤和纸板精滤来加快酒液的澄清。

三、煎酒

把澄清后的生酒加热煮沸片刻，杀灭其中所有的微生物，破坏酶的活性，改善酒质，提高了黄酒稳定性，便于储存、保管，这一操作过程称灭菌，俗称煎酒。

1. 煎酒温度的选择

煎酒温度与煎酒时间、酒液 pH 和酒精含量的高低都有关系。如煎酒温度高、酒液 pH 低、酒精含量高，则煎酒所需的时间可缩短，反之，则需延长。

煎酒温度高，能使黄酒的稳定性提高，但会加速形成有害的氨基甲酸乙酯。据测试，煎酒温度越高，煎酒时间越长，形成的氨基甲酸乙酯就越多。同时，由于煎酒温度的升高，酒精成分挥发损失加大，糖和氨基化合物反应生成的色素物质增多，焦糖含量上升，酒色加深。因此，在保证微生物被杀灭的前提下应适当降低煎酒温度。目前各酒厂的煎酒温度普遍在85～95 ℃。煎酒时间，各厂都凭经验掌握，没有统一标准。

在煎酒过程中，酒精的挥发损耗为0.3%～0.6%，挥发出来的酒精蒸气经收集、冷凝成液体，称作“酒汗”。酒汗香气浓郁，常用于酒的勾兑或甜型黄酒的配料，亦可单独出售。

2. 煎酒设备

目前，大部分黄酒厂开始采用薄板换热器进行煎酒，薄板换热器高效卫生。如果采用两段式薄板换热交换器，还可利用其中的一段进行热酒冷却和生酒的预热，充分利用热量。

要注意煎酒设备的清洗灭菌，防止管道和薄板结垢，阻碍传热，甚至堵塞管道，影响正常操作。

四、包装、储存

1. 包装

灭菌后的黄酒应趁热灌装，入坛储存。黄酒历来采用陶坛包装，因陶坛具有良好的透气性，对黄酒的老熟极其有利。但新酒坛不能用来灌装成品酒，一般用装过酒醅的旧坛灌装。黄酒灌装前，要做好空酒坛的挑选和清洗工作。要检查是否渗漏，将空酒坛清洗好后倒套在蒸气消毒器上，用蒸气冲喷的方法对空酒坛进行灭菌，灭菌好的空坛标上坛重，立即使用。热酒灌坛后用灭菌过的荷叶、箬壳扎紧封口，以便在酒液上方形成一个酒气饱和层，使酒气冷凝液回到酒里，形成一个缺氧、近似真空的保护空间。

传统的绍兴黄酒常在封口后套上泥头，泥头大小各厂不同，一般平泥头高 8～9 cm，直径 18～20 cm。用泥头封口的作用是隔绝空气中的微生物，使其在储存期间不能从外界浸入酒坛内，并便于酒坛堆积储存，减少占地面积。目前，部分泥头已用石膏代替，使黄酒包装显得卫生美观。

2. 黄酒的储存

新酒成分的分子排列紊乱，酒精分子活度较大，很不稳定，其口味粗糙欠柔和，香气不足缺乏协调，因此必须经过储存。储存的过程，就是黄酒的老熟过程，常称“陈酿”。经过储存，黄酒的色、香、味及其他成分会发生变化，酒体醇香、绵软、口味协调，在香气和口味等各方面与新酒大不相同。

1）黄酒储存过程中的变化

（1）色的变化

通过储存，酒色加深，这主要是酒中的糖分与氨基酸结合，产生类黑素所致。酒色变深的程度因黄酒的含糖量、氨基酸含量、酒液的 pH 高低而不同。甜型黄酒和半甜型黄酒因含糖量多而比干型黄酒的酒色容易加深；加麦曲的酒因蛋白质分解力强，代谢的氨基酸多而比不加麦曲的酒色泽深；储存时温度高，时间长，酒液 pH 高，酒的色泽就深。储存期间，酒色变深是老熟的一个标志。

（2）香气的变化

黄酒的香气是酒液中各种挥发成分对嗅觉综合反应的结果。黄酒在发酵过程中，除产生乙醇外，还形成各种挥发性和非挥发性的代谢副产物，包括高级醇、酸、酯、醛、酮等。这些成分在储存过程中发生氧化反应、缩合反应、酯化反应，使黄酒的香气得到调和和加强。黄酒的香气除了酒精等香气外，还有曲的香气，大曲在制曲过程中，经历高温化学反应阶段，生成各种不同类型的氨基、羰基化合物，带入黄酒中，增添了黄酒的香气。

(3) 口味的变化

黄酒的口味是各种呈味物质对味觉综合反应的结果，有酸、甜、苦、辣、涩。新酒的刺激辛辣味主要是由酒精、高级醇及乙醛等成分所构成；糖类、甘油等多元醇及某些氨基酸构成甜味；各种有机酸、部分氨基酸形成酸味；高级醇、酪醇等形成苦味；乳酸含量过高有涩味。经过长时间陈酿，酒精、醛类的氧化，乙醛的缩合，醇酸的酯化，酒精与水分子的缔合以及其他各种复杂的物理化学变化，使黄酒的口味变得醇厚柔和，诸味协调，恰到好处。

2) 储存管理

(1) 储存时间

黄酒储存时间的长短没有明确的界限，但不宜过长，否则，酒的损耗加大，酒味变淡，色泽过深，还会给酒带来焦糖的苦味，使黄酒过熟，质量降低。所以要根据酒的种类、储酒条件、温度变化掌握适宜的储存期，既保证黄酒色、香、味的改善，又能防止有害成分生成过多。一般普通黄酒要求陈酿 1 年，名、优黄酒陈酿 3～5 年。储存后判断酒的老熟目前主要还是靠感官品尝来决定。

(2) 储存的条件

黄酒是低度酒，长期储酒的仓库温度最好保持在 5～20 ℃，不宜过冷或过热。过冷会减慢陈酿的速度；过热会使酒精挥发损耗以及发生混浊变质的危险。另外，仓库要高大、宽敞、阴凉、通风良好，堆叠好的酒应避免日光辐射或直接照射，酒坛之间要留一定距离，以利通风和翻堆。

任务 5　黄酒的质量检测

黄酒质量主要通过物理化学分析和感官品评的方法来判断。黄酒的色、香、味、格依靠人的感官品评来鉴别。根据分析和品评的结果，对照产品质量标准和国家卫生标准，检查是否符合出厂要求。

一、感官品评

1. 色泽

黄酒色泽一般分色和清浑两个内容。

(1) 色

黄酒的色因品种不同而异，大多呈橙黄、黄褐、深褐乃至黑色。

(2) 清浑

黄酒应清亮、透明、有光泽，无失光、无悬浮物。

2. 香气

正常的黄酒应有柔和、愉快、优雅的香气。黄酒香气由酒香、曲香、焦香三个方面组成。

(1) 酒香

酒香主要是在发酵过程中产生的。由于酵母和酶的代谢作用，在较长时间的发酵、储存过程中，有机酸与醇的酯化反应生成各种酯而产生的特有香气。构成酒香除酯类外，还有醇类、醛类、酸类等。

(2) 曲香

曲香是由曲子本身带来的香气。这种香气在生产过程中转入酒中，则形成酒的独特香气。

(3) 焦香

焦香主要是焦米、焦糖色素所形成，或类黑素产生的。如果酒的主体香是正常醇香的话，伴有轻量、和谐的焦香是允许的；反之，焦香为主，醇香为辅就成为缺点了。

除以上的香气外，还要严格防止黄酒带有一些不正常的气味，如石灰气、老熟气、烂曲气以及包装容器、管道清洗不干净带有的其他异味。

3. 滋味

黄酒的滋味一般包括酒精、酸、甜、鲜、苦、辣、涩等。要求甜、酸、苦、涩、辣五味调和。

(1) 酒精

酒精是黄酒的主要成分之一。但在滋味中不能突出。优良的黄酒酒精成分应完全与各成分融和，滋味上觉察不出酒精气味。黄酒的辣味主要是由酒精和高级醇等形成的。

(2) 酸味

酸味是黄酒重要的口味，它可增加酒的爽快和浓厚感。黄酒的酸味要求柔和、爽口，酸度应随糖度的高低而改变，干黄酒的酸度(以琥珀酸计)应为 0.35～0.4 g/(100 mL)，甜黄酒应为 0.4～0.5 g/(100 mL)。

(3) 甜味

黄酒的甜味要适口，不能出现甜而发腻的感觉。

(4) 鲜味

黄酒含有琥珀酸、氨基酸等成分，因而有一定的鲜味。正常范围内的鲜味，只要入口有鲜的感觉，后味鲜长就可以了。

(5) 苦味

苦味是传统黄酒的诸味之一，轻微的苦味给酒以刚劲、爽口的感觉。苦味重了，就破坏了酒味的协调。

(6) 涩味

苦涩味物质含量很少时，使酒的口味有浓厚调和感，涩味明显则是酒质不纯的表现。

4. 风格

酒的风格即典型性是色、香、味的综合反映，是在特定的原料、工艺、产地及历史条件下所形成的。酒中各种成分的组合应该协调，酒质、酒体优雅，具有该种产品独特的典型性。

二、黄酒的混浊及防止

黄酒在储存过程中，受到光照、振荡、冷热作用及生物性侵袭，会出现不稳定现象而混浊。黄酒的混浊有生物性混浊和非生物混浊两大类。

1. 生物性混浊

生物性混浊是由于污染了微生物(乳酸菌或醋酸菌)或煎酒不彻底所引起的，表现为

酒混浊变质，生酸腐败，有时会出现异味、异气。为了防止生物性混浊的发生，应做好以下几项工作。

① 严格掌握煎酒温度和时间。

② 做好酒坛的清洗和灭菌工作，勿用漏坛装酒。

③ 做好荷叶、箬壳、竹丝或麻丝的灭菌工作。

④ 黄酒经灭菌装坛时，必须做到灭菌灌坛后的酒开口暴露不超过半分钟，立即盖好消毒过的荷叶，做到封口严密，包扎牢固。

⑤ 储酒库要避光、通风、干燥、卫生。

2. 非生物性混浊

除生物性混浊外发生的混浊都属于非生物性混浊，主要表现是已澄清的酒重新混浊起来，这是由下列原因引起的。

① 储存仓库温度过高，内部潮湿，通风性能差。

② 灭菌灌装后，没有充分摊晾即入库。

③ 灭菌好的酒没有及时入库，堆放室外，太阳直晒，热量散不出。

④ 高温长途运输没遮盖好，太阳直晒，运到后也没有散冷就入库。主要是温度过高、氧化作用加强而使酒混浊。

⑤ 酒醅未成熟就压榨，这是由于稳定性差而产生的混浊。对此，酒醅必须发酵成熟后方可压榨。

⑥ 高温期间，灌坛后酒的热量不宜散发，因分子运动关系不稳定，而经常保持混浊状态。

⑦ 铁、铜、锡等对混浊物的形成有显著的催化作用。

三、黄酒的褐变及防止

黄酒的色泽随储存时间延长而加深，尤其是含糖、氮等浸出物多的半甜型、甜型黄酒，储存期过长，形成类黑素物质增多，酒色很深，并有焦糖臭味，酒味变差，俗称褐变。可以采取下列措施防止或减慢黄酒褐变的发生。

① 合理控制黄酒中糖、氮等的含量，尤其是氮的含量。

② 适当增加酒的酸度(降低 pH)。

③ 储存温度低。

④ 储存时间不宜过长。

⑤ 降低酒中铁、锰、铜、锌的含量。

思考题

1. 黄酒生产有哪些特点?

2. 糯米、粳米、籼米这三种米的性能与黄酒生产工艺的关系如何?

3. 蒸饭的质量要求是什么?

4. 麦曲、酒药等含有哪些主要微生物? 各起到什么作用?

5. 制备淋饭酒母时，应掌握哪些要点？

6. 黄酒发酵的内容及特点有哪些？

7. 干型黄酒与半干型黄酒生产的主要特点是什么？

8. 甜型黄酒及半甜型黄酒生产的主要特点是什么？

技能训练 黄酒的生产

1. 目的

通过实训，了解黄酒的酿造基本原理及酿造工艺条件，熟悉黄酒酿造的工艺规程和成品质量要求，掌握黄酒的生产方法。

通过黄酒的酿造操作，加深对黄酒酿造理论知识的理解，为全面掌握黄酒酿造技术奠定良好的基础。

2. 工艺流程

黄酒生产工艺流程如图 3-26 所示。

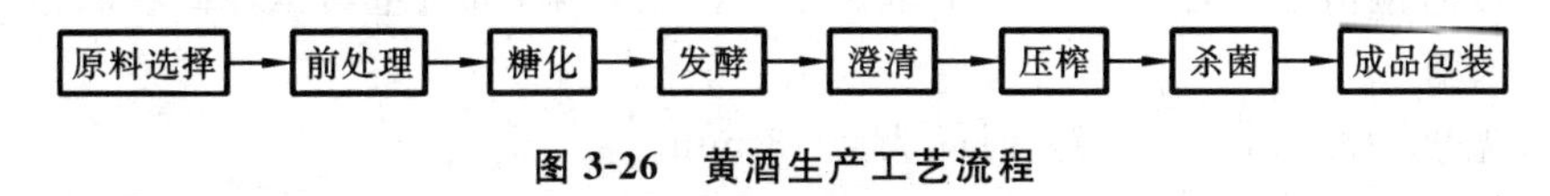

图 3-26 黄酒生产工艺流程

3. 工艺原理

黄酒的酿造是利用酵母菌把原料中的淀粉、蛋白质、脂肪等物质，经发酵生成酒精，同时产生其他成分，再经过澄清、压榨、杀菌等操作，最终形成酒液澄清、风味独特、色泽鲜美、醇和芳香的产品。

4. 材料、仪器和设备

(1) 材料

大米、玉米、小麦、酵母、麦曲、硅藻土等。

(2) 仪器与设备

酸度计、酒精计、温度计、粉碎机、杀菌器、过滤机、发酵罐(桶)等。

5. 工艺操作规程

1) 原料的选择

黄酒的主要原料是大米(包括糯米、粳米)，也可以用黍米和玉米；黄酒酿造用水应基本符合国家生活饮用水的质量标准。

2) 前处理

(1) 米的处理

洗米：适宜水温为 10～20 ℃。

浸米：水温为 20 ℃左右，时间控制按工艺方法和季节进行，新工艺大罐发酵在 2～3 d。

蒸煮：蒸煮时间的控制因水质和蒸煮的方法等不同而有区别，一般糯米常压下蒸煮 15～20 min；对硬质的粳米和籼米，要在蒸煮过程中追加热水，并适当延长蒸煮时间。

米饭的冷却：可采用淋饭冷却或摊饭冷却，将蒸熟后的米饭迅速冷却至适合微生物繁殖的温度。

(2) 糖化发酵

酒母的接种量为米量的4%～5%,发酵过程中品温不得超过32 ℃。将米饭和麦曲、水、酒母拌和后,入发酵罐。混合后的温度为25 ℃左右。大约经过12 h,进入主发酵,温度上升,要注意冷却,控制品温不得超过32%。

正常情况下会自动开耙,超过14 h还不能自动开耙的时候必须人工在罐中心打一个洞,促进自动翻动,耙后温度控制在28～30 ℃。

经过32 h后,品温控制在26～27 ℃,之后品温逐渐缓慢下降。约经3 d,主发酵结束,送入后期发酵罐。

后期发酵室温控制在15～18 ℃,经16～18 d的密闭发酵,酒精含量在16%以上,发酵结束。

(3) 压榨

用过滤机压榨,注意要缓慢加压。

(4) 澄清

将酒放入澄清池中,静置2～3 d,取出上清液去杀菌,沉渣重新压榨回收酒精。

(5) 杀菌

杀菌温度一般为85～90 ℃,时间为2～3 min。

(6) 成品包装

为了便于储存、保管和运输,以及有助于新酒的老熟,黄酒的成品包装至今还多采用传统的坛包装方法。也可以采用瓶包装的方法。

6. 实验结果

(1) 发酵期间每天观察、记录发酵现象。

(2) 对产品进行感官鉴定,写出报告。

项目4　白酒生产技术

预备知识　白酒的生产历史和分类

一、白酒的生产历史

在漫长的历史进程中,人类对酿酒的认识是经历了从盲目自然界酿酒转变到人为自然界酿酒的过程,纵观其发展可以分为以下5个时期。

1. 启蒙期

公元前4000—公元前2000年,即由新石器时代的仰韶文化早期到夏朝初年。这漫长的2000年是我国传统酒的启蒙期,用发酵的谷物来炮制水酒是当时酿酒的主要形式。

2. 成长期

公元前2000年—公元前200年的秦王朝,历时1800年,为我国传统白酒的成长期。

在这个时期，发明了钻木取火，出现了五谷六畜，加之酒曲的发明，醴、酒等饮品批量的生产；仪狄、杜康掌握了酿酒的技术从而成为酿酒大师，推动了传统白酒的发展；同时官府设置专门酿酒的机构，酒由官府控制。酒成为帝王及诸侯的享乐品。

3. 成熟期

公元前200年秦王朝到公元1000年的北宋，历时1200年，是我国传统白酒的成熟期。这一阶段，有关酒种及酿酒的文字著作问世，如贾思勰的《齐民要术》等；名优白酒新丰酒、兰陵美酒开始涌现；黄酒、果酒、药酒及葡萄酒等酒品得到发展；李白、杜甫、白居易、杜牧、苏东坡等酒文化名人与酒结下了不解之缘，留下佳话。这些因素条件，推动中国传统白酒的发展进入到灿烂的黄金时代。

4. 提高期

公元1000年的北宋到公元1840年的晚清时期，历时840年，是我国白酒的提高期。据考证产于埃及的蒸馏器，元代时由叙利亚传入中国，与我国古代炼丹取贡的蒸馏术形成的提炼方法和技术结合，使我国传统的“上、下釜”为基础的天锅式蒸馏器得到改进，开始有了专门用来酿酒的蒸馏器，举世闻名的中国白酒从此发明诞生。这种蒸馏器一直流传至20世纪50年代被更好的分体式蒸馏器所取代。

5. 变革期

自公元1840年到现在，历时150年，又可细分为：1840年到1949年的稳定发展时期；1949年至今的初期恢复、中期建设、改革开放以来的蓬勃发展期。在此期间，西方先进的酿酒技术与我国传统的酿酒技艺争放异彩，使我国的酒苑百花齐放。啤酒、白兰地、威士忌、伏特加及日本清酒进入中国并立足；国内竹叶青、五加皮、玉冰烧等新酒种产量迅速增长，特别是新中国成立以来的60多年，中国酿酒事业进入空前繁荣的时期。

二、白酒的分类

1. 按用糖化发酵剂种类分类

(1) 大曲酒

以大曲为糖化发酵剂生产的白酒。

(2) 小曲酒

以小曲为糖化发酵剂生产的白酒。

(3) 麸曲酒

以麸皮为载体培养的纯种霉菌，加纯种酵母生产的白酒。

(4) 混合曲酒

以大曲、小曲或麸曲混合为糖化发酵剂生产的白酒。

(5) 其他糖化剂酒

以糖化酶为糖化剂，加酿酒酵母(或活性干酵母、清香酵母)发酵生产的白酒。

2. 按生产方式分类

(1) 固态法白酒

采用我国名优白酒的传统生产方式，即固态配料、发酵、蒸粮、蒸馏工艺的白酒。

(2) 半固态法白酒

采用半固态发酵、蒸馏的白酒。我国的米香型白酒和豉香型白酒等是半固态法白酒。

(3) 液态法白酒

采用酒精生产方式,即液态配料、液态糖化、液态发酵和蒸馏的白酒。液态法白酒又分下列三种。

① 固液勾兑白酒。

这是一种用固态法白酒与液态法白酒,或以食用酒精与部分固态法白酒及其酒头、酒尾等勾兑而成的白酒。

② 串香白酒。

这是一种用食用酒精为酒基,经固态法发酵的酒醅(或特制的香醅)进行串香(或浸蒸)而制成的白酒。

③ 调香白酒。

这是一种用食用酒精为酒基,调配不同来源的具有白酒香味的食用香味液,直接勾兑而成的白酒。

(4) 机械化白酒

机械化白酒是在传统的白酒生产方式中,对配料蒸煮、蒸馏、通风晾渣、加入糖化发酵剂、出入池等工序,用机械设备代替手工操作生产的白酒。

(5) 半机械化白酒

半机械化白酒是采用传统的白酒生产方式,对部分生产工序用机械设备代替手工操作生产的白酒。这种方式可以减轻工人的劳动强度。

(6) 手工生产的白酒

手工生产的白酒是采用传统的白酒生产方式,各个工序均以手工操作生产的白酒。这种生产方式工人操作时劳动强度大。

目前,大多数酒厂基本上已采用半机械化操作,生产环境和条件普遍得到改善。

3. 按香型分类

(1) 浓香型白酒

以泸州老窖特曲为代表,过去称为泸型酒。其风格特征是窖香浓郁、绵甜醇厚、香味谐调、尾净爽口,其主体香味成分是己酸乙酯,与适量的丁酸乙酯、乙酸乙酯和乳酸乙酯等构成复合香气。

(2) 酱香型白酒

以茅台酒为代表,又称茅型酒。由于具有类似酱和酱油的香气,故称酱香型白酒。其主体香味成分复杂,组成尚未完全确定,仍在研究之中。酒质特点是:酒色微黄透明、酱香突出、幽雅细腻、酒体醇厚、后味悠长,空杯留香持久。

(3) 清香型白酒

以山西杏花村汾酒为代表,主要特征是清香纯正、醇甜柔和、自然协调、后味爽净。主体香味成分是乙酸乙酯,与适量的乳酸乙酯等构成复合香气。

(4) 米香型白酒

以广西桂林三花酒和全州湘山酒为代表,其风格特点是:米香纯正清雅、入口绵甜、落口爽净、回味怡畅。初步认为其主体香味成分是乳酸乙酯和适量的乙酸乙酯，β-苯乙醇的含量也较高。

(5) 凤香型白酒

以陕西的西凤酒和太白酒为代表，其风格特点是：醇香秀雅、醇厚甘润、诸味谐调、余味爽净，以乙酸乙酯为主、一定量的己酸乙酯为辅，构成该酒的复合香气。

(6) 豉香型白酒

以广东石湾酒厂生产的石湾米酒玉冰烧为代表，具有独特的豉香味，入口醇滑，无苦杂味，玉洁冰清，豉香独特，醇和甘滑，余味爽净等特点。其历史悠久，深受人们的喜爱。其生产量大，出口量也相当可观，是一种地方性和习惯性酒种。

(7) 芝麻香型白酒

以山东景芝白干为代表，具有芝麻香幽雅纯正、醇和细腻、香气谐调、余味悠长、风格典雅的特点。

(8) 特香型白酒

以产自江西樟树的四特酒为代表，具有幽雅舒适、诸香谐调、柔绵醇和、余味悠长，以及饮之不干口、不上头等特点。

(9) 浓酱兼香型白酒

以湖北白云边酒为代表，具有芳香优雅、酱浓谐调、绵厚甜爽、圆润怡长的独特风格。

(10) 老白干香型白酒

以河北衡水老白干酒为代表，具有芳香秀雅、醇厚丰柔、甘洌爽净、回味悠长的特点。

(11) 其他香型

不属于以上香型的白酒均列为其他香型。

4. 按酒精度高低分类

(1) 高度白酒

酒精含量为51%以上的白酒。

(2) 降度白酒

酒精含量为41%～50%的白酒，又称中度酒。

(3) 低度白酒

酒精含量为40%以下的白酒。

5. 按原料分类

(1) 粮食白酒

用粮谷为主要原料生产的白酒。常用的原料有高粱、玉米、大米、小米、糯米、青稞等。一般以高粱酿制的白酒质量最佳。

(2) 代用原料白酒

以非粮谷含淀粉或糖原料酿制的白酒。常用的代用原料有薯类(甘薯、木薯等)、高粱糠、伊拉克枣(椰枣)、甜菜等。

(3) 代粮酒

用含淀粉较多的野生植物和含糖、含淀粉较多的其他原料制成的白酒，如甜菜、薯干、糖蜜等。

任务1　原辅材料的处理

一、制曲的原料

1. 制曲原料的基本要求

(1) 适合有用菌的生长和繁殖

大曲中的有用微生物为霉菌、细菌及酵母菌，麸曲中有霉菌等，小曲中有根霉及酵母菌等。故制曲原料应满足这些菌类生长和繁殖所需的营养成分、适宜的pH、温度、湿度及必要的氧气等。

(2) 适合产酶

酒曲是糖化剂或糖化发酵剂，除了要求曲种含有一定数量的有用微生物以外，还需积累多种并多量的胞内酶和胞外酶，其中最主要的是淀粉酶，而此类酶多为诱导酶，故要求制曲原料中含有较多量的淀粉。蛋白质也是产酶的必要成分，故制曲原料应含有适宜的蛋白质。

(3) 有利于酒质

曲在酿酒生产中用量较大，故曲原料的成分及制曲过程中生成的产物都间接或直接影响酒质。

2. 制曲原料的种类

南方的大曲以小麦为主，北方的多以大麦和豌豆为主料。

麸皮是制麸曲的主要原料。

小曲的原料通常为精白度不高的灿米或米糠。

二、制白酒的原料

1. 制白酒原料的基本要求

白酒生产中有“高粱香、玉米甜、大麦冲、大米净”的说法，概括了几种原料与酒质的关系。对制白酒原料的基本要求归纳如下。

(1) 名优大曲酒原料

一般来说，名优大曲酒必须以高粱为主要原料，或搭配适量的玉米、大米、糯米、小麦及荞麦等。

(2) 粮谷原料

粮谷原料以糯者为好。要求籽粒饱满，有较高的干粒重，原粮水分在14%以下。

(3) 对制白酒原料的一般要求

优质的白酒原料，要求其新鲜，无霉变和杂质，淀粉或糖分含量较高，含蛋白质适量，脂肪含量极少，单宁含量适当，并含有多种维生素及矿物质。果胶质含量越少越好。不得含有过多的含氰化合物、番薯酮、龙葵苷及黄曲霉毒素等有害成分。

2. 制白酒原料的主要成分

制白酒原料的主要成分有高粱、玉米、大米、小麦、甘薯等。

三、制白酒的辅料

1. 辅料的作用及要求

(1) 辅料的作用

利用辅料中的某些有效成分；调剂酒醅的淀粉浓度，冲淡或提高酸度，吸收酒精，保持浆水；使酒醅具有适当的疏松度和含氧量，并增加界面作用，使蒸馏和发酵顺利进行；有利于酒醅的正常升温。

(2) 辅料的要求

辅料要求杂质较少、新鲜、无霉变；具有一定的疏松度及吸水能力；或含有某些有效成分；少含果胶、多缩戊糖等成分。

辅料的主要成分有高粱壳、玉米芯、谷糠、稻壳、花生皮、鲜酒糟、玉米皮、高粱糠、甘薯蔓。

2. 辅料的使用原则

辅料的用量与出酒率及成品酒的质量密切相关，因季节、原辅材料的粉碎度和淀粉含量、酒醅酸度和黏度等不同而异。在一定的范围内，辅料用量大，加水量也相应增加，只要发酵正常，可产酒较多；但若辅料用量过多，会增加成品酒的辅料味。故辅料用量须严格控制。合理调整辅料用量的原则如下。

① 按季节调整辅料用量。随气温变化酌情增减，冬季应适当多用些，以利于酒醅升温而提高出酒率。夏天应控制辅料用量，以防酒醅升温过高。

② 按底醅升温情况调整辅料用量。因辅料有助于酒醅的升温，故发酵升温快、顶火温度高的底醅可适当少用辅料。同时每次增减辅料用量时，应相应的补足或减少水量，以保持原来的入池水分标准。

③ 按上排的底醅酸度及淀粉浓度调整辅料用量。只有在上排底醅升温慢而酸度低且淀粉含量高的情况下，才可适当加大辅料用量。当上排底醅酸度高及淀粉浓度大时，应适量退出底醅，并坚持低温入池，待再下一排时补足原有的底醅量，仍以低温入池。当出池底醅酸度较低，淀粉浓度也较低时，也应适量退出底醅，或适当提高入池温度。

④ 尽可能地少用辅料。在出酒率正常时，不允许擅自增加辅料用量。如班组加大投粮量时，可相应地扩大底醅用量，以保持原来的粮醅比；班组减少投料时，应缩减底醅量，或稍扩大粮醅比；在压排或相应延长发酵时，也不要增加辅料用量，而相应地增加底醅用量，扩大粮醅比，或采取降低入池品温的措施。

⑤ 其他。为了防止辅料的邪杂味带入酒内，应将辅料清蒸排杂，这在清香型白酒生产中尤为重要。对混蒸续渣的出池酒醅，应先拌入粮粉，再拌入辅料，不得将粮粉与辅料同时拌入，或把粮粉与辅料先行搅和。清蒸清渣的出池酒醅，可直接与辅料拌和。

四、白酒原辅材料的选购、储存及处理

1. 原辅材料的选购、储存

1) 原料的选购

要注意就地取材，并考虑原辅材料对酒质的影响及酒糟的饲用价值。如果原辅材料

含土及其他杂物过多，或含水量过高且有霉变、结块现象，并带有大量杂菌，污染酒醅后会使酒呈严重的邪杂味。对质量不合格的原辅材料，应进行必要的筛选和处理，并注意酒醅的低温入池，以控制杂菌生酸过多。

2）原辅材料的储存

白酒制曲、制酒的多品种原料，应分别入库。入库前，要求含水分在14%以下，已晒干或风干的粮谷入库前应降温、清杂。粮粒要无虫蛀及霉变。高粱等粒状原料，一般采用散粒入仓；稻谷、小米、黍米等带壳储存，临用前再脱壳；麦粉、麸皮等粉状物料，以麻包储放为好。辅料要保持一定数量的储备，但不应露天任其风吹雨淋。

3）原辅材料的除杂、粉碎

（1）原料的除杂

白酒厂通常采用振动筛去除原料中的杂物，用吸式去石机除石，用永磁滚筒除铁。

（2）原料的粉碎

白酒原料的粉碎采用锤式粉碎机、辊式粉碎机及万能磨碎机。粉碎方法有湿式粉碎及干式粉碎两种。

① 制曲原料的粉碎。

a. 制大曲原料的粉碎。

总的要求是将小麦粉碎成烂心不烂皮的梅花瓣，其中能通过20目筛孔的细粉占一定比例（具体比例因季节、大曲原料的种类而定），不同大曲原料的粉碎要求有所不同。

b. 小曲原料的粉碎要求。

例如四川邛崃米曲饼的曲料碾至不能通过1 mm筛孔的粗粉占30%，通过1 mm筛孔而不能通过0.5 mm筛孔者占40%，通过0.5 mm筛孔的细粉占30%。

② 制酒原料的粉碎。

a. 大曲酒原料的粉碎要求。

茅台酒原料的粉碎要求：下沙高粱粒占80%，碎粒占20%，糙沙高粱整粒占70%，碎粒占30%。

泸州大曲酒高粱的粉碎要求：破碎成4～6瓣。一般能通过40目筛孔，其中粗粉占50%。

五粮液原料的粉碎要求：高粱、玉米、糯米、小麦均粉碎成4、6、8瓣，成鱼子状，无整粒混入；玉米粉碎成颗粒，大小相当于上述4种原料，无大于1/4粒者混入；混合后能通过20目筛孔的细粉不超过20%。

洋河大曲酒原料的粉碎要求：高粱粉碎为4～6瓣。对坚硬的黑壳高粱，可适当破碎得细些。

汾酒原料的粉碎要求：高粱粉碎成4～8瓣。其中通过1.2 mm筛孔的细粉占25%～35%；粗粉占65%～75%；整粒高粱不超过0.3%。按气候调节原料粉碎细度，冬季稍细，夏季稍粗。

b. 小曲酒原料的粉碎要求。

大米、玉米、高粱均为整粒。

c. 麸曲固态发酵法白酒原料的粉碎要求。

清蒸清烧法薯干、玉米、高粱用锤式粉碎机粉碎成能通过直径为 1.5～2.5 mm 的筛孔；清蒸混入老五甑法薯干、玉米、高粱粉碎至 60%以上能通过 20 目筛孔，取通过 20 目者用于三渣，其余用于大渣和二渣。

d. 液态发酵法白酒原料的粉碎要求。

玉米粉碎至能通过 40 目筛孔者占 90%以上。

③ 大曲的粉碎。

大曲的粉碎以细为好。但各种大曲酒的大曲的粉碎度也有差异。例如茅台酒大曲先用锤式粉碎机粉碎，再用钢磨磨成粉，能通过 20 目筛孔者占 80%以上。泸州大曲酒的大曲粉碎至能通过 20 目筛孔者占 70%，其余能通过 0.5 mm 筛孔。汾酒大曲用于头渣的曲稍粗，要求粉碎至大者如豌豆，小者如绿豆，能通过 1.2 mm 筛孔的细粉不超过 55%；二渣用曲稍细，要求大者如绿豆，小者如小米粒，能通过 1.2 mm 筛孔的细粉为70%～75%。

4）白酒生产用水

水在酿酒生产过程中是一种很重要的物质，因为物质的分解与合成离开了水就无法进行，微生物的生长与繁殖也离不开水。对酿造用水的选择同对食品用水的要求一样，应做到水质纯净、卫生、没有异臭和异味，并对工艺过程的糖化与发酵没有阻碍的成分，对酒的口味没有不良影响的物质。

任务 2　大曲生产技术

我国名优白酒和地方名优白酒的生产，大多数采用大曲作为糖化发酵剂。

大曲是用小麦、大麦、豌豆等粮食为原料，经过粉碎加水拌和压制而成各种规格不同的块状，在曲室内经过一定时间的保温保湿，利用自然界的各种微生物在块状淀粉质原料中进行培养，聚集了各种酿酒有益微生物后，经过干燥、储存而成。

大曲中含有丰富的微生物，如霉菌、酵母菌、细菌等，它们给大曲酒的生产提供了所需要的多种微生物群及其分泌的各种酶类，使大曲具有液化力、糖化力、发酵力和蛋白分解力等。大曲中含有的各种酵母菌具有一定的发酵力和产酯力。在大曲培养过程中，微生物分解原料所形成的代谢产物，如氨基酸、阿魏酸等，是形成大曲酒芳香和口味的前体物质，因此对大曲酒的风格、质量起着重要作用。

一、制曲原料

制曲用的原料，要求含有丰富的碳水化合物（主要是淀粉）和蛋白质等营养成分，以提供微生物生长繁殖，获得酿酒所需的糖化与发酵的酶系列。目前常用原料一般有小麦、大麦和豌豆。这些原料要求不霉变，无农药污染。

由于微生物对培养基的营养物质具有选择性，所以制曲原料的选择配比对成品曲的质量有一定的影响。几种原料的化学成分如表 3-5 所示。

表 3-5 大曲原料的化学成分的含量(质量分数)

原料名称	水分	淀粉	粗蛋白	粗脂肪	粗纤维	灰分
大麦	11%～12%	58%～61%	10%～12%	1.5%～2.5%	6%～7%	3.5%～4.3%
小麦	11%～12.5%	61%～65%	9%～15%	1.8%～2.6%	1.2%～1.5%	2%～2.8%
豌豆	11%～12%	43%～45%	20%～28%	3.5%～4.2%	1.5%～2%	3%～3.2%

二、大曲的类型

大曲又名麦曲。根据制曲过程中对控制曲房最高品温的要求不同，大致分为中温大曲、中高温大曲和高温大曲三种类型。

1. 高温大曲

培养制曲的最高温度达 60 ℃以上。酱香型大曲酒多用高温大曲，浓香型大曲酒也有使用高温大曲的趋势。高温大曲制曲特点是“堆曲”，即用稻草隔开的曲块堆放在一起，以提高曲块的培养温度。一般认为使用高温大曲是提高大曲酒酒香的一项重要技术措施。

2. 中高温大曲

中高温大曲或称偏高温大曲(也称浓香型中温大曲)，制曲培养温度在 50～59 ℃。很多生产浓香型大曲酒的工厂将偏高温大曲与高温大曲按比例配合使用，使酒质醇厚，有较高的出酒率。

3. 中温大曲(也称清香型中温大曲)

制曲培养温度在 45～50 ℃，一般不高于 50 ℃。制曲工艺着重于“排列”，操作严谨，保温、保潮、保湿各阶段环环相扣，控制品温最高不超过 50 ℃。

三、大曲对白酒质量所起的作用

1. 多种微生物的作用

大曲是酿造白酒的复合酶制剂，也是多种微生物生长繁殖的复合体。大曲中的多种微生物群，以霉菌占大多数，酵母和细菌较少。在霉菌范围中，犁头霉较多，其次为念珠菌，它是大曲“上霉”的主要微生物。有益的曲霉菌、毛霉菌、根霉菌所占比例较小，酵母居末位。

2. 大曲的基质作用

由于制曲的原料是小麦、大麦和豌豆等，含有丰富的营养成分，微生物在基质中只能摄取一部分，剩余的大量营养物质经过一定温度的作用，使淀粉、蛋白质等分解转化为氨基酸、醇、醛、酚等物质，又经过酿酒发酵和蒸馏而带入酒中，从而赋予大曲酒特有的风味。

四、大曲制作的一般工艺

1. 制曲用具及设备

(1) 人工踩曲胚的用具和设备

以某名酒厂为例，主要用具及设备如下。

① 拌和锅。以铸铁制成，其直径为 68 cm、深 20 cm，置于一木架上。在锅内将曲料

初步拌和。

② 和面机。机内设有2个搅拌装置。第一个搅拌器的轴上装有3对带齿的叶片,将由工人初步拌和的物料搅拌后,物料落入和面机的圆筒内,筒中装有搅拌轴上带许多粗铁齿的第二个搅拌器,进行第二次搅拌。

③ 曲模。用木材制成。曲模大小为28 mm×18 mm×5.5 cm。

④ 踩曲用石板。为圆形的红砂石板。其直径58 cm、厚5 cm。共12块,排列成弧形。

⑤ 运曲坯小车。为双轮手推车,以木料制成。每车可装曲胚30块。

(2) 机械制曲的设备和装置

① 液压成坯机。能利用液压系统和电气系统对各种动作进行程序控制,从曲料进机到曲块压成后的输出,可实现自动循环作业。其特点是一次可同时压制成2块曲坯。

② 气动式压坯机。其压曲方式是一次气动静压成型,可用1台0.6 m^3/min的小气泵产生的压缩空气,通过3个手动换向阀驱动汽缸完成取料、压坯、顶出等作业,产量为350～500块/h。

③ 弹簧冲压式成坯机。这是大多数白酒厂采用的成坯机。该机的生产能力为700～800块/h,曲坯大小和形状可按曲模而定。可改善卫生状况,并节省劳动力75%。

④ 微机控温培养大曲装置。有的白酒厂采用微机自动控制曲室的温度、湿度培制大曲。其主要设备有微机和自动控制柜。曲室内装有温度计、湿度计、喷头、排风扇、框架、放曲块的盒、电热丝等。成曲产量比传统法高3～4倍,成曲质量稳定,糖化力和发酵力均高于传统工艺培制的大曲。

2. 曲坯制作

(1) 曲坯制作步骤

以四川某名酒厂的浓香型大曲生产为例。

① 润麦。将一定量小麦堆集成堆,添加(热)水3%～8%,搅匀、收堆。润麦时间2～4 h,润麦后小麦表面收干,内心带硬,口咬不粘牙,并有干脆响声。

② 粉碎。使用对辊式粉碎机将小麦粉碎成"烂心不烂皮"的梅花瓣。

③ 加水拌料。清洁拌料容器(绞笼),原料粉碎后迅速加(温)水拌和,同时可以加入一定量的老曲粉,控制水温,麦料吃水要透而匀,保持拌料时间30 s,手捏成团不粘,鲜曲含水35%～38%(根据香型的不同而不同)。

④ 成型。成型有人工和机制成型两种。人工踩曲是将曲料一次性装入曲模,首先用脚掌从中心踩一遍,要求"紧、干、光"。上面完成后将曲箱翻转,再将下面踩一遍,即完成一块曲坯。机制成型时间保持在15 s以上。曲坯四角整齐,不缺边掉角,松紧一致。

⑤ 晾干。成型的曲坯需在踩曲场晾置一段时间,待不粘手便迅速入房培养。我国北方较干燥,可不进行该操作。

⑥ 接运曲。成型后曲坯晾置不超过30 min,转接轻放,每一小车装鲜曲不超过25块。

(2) 曲坯制作要点

① 润麦。润麦的目的是使原粮粉碎时,颗粒大小适当,粉碎后不成细粉或粗粒,而是

将小麦粉碎成"烂心不烂皮"的梅花瓣。

② 粉碎。粉碎的关键是掌握好粉碎度。若粉碎过细，则曲粉吸水强，透气性差，由于曲粉黏得紧，发酵时水分不易挥发，顶点品温难以达到，曲坯升酸多，霉菌和酵母菌在透气(氧分)不足，水分大的环境中极不易代谢，因此让细菌占绝对优势，且在顶点品温达不到时水分挥发难，容易造成"窝水曲"。另一种情形是"粉细水大坯变形"，曲坯变形后影响入房后的摆放和堆积，使曲坯倒伏，造成"水毛"(毛霉)大量滋生。若粉碎过粗，曲料吸水差，黏着力不强，曲坯易掉边缺角，表面粗糙，"穿衣"不好，发酵时水分挥发快，热曲时间短，中挺不足，后火无力。此种曲粗糙无衣，曲熟皮厚，香单、色黄。因此，控制粉碎度是保证曲质量的关键之一。

③ 拌料。拌料的目的就是使原料均匀地吃足水分。拌料的关键是掌握好拌料水温。拌料主要涉及配料和拌料方式。配料是指小麦、水、老曲和辅料的比例。拌料方式有手工拌料和机械搅拌两种。

④ 成型。有机制的压制成型，又有人工的踩制成型。机械成型又分一次成型和多次(5 次)成型。另按曲坯成型的形式有"平板曲"和"包包曲"之分。成型的曲坯要求是一致的，即"表面光滑，不掉边缺角，四周紧中心稍松"。包包曲只有"五粮型"的曲才如此，其标准要求大同小异。

⑤ 曲坯入室。曲坯入室(房)后，安放的形式有斗形、"人"字形、"一"字形三种。斗形和"人"字形较为费事，但可以使曲胚的温度和水分均匀，可任意安放。根据不同季节，对曲间距离有不同要求，一般冬天为 1.5～2 cm，夏天为 2～3 cm。曲间距离有保温、保湿、挥发水分、散失热量等调节功能，需要时，将其收拢或拉开。除高温大曲外，入房时均安放一层稻壳等。曲坯入房前，应将曲室打扫干净，并铺上一层稻壳之类的物料，以免曲坯发酵时黏着于地，视其情况适量洒一些清水于地面(热天必须洒)。曲室的地面最好是泥地。曲坯入房后，应在曲上面盖上草帘、谷草之类的覆盖物。为了增大环境湿度，每 100 块曲应按 7～10 kg 水的量洒水，并根据季节确定水的温度，原则上用什么水制曲就洒什么水。冬天气温太低时，可用 80 ℃以上热水洒上，借以提高环境温度和增大湿度；夏天太热时，洒上清水可以降低或调节曲坯温度，当湿度大时，温度不至于直接将曲坯表面的水分吸干挥发。洒水时要均匀地铺洒于覆盖物上，如无覆盖物，可向地上和墙面适当洒水。曲坯入室完毕后，将门窗关闭。制曲有"四边操作法"，即"边按、边盖、边洒、边关"，同时要做好记录。此时曲坯进入发酵阶段。

(3) 曲坯培菌管理

培菌是大曲质量的关键环节，大曲的培养管理就是给不同微生物提供不同的环境，有什么样的管理就有什么样的产品质量，不管哪种香型曲，均把这个阶段放在首位。

① 低温培菌期(前缓)。

目的：让霉菌、酵母菌等大量生长繁殖。

时间：3～5 d。

品温：30～40 ℃。

相对湿度：大于 90%。

控制方法：关启门窗或取走遮盖物、翻曲。

由于低温高湿特别适合微生物，所以入房后 24 h 便开始生长。24～48 h 是大曲“穿衣”的关键时刻。所谓“穿衣”(上霉)就是大曲表面生长针头大小的白色圆点的现象。穿衣的菌类对大曲并不十分重要，甚至无用或有弊的也无妨，但它却是微生物生长繁殖旺盛与否的反映，且“穿衣”后这些菌的菌丝布满曲表，形成一张有力的保护网，充分保证了曲坯皮张的厚薄程度。若穿衣好，则皮张薄，反之则厚。应该说，这些菌在大曲质量的保证上立下了头功。

由于霉菌适宜的温度较低，所以低温期间霉菌和酵母菌均大量生长。培菌就是培养以霉菌为主的有益菌，并生成大量的酶，最终给大曲的多种功能打下基础。

低温培菌要求曲坯品温的上升要缓慢，即“前缓”。在夏天最热阶段，品温难以控制。如气温在 30 ℃以上时，曲坯入房也就达到了培养的温度，此时要“缓”，应采取加大曲坯水分，降低室内温度，将曲坯上覆盖的谷草(帘)加厚，并加大洒水量等措施，以控制或延长“前缓”过程。又如冬天“前缓”太慢时，可按加热的方式操作，以加速反应进程，不至于影响下一轮的培养。

在低温阶段翻曲有两种情形：一是按工艺规定的时间，如 48 h 原地翻动一遍，或 72 h 翻一次；二是以曲坯的培养过程为依据进行翻曲，依据如下。

a. 曲坯品温是否达标(含湿度)。

b. 前缓时间是否够。

c. 曲坯的干硬度。

d. 取样分析数据。

用一句话可概括翻曲的上述原则：“定温、定时，看表里”。

一般来说，曲不宜勤翻，因每翻一次曲都是对曲坯(堆)的一次降温过程。

翻曲的方法是：取开谷草(帘)，将曲垒堆，将底翻面，硬度大的放在下面，四周翻中间，每层之间以竹竿相隔，楞放，上块曲对准下层空隙，形成“品”字形，视不同情况留出适宜的曲间距离。又重新盖上谷草之类的覆盖物，关闭门窗，进入第二阶段的发酵。

② 高温转化期(中挺)。

目的：让已大量生成的菌代谢，转化成香味物质。

品温：50～65 ℃。

相对湿度：大于 90%。

时间：5～7 d。

操作方法：开门窗排潮。

经过低温阶段，以霉菌为主的微生物生长繁殖已达到了顶峰，各种功能已基本形成，特别是能够分解蛋白质之类的功能菌、酶在进入高温后，利用原料中的养料形成酒体香味的前体物质的能力已经具备。大曲中氨基酸的形成就是借助高温，由菌、酶作用而生成的。因此，高温阶段要求顶点温度要够，且时间要长，特别是热曲时间绝不能闪失，其间须注重排潮。

由低温(40 ℃)进入高温，曲堆温度每天以 5～10 ℃的幅度上升，一般在曲坯堆积(5 层)后 3 d，即可达到顶点温度。在这期间曲坯散发出大量水分和 CO_2，绝大多数微生物停止生长，以孢子的形式休眠下来，在曲坯内部进行着物质的交换。

试验表明：曲室中如CO_2含量超过1%时，除对菌的增殖有碍外，酶的活力也下降。为了保证菌、酶的功能不损失，必须排出水分和CO_2，送进氧气以供呼吸，故以开启门窗为手段的排潮可以达到此效果。由于各种菌对氧气的吸收程度不同，因而可根据工艺上实际所需来决定通风排潮的时间和次数。如曲霉在通风条件好时（吸氧量大）产生柠檬酸和草酸，厌氧时则生成大量的乳酸，其中根霉产乳酸较多。所以，排潮送氧应作为大曲生产的必不可少的操作技术。排潮时间应在每天的上午9:00、中午12:00、下午15:00，每次排潮时间不能超过40 min。

随着水分的挥发，曲中物质的形成，此时曲堆品温开始下降，当曲块含水量在20%以内时，就开始进入后火生香期。

③ 后火排潮生香期（后缓落）。

目的：以后火促进曲心少量多余的水分挥发和香味物质的呈现。

品温：大于或等于45 ℃。

相对湿度：小于80%。

时间：9～12 d。

操作：继续保温、垒堆。

后火生香也是根据不同香型大曲来管理的。但不管怎样，后火不可过小，不然曲心水分挥发不出，会导致“软心”，严重的会存窝水，直接影响质量。

高温转化后，若品温仍在40 ℃以上时，可按翻曲程序翻第三次曲而进入后火生香期。除垒堆曲块层数多2层（7～9层）外，其余要求和操作同其他各次翻曲。视具体情况曲间距离稍拢一些，目的在于保温。因为此时曲块尚有5%～8%的水分需要排出，所以保温很重要。一般讲“后火不足，曲无香”。

所谓后火生香并非此时大曲才生成香味物质，而是高温转化以后的香味物质在此阶段呈现而已。这也要看保温得当与否，否则反而会影响曲质。如果曲心少量的水分在无保温措施时挥发不出来，则细菌会借机繁殖，争夺已成熟的营养物质，迫使曲质变差或蛋白质变性，呈现在我们面前的大曲是：“曲软霉酸，色黑起层，无香无力”。若后火期间品温能保持5 d不降，则可达到要求。即使是降温，也要注意不可太快，应控制缓慢下降，所以此阶段叫“后缓落”。当时间达到要求和品温降至常温（30 ℃左右）时，可进入下一轮的“打拢”养曲阶段。此时应进行第四次翻曲。

④ 打拢。

打拢即将曲块翻转过来集中而不留距离，并保持常温，只需注意曲堆不要受外界气温干扰即可。其方法同前，但层数增加为9～11层。经15～30 d后，曲即可入库储存。

(4) 成品曲

① 入库曲。

从开始制作到成曲进库共约需60 d，然后还需储存3个月以上方可投产使用，所以大曲比大曲酒的生产周期还长。曲块入库前，应将曲库清扫干净，铺上糠壳和草席，并保证曲库通风良好。入库时，按曲库的设置留出相应间距，两端和顶部应用草席之类的覆盖物将曲块遮盖好，以免受空气中微生物的直接侵入，而被污染。

② 出库曲。

当储存期满后，曲坯即可出库，粉碎后用于酿酒生产。

五、大曲中的微生物群及其酶系

由于大曲中菌种来源主要是靠原料、空气、水、器具和地面，由于制曲季节不同，培养条件不同，因此大曲中的微生物群是比较复杂的，有霉菌、酵母菌和细菌等，它们直接影响到大曲酒的质量和产量。了解这个复杂的菌系及酶系，有助于控制工艺条件，促进酿酒有益菌的生长，并生成有益的酶系，提高产品的产量与质量。

1. 大曲中微生物的分布情况

大曲中微生物群受季节的影响，在春秋两季，自然界的微生物中酵母的比例大，这时的气温、湿度、春天的花草和秋天的果实都给酵母的繁殖创造了较好的条件；在夏天，各种微生物的绝对数最高，但受到温度、空气湿度的影响，霉菌比例最大；在冬季，由于气候寒冷，酵母的生长受到影响，而只有耐寒的细菌、霉菌还能繁殖，就比例来讲细菌占优势。季节不同，自然界微生物的组成也就不一致，从而使四季踩制大曲的微生物群有一定差异。以春末、夏初谷雨前后踩制大曲质量最好。

在一块大曲中，微生物群的分布一般受到各种微生物的生活习性的影响。无论在哪一种培养基上，曲皮部位的菌数都明显高于曲心部分。一般曲皮部分生长的都是一些好气菌及少量的兼性嫌气菌，霉菌含量较高，如犁头霉、根霉等。曲心部分生长着一些兼性嫌气菌，细菌含量最高，而细菌中球菌的数量又较杆菌的数量为多，也含有相当数量的红曲霉等。曲皮与曲心之间则生长的多是兼性嫌气菌，以酵母含量较多，以假丝酵母最多。各种类型大曲中微生物群差别是很大的。

2. 制曲过程中微生物的变化

在大曲的生产过程中，其微生物群的变化在培养前期受温度的影响较大，在后期则受水分含量的影响较大。

随着大曲培养的开始，各种微生物首先在大曲表面繁殖，在 30～35 ℃时微生物的数量可达最高峰，这时的霉菌、酵母比例较大。但随着温度的进一步升高，大曲水分的蒸发，曲中含氧气量的相对减少，一些耐温微生物的比例显著上升，当温度达 55～60 ℃时，大部分的菌类为高温所淘汰，微生物菌数大幅度地降低。这时大曲中霉菌和细菌中的少数耐热种、株逐步形成优势，酵母菌衰亡相对最大，特别是高温大曲中，酵母几乎为零。

随着水分的蒸发，微生物的繁殖向最后水分较高的曲心发展，由于曲心氧气量不足，导致一些好气微生物被淘汰，随着培养温度的下降，一些兼性嫌气菌如酵母和一些细菌，在大曲内部开始繁殖。到大曲生产的后期，水分大量散失，导致曲心部分空气的通透性有所增加，又由于曲心部分水分散失相对少一些，为后期曲心部分其他菌类的生长创造了条件。

通气的情况自始至终都影响着大曲的微生物群的变化，主要问题是氧气的进入，二氧化碳的排出。大曲的通气主要靠翻曲来调节，翻曲操作是生产高质量大曲的关键操作之一。

3. 储存过程中微生物及酶活性变化

大曲储存过程中，微生物的总数随着储存时间的延长而逐步减少。对储存3个月的曲块进行试验，出房时曲块微生物总数为1823×10^5个/(g干曲)，储存3个月时为27×10^5个/(g干曲)。其中产酸杆菌数量的减少最为明显，霉菌、酵母菌的数量也有所减少。减少的速度先快后慢，随着储存时间的延长，减少的速度渐趋变小。

大曲储存中，酶活力也得到调整，刚出房的大曲无论液化力、糖化力、发酵力，成品酒的总酯含量都高于储存6个月的大曲。酶活性的丧失与曲块含水量有关，随着曲块失水干燥，酶钝化的速度也变慢。为了保持适当的酶活性，储曲时间不宜过长，以3个月为最好。

4. 大曲中的主要微生物及酶系

(1) 霉菌

在我国传统大曲中，除有曲霉外，根霉、拟内孢霉、红曲霉和毛霉等也广泛存在，这些霉菌通常是比较优良的糖化菌。各类大曲中都含有大量的霉菌，而不同大曲其霉菌组成不一样。

(2) 酵母

白酒生产用的大曲中，随着培养温度的降低，其酵母的含量增高。在高温曲中酵母含量最低，清香型大曲中酵母的含量最高。酵母在白酒发酵中起发酵产酒精和产酯、产香的作用。在大曲中主要的酵母有酒精酵母、汉逊酵母、假丝酵母、毕赤酵母和球拟酵母等。

(3) 细菌

细菌的各种代谢产物对白酒香型、风格具有重要的作用。细菌发酵对白酒质量、产量的影响越来越被人们所重视，因白酒的风格、香型的形成受己酸、乳酸、乙酸以及乙酸乙酯、己酸乙酯、乳酸乙酯含量的影响极大，而它们都是细菌代谢产物。大曲中生长的细菌主要是杆状细菌，有的不长芽孢，如乳酸菌、醋酸菌。也含有相当数量的芽孢杆菌。酱香型高温大曲中含有较多的嗜热芽孢杆菌，都能产生不同程度的酱气香味。

(4) 大曲中的微生物酶系

制曲过程微生物的消长变化直接影响大曲中的微生物酶系，曲坯入房中期，曲皮部分的液化酶、糖化酶、蛋白酶活性最高，以后逐渐下降；酒化酶活性前期时曲皮部分最高，中期曲心部分最高；培曲中期，各部分酶活性达到最高，酯化酶在温度高时比较多，因此，曲皮部分比曲心部分酯化酶活性高，但酒化酶则曲心部分比曲皮部分高。

六、大曲的质量

判断大曲质量的优劣是由感官指标和理化指标决定的。感官指标主要是从大曲的香气、外表、断面和皮张厚度等方面来判定。理化指标是由大曲的糖化力、发酵力、液化力和水分等指标来判定。

任务3 浓香型大曲酒的生产工艺

浓香型大曲酒采用典型的混蒸续渣工艺，酒的香气主要来源于优质泥窖和“万年糟”，尤其是窖泥中醋酸菌对生成主体香己酸乙酯至关重要。浓香型大曲酒是大曲酒中的一朵奇葩,它的产量占我国大曲酒总量的一半以上。

一、浓香型大曲酒的发酵工艺特点

浓香型大曲酒通常以高粱为制酒原料,以优质小麦或大麦、豌豆为混合配料,培制中、高温曲,泥窖固态发酵,采用续糟配料、混蒸混烧、量质摘酒、原度酒储存、精心勾兑。最能体现浓香型大曲酒酿造工艺特点的,而有别于其他诸种香型白酒工艺特点的三句话则是"泥窖固态发酵,采用续糟(或渣)配料,混蒸混烧"。

1. 泥窖发酵

浓香型大曲酒通常用泥料制作的窖池。浓香型大曲酒的各种呈香呈味的成分多与泥窖有关。

2. 续糟配料

所谓续糟配料,就是在原出窖糟醅中,按每一甑投入一定数量的酿酒原料高粱与一定数量的填充料糠壳,拌和均匀进行蒸煮,每轮发酵结束均如此操作。这样,一个窖池的发酵糟醅连续不断,周而复始,一边添入新料,同时排出部分旧料。如此循环不断使用的糟醅,在浓香型大曲酒生产中人们又称它为"万年糟"。

3. 混蒸混烧

所谓混蒸混烧,是指在将要进行蒸馏取酒的糟醅中按比例加入原料、辅料,通过人工操作上甑(将物料装入甑桶),调整好火力,做到首先缓火蒸馏取酒,然后大火力进一步糊化高粱原料。在同一蒸馏甑桶内,采取先以取酒为主,后以蒸粮为主的工艺方法。

4. 生产操作十分重视匀、透、适、稳、准、细、净、低

匀,是指在操作上,拌和糟醅、物料上甑、泼打量水、摊晾下曲、入窖温度等均要做到均匀一致。

透,是指在润粮过程中,原料高粱要充分吸水润透、高粱在蒸煮糊化过程中要熟透。

适,是指糠壳用量、水分、酸度、淀粉浓度、大曲加入量等入窖条件,都要做到适宜于与酿酒有关的各种微生物的正常繁殖生长,这才有利于糖化、发酵。

稳,是指入窖、转排配料要稳当,切忌大起大落。

准,是指挖糟、配料、打量水、看温度、加大曲等在计量上要准确。

细,是指各种酿酒操作及设备使用等,一定要细致而不粗心。

净,是指酿酒生产场地,各种工用器具、设备,以及糟醅、原料、辅料、大曲、生产用水都要清洁干净。

低,是指填充辅料、量水尽量低限使用;入窖糟醅尽量做到低温入窖,缓慢发酵。

二、浓香型大曲酒的发酵工艺

浓香型大曲酒发酵的工艺操作主要有两种形式:一是以洋河大曲、古井贡酒为代表的老五甑操作法;二是以泸州老窖为代表的万年糟红粮续渣操作法。

1. 老五甑操作法

续渣工艺常分为六甑、五甑和四甑等操作法,其中以"老五甑"操作法使用最为普遍。

老五甑正常操作时，窖内有四甑材料[大渣1、大渣2(二渣)、小渣、回糟]。出窖后加入新料做成五甑材料(大渣1、大渣2、小渣、回糟、扔糟)，分为五次蒸馏(料)，其中四甑下窖，一甑扔糟。

第一排：根据甑桶大小，考虑每班投入新原料(高粱粉)的数量，加入为投料量30%～40%的填充料，配入2～3倍于投料量的酒醅，进行蒸料，冷却后加曲，入窖发酵，立两渣料。

第二排：将第一排两甑酒醅，取出一部分，加入用料总数20%左右的原料，配成一甑作为小甑，其余大部分酒醅加入总数80%左右的原料，配成两甑大渣，进行混烧，两甑大渣和一甑小渣分别冷却，加曲后，分层入一个窖内进行发酵。

第三排：将第二排小渣不加新料蒸酒后冷却，加曲，即做成回糟。两甑大渣按第二排操作，配成两甑大渣和一甑小渣。因此入窖发酵有四甑料，分别是两甑大渣、一甑小渣和一甑回糟，分层在窖内发酵。

第四排(圆排)：将上排回糟酒醅，蒸酒后作为扔糟。将两甑大渣和一甑小渣按第三排操作配成四甑。

从第四排起圆排后可按此方式循环操作。每次出窖加入新料后投入甑中为五甑料，其中四甑入窖发酵，一甑为扔糟。

老五甑的四甑料在窖内的排列，各地不同，要根据工艺来决定。如有的窖面为回糟，依次到窖底为大渣、二渣、回糟等。

2. 万年糟红粮续渣操作法

该操作法习惯上又分为两种类型，一是以五粮液、剑南春为代表的浓香五粮型(用高粱、玉米、小麦、大米、糯米酿制而成)，采用跑窖法工艺。所谓“跑窖法”是将这一窖的酒醅经配料蒸粮后装入另一窖池，一窖撵一窖地进行生产。另一是以泸州老窖特曲、全兴大曲为代表的浓香单粮型(主要用高粱)，采用原窖法工艺。所谓“原窖法”是指发酵酒醅在循环酿制过程中，每一窖的糟醅经过配料、蒸馏取酒后仍返回到本窖池。

(1) 原、辅料的处理

原料可只使用一种高粱，如泸州老窖酒厂；也可使用高粱、玉米、大米、糯米、小麦等多种原料，如五粮液酒厂等。原料的粉碎，破坏了淀粉结构，利于糊化，可增加糖化酶对淀粉粒的接触面积，使之糖化充分，提高出酒率。但不宜磨得太细，以通过20目筛选的量占85%左右为宜。大曲粉碎，以通过20目筛筛选的量占70%为宜。

(2) 开窖

① 取窖泥。

用铁铲将窖面上窖泥取下，把窖泥黏附的糟子刷净，撮入窖泥坑内。

② 取酒醅。

先将面糟取出，运到堆糟坝(或晾堂上)堆成圆堆，拍紧，撒上一层稻壳，以减少酒精挥发，单独蒸酒做丢糟处理。面糟取完后接着取红糟，另起一堆，拍紧，撒稻壳少许，此糟蒸酒后只加曲，不加新料，入窖发酵即得新的面糟。其余母糟同样分开堆积，当出现黄水时即停止，并将已出窖的母糟刮平，拍紧撒上一层稻壳。

③ 滴窖。

停止取母糟后，在窖中或窖边挖一坑，深至窖底，随即将坑内黄水舀净。滴4～6 h，边滴边舀，至少要 4 次（一般保持醅水分子在 58%～59%为宜），再继续取糟，取完后拍紧，拍光，撒稻壳一层。黄水是窖内酒醅向下层渗漏的黄色淋浆水，一般含酒精成分为 4.5%，含有醋酸、腐殖质和酵母菌体自溶物等。此外，还含有一些经过驯化的己酸菌——多种白酒香味成分的物质。所以黄水是用人工培窖的好材料。也有将黄水集中蒸馏取得黄水酒的。

(3) 配料、拌料

泸州老窖酒厂的甑容为 1.25 m^3，每甑下高粱粉 130～140 kg，母糟为 4.5～5 倍，稻壳 25%～30%。母糟一定要适量，它的作用有四点。

① 调节入窖酸度，保证发酵所需的酸度，抑制杂菌的繁殖。

② 调节淀粉含量，进而调节温度，使酵母在一定的酒精量和适宜的温度下生长。

③ 提高淀粉利用率。

④ 带入大量大曲酒香味的一些前体物质，利于大曲酒的质量提高。

在蒸酒前 40～45 min，在堆糟坝挖出约够一甑的母糟，刮平，倒入高粱粉，随机拌和一次，拌毕倒稻壳，并连续拌 2 次，要求拌散、和匀、无疙瘩，此糟蒸酒后即为粮糟。

配料时，不可将稻壳和高粱粉同时倒入，以免粮粉进入稻壳内。翻拌要求低翻快拌，次数不可过多，时间不宜过长，以减少酒精挥发。

(4) 蒸酒、蒸粮、打量水

蒸酒、蒸粮有先后次序，一般先蒸粮糟，再蒸红糟，最后蒸面糟。其操作要求如下。

① 装甑。

装甑时，不仅要做到轻、松、匀，还要掌握蒸汽量。装甑时间，一般 35～40 min。

② 蒸酒。

截取酒头 0.25～0.5 kg，用于回窖发酵，或作调香酒，再接取原酒，分级入库。断花时摘酒尾，用于下一甑复蒸。蒸汽要匀，先小后大，控制流酒温度 35 ℃左右，流酒时间 40～50 min，流酒速度一般 3～4 kg/min。

③ 蒸粮。

蒸完酒后再续蒸 1 h，全期 110～120 min。糊化好的熟粮，要求内无生心，外不粘连，既要熟透又不起疙瘩。每蒸完一甑，清洗一次甑底。

④ 打量水。

粮糟出甑后立即拉平，加 70～85 ℃的热水，这一操作称作“打量水”，数量是原料的 90%～110%（冬天为 90%～95%）。打量水要撒开泼匀，泼到应打量水的六七成时，挖翻一次再泼。回窖酒的质量应计入 90%～110%的量水内。量水的量应控制在窖内水分为 55%左右为好。红糟不加料，蒸酒后不打量水，作封窖的面糟。

(5) 摊晾下曲

① 摊晾。

将加过量水的粮醅，置于晾糟机上，均匀摊平，利用风机通风降温，至下曲温度。

② 下曲。

冬天 17～20 ℃，夏天低于室温 2～3 ℃，接触窖底一甑可高 3～5 ℃。

③ 下曲量。

冬天为20%，夏天为19%～20%。

(6) 入窖发酵。

① 入窖。

粮糟入窖前，先在窖底撒大曲粉1～1.5 kg，促进生香。粮糟入窖温度根据季节、气温的不同而有差别，春秋两季，室温为5～10 ℃，入窖温度为17～20 ℃；夏秋两季，室温为20～28 ℃，入窖温度为20～27 ℃或略低于室温2～3 ℃。

② 入窖要求。

入窖后，粮糟适当踩紧和刮平，装入粮糟不得高于地面，加入面糟形成的糟帽高度不可超出窖面0.8～1 m，铺出窖边不超过5 cm。

③ 入窖和出窖的工艺条件。

入窖和出窖的工艺条件见表3-6。

表3-6 酒醅入窖出窖条件

项　目	出 窖 醅	入 窖 醅
淀粉含量	7%～8%	15%～16%
水分含量	63%～64%	55%～58%
酸度	1.8%～2.5%	1.4%～1.6%

④ 封窖。

装好窖后，盖上篾席或撒稻壳，敷抹厚6～10 cm的窖泥，上部再盖上塑料布，四周敷上窖泥，保持窖泥湿润不开裂。

⑤ 发酵期。

分20～90 d不等。视各厂及工艺要求而定。

3. 提高浓香型大曲酒质量的措施

(1) 延长发酵周期

在窖池、入窖条件、工艺操作大体相同的情况下，酒质的好坏在很大程度上取决于窖池发酵周期的长短，因此，延长发酵期已成为提高浓香型大曲酒质量的重要工艺措施之一。生产实践证明，发酵期短的酒，其产量高，质量差；发酵期长的酒，其酒质好，产量低。从香味物质，尤其是酯类物质的生成来看，酯的生成要消耗酒精，因此随着发酵期的延长，酒精减少。从科学研究的角度看，不能单纯靠延长发酵周期来提高大曲酒的质量，而应在稳定的传统发酵期的基础上同时采用先进的酿酒技术，研究提高产酒质量的措施，缩短传统发酵期。

浓香型大曲酒的质量除与发酵周期有关外，还与窖泥、糟醅、大曲等的质量有关，并与工艺条件、入窖条件、发酵设备、操作方法等因素有关。因此，提高大曲酒的质量，应该从多种因素考虑，不能片面地强调发酵周期。一般而言，发酵周期以45 d为宜。

(2) 双轮底槽发酵

所谓“双轮底槽发酵”，即在开窖时，将大部分糟醅取出，只在窖池底部留少部分糟醅(也可投入适量的成品酒、曲粉等)进行再次发酵的一种方法。

双轮底槽发酵，实质是延长发酵期的一种工艺方法，只不过延长发酵的糟醅不是全窖整个糟醅，而仅仅是留于窖池底部的一小部分糟醅。底部糟醅与窖泥有较长时间的接触，因此有利于香味物质的大量生成与积累。因此，采用双轮底槽发酵是能够提高酒质的。

(3) 人工培窖和加速窖泥老熟

那些产优质酒的窖池，经历了上百年的过程，它们是自然老熟而成的，所以要提高浓香型大曲酒质量，除了采取其他措施外，加速窖泥老熟也是一项极其重要的技术措施。在发酵过程中，有机酸和酒精在酯化酶的催化下，会生成相应的酯类物质，而这些酯类物质又是浓香型大曲酒的主体呈香呈味物质。

(4) 回窖发酵

回窖发酵是糟醅在发酵过程中增加一些物质参与发酵，并能提高主体香味物质的一种方法。这种方法易于掌握，效果极好。

任务4 小曲生产技术

一、小曲的特点和种类

1. 小曲的特点

① 采用自然培菌或纯种培养。

② 用米粉、米糠及少量中草药为原料。

③ 制曲周期短，一般为7～15 d；制曲温度比大曲低，一般为25～30 ℃。

④ 曲块外形尺寸比大曲小，有圆球形、圆饼形、长方形或正方形。

⑤ 品种多。根据原料、产地、用途等可将小曲分为很多品种。

2. 小曲的种类

按添加中草药与否可分为药小曲和无药小曲，药小曲按添加中草药的种类可分为单一药小曲和多药小曲；按制曲原料可分为粮曲与糠曲，粮曲全部为大米粉，糠曲全部为米糠，或多量米糠与少量米粉的混合；按形状可分为酒曲丸、酒曲饼及散曲；按用途可分为甜酒曲与白酒曲。

二、小曲中的微生物及其酶系

小曲中的主要微生物由于培养方式不同而异。纯种培养成的小曲中主要是根霉和纯种酵母；自然培养的小曲主要有霉菌、酵母菌和细菌三大类。据有关资料介绍，桂林三花酒小曲中主要有拟内孢霉、根霉、酵母和乳酸菌。

1. 小曲中的霉菌

小曲中的霉菌一般有根霉、毛霉、黄曲霉和黑曲霉等，其中主要是根霉。根霉在固体培养基上培养时，除了生长匍匐菌丝外，气生菌丝丛生，呈棉絮状，长出不分枝孢子囊柄，形成孢子囊，长出孢子。根霉在液态深层通风培养时，则难形成气生菌丝，也看不到孢子囊孢子，只能看到菌丝体绕合在一起。

小曲中常见的根霉有河内根霉、米根霉、爪哇根霉、白曲根霉、中国根霉和黑根霉等，各种根霉生长适应性、生长特征、糖化力及代谢产物是有差异的。

2. 小曲中的酵母和细菌

传统小曲(自然培养)中,含有的酵母种类很多,有酒精酵母、假丝酵母、产香酵母和耐较高温酵母。它们与霉菌、细菌一起共同作用,赋予传统小曲白酒特殊的风味。

但是传统小曲中也含有大量的细菌,主要是醋酸菌、丁酸菌及乳酸菌等。在小曲白酒生产中,只要工艺操作良好,这些细菌不但不会影响成品酒的产量和质量,反而会增加酒的香味物质,但若工艺操作不当(如温度过高),就会使出酒率降低。

3. 小曲中酶系的特征

小曲中的霉菌主要是根霉,根霉中既含有淀粉酶,又含有酒化酶,具有糖化和发酵的双重作用,这就是根霉系的特征。根霉中的淀粉酶一般包括液化酶和糖化型淀粉酶,两者的比例约为 1∶3.3,而米曲霉中约为 1∶1,黑曲霉中约为 1∶2.8。可见小曲的根霉中,糖化型淀粉酶特别丰富。

根霉具有一定的酒化酶,能边糖化边发酵,这一特性也是其他霉菌所没有的。由于根霉具有一定的酒化酶,可使小曲酒生产中的整个发酵过程自始至终地边糖化边发酵,所以发酵作用较彻底,淀粉出酒率进一步得到提高。

由此可见,根霉中的酶系对提高小曲酒的淀粉出酒率和小曲酒质量有着重要的作用。

三、单一药小曲的生产工艺

桂林酒曲丸是一种单一药小曲,它是用生米粉为原料,只添加一种香药草,接种曲母培养制成的。

1. 工艺流程

桂林酒曲丸生产工艺流程如图 3-27 所示。

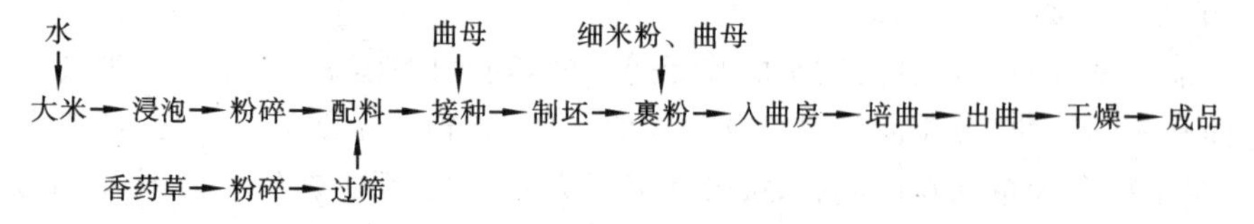

图 3-27　桂林酒曲丸生产工艺流程

2. 原料配比(每批次制曲用量)

① 大米粉,总用量 20 kg,其中酒药坯用 15 kg,裹粉用细米粉 5 kg。

② 香药草粉,用量占酒药坯米粉质量的 13%。香药草是桂林地区特有的草药,茎细小,稍有色,香味好,干燥后磨粉制成。

③ 曲母,是指上次制成的小曲保留下来的酒药种子,用量为酒坯量的 2%、裹粉的 4%(对米粉)。

④ 水,用量约为坯粉质量的 60%。

3. 操作说明

(1) 浸米

大米加水浸泡,夏天 2~3 h,冬天 6 h 左右。

(2) 粉碎

沥干后粉碎成粉状,取其中1/4用180目筛筛出5 kg细粉作裹粉。

(3) 制坯

按原料配比进行配料,混合均匀,制成饼团,放在饼架上压平,用刀切成2 cm见方的粒状,用竹筛圆成药坯。

(4) 裹粉

将细米粉和曲母粉混合均匀作为裹粉。先撒小部分于簸箕中,并洒第一次水于酒药坯上后倒入簸箕中,用振动筛筛圆、裹粉、成型,再洒水、裹粉,直到裹粉全部裹光,然后将药坯分装于小竹筛中摊平,入曲房培养。入曲房前酒药坯含水量为46%。

(5) 培曲

根据小曲中微生物的生长过程,分为三个阶段。

① 前期。酒药坯入房后,经24 h左右,室温保持在28~31 ℃,品温为33~34 ℃,最高不得超过37 ℃。当霉菌繁殖旺盛,有菌丝倒下,坯表面起白泡时,将药坯上盖的覆盖物掀开。

② 中期。培养24 h后,酵母开始大量繁殖,室温控制在28~30 ℃,品温不超过35 ℃,保持24 h。

③ 后期。培养48 h后,品温逐渐下降,曲子成熟,即可出曲。

(6) 出曲

出房后于40~50 ℃的烘房内烘干或晒干,储存备用。

从入房培养至成品烘干共需5 d左右。

4. 质量指标

(1) 感官鉴定

外观白色或淡黄色。要求无黑色,质地疏松,具有酒药的特殊芳香。

(2) 化验指标

水分12%~14%,总酸含量不超过0.69 g/(100 g),发酵力为每100 kg大米产58%白酒60 kg以上。

5. 制造药小曲添加中草药的作用

① 提供微生物生长所必需的维生素和其他生长因素。

② 抑制或杀灭有害的微生物,特别是有害细菌。

③ 利用中草药中的芳香、辛辣成分,赋予小曲独特的香气。

④ 疏松曲坯,利于微生物的培养。

四、根霉曲的生产工艺

根霉曲是采用纯培养技术,将根霉与酵母在麸皮上分开培养后再混合配制而成的。适合各种淀粉质原料小曲酿酒工艺使用,可获得更高的出酒率和节约更多的粮食,也节约中药材。根霉常用的菌株有永川YC5-5号、贵州Q303号、AS3.851、AS3.866等,酵母菌常用AS2.109等。

1. 工艺流程

根霉曲生产工艺流程如图 3-28 所示。

麸皮→润料（水）→上甑→蒸料→出甑→降温→接种（种曲）→装盒→培养→烘干→配比（麸皮固体酵母）→根霉曲

图 3-28　根霉曲生产工艺流程

2. 操作要点

(1) 润料

加水 60%～80%，充分拌匀，打散。

(2) 蒸料

打开甑内蒸汽，将润料后的麸皮轻、匀撒入甑内，加盖常压蒸 1.5～2 h。

(3) 接种

出甑的曲料冷却至冬季 35～37 ℃。夏季为室温后接种。接种量一般为 0.3%～0.5%（夏少冬多）。接种时，先将曲种搓碎混入部分曲料，拌和均匀，再撒于整个曲料中，充分拌匀后装入曲盒。

(4) 培养

曲室温度控制在 25～30 ℃。根据根霉不同阶段的生长繁殖情况调节品温和湿度，用调整曲盒排列方式如柱形、X 形、“品”字形、“十”字形等来调节，使根霉在 30～37 ℃的范围生长繁殖。

(5) 烘干

一般分为两个阶段。以进烘房至 24 h 左右为前期，烘干温度在 35～40 ℃。24 h 至烘干为后期，烘干温度在 40～45 ℃。要求曲子快速干透。

(6) 粉碎

将根霉曲粉粉碎使根霉孢子囊破碎释放出来，以提高使用效能。

(7) 固体酵母

麸皮加 60%～80%的水润料后上甑常压蒸 1.5～2 h，冷却至接种温度后，接入原料量 2%的用糖液培养 24 h 的酵母液，混匀后装在曲盒中，控制品温在 28～32 ℃，培养24～30 h。

(8) 密封

将一定量的固体酵母加到根霉曲粉中混合均匀使根霉散曲，用塑料袋密封备用。固体酵母的加量根据它所含酵母细胞数而定，酵母细胞越多加量越少，通常加量为根霉曲的 2%～6%。

成品根霉散曲颜色近似麦麸，色质均匀无杂色，具有根霉曲特有的曲香，无霉杂气味；水分含量不大于 12%，试饭糖分（以葡萄糖计）不少于 25，酸度（mL/g，以消耗 0.1 mol/L NaOH 计）不小于 0.45，糖化发酵率不小于 70%；酵母细胞数$(8.0\times10^{7})\sim(1.5\times10^{8})$个/g。

试饭就是将根霉散曲接在米饭上培养一定时间，之后品尝糖化后饭的味道的操作。试饭要求：饭面无杂霉斑点，饭粒松软，甜酸适口，无异臭味。

任务5 小曲白酒的生产工艺

以董酒为例介绍一下小曲白酒的生产工艺。

一、生产工艺

1. 制曲

大曲原料为小麦，加40味中药；小曲原料为大米，加95味中药。原料粉碎后，各加5%的中药粉，50%～55%的洁净水，大曲加2%种曲，小曲加1%种曲，拌匀，制坯厚为3 cm，小曲长、宽各为3.5 cm，大曲长、宽各为10 cm。曲坯放在垫有稻草的木箱中，入曲室培养约7 d成熟，在45 ℃烘干。整个制曲过程约2周。

2. 制酒

(1) 蒸粮

整粒高粱，大班800 kg，小班400 kg，用90 ℃热水浸泡8 h，放水，基本滴干后，打入甑中蒸粮。上汽后干蒸40 min，加入50 ℃水焖粮，继续将水加温至95 ℃左右，糯粮焖5～20 min，粳粮焖60～70 min，粮食过心基本吃够水以后，放水，加大蒸汽，上汽后再蒸1～1.5 h，打开甑盖冲水20 min，高粱蒸好。

(2) 近箱糖化

在糖化箱底放一层厚2～3 cm的配糟，表面薄薄地掩上一层稻壳，把蒸好的高粱装入箱中，摊平，风冷，夏天吹至35 ℃(冬天吹至40 ℃)左右下小曲，其量为高粱的0.4%～0.5%。曲分两次下，每下一次拌和一次(不拌底层酒糟)。拌好以后把箱中粮食收拢，摊平，四周留一道宽约18 cm的沟，放入热糟以保箱温。培菌糖化时间，糯粮26 h左右，粳粮32 h左右；糖化好的箱温，糯粮不超过40 ℃，粳粮不超过42 ℃为宜。配糟加入量大班为1800 kg，小班为900 kg。粮糟比为1∶(2.3～2.5)。

3. 制香醅(下大窖)

① 把酒窖打扫干净，如窖墙周围有青霉菌的繁殖，应尽量铲除。

② 取隔天的高粱酒糟(占50%)、董酒糟(占30%)及大窖发酵好的香醅(占20%)，按高粱投料量的10%加入大曲充分拌匀、堆好。

③ 夏天，当天下窖，耙平踩紧；冬天，下窖内堆集1 d或在晾堂上堆1 d(培菌)，第二天将已升温的窖糟耙平踩紧，一个大窖要多天才能下满。每二、三天泼洒一次。每大窖要泼约60%高粱酒275 kg，下糟为15～20 t。

④ 发酵窖池下满后，用拌有黄泥的稀煤封窖，保持密封发酵10个月左右，香醅制成。

4. 蒸馏(串蒸)

将发酵好的小曲醅取出，拌适量稻壳(大班每甑拌12 kg，小班每甑拌6 kg)分为两甑蒸馏，视来汽情况慢慢装甑，以不压汽为准。小曲酒醅装好以后，再在其上装700 kg左右(大班)或350 kg(小班)大窖发酵好的香醅(香醅要视干湿情况，酌量加入疏松用稻壳)。圆汽后，盖甑蒸馏。如酒麻苦味重，取酒头1.5～2.5 kg。摘酒的浓度60.5%～61.5%，特别好的酒可在62%～63%。蒸馏出的白酒经品尝鉴定后分级储存，储存一年以上再勾兑包装出厂。

二、影响小曲酒质量和出酒率的因素

影响小曲酒质量和出酒率的因素主要有三个方面。

1. 原料的影响

小曲的主体香成分主要是乙酸乙酯和乳酸乙酯，其前体物质乙酸和乳酸等主要来源于原料中的淀粉。因此，小曲酒生产原料中若没有足够的淀粉，就保证不了出酒率，小曲白酒的风味也受到不好的影响。

2. 小曲质量的影响

小曲的质量决定着小曲酒的质量和出酒率。质量好的小曲，糖化力和发酵力都很强，能保证原料中的淀粉绝大部分都转化为可发酵性糖，同时可发酵性糖较多地转化为乙醇，从而提高了出酒率，并能赋予小曲白酒独特的风味。故要重视纯种根霉及酵母的培养和优良菌种的选育。在小曲中添加中草药是小曲酒生产的重要特点，实践证明，在小曲制造中使用中草药要根据效果确定添加的种类和数量。

3. 生产工艺的影响

(1) 先培菌糖化后发酵工艺

此工艺的关键是饭粒培菌和适时加水发酵。饭粒培菌可保证用曲量少，糖化发酵率高。适时加水发酵，使酒醅从固态转为液态进行糖化发酵，有利于发酵效率和出酒率的提高。

(2) 边糖化边发酵工艺

此工艺的关键是控制酒醅的品温。因为较大的用曲量，使发酵前期糖化发酵太快，品温迅速上升，根霉和酵母容易衰老，后期发酵异常，出酒率降低，酒质也不好。

任务6　白酒的质量检测

一、白酒感官评定

感官评定是指评酒者通过眼、鼻、口等感觉器官，对白酒样品的色泽、香气、口味及风格特征的分析评价。

1. 样品的准备

将样品放置于(20±2) ℃环境下平衡24 h[或(20±2) ℃水浴中保温1 h]后，采取密码标记后进行感官评定。

2. 色泽

将样品注入洁净、干燥的品酒杯中(注入量为品酒杯容积的1/2～2/3)，在明亮处观察，记录其色泽、清亮程度、沉淀及悬浮物情况。

3. 香气

将样品注入洁净、干燥的品酒杯中(注入量为品酒杯容积的1/2～2/3)，先轻轻摇动酒杯，然后用鼻进行闻嗅，记录其香气特征。

4. 口味

将样品注入洁净、干燥的品酒杯中（注入量为品酒杯容积的1/2～2/3），喝入少量样品（约2 mL）于口中，以味觉器官仔细品尝，记下口味特征。

5. 风格

通过品评样品的香气、口味并综合分析，判断是否具有该产品的风格特点，并记录其典型性程度。

不同香型白酒感官要求有差异，但是都是从色泽、外观、香气、口味和风格几个方面来进行品评的。下面以浓香型白酒的感官要求为例进行说明，见表3-7。

表3-7　浓香型白酒感官要求

项　目	高度酒（酒精度41%～68%）		低度酒（酒精度25%～40%）	
	优级	一级	优级	一级
色泽和外观	无色或微黄，清亮透明，无悬浮物，无沉淀*		无色或微黄，清亮透明，无悬浮物，无沉淀*	
香气	具有浓郁的己酸乙酯为主体的复合香气	具有较浓郁的己酸乙酯为主体的复合香气	具有较浓郁的己酸乙酯为主体的复合香气	具有己酸乙酯为主体的复合香气
口味	酒体醇和谐调，绵甜爽净，余味悠长	酒体较醇和谐调，绵甜爽净，余味较长	酒体醇和谐调，绵甜爽净，余味较长	酒体较醇和谐调，绵甜爽净
风格	具有本品典型的风格	具有本品明显的风格	具有本品典型的风格	具有本品明显的风格

注：当酒的温度低于10 ℃时，允许出现白色絮状沉淀物质或失光。10 ℃以上时应逐渐恢复正常。

二、白酒的理化要求

白酒质量检测的基础理化指标有酒精度、总酸、总酯、固形物，不同香型的白酒还需要检测不同的酯类，如己酸乙酯、乳酸乙酯、乙酸乙酯等。下面以浓香型白酒的理化要求为例进行说明，见表3-8。

表3-8　浓香型白酒理化要求

项　目	高度酒			低度酒	
	优级		一级	优级	一级
酒精度/(%)	41～60	61～68	41～68	25～40	
总酸(以乙酸计)/(g/L)　≥	0.40		0.30	0.30	0.25
总酯(以乙酸乙酯计)/(g/L)　≥	2.00		1.50	1.50	1.00
己酸乙酯/(g/L)	1.20～2.80	1.20～3.50	0.60～2.50	0.70～2.20	0.40～2.20
固形物*/(g/L)　≤	0.40*			0.70	

注：酒精度41%～49%的酒，固形物可小于或等于0.50 g/L。

除了以上列举出的理化指标之外，我国还将一些指标专门放在一起并归到蒸馏酒及配制酒、发酵酒的卫生指标的标准里进行判定。下面以蒸馏酒及配制酒的卫生标准中这些项目的要求为例进行说明，见表3-9。

表3-9　蒸馏酒及配制酒卫生指标要求

项　　目		指　　标
甲醇/[g/(100 mL)]	以谷类为原料者	≤0.04
	以薯干及代用品为原料者	≤0.12
氰化物(mg/L，以HCN计)	以木薯为原料者	≤5
	以代用品为原料者	≤2
铅(mg/L，以Pb计)		≤1
锰(mg/L，以Mn计)		≤2
食品添加剂		按相关国家标准规定

注：以上系指酒精度为60%的蒸馏酒的标准，酒精度高于或低于60%者，按60%折算。

思考题

1. 白酒酿造的主要原料有哪些？选购原辅料时应注意哪些问题？
2. 叙述浓香型大曲酒的工艺流程及主要发酵工艺特点。

技能训练　清香型大曲酒的酿造

一、能力目标

① 通过本实训的学习，使学生加深对大曲酒生产基本理论的理解。
② 使学生掌握清香型大曲酒生产的基本工艺流程，进一步了解其生产的关键技术。
③ 提高学生的生产操作控制能力，能处理清香型大曲酒生产中遇到的常见问题。

二、生产工艺流程

清香型大曲酒的酿造工艺流程如图3-29所示。

三、实训材料

1. 原料

适当粉碎的高粱及适当粉碎的大渣、二渣发酵用的大曲。

2. 仪器与设备

试管、三角瓶、不锈钢盆、量筒、温度计、托盘天平、水浴锅、波美计、高压锅、洗涤及浸泡设备、蒸煮锅、曲池(曲箱)、发酵池(发酵罐或发酵箱)、粉碎机等。

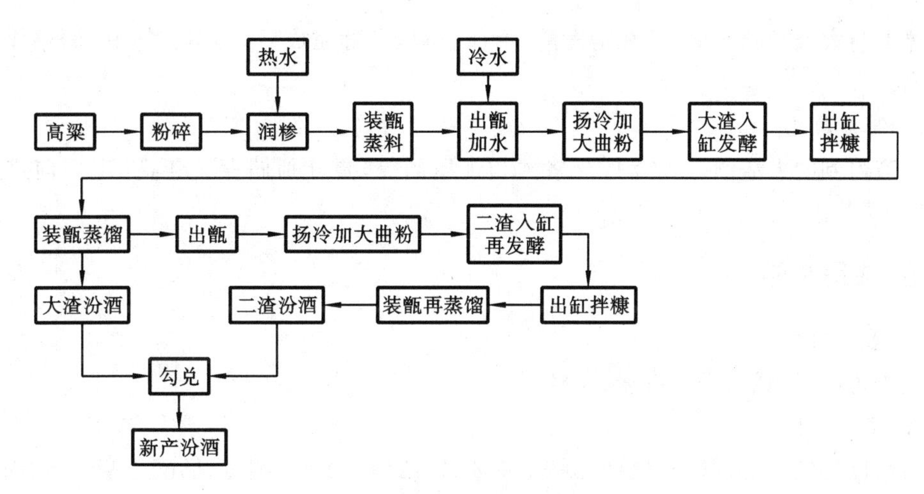

图 3-29 清香型大曲酒的酿造工艺流程

四、操作要点

1. 润糁

目的是让原料预先吸收部分水分，利于蒸煮糊化，而原料的吸水量和吸水速度常与原料的粉碎度和水温的高低有关。在粉碎细度一定时，原料的吸水能力随着水温的升高而增大。

2. 蒸料

蒸料也称蒸糁，目的是使原料淀粉颗粒细胞壁受热破裂，淀粉糊化，便于大曲微生物和酶的糖化发酵，产酒成香。同时，杀死原料所带的一切微生物，挥发掉原料的杂味。

3. 加水、扬冷、加曲

蒸后的红糁应趁热出甑并摊成长方形，泼入原料量 30%左右的冷水（最好为 18～20 ℃的井水），使原料颗粒分散，进一步吸水。随后翻拌，通风晾渣，一般冬季降温到比缸温度高 2～3 ℃即可，其他季节散冷到与入缸温度一样就可下曲。

下曲温度的高低影响曲酒的发酵，根据经验，加曲温度一般春季为 20～22 ℃，夏季为 20～25 ℃，秋季为 23～25 ℃，冬季为 25～28 ℃。

加曲量的大小关系到酒的出率和质量，应严格控制，一般的量为原料量的 9%～11%，可根据季节、发酵周期等加以调节。

4. 大渣入缸发酵

大渣入缸时，主要控制入缸温度和入缸水分。大渣入缸后，缸顶要用石板盖严，再用清蒸过的小米壳封口，还可用稻壳保温。

汾香型大曲酒的发酵期一般 21～28 d，个别也有长达 30 余天的。发酵周期的长短与大曲的性能、原料粉碎度等有关，应该通过生产试验确定。发酵过程中，须隔天检查一次发酵情况。一般在入缸后 2 周内更要加强检查，发酵良好的会出现苹果似的芳香，醅子也会逐渐下降，下沉越多，产酒越好，一般约下沉 1/4 的醅层高度。

5. 二渣发酵

为了充分利用原料中的淀粉，蒸完酒的大渣醅需继续发酵一次，这叫二渣发酵。其操

作大体上与大渣发酵相似，是纯糟发酵，不加新料，发酵完成后，再蒸二渣酒，酒糟作为扔糟排出。

6. 储存勾兑

蒸馏得到的大渣酒、二渣酒、合格酒和优质酒等，要分别储存3年，在出厂前进行勾兑，然后灌装出厂。

五、成品检验

1. 感官检查

检查色泽、外观、香气、口味、风格等。

2. 理化检验

酒精度测定、总酸（以乙酸计）测定、总酯（以乙酸乙酯计）测定、已酸乙酯测定、固形物测定等。

3. 卫生检验

甲醇测定、氰化物（以HCN计）测定、铅测定、锰测定，还有相应的食品添加剂的测定。

六、实训报告

写出书面实训报告。

七、实训思考题

1. 清香型大曲酒酿制过程中制曲的作用是什么？
2. 润糁的目的是什么？
3. 什么是二渣发酵？二渣发酵跟大渣发酵的区别是什么？
4. 清香型大曲酒的检测项目有哪些？如何检测？
5. 除本法外，还有哪些生产清香型大曲酒的方法？

模块四

乳制品及有机酸发酵技术

项目1　发酵乳制品生产技术

预备知识1　发酵乳制品的定义和分类

发酵乳制品是以生牛(羊)乳或乳粉为原料,经杀菌、发酵后制成的pH降低的产品。其中酸奶油、酸乳等是通过乳液中接种乳酸细菌后,经发酵而制得的产品。而有些产品除细菌外,还有酵母和霉菌参与发酵。如蓝色干酪和沙门柏干酪就有娄地青霉、沙门柏青霉参与发酵,开菲尔中存在多种酵母菌。这些微生物不但会引起产品外观和理化特性的改善,而且可以丰富发酵产品的风味。发酵乳制品中以酸乳和干酪生产量最大。

一、酸乳的定义

联合国粮食及农业组织(FAO)、世界卫生组织(WHO)与国际乳品联合会(IDF)于1977年给酸乳做出如下定义:酸乳是指在添加(或不添加)乳粉(或脱脂乳粉)的乳(杀菌乳或浓缩乳)中,由于保加利亚乳杆菌和嗜热链球菌的作用进行乳酸发酵制成的凝乳状产品,成品中必须含有大量的、相应的活性微生物。

二、酸乳分类

1. 按成品的组织状态进行分类

① 凝固型酸乳:发酵过程是在包装容器中进行,色素、香料等添加剂在接种前加入,这样有助于混匀,然后将容器放在合适的条件下培养,使成品因发酵而保留其凝乳状态。

② 搅拌型酸乳:是在发酵罐内(或搅乳器)内接种并培养,凝块在冷却和包装过程中被打碎而成黏稠的组织状态。

2．按成品的口味进行分类

（1）天然酸乳

天然酸乳仅由原料乳加菌种发酵而成，不含任何辅料和添加剂。

（2）加糖酸乳

加糖酸乳由原料乳和糖加入菌种发酵制成。

（3）调味酸乳

调味酸乳是在天然酸乳或加糖酸乳中加入香料制成的。

（4）果料酸乳

果料酸乳是由天然酸乳与糖、果料混合制成的。

（5）复合型或营养健康型酸乳

复合型或营养健康型酸乳是在酸乳中强化不同的营养素（如维生素、食用纤维）或在酸乳中混入不同的辅料（如谷物、干果等）而制成的。

我国新标准《食品安全国家标准　发酵乳》（GB 19302—2010）对酸乳和风味酸乳给出了如下定义。

酸乳：以生牛（羊）乳或乳粉为原料，经杀菌、接种嗜热链球菌和保加利亚乳杆菌（德氏乳杆菌保加利亚亚种）发酵制成的产品。

风味酸乳：以80％以上生牛（羊）乳或乳粉为原料，添加其他原料，经杀菌、接种嗜热链球菌和保加利亚乳杆菌（德氏乳杆菌保加利亚亚种）发酵前或后，添加或不添加食品添加剂、营养强化剂、果蔬、谷物等制成的产品。

3．按原料中脂肪含量进行分类

根据FAO/WHO规定，脂肪含量全脂酸乳为3.0％，部分脱脂酸乳为3.0％～0.5％，脱脂酸乳为0.5％；酸乳非脂固体含量为8.2％。

4．按发酵后的加工工艺进行分类

（1）浓缩酸乳

浓缩酸乳是将正常酸乳中的部分乳清除去而得到的浓缩产品。

（2）冷冻酸乳

冷冻酸乳是在酸乳中加入果料、增稠剂或乳化剂，然后将其进行凝炼处理而得到的产品。

（3）充气酸乳

充气酸乳是在发酵后，在酸乳中加入部分稳定剂和起泡剂（通常是碳酸盐），经均质处理即成。该类产品通常是以充CO_2的酸乳饮料形式存在。

（4）酸乳粉

酸乳粉通常使用冷冻干燥法或喷雾干燥法将酸乳中约95％的水分除去而制成。在制造酸乳粉时，在酸乳中加入淀粉或其他水解胶体后再进行干燥处理，即为食用酸乳粉。

5．按菌种种类进行分类

（1）酸乳

酸乳一般是指仅用保加利亚乳杆菌和嗜热链球菌发酵而得到的产品。

（2）双歧杆菌酸乳

酸乳菌种中含有双歧杆菌，如法国的“Bio”、日本的“Mil-Mil”。

(3) 嗜酸乳杆菌酸乳

酸乳菌种中含有嗜酸乳杆菌和其他乳酸菌。

(4) 干酪乳杆菌酸乳

酸乳菌种中含有干酪乳杆菌和其他乳酸菌。

6. 酸乳的营养价值

酸乳因乳酸菌的发酵而产生酸类、羰基化合物、酯类、醇类、芳香族化合物、杂环化合物等所形成的良好风味,受到消费者的青睐,同时在发酵过程中产生独特的营养物质,具有极高的营养价值和保健功能。

(1) 营养丰富,消化吸收好

①乳酸可与乳中 Ca、P、Fe 等矿物质形成易溶于水的乳酸盐,大大提高了机体对 Ca、P、Fe 的利用率;②乳酸菌发酵产生蛋白质水解酶,使原料乳中部分蛋白质水解,使酸乳中含有比原料乳更多的肽和比例更合理的人体必需氨基酸;③发酵产生的乳酸使乳蛋白质形成微细的凝块,延缓了在肠道中的释放速度,更易被蛋白水解酶进行充分的分解,有利于被人体消化吸收;④酸乳中含有大量的 B 族维生素和少量脂溶性维生素;⑤酸乳因受乳酸菌脂肪酶的作用,不仅产生少量的游离脂肪酸,而且脂肪的构造发生变化,易于消化吸收。

(2) 减轻"乳糖不耐受症"

人在刚出生时体内乳糖酶活力最强,断乳后开始下降,成年人体内的乳糖酶活力仅为其刚出生时的 10%,有的人体内的乳糖酶活力更小,以至于无法消化乳糖,当喝牛乳时就会出现腹痛、腹泻、痉挛、肠鸣等症状,称为"乳糖不耐受症"。酸乳中一部分乳糖被水解成半乳糖和葡萄糖,再被转化为乳酸,因此酸乳中的乳糖比鲜牛乳中要少。另外,酸乳中的活菌直接或间接地具有乳酸酶活性,因此摄入酸乳可以减轻喝牛乳时出现的乳糖不耐受症,常饮效果更佳。

(3) 提高人体抗病能力

酸乳中的乳酸菌能以活体形式到达大肠,在肠道中营造一种酸性环境,有利于肠道内有益菌的繁殖,而对一些致病菌和腐败菌的生长有显著的抑制作用,从而起到协调人体肠道中微生物菌群平衡的作用,提高机体免疫力。

酸乳生产需要添加发酵剂,发酵剂菌种在生长繁殖过程中,能够合成某些抗生素。例如:乳酸链球菌能产生乳酸链球菌素,乳油链球菌产生乳油链球菌素等,这些抗生素能抑制和消灭多种病原菌,因此食用酸乳可以提高机体自身的抗病能力。

(4) 其他功能

酸乳中的抗胆固醇因子乳清酸、乳糖和钙、羟甲基戊二酸等具有降低血压、抑制胆固醇的功效;酸乳能够控制体内毒素,起到延缓衰老、美容、润肤作用;由于有微生物族群的抗拮作用,会使产生致癌物的不良细菌大量减少,进而减少致癌概率。

三、干酪的概述

1. 干酪的定义和分类

干酪是指在乳(牛乳、羊乳及其脱脂乳、稀奶油等)中加入适量的乳酸菌发酵剂和凝乳酶，乳蛋白(主要是酪蛋白)凝固后排除乳清，并将凝块压成所需形状而制成的产品。制成后未经发酵成熟的产品称为新鲜干酪；经长时间发酵成熟而制成的产品，称为成熟干酪。国际上将这两种干酪统称为天然干酪。

按干酪的成分和组成可分为如下类型(表 4-1)。

表 4-1 干酪按成分和组成分类

干酪类型	非脂成分中水分含量/[g/(100 g)]	干酪类型	干物质中脂肪含量/[g/(100 g)]
软	＞67	高脂	≥60
半硬	54～69	全脂	45.0～59.9
硬	49～56	中脂	25.0～44.9
特硬	＜51	部分脱脂	10～24.9
		低脂型	＜10

国际上常把干酪分为天然干酪、融化干酪(processed cheese)和干酪食品(cheese food)，见表 4-2。

表 4-2 三大类干酪的主要规格

名　　称	规　　格
天然干酪	以乳、稀奶油、部分脱脂乳、酪乳或混合为原料，经凝固后排除乳清而获得的新鲜或成熟的产品，允许添加部分天然香辛料
融化干酪	用一种或一种以上的天然干酪，添加(或不添加)食品卫生标准允许的添加剂经粉碎、混合、加热、融化、乳化而制成的产品，含乳固体 40%以上
干酪食品	用一种或一种以上的天然干酪或融化干酪，添加(或不添加)食品卫生标准所规定的添加剂，经粉碎、混合、加热、融化而制成的产品，产品中干酪数量占 50%以上

2. 凝乳酶

凝乳酶在干酪生产中的最主要作用是使牛乳凝固，但其中有些酶对于干酪成熟过程中风味成分的产生也起着很重要的作用。

凝乳酶可以由许多种幼小的哺乳动物分泌得到，用于干酪生产的重要凝乳酶有小牛、小绵羊和小山羊的皱胃酶，霉菌和酵母菌的凝乳酶也被广泛应用于干酪生产中。随着现代生物技术在工业生产中的应用，人类已能将控制小牛皱胃酶合成的 DNA 在微生物细胞中得到表达，即成功用微生物来合成皱胃酶，并得到美国食品及药物管理局(FDA)的认定和批准。美国 Pfizer 公司和 Gist Brocades 公司生产的生物合成皱胃酶制剂已在美国、瑞士、英国、澳大利亚等国广泛应用，用这些凝乳酶生产的干酪在产量和质量上都与用小牛皱胃酶的不相上下。另外，来源于无花果和菠萝的植物凝乳酶也常被应用于传统干酪生产中。

3. 凝乳机理

大约 80%的牛乳蛋白是酪蛋白，它由一系列的成分组成，如 α、β、γ、κ-酪蛋白等，在正常的 pH 下，酪蛋白以球形颗粒的形式结合在一起，形成胶束。在凝乳酶的作用下，κ-酪蛋白多肽链的 105～106 位苯丙氨酸和甲硫氨酸之间的肽键被专一性地水解，这种键的水解使得稳定性的副κ-酪蛋白及亲水性的糖巨肽增加。在钙离子存在下，通过酪蛋白胶粒间形成的化学键而促使凝胶形成，凝胶中的水分便通过脱水收缩这样一个过程而排出，形成不溶性凝块。

4. 干酪的营养价值

干酪含有丰富的营养成分，相当于将原料乳中的蛋白质和脂肪浓缩十倍。干酪中的蛋白质经过发酵成熟后，由于凝乳酶和发酵剂微生物产生的蛋白分解酶的作用而形成肽、氨基酸等可溶性物质极易被人体消化吸收，干酪中蛋白质的消化率为96%～98%。此外，干酪所含的Ca、P等无机成分，除能满足人体的营养需要外，还具有重要的生理作用。近年来，功能性干酪产品已经开始生产并正在进一步开发之中。如钙强化型、低脂肪型、低盐型等类型的干酪；还有添加食物纤维、N-乙酰基葡萄糖胺、低聚糖、酪蛋白磷酸肽(CPP)等重要的具有良好保健功能成分的干酪。

预备知识2　发酵乳制品中的微生物

发酵乳制品主要通过微生物发酵，使乳产品具有特有的风味与质构，其中乳酸菌在生产干酪、酸性奶油和酸乳中起主要作用，酵母菌是生产牛乳酒、马乳酒不可缺少的微生物，青霉菌可在生产奶酪中产生特殊的风味物质。

一、乳酸菌

乳酸菌粗略地可分为嗜温性和嗜热性两类，前者的最适生长温度为30～33 ℃，包括乳球菌属和明串珠菌属，它们用于发酵温度为20～40 ℃的乳制品发酵工艺中；嗜热乳酸菌的最适生长温度为40～45 ℃，主要用于30～50 ℃工艺条件下，应用较多的有嗜热链球菌、保加利亚乳杆菌、瑞士乳杆菌和德氏乳杆菌保加利亚亚种。这种应用划分并不严格，实际还有许多嗜热性发酵剂也用在嗜温工艺中(例如嗜热链球菌用在布里干酪和切达干酪生产中)。另外，存在和发酵乳制品有关的其他一些乳酸菌，包括嗜温性乳酸菌(干酪乳杆菌和植物乳杆菌)、成熟的硬质和半硬质干酪中的片球菌属，成为非发酵剂乳酸菌，这些乳酸菌的亲缘关系非常接近，只有通过全面的生化试验才有可能将它们准确地区分开来。

1. 嗜温性乳酸菌

乳制品生产中应用的乳酸乳球菌嗜温菌，能够代谢乳糖经糖酵解途径产生乳酸，属于同型乳酸发酵。另一种嗜温性乳酸菌发酵剂群以明串珠菌为代表，经磷酸激酶途径异型发酵，代谢产物除乳酸外，还有CO_2和乙醇。这些嗜温性乳酸菌株主要应用于干酪生产中，例如肠膜状明串珠菌肠膜亚种产生大量的CO_2，能促进青纹干酪(如罗奎福特干酪、斯提耳顿干酪)质构膨松，便于娄地青霉更好地穿透，但产酸能力很低，一般和乳球菌混合使用以增强制品的风味。同时嗜温性乳酸菌在生长速率、新陈代谢速率、噬菌体的交互作用、蛋白酶活性及风味形成等方面存在不同的特性，正是这些不同的特性结合不同的干酪加工技术，才使得一种菌株有多种生产用途。

2. 嗜热性乳酸菌

酸乳生产中常使用的嗜热性乳酸菌是嗜热链球菌和保加利亚乳杆菌，如图4-1所示，它们常常作为混合物发酵剂应用于酸乳类制品中。这两菌种具有很好的共生关系，在 40～45 ℃时只需 2～3 h 即可达到所需的凝乳状态和酸度，而单一菌种的凝乳时间一般都在 10 h 以上。这是因为在发酵初期，保加利亚乳杆菌分解乳蛋白而产生游离氨基酸和肽类，对嗜热链球菌的生长有促进作用，随着嗜热链球菌的增加，乳酸度也随之增加。乳酸度的增加又抑制了嗜热链球菌自身的生长，同时嗜热链球菌在生长过程中产生的 CO_2 和甲酸也可促进保加利亚乳杆菌的生长。在发酵初期嗜热链球菌生长快，发酵 1 h 后与保加利亚乳杆菌的比例为(3～4)∶1。随后，嗜热链球菌生长速率因乳酸的抑制作用变得缓慢下来，而保加利亚乳杆菌的数量逐渐增加。从图 4-2 可以看出，发酵初期主要是嗜热链球菌产酸，后期主要是保加利亚乳杆菌产酸。

(a) 保加利亚乳杆菌

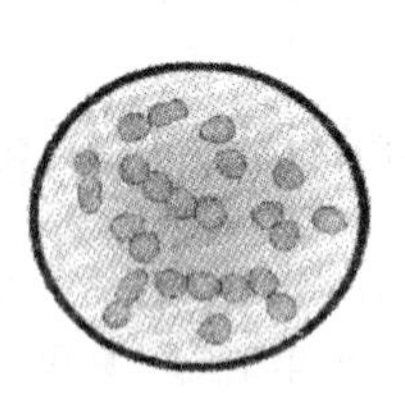

(b) 嗜热链球菌

图 4-1　嗜热链球菌和保加利亚乳杆菌

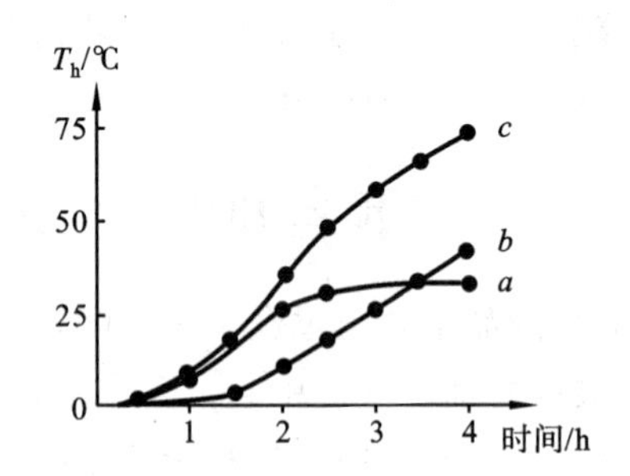

图 4-2　嗜热链球菌和保加利亚乳杆菌产酸曲线

曲线 *a*—嗜热链球菌曲线；曲线 *b*—保加利亚乳杆菌曲线；
曲线 *c*—嗜热链球菌＋保加利亚乳杆菌曲线

3. 乳酸菌的作用

(1) 酸化作用

这是乳酸菌的主要作用，能够将牛乳中的乳糖转化为乳酸，降低环境的 pH，使乳蛋白凝集形成凝乳，同时也可以有效抑制致病菌和食品腐败菌的生长。

在干酪制造过程中，酸化能促进乳清从凝乳中析出而降低水分，提高保藏效果。而在成熟过程中，乳酸被干酪表面霉菌或细菌群降解成二氧化碳和水，使 pH 升高，创造了一个更适合微生物生长、加快蛋白质水解的环境，例如在瑞士干酪中各种丙酸菌将乳酸转化成丙酸、醋酸和二氧化碳。凝乳的最终酸度或 pH 在很大程度上决定最终干酪的质构，例如高 pH(5.2～5.5)的干酪(如荷兰品种)有海绵状或塑性质构，其蛋白质聚集体类似于牛乳中的球形(直径在 10～15 nm)；低 pH(4.8)的干酪，如英国本土的柴夏干酪和兰开夏干酪中的蛋白质聚集体较小(3～4 nm)并且其质构松脆、无黏性或者易碎；英国的切达干酪的质构介于以上两者之间。

(2) 风味的形成

由明串珠菌经柠檬酸发酵产生的丁二酮是主要的风味成分，含量在 1～10 mg/kg 之间，除了产生丁二酮之外，还产生醋酸、2,3-丁二醇、3-羟基丁酮(非风味成分)和 CO_2。这些化合物的量随所使用的微生物菌株和环境条件(pH、温度、乳糖、柠檬酸盐含量以及铜离子、铁离子)的不同而变化。

在嗜热乳酸菌(主要是保加利亚乳杆菌和嗜热链球菌)发酵的乳中，乙醛是主要的风味成分，主要是由保加利亚乳杆菌通过苏氨酸代谢产生的，最适风味含量在 20～40 mg/kg之间；其他风味成分的含量可能低一些，如丁二酮和丙酮。

二、霉菌

1. 沙门柏干酪青霉

沙门柏干酪青霉是专性好氧微生物，仅在干酪表面生长，是用于生产霉菌成熟干酪的主要菌群，它的许多不同菌株已经被阐明且应用到不同的工艺中。

2. 白地霉

白地霉是严格的需氧微生物，在大多数霉菌和细菌成熟干酪表面生长，通常与沙门柏干酪青霉联合使用，在卡门培尔等霉菌成熟干酪的表面产生极短的菌丝体，也在斯特内克泰尔干酪表面产生一层酵母样的表层，常称作“蟾蜍皮”。它还对沙门柏干酪青霉和线性短杆菌的生长有促进作用。

3. 娄地青霉

娄地青霉是需氧微生物，能在低氧(5%)和冷藏温度(4～10 ℃)下生长，可以耐受较宽的 pH(4～6)和高渗透压(20%NaCl)。娄地青霉是青纹干酪的发酵剂，具有水解蛋白和脂肪的活性，以及从蓝黑到亮绿的不同颜色特征，甚至还发现了白色突变株，它是 Roquefor 和其他蓝纹干酪蓝纹的主要来源。

三、酵母菌

酵母菌是许多表面成熟干酪微生物群的一个重要部分，例如坎特尔克鲁维尔酵母等。它们生长在干酪表面，能耐受 4%盐浓度，能代谢乳酸盐，具有较强的中和特性，同时能水解蛋白质和脂类，产生一系列挥发性物质和肽类/氨基酸风味成分。脆壁酵母属和假丝酵母等在牛奶酒、马奶酒生产中和乳酸菌共同进行发酵，使终产品味酸，并含少量乙醇，具有醇香风味。

任务 1 乳酸发酵剂的制备

发酵剂主要是指一种能够促进乳的酸化过程，含有高浓度乳酸菌的产品，它直接影响发酵乳制品的品质。性状优良的发酵剂是高品质发酵乳的保证，也是制备发酵乳制品的关键。

一、发酵剂分类

1. 根据发酵剂中乳酸菌的构成分类

(1) 混合发酵剂

这一类型发酵剂是保加利亚乳杆菌和嗜热链球菌按 1∶1 或 1∶2 比例组成的混合型酸乳发酵剂。

(2) 单一发酵剂

这一类型发酵剂一般是将每一种菌株单独活化，生产时再将各菌株混合在一起。

(3) 补充发酵剂

为了增加酸乳的黏稠度、风味或达到增强产品的保健目的,选择一些具有特殊功能的菌种,单独培养或混合培养后加入乳中。例如:为了改善风味,提高保健作用,在传统嗜热链球菌和保加利亚乳杆菌发酵剂基础上添加嗜酸乳杆菌、双歧杆菌这两类能在肠道中定植的菌;添加明串珠菌提高酸乳中维生素 B_2 和维生素 B_{12} 含量,并增加香味;双乙酰乳链球菌可生成风味物质双乙酰,有助于改善酸乳的风味。

2. 根据发酵剂的使用形态分类

发酵剂菌种按物理形态不同可分成液体发酵剂、粉末发酵剂和冷冻发酵剂,三种不同物理形态的菌种可通过不同的处理方法获得。

(1) 液体发酵剂

选择合适的培养基,接种,培养后直接用冰箱保藏。

(2) 粉末发酵剂

培养至最多菌种量的液态,真空冷冻干燥制成,是一种温和处理方式。可使生产过程中菌种的损失降至最低,其中普通型冷冻干燥的菌种在使用前需再次活化制成母发酵剂,浓缩型干燥菌种可直接制备成工作发酵剂,不需中间扩增过程。如直接喷雾干燥或者冷冻干燥/冻干,经过浓缩处理的冷冻干燥。

(3) 冷冻发酵剂

与上述冷冻不同,这是一种深度冷冻发酵剂。它是在液态菌种处于最强活性时,通过深度冷冻制成的发酵剂。一般为小型真空袋装,并充入氮气。主要有以下三种类型:①－20 ℃冷冻(不发生浓缩);②－80～－40 ℃深度冷冻(会发生浓缩);③－196 ℃超低温液氮冷冻(会发生浓缩)。

二、发酵剂的制备

传统发酵剂制备的首要条件是必须获得纯培养菌种或少量保存的含有活性有机体的发酵剂,称为商品发酵剂。这些菌种可以从乳品研究中心、高校、菌种保藏机构或者发酵剂制造商提供的储藏标本中得到,这些纯培养菌种经过几代活化后,可得到生长繁殖旺盛的母发酵剂。母发酵剂必须每天制备,它是乳品工厂各类发酵剂的起源,经过扩大培养可得到中间发酵剂。中间发酵剂可根据生产时间及生产量来调制,是大量生产发酵剂不可缺少的环节,用3%～5%的中间发酵剂进行接种扩大,可得到用于生产的工作发酵剂。纯培养物、母发酵剂、中间发酵剂都在实验室制备,工作发酵剂在乳品发酵室制备。

制备工作发酵剂主要有两种方法:第一种方法(如图 4-3 所示)基本是使发酵剂按比例简单地进行放大,也就是按照试管菌种→母发酵剂→中间发酵剂→工作发酵剂程序扩增;第二种方法(如图 4-4 所示)是直接投放冷冻浓缩菌种制备工作发酵剂。

不管实际生产中采用哪一种方法,其目的都是一样的,就是得到纯净的活性高的发酵剂,不含任何污染物(主要是指噬菌体),具体的步骤如下。

1. 培养基的热处理

(1) 菌种活化、母发酵剂、中间发酵剂的培养基

一般用高质量无抗生素残留的脱脂乳粉(最好不用全脂乳粉,因为游离脂肪酸的存在

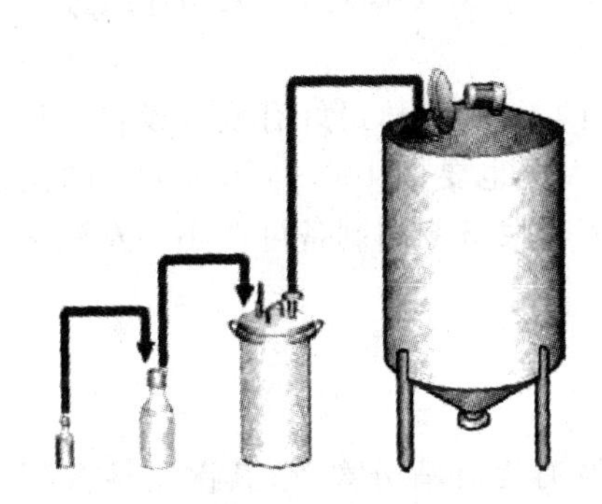

图 4-3 逐步扩增法制备工作发酵剂

图 4-4 直投式制备工作发酵剂

可抑制发酵剂菌种的增殖)制备，培养基固形物含量为10%～12%，90 ℃保持30 min或121 ℃保持15 min。

(2) 工作发酵剂的培养基

可用高质量无抗生素残留的脱脂乳粉或全脂乳制备。杀菌条件一般为90 ℃保持15～30 min。

2. 发酵剂的活化扩增

发酵剂的活化、扩增主要是针对液体发酵剂而言的，因冷冻或冷冻干燥发酵剂可用于制备工作发酵剂或直接用于生产。

(1) 商品发酵剂的活化

商品发酵剂一般保存在试管中或安瓿瓶中，在使用前需要反复接种，以恢复其活力，在活化过程中应严格进行无菌操作。

(2) 母发酵剂和中间发酵剂的制备

用灭菌吸管吸取2%～3%的纯培养物进行接种，并置于恒温箱中按所需条件进行培养，待凝固后再移植于另外的灭菌脱脂乳中，如此反复接种2～3次，使乳酸菌保持一定的活力，可作为母发酵剂使用。

母发酵剂一次制备后可放置在0～7 ℃冰箱中保存。对于混合菌种，每7～10 d活化一次即可。为保证产品质量，防止母发酵剂在活化过程中可能会带来杂菌、酵母、霉菌或噬菌体的污染，应定期更换，一般最长不超过1个月。如各种条件严格，且发酵剂的产酸性能及乳酸菌在形态及比例上未发生不利变化，菌种可进行多次反复继代。

母发酵剂和中间发酵剂的制备必须在严格的卫生条件下进行。为尽可能减少霉菌、酵母菌和噬菌体被空气污染的机会，制备间最好具备经过过滤的正压空气，在操作前小环境要用400～800 mg/L的次氯酸钠溶液喷雾消毒，每次接种，容器口要用75%乙醇溶液或200 mg/L的次氯酸钠溶液浸湿的干净纱布擦拭消毒，以防杂菌污染。

(3) 工作发酵剂的制备

以无菌操作添加中间发酵剂，添加量为工作发酵剂用的脱脂乳量的2%～3%，加入后经充分搅拌，使之均匀混合。培养温度按商品发酵剂生产商推荐的温度或根据实际经验来确定，例如以2.5%～3%的接种量，培养2～3 h，达到球菌、杆菌为1∶1的比率，最适接种温度为43 ℃。然后在所需的温度条件下保温，当发酵剂达到预定的酸度时就要开始冷却，以防止细菌的生长，保证发酵剂具有较高活力，冷却温度视发酵剂的储存时间来定，例如当发酵剂在接种后6 h之内使用，把它冷却到10～20 ℃即可，如果储存超过6 h，建议把它冷却至5 ℃左右。

工作发酵剂室最好与生产车间隔离，要求有良好的卫生状况，最好有换气设备。每天要用200 mg/L的次氯酸钠溶液喷雾，在操作前操作人员也要用100～150 mg/L的次氯酸钠溶液洗手消毒。氯水由专人配制并每天更换。工作发酵剂的制备可在小型发酵罐中进行，整个过程可全部自动化，并采用CIP清洗。

3. 发酵剂质量检测

(1) 感官检查

对于液体发酵剂，首先是检查其组织状态、色泽及有无乳清分离等；其次是检查凝乳的硬度；然后是品尝酸味及风味，观察其是否有苦味、异味等。

(2) 发酵剂活力测定

发酵剂的活力，可用乳酸菌在规定的时间内产酸状况或色素还原力进行判断。

酸度滴定：在10 mL灭菌脱脂乳或复原脱脂乳（固形物含量11.0%）中接入3%的待测发酵剂，在37.8 ℃的恒温箱中培养3.5 h，然后迅速取出试管加入20 mL蒸馏水及2滴1%酚酞指示剂，用0.1 mol/L NaOH标准溶液滴定，按下式进行计算：

$$\text{发酵剂活力}=\frac{0.1\ \text{mol/L NaOH 标准溶液体积(mL)}\times 0.009}{10\times\text{发酵剂相对密度}}$$

如果滴定酸度达0.8%以上，则认为发酵剂活力良好。

刃天青还原试验：在9 mL灭菌脱脂乳中加1 mL发酵剂和0.005%刃天青溶液1 mL，在36.7 ℃的恒温箱中培养35 min以上，如完全褪色则表示发酵剂活力良好。

(3) 污染程度的检测

在生产中对连续传代的母发酵剂定期进行大肠杆菌群、霉菌、酵母菌和噬菌体的检查。

任务2　酸乳的发酵生产

一、工艺流程

酸乳生产的工艺流程如图4-5所示，搅拌型酸乳和凝固型酸乳的预生产步骤相同，对每一步将进行具体操作。

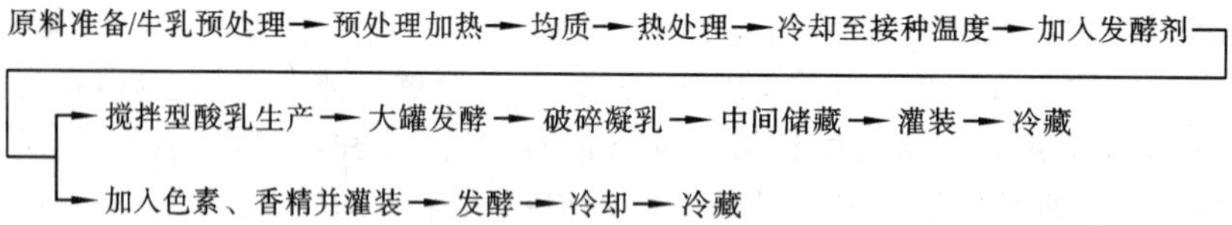

原料准备/牛乳预处理→预处理加热→均质→热处理→冷却至接种温度→加入发酵剂

→搅拌型酸乳生产→大罐发酵→破碎凝乳→中间储藏→灌装→冷藏

→加入色素、香精并灌装→发酵→冷却→冷藏

图4-5　酸乳的生产步骤

二、操作步骤

1. 准备原料乳

用奶罐从农场或收奶站收集到的牛乳，必须符合酸乳生产的卫生标准：原料乳必须新

鲜，细菌含量低，酸度不超过 18 °T，酒精实验中没有凝固现象；通过微生物、生化免疫或现代仪器等方法检测分析，不含有抗生素；原料乳中不得含有噬菌体、CIP 清洗剂残留物和有效氯等杀菌剂等；脂肪含量在 3.2%以上，非脂干物质含量在 8.5%以上，脱脂乳的非脂干物质应在 8.3%以上。

通常情况下，运输途中不可避免奶温会略高于 4 ℃，因此牛乳在储存等待加工前，通常经过板式交换器冷却到 4 ℃以下。未经处理的原乳储存在大型立式储奶罐中，通常容积范围为 50000～100000 L。牛乳在加工之前，进行 1～2 h 自然脱气，脱气结束前 5～10 min，进行搅拌，保证牛乳质量均一。

2. 标准化和配料

(1) 标准化

酸乳生产所用的原料乳需先经过标准化，目的是使产品符合要求。在食品法规允许范围内，根据所需酸乳成品的质量要求，对乳的化学组成进行改善，从而使其不足的化学组成得到校正，保证各批成品质量稳定一致；标准化也加强了原料乳用量的合理性，以尽量少的原料乳生产出符合质量标准的产品。

目前标准化的工艺方法一般有三种途径，即添加原料组成、浓缩原料乳和重组原料乳（复原乳）。添加原料乳：在原料乳中直接加混全脂或脱脂乳粉或强化原料乳中某一乳组分（如乳清粉、酪蛋白粉、奶油、浓缩乳等）达到原料乳标准化目的。浓缩原料乳有三种方式：蒸发浓缩、反渗透浓缩和超滤浓缩。重组原料乳（复原乳）：以脱脂乳粉、全脂乳粉、无水奶油为原料，根据所需原料的化学组成，用水配制而成的标准原料乳。

原料乳标准化方法举例说明：乳制品中的脂肪和非脂干物质的含量保持一定的比例关系，当原料乳中脂肪含量不足时，应添加稀奶油或分离一部分脱脂乳，当原料乳中脂肪含量过高时，可添加脱脂乳或提取部分稀奶油，目的是调整原料乳中的脂肪含量(F)，使乳制品中的脂肪含量(F)和非脂乳固体含量(SNF)保持一定的比例关系。

标准化计算方法如下：

成品中　　　　$R_1 = F/SNF$

原料乳中　　　$R_2 = F/SNF$

比较 R_2 和 R_1：

若 $R_2 < R_1$，增加 F；

若 $R_2 > R_1$，增加 SNF。

[例 4-1] 某厂用 3800 kg 含脂率为 3.0%和非脂乳固体含量为 8.3%的原料乳，制造脂肪含量为 8.8%和非脂乳固体含量为 22.7%的甜炼乳时，原料乳中应添加多少脂肪含量为 40%、非脂乳固体含量为 5.2%的稀奶油？

解

$$R_1 = \frac{8.8\%}{22.7\%} = 0.3877$$

$$R_2 = \frac{3.0\%}{8.3\%} = 0.3614 < R_1$$

设需添加 x kg 稀奶油，令 $R_1 = R_2$，则

$$R_2 = \frac{3800 \times 3.0\% + 40\% x}{3800 \times 8.3\% + 5.2\% x} = 0.3877$$

$$x=21.79$$

所以需要添加21.79 kg稀奶油。

（2）配料

国内生产酸乳一般都要加糖，加糖量为4%～7%。加糖方法是先将溶解糖的原料乳加热至50 ℃左右，加入砂糖，待完全溶解后，经过滤除去杂质，再加入到标准化乳罐中。

3. 预热、均质、热处理、冷却

一般来说，预热、均质、热处理、冷却都是由预热、热处理、保持、冷却段组成的板式热交换器和外接的均质机联合完成的。

（1）预热

物料通过泵进入杀菌设备，预热至55～65 ℃，再送入均质机。

（2）均质

在发酵过程中及最后的储藏和运输中都必须防止脂肪分离，这一点对脂肪含量相对较高的产品尤为重要，对于凝固型酸乳的生产也特别重要，因为凝固型酸乳不会再进行搅拌。

酸乳是一种水包油型乳浊液，均质机在这方面的作用是减小不连续相——脂肪球的体积，从而有助于形成一个稳定的乳浊液体系。在牛乳中，脂肪球的直径范围为1～20 μm，均质的作用是将脂肪球的平均直径降低到2 μm以下，在均质阀芯和出口间的空间所产生的高速作用以及通过均质阀芯的泵送通道所产生的强剪切作用下进行破碎脂肪球，如图4-6所示，常用两级均质的第一级和第二级的均质压力分别为15 MPa和4 MPa。由于脂肪需要保持液态，均质温度就需要在50 ℃以上，有时可能接近65 ℃。经均质的乳脂肪的表面积增大，浮力下降，如图4-7所示。此外，经均质后的牛乳脂肪球直径减小，易于消化吸收。一般来说，一级均质适用于低脂肪产品和高黏度产品的生产，二级均质适用于高脂、高干物质产品和低黏度产品的生产。

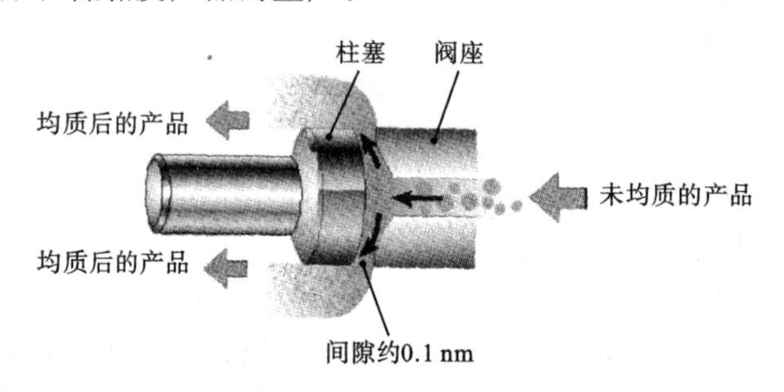

图4-6 脂肪经过均质的示意图

（3）热处理

热处理的目的如下。

a. 杀灭营养食品中的有毒微生物。

b. 杀灭和减少食品腐败微生物至可以接受的水平。

c. 减少微生物总量至不会危害发酵剂微生物生长的水平。

d. 为了使乳清蛋白变性，改善最终产品的质构，保证在货架期内不出现乳清分离现

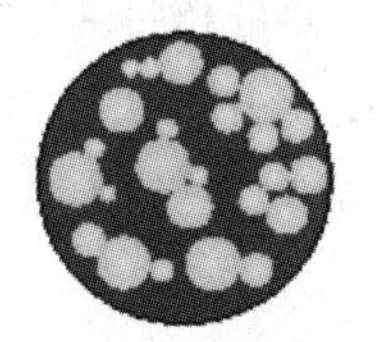
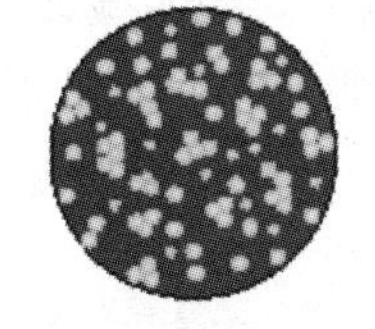
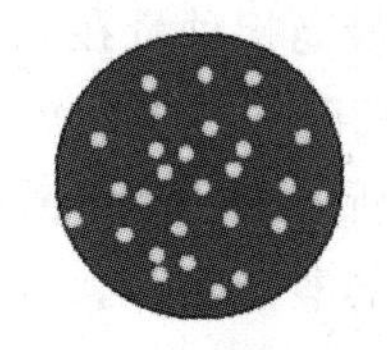

(a) 均质前脂肪分布　(b) 一级均质后脂肪分布　(c) 二级均质后脂肪分布

图 4-7　均质前后乳中脂肪球的变化

象(在凝固型酸乳的制造过程中,这一点尤为重要)。

e. 需热溶的水合稳定剂。

可以通过板式或管式换热器的加热段来实现,而且在不同的温度与时间组合下,不同的蛋白质之间会发生反应。当牛乳经 85 ℃/30 min 处理后,蛋白质会表现出最佳亲水性,因此牛乳才会凝固而制得酸乳,这也是蛋白质水合作用最强的时候。实际生产中,应用于奶制品的热处理多种多样,从小于 65 ℃几秒钟到 150 ℃几秒钟杀菌(UHT)。制作酸乳的牛奶基料的杀菌方式(包括液态奶的杀菌)如表 4-3 所示,工厂可根据设备情况和产品品质要求自行选择,通常选用 90～95 ℃,3～6 min。

表 4-3　液态乳与酸乳基料的热处理工艺

时间	温度/℃	工艺名称	说明
30 min 15 s	65 72	低温长时巴氏灭菌 高温短时巴氏灭菌	大约破坏 99%的微生物生长细胞,能抑制某些酶的活性
30 min 5 min	85 90～95	高温长时巴氏灭菌	破坏所有微生物细胞和部分芽孢,破坏大多数酶,但不包括蛋白酶和脂肪酶
40～20 min 2～20 s	110～120 135～150	保持灭菌(常规灭菌) 超高温瞬时灭菌(UHT)	破坏所有微生物细胞和芽孢,可能不会造成所有的酶失活,但会引起牛奶颜色和风味的改变

(4) 冷却

经过热处理的牛乳需要冷却到一个适宜的接种温度。在很多情况下,冷却可以在板式换热器的热回收段里完成,在间歇的储罐或搅乳器里制作酸乳,允许通过冷水夹套或储罐冷却(有效的水浴)。如凝乳时间较短,其接种温度在 42 ℃左右,如果需要延长发酵时间,温度可以降低一些(为 30～32 ℃)。考虑到接种罐罐壁的温度、冷发酵剂的加入和潜热的影响,测得的冷却段的实际温度很可能会比所需要的高 1～2 ℃,这主要取决于容量、搅拌方式、输送距离等。

如凝乳时间较短,获得一个精确的接种温度至关重要,因为温度太高会抑制并杀死发酵剂培养物,而温度太低会导致发酵时间不必要的延长。

4. 接种

接种是指在物料基液进入发酵罐的过程中,通过计量泵将工作发酵剂连续地添加到物料基液中,或将工作发酵剂直接加入物料中,搅拌混合均匀。

(1) 接种量

接种量有最低、最适和最高三种,最低接种量一般为 0.5%～1.0%,最适接种量在

2.0%～3.0%，最高接种量在5.0%以上。经实验证明：当接种量超过3%时，达到滴定酸度100 °T所需的时间并未缩短，而酸奶风味因发酵前期酸度上升太快反而变差；反之，接种量过小，达到所要求的滴定酸度所需时间就会被延长，且酸奶中杆菌数少于球菌，乳酸含量较低，酸奶的酸味不够。

(2) 接种方法

接种前应将发酵剂充分搅拌，使凝乳完全破坏；接种时应严格注意操作卫生，防止霉菌、酵母、细菌噬菌体及其他有害微生物的污染；接种后，要充分搅拌10 min，使发酵剂菌体与杀菌冷却后的牛乳充分混合均匀。此外，还应注意保温。

目前多采用特殊装置在密闭系统中以机械方式自动添加发酵剂，如无此类装置，亦可以用手工方式将发酵剂倾入发酵罐中，但一定要注意操作卫生，防止杂菌污染。有的酸乳加工厂使用直接入槽式冷冻干燥颗粒状发酵剂，按比例将发酵剂加入发酵罐，或者洒入工作发酵剂乳罐中扩大培养一次，即可作为工作发酵剂使用。

5. 发酵

在现代的自动化工厂里，搅拌型和凝固型酸乳都是连续化生产的。在搅拌型和液态/饮用型酸乳的生产中，大罐培养是在热水夹套式的大培养罐(比如5000～10000 L)内完成的。而凝固型酸乳则是在零售容器中进行发酵的，其培养温度取决于所用的发酵剂微生物和计划培养的时间。零售容器中凝固型酸乳的发酵一般是在热风培养室内进行的。

发酵温度一般控制在42～43 ℃，这是嗜热链球菌和保加利亚乳杆菌最适温度的折中温度，实际上培养温度大都控制在40～45 ℃，发酵时间一般在2.5～4 h。发酵终点判断是制作凝固型酸乳的关键技术之一，如果发酵终点确定得过早，则酸乳组织软嫩、风味差，确定得过迟则酸度高、乳清析出过多，风味同样不佳。发酵终点判断有以下几种方法：①发酵一定时间后，抽样观察，打开瓶盖，观察其凝乳情况，如已基本凝乳，立即测定酸度，酸度达到65～70 °T，可终止发酵；②抽样观察，打开瓶盖，缓慢倾斜瓶身，观察酸乳流动性和组织状态(如流动性变差，酸乳中有微小颗粒出现，可终止发酵，如不够则适当延长发酵时间)；③详细记录每批发酵时间和发酵温度等，供下批发酵判断终点时参考。

搅拌型酸乳发酵通常在专门发酵罐中进行。发酵罐带有保温装置，利用罐体四周夹层里的热媒体来维持一定温度，发酵罐装有温度计和pH计。pH计可控制罐中的酸度，当酸度达到一定数值时pH计就传出信号。发酵温度为41～43 ℃，经过2～3 h，pH降至4.7左右，乳在发酵罐中形成凝乳。如图4-8所示为搅拌型酸乳的发酵和灌装典型的生产线。

在实际生产中，对于非连续灌装工艺或采用效率较低的灌装手段，持续时间较长，应注意温度的保持；确定发酵时间时还应考虑后面的冷却过程，在冷却过程中酸乳酸度还会继续上升。

6. 搅拌

这一过程在搅拌型和液态/饮用型酸乳生产中采用，且在破坏热凝乳的凝胶结构和乳清蛋白的结合中是必不可少的。2～4 r/min缓慢搅拌5～10 min，通常可获得均匀的混合物。搅拌能抑制发酵剂活性和降低产酸速率。

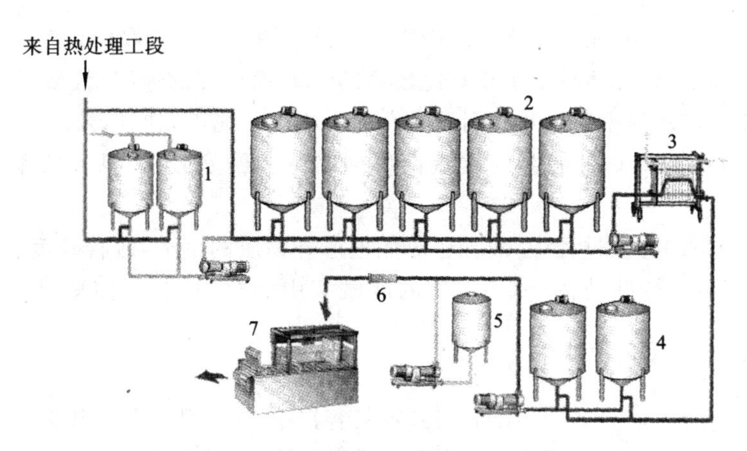

图 4-8 搅拌型酸乳发酵和罐装工段

1—生产发酵剂罐；2—发酵罐；3—片式冷却器；4—缓冲罐；5—果料/香料罐；6—混合器；7—包装

7. *添加果料*

果料的添加可以采用一系列不同的系统，包括在线内定量地将果料添加到已离开中间储罐即将灌装的酸乳中，或者在一个特殊的混合罐中添加果料与定量的酸乳混合。

往搅拌型酸乳中添加果料通常是用一个可调速的计量泵连续进行的，这种计量泵将果料泵入装有酸乳的果料混合装置中，并保证果料在进入酸乳后能被均匀地混合。

许多厂家认为，在这一阶段用泵输送酸乳对其质构和黏度都是有害的，因此要选择特别设计的系统。在这一系统中，果料是用剪切力小的柱塞或类似的装置来输送并与酸乳混合的。果料包括水果、糖类、稳定剂、色素和香精等，具体用量由生产者考虑。水果的实际用量的变化是很大的，一般指导原则是水果浓缩物的添加量为最终产品的15%～25%，这主要取决于配料中水果的含量。最终产品中水果的实际含量很可能为6%～10%，国外一般为12%～18%。

无论采用何种方式添加果料，都应确保终产品获得均一的色泽和风味，不出现任何缺陷。确保果料的有效添加是很有必要的。

8. *冷却和冷藏*

冷却的目的是终止发酵过程，抑制酸乳中乳酸菌的生长，使酸乳的质地、口味、酸度等达到规定要求。

凝固型酸乳发酵结束，应将酸乳从保温室转入冷却室，用冷风迅速将酸乳冷却至10 ℃以下，此时酸乳中乳酸菌生长活力很有限，在5 ℃左右时几乎处于休眠状态，因此酸乳酸度变化微小。

在搅拌型和液态酸乳的生产中用温和的正位移泵将酸乳泵送到板式或管式冷却器中进行冷却，这样做的目的是达到足够低的能抑制发酵剂活性的温度。为了保证产品质量的均一性，泵和冷却器应在20～30 min内排空发酵罐。传统的连续生产是一步冷却到10 ℃以下，储存在一个缓冲罐内，并与预先准备好的果料等配料混合。二步冷却是指先将酸乳从发酵温度(30～45 ℃)冷却到15～20 ℃，接着添加风味物质、果料等其他配料，然后灌装到零售容器中，将酸乳冷却到10 ℃以下，进行冷藏保存。由于二步冷却对酸乳黏度提高有一定的作用，在工业化生产中得到广泛应用。不管采取什么冷却工艺，必须注意的是，酸乳凝乳开始冷却时处于相对比较高的 pH，而冷却的速率(快或慢)会影响到产品的最终酸度。冷却速率还会对凝固型酸乳的质构产生影响，快速冷却可能会加剧乳清析出，这是因为快速冷却可能会导致蛋白质网络结构剧烈收缩，从而影响相应的保水性能。

在 10 ℃以下的冷藏过程中，酸乳还能促进产香物质的生成，改善硬度。冷藏温度一般控制在 2～5 ℃，最好是在 −1～0 ℃的冷藏室中保存，长时间储藏时温度可控制在 −1.2～−0.8 ℃。

9. 灌装

凝固型酸乳接种后应立即连续灌装到零售容器中，搅拌型酸乳在和果料混合均匀后，直接流入灌装机进行灌装。灌装方式有手工灌装、半自动灌装和全自动无菌灌装等。酸乳容器一般有玻璃瓶、塑料杯、纸盒、陶瓷瓶等。玻璃瓶因能很好地保持酸乳组织状态，容器本身又无有害浸出物质，适合于灌装凝固型酸乳，但运输比较沉重，回收、清洗、消毒等比较麻烦。整个灌装过程要迅速，这样乳液温度下降少，与所设定的发酵温度接近，整个发酵时间就不会延长。在灌装过程中，容器上部留出的空隙要尽可能小，其中内容物晃动幅度小，酸乳形态容易保持完整，此外减少空气也有利于乳酸菌的生长。塑料杯和纸盒等容器在凝固型酸乳“保形”方面不如玻璃瓶，主要用来灌装搅拌型酸乳。

典型的凝固型酸乳的加工路线如图 4-9 所示。

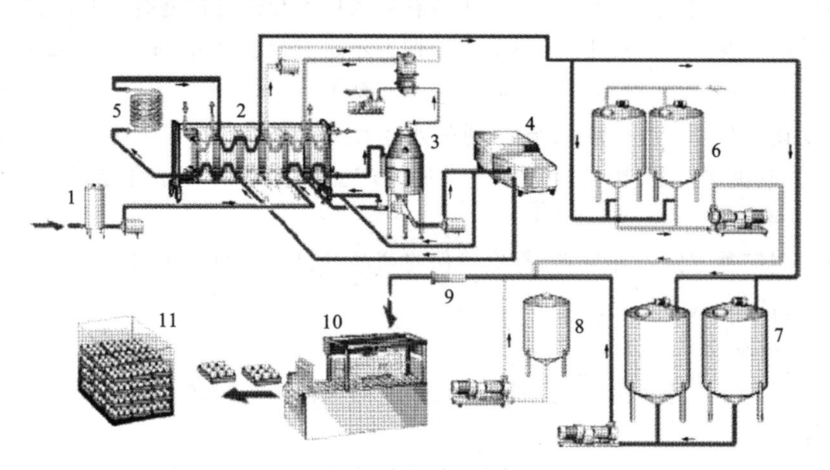

图 4-9　典型的凝固型酸乳生产流程示意图

1—平衡罐；2—片式热交换器；3—真空浓缩罐；4—均质机；5—保温管；
6—生产发酵剂罐；7—缓冲罐；8—香精罐；9—混合器；10—包装；11—培养

三、质量标准

按照《食品安全国家标准　发酵乳》(GB 19302—2010)执行。

该标准适用于以生牛(羊)乳或复原乳为主要原料，经杀菌、发酵、搅拌或不搅拌，添加或不添加其他成分制成的发酵乳或风味发酵乳。

(1) 感官指标

感官指标如表 4-4 所示。

表 4-4 感官要求

项目	要求		检验方法
	发酵乳	风味发酵乳	
色泽	色泽均匀一致，呈乳白色或微黄色	具有与添加成分相符的色泽	取适量试样置于 50 mL 烧杯中，在自然光下观察色泽和组织状态。闻其气味，用温开水漱口，品尝滋味
滋味、气味	具有发酵乳特有的滋味、气味	具有与添加成分相符的滋味和气味	
组织状态	组织细腻、均匀，允许有少量乳清析出	具有添加成分特有的组织状态	

(2) 理化指标

理化指标如表 4-5 所示。

表 4-5 理化指标

项目	指标	
	发酵乳	风味发酵乳
脂肪[a]/[g/(100 g)] ≥	3.1	2.5
非脂乳固体/[g/(100 g)] ≥	8.1	—
蛋白质/[g/(100 g)] ≥	2.9	2.3
酸度/(°T) ≥	70	

注：仅适用于全脂产品。

(3) 微生物指标

微生物指标如表 4-6 所示。

表 4-6 微生物限量

项目	限量[若非指定，均以 CFU/g(mL) 表示]			
	n	c	m	M
大肠菌群	5	2	1	5
金黄色葡萄球菌	5	0	0/25 g(mL)	—
沙门氏菌	5	0	0/25 g(mL)	—
酵母 ≤	100			
霉菌 ≤	30			

注：n 为同一批次产品采集的样品件数。

c 为可允许超出 m 值的样品数。

m 为微生物指标可接受水平的限量值。

M 为微生物指标的最高安全限量值。

按照三级采样方案设定的指标，在 n 个样品中，允许全部样品中相应微生物指标检验值小于或等于 m 值，允许有不多于 c 个样品其相应微生物指标检验值在 m 值和 M 值之间；不允许有样品相应微生物指标检验值大于 M 值。

(4) 乳酸菌数

乳酸菌数如表 4-7 所示。

表 4-7 乳酸菌数

项　　目		限量[CFU/g(mL)]
乳酸菌数*	≥	1×10^6

注:发酵后经热处理的产品对乳酸菌数不作要求。

任务 3 干酪的生产

一、工艺流程

干酪生产的基本工艺流程如图 4-10 所示。

原料乳→标准化→杀菌→冷却→添加发酵剂→调整酸度→加氯化钙→加色素→加凝乳酶→凝块切割→搅拌→加温→乳清排出→成型压榨→盐渍→成熟→上色挂蜡→成品

图 4-10 干酪加工工艺流程

二、操作步骤

1. 原料乳的处理

原料乳的处理主要包括净乳、标准化和原料杀菌三个步骤。净乳可以除去牛乳中的污染物,常用离心法除去部分细菌和 98%的芽孢。脂肪和酪蛋白的比值会影响产品的质构,两者的合适比值为 1∶(0.68～0.7)。为了达到标准,要对原料乳进行标准化。实际生产中,多采用 60 ℃/30 min 或 71～75 ℃/15 s 进行巴氏灭菌。杀菌的目的是为广杀原料乳中的致病菌和有害菌,使酶类失活,保证干酪质量稳定、安全卫生,加热杀菌还可以使部分酪蛋白凝固,留存于干酪中,可以增加干酪的产量。

2. 添加发酵剂

原料乳经杀菌后直接泵入干酪槽中,干酪槽为水平长椭圆形或方形不锈钢槽,且有保温(加热或冷却)夹层及搅拌器(手工操作时为奶酪铲和奶酪耙),如图 4-11 所示。将干酪槽中的牛乳冷却到 30～32 ℃,然后按操作要求加入发酵剂,加入量为原料的 1%～2%,边搅拌边加入,30～32 ℃条件下充分搅拌 3～5 min,发酵时间为 30～60 min,取样测定酸度,最后酸度控制在 0.18%～0.22%,可以加 1 mol/L HCl 进行酸度调整。

3. 加入添加剂和凝乳酶

加热、冷却以及强外力作用过程中钙的平衡往往易被打破,为了提高牛乳的凝结性,在加凝乳酶 1 h 前加入 0.1～1.2 g/L $CaCl_2$;为了保证产品色泽一致,在原料中添加 0.001%的色素(如胭脂树橙或胡萝卜素);为了降解亚硝酸盐,毒害丁酸菌,防止干酪成熟后期出现的膨胀和不良风味,常加入 $NaNO_3$ 和 KNO_3 等抑制类盐,用量为 0.15～0.30 g/L,为了防止污染,一般配成溶液经煮沸后再加入牛乳中。

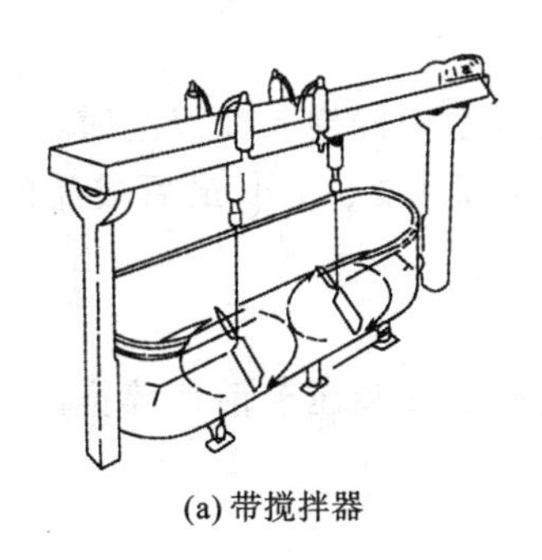
(a) 带搅拌器

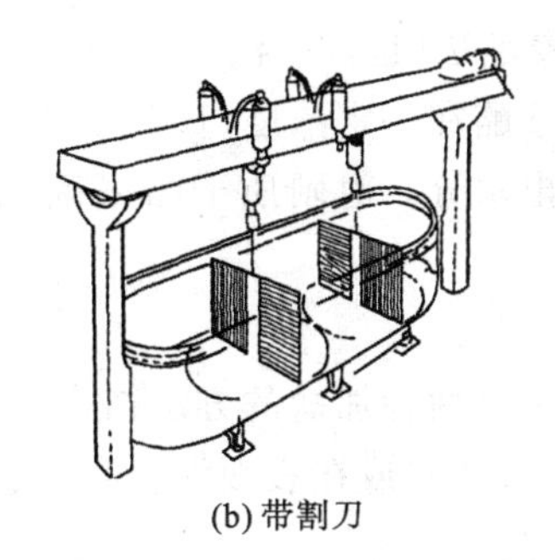
(b) 带割刀

图 4-11 干酪槽

凝乳酶首先用1%的食盐水配成2%的溶液，并在28～32 ℃下保温30 min，然后加入到乳中，充分搅拌均匀(2～3 min)后加盖，在32 ℃条件下静置30 min左右，即可使乳凝固，达到凝乳要求。

4. 凝块切割

一般在凝乳形成后25 min～2 h开始切割。干酪加工者应用下列方法检查凝乳：将细棒以45°角度斜插入凝乳表层以下，向上抬起凝乳以使其破碎。若在底部形成清晰裂缝且有绿色乳清析出，则表明应开始切割凝乳；具有白色乳清、形成软的不规则裂缝则说明凝乳太软；若颗粒状凝乳形成，表明其过硬，凝乳切割时间过迟。切割时用干酪刀先沿长轴垂直切割，再沿短轴垂直切割，使其切成0.7～1.0 cm^3的小立方体，操作的时候动作轻稳，防止切割不均或过碎。

5. 排乳清

凝乳刚切割时较软，切块四周切面是开放式的，通过轻轻搅拌排除乳清和防止凝块破碎。15 min后搅拌速度逐渐加快，同时往干酪槽夹层中通入热水，使温度逐渐升高，最后槽内温度达42 ℃(根据干酪具体品种而定)。维持此温度一段时间并继续搅拌，当乳清酸度达0.17%～0.18%时，凝块收缩到原来大小的一半，凝乳粒用手捏有弹性时开始排乳清。在乳清排出时不停地搅拌，这样可避免颗粒粘连在一起。乳清排出量一般为牛乳体积的30%～50%。

6. 加盐

加盐可以促进乳清的进一步排放，控制干酪的水分含量及最终硬度，抑制酸度的增长，抑制腐败微生物及病原体的生长，影响酶活力而促进干酪成熟及风味形成，产生适度的咸味。加盐量取决于不同种类的干酪对风味、硬度、保藏和成熟的要求。通常加盐量(按NaCl计)为干酪中水分的2%～8%。

加盐有四种方法。

(1) 凝块加盐法

将一定量的食盐混入切碎的凝块中，拌匀后再压榨成型，使盐分均匀地溶解在干酪内部。在此情况下，盐是在乳清已经分离后添加的。

(2) 表层加盐法

将干盐或盐浆涂在压模好的干酪的表层，干酪中的水分将盐溶解并渗入干酪内部。

(3) 盐水浸泡法(也称盐渍)

压模好的干酪在一定浓度(15%～23%)的盐水中浸泡。在浸泡时,干酪吸入盐分并同时进一步排出水分。对硬质干酪来说,盐渍时间为3～4 d,最后成品的含盐量为1%左右。

(4) 混合法

少数干酪采用两种加盐的方法结合。凝块在延展和压模前切碎排出乳清后,用干盐腌渍,压模后浸入盐水或在表面涂盐浆(或干盐)。

7. 压榨成型

这一步骤主要有三个目的:使凝乳形成特定形状,迫使乳清流出,在压力作用下使凝乳粒迅速结合。通常压榨压力是干酪自重的4～40倍,时间为0.5～3 h,小块干酪所需压榨时间较短。

8. 干酪成熟

干酪凝积压成型后,先将表面擦干、挂蜡或用塑料密封,或涂上一些油,然后放入成熟室,定期反转、加盐或清洗,在此期间干酪将成熟,干酪中所含的脂肪、蛋白质及碳水化合物在微生物和酶的作用下分解并发生某些生化反应,形成干酪特有的风味、质地和组织状态。这一过程通常在干酪成熟室中进行,不同品种的干酪对成熟室内的温度和湿度要求不同,成熟的时间也各不相同。干酪的成熟依赖下列因素:温度、湿度、凝乳的化学和生物组成、凝乳的微生物构成。一般来说,成熟温度为5～15 ℃,室内相对湿度为65%～90%,成熟时间为2～8个月。

成熟的过程分为3步。

① 每天用洁净的棉布擦拭其表面,防止霉菌的繁殖。为了使表面的水分均匀蒸发,擦拭后要反转放置。此过程一般要持续15～20 d。

② 上色挂蜡:为了防止霉菌生长,并使表面美观,将前期成熟的干酪清洗干净后,用食用色素染成红色(也有不染色的)。待色素完全干燥后,在160 ℃的石蜡中进行挂蜡。为了食用方便,并防止形成干酪皮,现多采用塑料真空及热缩密封。

③ 后期成熟和储藏:为了使干酪完全成熟,以形成良好的口感和风味,还要将挂蜡后的干酪放在成熟室中继续成熟2～6个月。成品干酪应放在5 ℃,相对湿度为80%～90%的条件下储藏。

三、质量标准

按照《食品安全国家标准　干酪》(GB 5420—2010)执行。

该标准适用于成熟干酪、霉菌成熟干酪和未成熟干酪。

成熟干酪:生产后不能马上使(食)用,应在一定温度下储存一定时间,以通过生化和物理变化产生该类干酪特性的干酪。

霉菌成熟干酪:主要通过干酪内部和(或)表面的特征霉菌生长而促进其成熟的干酪。

未成熟干酪:未成熟干酪(包括新鲜干酪)是指生产后不久即可使(食)用的干酪。

(1) 感官指标

感官指标如表4-8所示。

表 4-8 感官要求

项目	要求	检验方法
色泽	具有该类产品正常的色泽	取适量试样置于 50 mL 烧杯中，在自然光下观察色泽和组织状态。闻其气味，用温开水漱口，品尝滋味
滋味、气味	具有该类产品特有的滋味和气味	
组织状态	组织细腻，质地均匀，具有该类产品应有的硬度	

(2) 微生物指标

微生物限量指标如表 4-9 所示。

表 4-9 微生物限量

项目	限量[若非指定，均以 CFU/g(mL)表示]			
	n	c	m	M
大肠菌群	5	2	100	1000
金黄色葡萄球菌	5	2	100	1000
沙门氏菌	5	0	0/25 g(mL)	—
单核细胞增生李斯特氏菌	5	0	0/25 g(mL)	—
酵母* ≤	50			
霉菌* ≤	50			

注：不适用于霉菌成熟干酪。

思考题

1. 简述发酵乳制品的分类。
2. 试述酸乳生产工艺流程及主要操作要点。
3. 简述干酪生产的主要工艺步骤。

技能训练 凝固型酸乳的制作

一、能力目标

① 通过本实训项目的学习，使学生理解酸乳加工的基本原理。

② 使学生掌握凝固型酸乳的加工过程和操作要点。

③ 使学生能对成品进行感官评定及理化检测。

二、实训材料

1. 仪器材料

高压均质机、超净工作台、生化培养箱、pH 计、冰箱、电炉、天平、三角瓶、高压蒸汽灭菌锅。

2. 原辅材料

脱脂或全脂牛乳、白砂糖、NaOH、乳酸菌纯菌种。

三、实训内容

1. 原料乳检验

新鲜度检验:煮沸试验合格、酸度<18 °T。

抗生素检验:TTC 试验阴性。

2. 发酵剂制备

扩大培养流程如图 4-12 所示。

种子培养物→母发酵剂→中间发酵剂→工作发酵剂

图 4-12　发酵剂制备扩大培养流程

制备工艺流程如图 4-13 所示。

三角瓶灭菌(160 ℃/1.5 h)→配培养基(10%~12%的脱脂乳培养基)→培养基灭菌(121 ℃/15 min)→冷却((43±1) ℃)→接种(已活化的乳酸菌纯菌种)→培养((43±1) ℃)→凝固(滴定酸度80~100 °T)→冷藏备用(2~7 ℃)

图 4-13　发酵剂制备工艺流程

3. 培养基的选择

母发酵剂、中间发酵剂的培养基一般用高质量无抗生素残留的脱脂乳粉制备,培养基干物质含量为 10%～12%,121 ℃/15 min 或 90 ℃/30 min 杀菌。

工作发酵剂用培养基可用高质量无抗生素残留的脱脂乳粉或全脂乳制备,推荐杀菌温度和时间为 90 ℃/30 min。

4. 凝固型酸乳的制备工艺流程及工艺参数

工艺流程及工艺参数如图 4-14 所示。

四、产品检验

1. 产品酸度检测

滴定酸度。

2. 产品中乳酸菌活菌数测定

采用平板计数法测定。

3. 感官评定

请将检验结果填入表 4-10 中。

表 4-10　凝固型酸乳产品检测表

产品	有无乳清分离	硬度	口感	酸度	菌落数
结果					

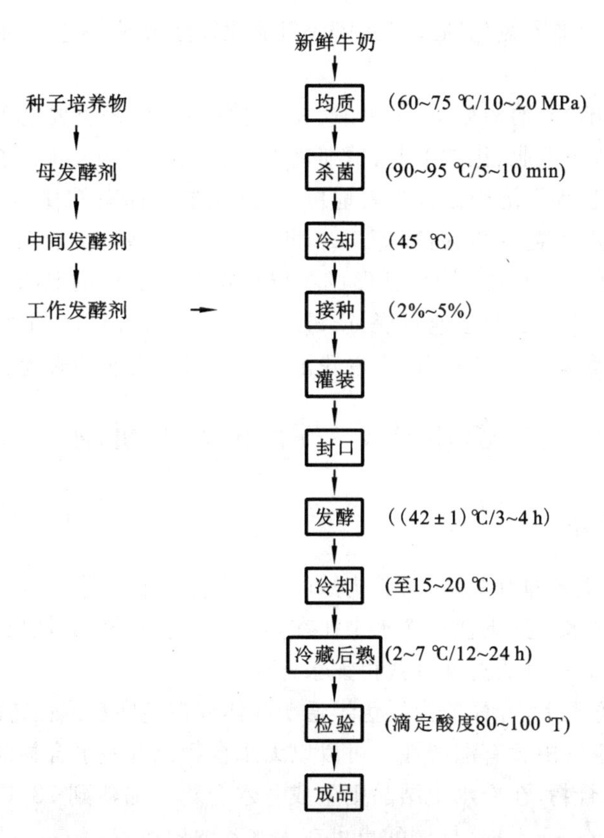

图 4-14 凝固型酸乳的制备工艺流程及工艺参数

五、实训思考题

1. 牛乳的杀菌工艺有哪几种？酸乳生产中哪种最合适？为什么？
2. 乳酸菌在乳中发酵的原理是什么？牛乳为什么会凝固？

项目 2　柠檬酸生产技术

预备知识 1　有机酸概述

有机酸是指一些具有酸性的有机化合物。最常见的有机酸是羧酸，其酸性源于羧基(—COOH)。有机酸类(organic acids)是分子结构中含有羧基(—COOH)的化合物，在中草药的叶、根，特别是果实中广泛分布，如乌梅、五味子、覆盆子等。常见植物中的有机酸有脂肪族的一元、二元、多元羧酸，如酒石酸、草酸、苹果酸、枸橼酸、抗坏血酸(即维生素C)等，亦有芳香族有机酸如苯甲酸、水杨酸、咖啡酸等。

有机酸大多溶于水或乙醇，呈显著的酸性反应，难溶于其他有机溶剂，有挥发性或无。

在有机酸的水溶液中加入氯化钙或醋酸铅或氢氧化钡溶液时，能生成水不溶的钙盐、铅盐或钡盐的沉淀。

柠檬酸、乳酸、醋酸、葡萄糖酸、苹果酸、衣康酸等有机酸是重要的工业原料，广泛应用于食品饮料工业、医药工业、化学工业、精细化工工业、烟草加工、高分子材料合成等领域。有机酸发酵产业在世界经济中占有重要地位，目前主要产品有柠檬酸、乳酸和醋酸，小品种有衣康酸、苹果酸、葡萄糖酸、曲酸等。20 世纪 70 年代，随着经济的迅速发展，我国发酵有机酸产业从无到有、从小到大，已形成了以柠檬酸为支柱的具有一定规模的产业体系，尤其是近年来柠檬酸工业迅速发展，产量跃居世界之首，出口创汇突破 2 亿美元，成为我国化工产品出口量第一的品种，标志着我国发酵有机酸工业的崛起。

预备知识 2　柠檬酸发酵机制

一、柠檬酸概述

柠檬酸是一种重要的有机酸，又名枸橼酸，为无色晶体，常含一分子结晶水，无臭，有很强的酸味，易溶于水。其钙盐在冷水中比在热水中更易溶解，此性质常用来鉴定和分离柠檬酸。结晶时控制适宜的温度可获得无水柠檬酸。

物理性质：在室温下，柠檬酸为无色半透明晶体或白色颗粒或白色结晶状粉末，无臭，味极酸，在潮湿的空气中微有潮解性。可以以无水合物或者一水合物的形式存在，在热水中结晶时生成无水合物，在冷水中结晶则生成一水合物。加热到 78 ℃时，一水合物会分解得到无水合物。在 15 ℃时，柠檬酸也可在无水乙醇中溶解。

柠檬酸结晶形态因结晶条件不同而不同，有无水柠檬酸 $C_6H_8O_7$，也有含结晶水的柠檬酸 $2C_6H_8O_7 \cdot H_2O$、$C_6H_8O_7 \cdot H_2O$ 或 $C_6H_8O_7 \cdot 2H_2O$。

化学性质：从结构上讲，柠檬酸是一种三羧酸类化合物，因此与其他羧酸有相似的物理和化学性质。加热至 175 ℃时会分解产生二氧化碳和水，剩余一些白色晶体。柠檬酸是一种较强的有机酸，有 3 个 H^+ 可以电离；加热可以分解成多种产物；可与酸、碱、甘油等发生反应。

二、柠檬酸发酵机制

柠檬酸是将脂肪、蛋白质和糖转化为二氧化碳的过程中的重要化合物。这些化学反应是几乎所有代谢的核心反应，并且为高等生物提供能量。1940 年，H. A. 克雷伯斯提出三羧酸循环学说以来，柠檬酸的发酵机理逐渐被人们所认识。克雷伯斯因为发现这一系列反应获得了 1953 年诺贝尔生理学或医学奖。这一系列反应称作"柠檬酸循环"、"三羧酸循环"或"克氏循环"。已经证明，糖质原料生成柠檬酸的生化过程中，由糖变成丙酮酸的过程与酒精发酵的相同，即通过 E-M 途径（双磷酸己糖途径）进行酵解，然后丙酮酸进一步氧化脱羧生成乙酰辅酶 A，乙酰辅酶 A 和丙酮酸羧化所生成的草酰乙酸缩合成为柠檬酸并进入三羧酸循环途径。

柠檬酸是代谢过程的中间产物。在发酵过程中，当微生物的乌头酸水合酶和异柠檬酸脱氢酶活性很低，而柠檬酸合酶活性很高时，才有利于柠檬酸的大量积累。

1784 年，C. W. 舍勒首先从柑橘中提取柠檬酸。他是通过在水果榨汁中加入石灰乳以形成柠檬酸钙沉淀的方法制取柠檬酸的。天然柠檬酸最初产于美国加利福尼亚州、意大利和西印度群岛，以意大利的产量居首位。到 1922 年，世界柠檬酸的总销售额的 90% 由美国、英国、法国等垄断。发酵法制取柠檬酸始于 19 世纪末。1893 年，C. 韦默尔发现青霉(属)菌能积累柠檬酸。1913 年，B. 扎霍斯基报道黑曲霉能生成柠檬酸。1916 年，汤姆和柯里以曲霉(属)菌进行试验，证实大多数曲霉菌(如泡盛曲霉、米曲霉、文氏曲霉、绿色木霉和黑曲霉)都具有产柠檬酸的能力，其中黑曲霉的产酸能力更强。柯里以黑曲霉为供试菌株，在 15%蔗糖培养液中发酵，发现黑曲霉对糖的吸收率达 55%。1923 年，美国菲泽公司建造了世界上第一家以黑曲霉浅盘发酵法生产柠檬酸的工厂。随后，比利时、英国、德国等相继研究成功发酵法生产柠檬酸。由此，依靠从柑橘中提取天然柠檬酸的方法逐渐被发酵的方法所取代。1950 年以前，柠檬酸采用浅盘发酵法生产。1952 年，美国迈尔斯试验室采用深层发酵法大规模生产柠檬酸。此后，深层发酵法逐渐建立起来。深层发酵周期短，产率高，节省劳动力，占地面积小，便于实现仪表控制和连续化，现已成为柠檬酸生产的主要方法。

中国用发酵法制取柠檬酸以 1942 年汤腾汉等人的报告为最早。1952 年，陈声等开始用黑曲霉浅盘发酵法制取柠檬酸。1959 年，当时的轻工业部发酵工业科学研究所完成了 200 L 规模深层发酵制柠檬酸试验，1965 年进行了生产 100 t 甜菜糖蜜原料浅盘发酵制取柠檬酸的中间试验，并于 1968 年投入生产。1966 年后，天津市工业微生物研究所、上海市工业微生物研究所相继开展用黑曲霉进行薯干粉原料深层发酵来制取柠檬酸的试验研究，并获得成功，从而确定了中国柠檬酸生产的主要工艺路线。用薯干粉深层发酵来制取柠檬酸，原料丰富，工艺简单，不需添加营养盐，产率高，是中国独特的先进工艺。

任务 1　柠檬酸的液态深层发酵

柠檬酸的发酵有固态发酵、液态浅盘发酵和深层发酵 3 种方法。为了得到产柠檬酸的优良菌种，通常是从不同地区采集的土壤或从腐烂的水果中分离筛选，然后通过物理和化学方法进行菌种选育。例如薯干粉深层发酵柠檬酸的菌种就是通过不断变异和选育得到的。菌种适合在高浓度下发酵，产酸水平较高。

柠檬酸的发酵因菌种、工艺、原料而异，但在发酵过程中还需要掌握一定的温度、通气量及 pH 等条件。一般认为，黑曲霉适合在 28～30 ℃时产酸。温度过高会导致菌体大量繁殖，糖被大量消耗以致产酸降低，同时还生成较多的草酸和葡萄糖酸，温度过低则发酵时间延长。微生物生成柠檬酸要求低 pH，最适 pH 为 2～4，这不仅有利于生成柠檬酸，减少草酸等杂酸的形成，同时可避免杂菌的污染。柠檬酸发酵要求较强的通风条件，有利于在发酵液中维持一定的溶解氧量，通风和搅拌是增加培养基内溶解氧的主要方法。随着菌体生成，发酵液中的溶解氧会逐渐降低，从而抑制了柠檬酸的合成。采用增加空气流速及搅拌速度的方法，使培养液中溶解氧达到 60%饱和度对产酸有利。柠檬酸生成和菌体形态有密切关系，若发酵后期形成正常的菌球体，有利于降低发酵液黏度而增加溶解氧，因此产酸就高；若出现异状菌丝体，而且菌丝体大量繁殖，造成溶解氧降低，会使产酸

量迅速下降。下面介绍我国以薯干粉为原料的深层发酵工艺。

一、生产菌种

1. 柠檬酸产生菌

很多微生物都能产生柠檬酸，例如黑曲霉、温氏曲霉、棒曲霉、芬曲霉、淡黄青霉、桔青霉、梨形毛霉等。但柠檬酸主要采用发酵法生产，而最具商业竞争优势的是采用黑曲霉、温氏曲霉和解脂假丝酵母等菌种的深层发酵法。

2. 代表性菌种

当前生产上使用的具有代表性的菌种是：Co827、γ-130 和 γ-144-130、T419 等。

二、生产工艺条件

1. 碳氮比

薯类原料由于产地等客观条件不同，其组织中各种物质的含量各异，尤以蛋白质含量相差较大。一般甘薯蛋白质含量为 6%～7%，用这种薯干发酵，以现有生产菌种可不需调节含氮量，而西北产区的甘薯干含蛋白质高达 8%～9%，超出现菌种所需。木薯干含蛋白质仅 1.7%～2.6%，需用玉米粉、米糠、麸皮等有机氮源和适量的无机氮源来补充。

我国用柠檬酸薯干粉为原料的深层发酵工艺流程，基本如图 4-15 所示。

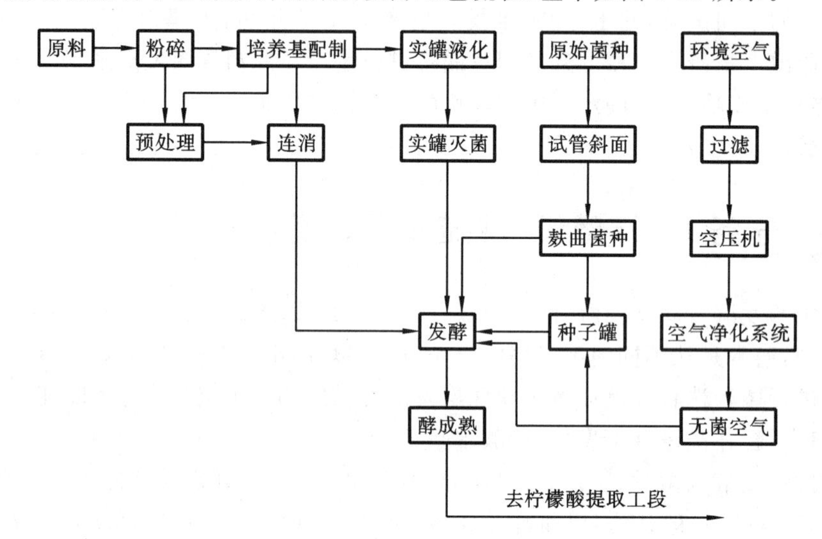

图 4-15　薯干原料发酵工艺

2. 温度

据报道，黑曲霉发酵柠檬酸温度控制在 28～30 ℃时，柠檬酸产率最高，发酵速度也最快。超过 35 ℃时，虽初期产酸较高，但最终产酸率低。

为了节约降温能耗，我国在选育薯干发酵菌种时有意地提高驯育温度，故可在(37±1) ℃的条件下发酵，但超过 42 ℃的时间过长会影响发酵，且杂酸生成较多。在正常的发酵过程中，随着柠檬酸的积累，pH 逐步下降，而草酸逐步被转化，至发酵结束时，总杂酸量为 5～7 g/L。

3. pH

发酵的最适 pH 分为起始和过程中的 pH。试验表明：薯干发酵培养基灭菌前将 pH 降到 4.0，灭菌后 pH 为 5.0 时，发酵效果较好，低于此值效果下降。

4. 控制生物量

正常的发酵液中生物量应控制在 12～20 g/L，过多的生物量会影响氧的溶解，增加发酵罐搅拌功率，且消耗了大量葡萄糖(一般认为每增加 1 g 生物量，要消耗 1 g 以上的葡萄糖)。薯干粗粮发酵，因本身有大量粗纤维，所以生物量要达到 22 g/L。

5. 严防缺氧

柠檬酸发酵是典型的好氧发酵，对氧十分敏感。当发酵进入产酸期时只要有几分钟的缺氧时间，就会对发酵造成严重影响，甚至完全失败。

6. 孢子接种数与菌体的特征

柠檬酸发酵液中的菌球体是由一个或数个孢子在生长过程中通过物理作用而形成的。菌球体的大小和数量关系到发酵的成败。一般来说，菌球体越小越多，产酸就越高，发酵周期也越短。菌球体的大小和数量与孢子接种量有关。

接种孢子数与菌球体量(个/mL) 成正比，与菌球体直径成反比。孢子数不足，菌球体大或大小不匀。实践证明，种子罐菌球体直径平均在 0.2～0.5 mm，移入大罐后的菌球体直径增长至 1.0～2.0 mm 的范围内为较佳值。菌球体最佳浓度为 280 个/mL，若菌球体浓度低于 120 个/mL，柠檬酸的积累速度和转化率都下降。若菌球体浓度高于 360 个/mL 则前期产酸快，后期缓慢，孢子数无限多，醪液呈糨糊状，不利于发酵。

薯干原料深层发酵大罐的菌球体直径小于 0.1 mm，以菌球体浓度高于 1000 个/mL 且表面毛糙为佳。尚未发现因菌球体浓度超过此值而影响发酵的实例。

7. 通气量

柠檬酸发酵通气量相对来说并不大。通气量不是一个固定值，应根据培养基的质量、菌种生长需要、发酵罐的结构及其搅拌桨叶的形式和圆周线速度以及罐压而定。一般规律是，发酵罐容积越大，培养液层越厚，搅拌转速越快，则通气量越小。通气量过大，菌体过早进入衰老期，不利于 CO_2 的固定，且动力浪费过多。氧的溶解度也与搅拌转速、罐压成正比关系；与温度和培养基黏度成反比关系。掌握这些原则，根据菌体的代谢规律来调控适宜的通气量以取得最佳的发酵效果。

在同等条件下，一般通气量：机械搅拌式发酵罐＜喷环式搅拌发酵罐＜内循环无搅拌式发酵罐。

8. 孢子直接接种的优缺点

孢子直接接种即所谓的一级接种工艺，目前大多是作为当种子罐种子(二级种子)出现质量问题或因生产中的突发事件而二级种子不能及时供应时的一个补救措施。实际上，孢子直接接种完全可以作为正常生产工艺使用，其优点如下。

① 直接接入发酵罐培养液中的孢子数与接进种子罐的孢子数相同，则与二级接种所产生的生物量基本相当，因为在种子罐内不会再繁殖新孢子。

② 我国现用菌种、种子罐与发酵罐培养基配方基本一致，一级的种子从孢子开始一

直处于同一生长条件,生长环境随孢子的成长而变化,即始终为菌体生长创造一个有利的环境。

③ 如培养基或培养条件出现不可预见的异常因素,则孢子比菌球体更能适应。

④ 能保持较小的种龄。前期产酸稍慢,培养基 pH>3.0 的时间延长,有利于淀粉的充分糖化,后期产酸较快,后劲较足,则残糖较低。

⑤ 减少一次接种操作就减少了一次染菌机会,同时节约了相应设备的投资及能耗。

9. 斜面培养基与菌种传代的关系

目前通常用自制的 4~6 °Bé 麦汁或米曲汁琼脂斜面培养基,但常因原料或制作方法上出现问题,培养基质量不稳,使菌种生长不良。例如:浓度过高或营养过剩,则斜面下端不生孢子或孢子生得细小、菌膜增厚而出现皱纹,反之则菌膜变薄、孢子细小。这种斜面菌种属不良菌种。生产上要求使用优质的斜面菌种且能稳定传代。

10. 麸曲三角瓶菌种的培养工艺

我国目前仍沿用三角瓶麸曲培养生产菌种孢子的工艺,这是我国在发酵工艺方面落后于国外用干孢子培养器培养干孢子的关键原因。

11. 促进发酵的其他因素

我国薯干发酵菌种较粗放,适应性很强,因此发酵较稳定,可供生产时参考。

(1) 种子罐培养基配方

相关科研人员曾对 100 多种不同的种子罐培养基配方进行过筛选,结果如下。

① 薯干粉浓度高比浓度低好,最高可达 22%。

② 添加 0.5%$(NH_4)_2SO_4$、0.3%尿素或 0.3%NH_4NO_3,效果较好。

③ 对 19 种表面活性剂进行试验,结果发现促进作用不明显。

④ 磷、镁、铁、锰、铜、锌等微量金属离子对发酵有明显的促进作用。

(2) 发酵培养基

发酵培养基中不需添加促进剂和微量金属离子。氮量要控制适当,过多的氮源将导致菌体“疯长”而产酸水平下降。

任务 2　柠檬酸的提取方法

柠檬酸的分离提纯有钙盐法、直接提取法、溶媒萃取法、离子交换和渗析法等。

一、钙盐法

钙盐法是将发酵液中的柠檬酸变成钙盐沉淀,用硫酸将柠檬酸钙置换出游离的柠檬酸,生成的硫酸钙沉淀出来,然后将柠檬酸进一步纯化结晶。发酵液经过加热处理后,滤去菌体等残渣,在中和桶中加入碳酸钙或石灰乳中和,使柠檬酸以盐的形式沉淀下来,废糖水和可溶性的杂质则过滤除去。柠檬酸钙在酸解槽中加入硫酸酸解,使柠檬酸分离出来,形成的硫酸钙(石膏渣)被滤除,作为副产品利用,这时得到的粗柠檬酸溶液通过脱色和离子交换净化,除去色素和胶体杂质以及无机杂质离子。净化后的柠檬酸溶液浓缩后结晶出来,离心分离晶体,母液则重新净化后浓缩、结晶。柠檬酸晶体经干燥和检验后包装出厂。钙盐法提取柠檬酸工艺流程见图4-16。

1. 柠檬酸钙的生成

发酵结束后，将发酵液滤去菌丝，滤液按总酸量的70%加入碳酸钙粉进行中和，随即将其煮沸，柠檬酸钙沉淀出来，在95 ℃以上高温时柠檬酸钙溶解度低，而其他有机酸的钙盐溶解度则较高。然后用90～95 ℃热水充分洗涤沉淀，洗净培养基中带来的糖分和其他可溶性杂质。

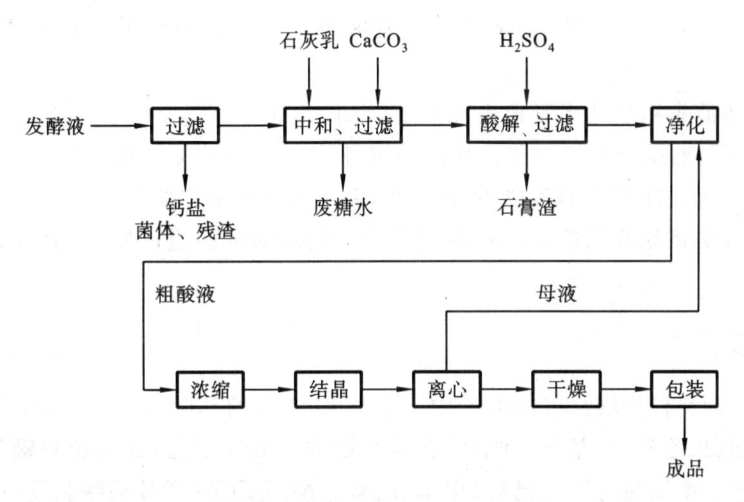

图4-16 钙盐法提取柠檬酸工艺流程

2. 硫酸置换反应

把用热水洗净的柠檬酸钙加水搅成糊状，在搅拌下加入浓硫酸，温度控制在80 ℃以上，当硫酸加的量能完全满足置换反应时，柠檬酸游离出来，硫酸与钙离子形成硫酸钙沉淀出来。硫酸的用量为加入的碳酸钙的85%～90%，硫酸加入量不足时，会造成柠檬酸钙反应不完全，余下的柠檬酸三钙混于柠檬酸中，柠檬酸无法结晶。而硫酸过量时，浓缩过程中酸度增加，当温度升高至70～75 ℃时，会引起柠檬酸分解，产生蚁酸等挥发酸，产品颜色较深。在酸解反应中应严格控制温度，在相对饱和度下，温度低时，有大量可溶性二水硫酸钙存在，混于柠檬酸液中，也影响过滤效果。在较高的温度下，产物以$CaSO_4 \cdot \frac{1}{2}H_2O$和硫酸钙的形式存在，溶解度极低，成为沉淀被过滤除去。

3. 脱色

为了得到纯净的柠檬酸结晶，首先须去除色素，脱色的方法有活性炭脱色和大孔树脂脱色等。

4. 去除阳离子杂质

生产中多采用树脂进行离子交换，常用的树脂为732型阳离子交换树脂，当有pH为4的溶液流出时，表示已有柠檬酸流出，开始收集。

5. 浓缩

在常压下浓缩易导致柠檬酸分解，应进行减压浓缩。

6. 结晶

柠檬酸在缓慢搅拌下冷却结晶，使晶粒均匀。

钙盐法的缺点是劳动强度大，设备易被腐蚀，提取收率仅为70%左右，同时造成环境污染。

二、直接提取法

本法适用于柠檬酸含量高、杂质少的发酵滤液。可以用以下几种方法得到柠檬酸结晶。

① 过滤清液先用活性炭脱色去除杂质，浓缩结晶。

② 用$CFCl_2$抽提除去蛋白质及其他杂质，将滤液分离出来浓缩结晶。

③ 以甲醇沉淀滤液中的蛋白质，洗涤沉淀，回收甲醇后浓缩结晶。

④ 用活性炭将滤液脱色、浓缩，再用3倍量的丙酮沉淀蛋白质，分离、回收丙酮后浓缩结晶。

三、萃取法

本法用溶剂将柠檬酸从发酵滤液中分离出来，常用的萃取溶剂有4类：①仅含碳、氢、氧的乙酸乙酯、二乙醚、甲基异丁酮；②含磷氧键的磷酸三丁酯；③含硫氧键的亚砜；④有机胺如三辛胺。使用时可用正己烷、甲苯、乙酸乙酯、正丁醇等对某些黏度大的萃取剂进行稀释。

萃取中，柠檬酸在两相中的分配与萃取温度、柠檬酸浓度以及滤液中所含杂质等因素有关。

四、离子交换和渗析法

用弱碱性OH^-型701型阴离子交换树脂吸附，用5%氢氧化铵洗脱，得到柠檬酸铵溶液，然后通过强酸性H^+型732型离子交换树脂交换，柠檬酸可游离出来。

思考题

1. 简述柠檬酸的物理、化学性质。
2. 介绍钙盐法提取柠檬酸的工艺流程。
3. 以木薯粉为原料生产柠檬酸的发酵工艺条件如何控制?

模块五

药物类发酵技术

项目1　青霉素的发酵生产

预备知识　青霉素概述

1928年,英国微生物学家弗莱明发现金黄色葡萄球菌培养皿中长出了一团青绿色霉菌,此后的鉴定表明此霉菌为青霉菌,因此弗莱明将其分泌的抑菌物质称为青霉素。然而遗憾的是弗莱明一直未能找到提取高纯度青霉素的方法。他在1939年将菌种提供给英国病理学家弗洛里和生物化学家钱恩,弗洛里和钱恩终于用冷冻干燥法提取了青霉素晶体。

1941年开始的临床试验证实了青霉素对链球菌、白喉杆菌等多种细菌感染的疗效。青霉素之所以能既杀死病菌又不损害人体细胞,原因在于青霉素所含的青霉烷能使病菌细胞壁的合成发生障碍,导致病菌溶解死亡,而人和动物的细胞没有细胞壁。但青霉素会使个别人发生过敏反应,所以在应用前必须做皮试。在这些研究成果的推动下,美国制药企业于1942年开始对青霉素进行大批量生产。这些青霉素在第二次世界大战中挽救了大量伤病员的生命。1945年,弗莱明、弗洛里和钱恩因“发现青霉素及其临床效用”而共同荣获了诺贝尔生理学或医学奖。

1953年5月,中国第一批国产青霉素诞生,揭开了中国生产抗生素的历史。截至2001年年底,我国的青霉素年产量已占世界青霉素年总产量的60%,居世界首位。

任务1　生产孢子的制备

将沙土保藏的孢子用甘油、葡萄糖、蛋白胨组成的培养基进行斜面培养,经传代活化。最适生长温度为25～26 ℃,培养6～8 d,得单菌落,再传斜面,培养7 d,得斜面孢子。移植到优质小米或大米固体培养基上,生长7 d,25 ℃,制得小米孢子。

每批孢子必须进行严格摇瓶试验，测定效价及杂菌情况。

任务2　种子罐和发酵罐培养工艺

种子培养要求产生大量健壮的菌丝体，因此，培养基应加入比较丰富的易利用的碳源和有机氮源。青霉素采用三级发酵。

一级种子发酵：采用小罐(发芽罐)发酵，接入小米孢子后，孢子萌发，形成菌丝。培养基成分：葡萄糖、蔗糖、乳糖、玉米浆、碳酸钙、玉米油、消沫剂等。通无菌空气，空气流量为1∶3(体积比)；搅拌机转速为300～350 r/min；40～50 h；pH自然，温度(27±1) ℃。

二级发酵：采用繁殖罐大量繁殖发酵。培养基成分：玉米浆、葡萄糖等。通气比控制为(1～1.5)∶1；搅拌机转速为250～280 r/min；pH自然，温度为(25±1) ℃；14 h。

三级发酵：采用生产罐发酵。培养基成分：花生饼粉(高温)、麸质粉、玉米浆、葡萄糖、尿素、硫酸铵、硫酸钠、硫代硫酸钠、磷酸二氢钠、苯乙酰胺及消泡剂、$CaCO_3$等。接种量为12%～15%。青霉素的发酵对溶解氧要求极高，通气量偏大，通气比控制为(0.7～1.8)∶1；搅拌机转速为150～200 r/min；要求高功率搅拌，100 m^3的发酵罐搅拌功率在200～300 kW，罐压控制在0.04～0.05 MPa，于25～26 ℃下培养，发酵周期在200 h左右。前60 h，pH为5.7～6.3，后期pH为6.3～6.6；温度前60 h为26 ℃，以后为24 ℃。

任务3　发酵

发酵过程需连续流加补入葡萄糖、硫酸铵以及前体物质苯乙酸盐，补糖率是最关键的控制指标，不同时期分段控制。

在青霉素的生产中，让培养基中的主要营养物只够维持青霉菌在前40 h生长，而在40 h后，靠低速连续补加葡萄糖和氮源等，使菌半饥饿，延长青霉素的合成期，可大大提高产量。所需营养物限量的补加常用来控制营养缺陷型突变菌种，使代谢产物积累到最大。

(1) 培养基

青霉素发酵中采用补料分批操作法，对葡萄糖、铵、苯乙酸进行缓慢流加，维持适宜的浓度。葡萄糖的流加波动范围较窄，浓度过低使抗生素合成速度减慢或停止，过高则导致呼吸活性下降，甚至引起自溶，葡萄糖浓度调节是根据pH、溶解氧或CO_2释放率予以调节。

碳源的选择：生产菌能利用多种碳源、乳糖、蔗糖、葡萄糖、阿拉伯糖、甘露糖、淀粉和天然油脂。生产成本中碳源占12%以上，对工艺影响很大；糖与6-氨基青霉烷酸(6-APA)结合形成糖基-6-APA，影响青霉素的产量。葡萄糖、乳糖结合能力强，而且随时间延长而增强，因此通常采用葡萄糖和乳糖。发酵初期，利用高效的葡萄糖使菌丝生长。当葡萄糖耗竭后，利用缓效的乳糖，使pH稳定，分泌青霉素。可根据形态变化滴加葡萄糖，取代乳糖。目前普遍采用淀粉的酶水解产物，葡萄糖化液流加，降低成本。

氮源：玉米浆是最好的氮源，是玉米淀粉生产时的副产品，含有多种氨基酸及其前体苯乙酸和衍生物。玉米浆质量不稳定，可用花生饼粉或棉籽饼粉取代。需补加无机氮源。

无机盐：硫、磷、镁、钾等。铁有毒，控制在 30 μg/mL 以下。

流加控制：补糖，根据残糖、pH、尾气中 CO_2 和 O_2 含量添加。残糖在 0.6%左右，pH 开始升高时加糖。补氮，流加酸酸铵、氨水、尿素，控制氨基酸态氮为 0.05%。

添加前体：合成阶段，苯乙酸及其衍生物、苯乙酰胺、苯乙胺、苯乙酰甘氨酸等均可为青霉素侧链的前体，直接掺入青霉素分子中，也具有刺激青霉素合成的作用。但浓度大于 0.19%时对细胞和合成有毒性，还能被细胞氧化。可流加低浓度前体，一次加入量低于 0.1%，保持供应速率略大于生物合成的需要。

(2) 温度

生长适宜温度为 30 ℃，分泌青霉素温度为 20 ℃。但 20 ℃青霉素破坏少，周期很长。生产中采用变温控制，不同阶段不同温度。前期控制在 25～26 ℃，后期降温控制在 23 ℃。过高会降低发酵产率，增加葡萄糖的消耗，降低葡萄糖至青霉素的转化率。有的发酵过程在菌丝生长阶段采用较高的温度，以缩短生长时间，生产阶段适当降低温度，以利于青霉素的合成。

(3) pH

合成的适宜 pH 为 6.4～6.6，应避免超过 7.0。青霉素在碱性条件下不稳定，易水解。缓冲能力弱的培养基，pH 降低，意味着加糖率过高而造成酸性中间产物积累。pH 上升，加糖率过低，不足以中和蛋白产生的氨或其他生理碱性物质。前期 pH 控制在 5.7～6.3，中后期 pH 控制在 6.3～6.6，通过补加氨水进行调节。pH 较低时，加入 $CaCO_3$、通氨调节或提高通气量。pH 上升时，加糖或天然油脂。一般直接加酸或碱自动控制，流加葡萄糖控制。

(4) 溶解氧

溶解氧小于 30%饱和度，产率急剧下降，低于 10%，会造成不可逆的损害，因此不能低于 30%饱和溶解氧浓度。通气比一般为 1∶0.8。溶解氧过高，菌丝生长不良或加糖率过低，呼吸强度下降，影响生产能力的发挥。适宜的搅拌速度，保证气液混合，提高溶解氧量，根据各阶段的生长和耗氧量不同，应对搅拌转速进行调整。

(5) 菌丝生长速度与形态、浓度

对于每个有固定通气和搅拌条件的发酵罐内进行的特定好氧过程，都有一个使氧传递速率(OTR)和氧消耗率(OUR)在某一溶解氧水平上达到平衡的临界菌丝浓度。超过此浓度，OUR>OTR，溶解氧水平下降，发酵产率下降。在发酵稳定期，湿菌浓度可达 15%～20%，丝状菌干重约为 3%，球状菌干重在 5%左右。另外，因补入物料较多，在发酵中后期一般每天带放一次，每次放掉总发酵液的 10%左右。

菌丝的生长形态有丝状生长和球状生长两种。丝状菌丝由于所有菌丝体都能充分和发酵液中的基质及氧接触，生产率高，发酵黏度低，气、液两相中氧的传递率提高，允许更多菌丝生长。球状菌丝形态的控制，与碳、氮源的流加状况，搅拌的剪切强度及稀释度相关。

(6) 消沫

发酵过程泡沫较多，需补入消沫剂。少量多次。不宜在前期多加入，以免影响呼吸代谢。

任务4 青霉素的提炼

青霉素提纯工艺流程如图5-1所示。

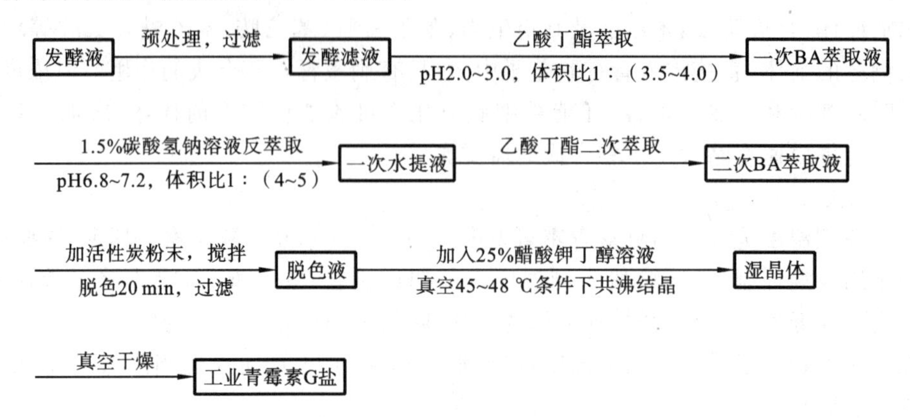

图5-1 青霉素提纯工艺流程

青霉素不稳定，发酵液预处理、提取和精制过程要条件温和、快速，防止降解。

(1) 预处理

发酵液形成后，目标产物存在于发酵液中，而且浓度较低，如抗生素只有10～30 kg/m^3，含有大量杂质，影响后续工艺的有效提取。因此必须对其进行预处理，其目的在于浓缩目的产物，去除大部分杂质，改变发酵液的流变学特征，利于后续的分离纯化过程。

(2) 过滤

发酵液在萃取之前需预处理，发酵液加少量絮凝剂沉淀蛋白质，然后经真空转鼓过滤或板框过滤，除掉菌丝体及部分蛋白质。青霉素易降解，发酵液及滤液应冷却至10℃以下，过滤液收率一般为90%左右。

①若菌丝体粗长，可采用鼓式真空过滤机过滤，滤渣形成紧密饼状，容易从滤布上刮下。滤液pH为6.27～7.2，蛋白质含量为0.05%～0.2%。需要进一步除去蛋白质。

②改善过滤和除去蛋白质的措施：硫酸调节pH为4.5～5.0，加入0.07%溴代十五烷吡啶(PPB)，0.7%硅藻土为助滤剂。再通过板框式过滤机。滤液澄清透明，进行萃取。

(3) 萃取

青霉素的提取采用溶媒萃取法。青霉素游离酸易溶于有机溶剂，而青霉素盐易溶于水。利用这一性质，在酸性条件下青霉素转入有机溶媒中，调节pH，再转入中性水相，反复几次萃取，即可提纯浓缩。选择对青霉素分配系数高的有机溶剂。工业上通常用乙酸丁酯和戊酯，萃取2～3次。从发酵液萃取到乙酸丁酯时，pH选择为1.8～2.0。从乙酸丁酯反萃取到水相时，pH选择为6.8～7.4，发酵滤液与乙酸丁酯的体积比为(3.5～4.0)：1。反萃取时，BA萃取液与碳酸氢钠溶液的比例为(4～5)：1。几次萃取后，浓缩10倍，浓度几乎达到结晶要求。萃取总收率在85%左右。

所得滤液多采用二次萃取，用10%硫酸调pH为2.0～3.0，加入乙酸丁酯，用量为滤液体积的四分之一，反萃取时常用碳酸氢钠溶液调pH为6.8～7.2。在一次丁酯萃取时，由于滤液含有大量蛋白，通常加入破乳剂防止乳化。第一次萃取因存在蛋白质，要加0.05%～0.1%乳化剂 PPB。

萃取条件：为减少青霉素降解，整个萃取过程应在低温下（10 ℃以下）进行。萃取罐用冷冻盐水冷却。

（4）脱色

萃取液中添加活性炭，除去色素、热源，过滤，除去活性炭。

（5）结晶

萃取液一般通过结晶提纯。青霉素钾盐在乙酸丁酯中溶解度很小，在二次丁酯萃取液中加入醋酸钾-乙醇溶液，青霉素钾盐就结晶析出。然后采用重结晶方法，进一步提高纯度，将钾盐溶于 KOH 溶液，调 pH 至中性，加无水丁醇，在真空条件下，共沸蒸馏结晶得纯品。直接结晶：在 2 次乙酸丁酯萃取液中加醋酸钠-乙醇溶液反应，得到结晶钠盐。加醋酸钾-乙醇溶液，得到青霉素钾盐。

共沸蒸馏结晶：萃取液，再用 0.5 mol/L NaOH 萃取，pH 为 4.8～6.4 时得到钠盐水浓缩液。加 2.5 倍体积丁醇，于 16～26 ℃，0.67～1.3 kPa 下蒸馏。水和丁醇形成共沸物而蒸出，钠盐结晶析出。结晶经过洗涤、干燥后，得到青霉素产品。

 思考题

1. 简述青霉素发酵过程的控制要点。
2. 简述青霉素的提炼流程。

技能训练　青霉素发酵生产技术

一、能力目标

掌握青霉素的发酵生产及发酵过程控制。

二、相关知识

1. 青霉素生产菌的生物学特性

青霉素生产菌形成绿色孢子和黄色孢子的两种产黄青霉菌株；深层培养中菌丝形态为球状和丝状两种，我国生产上采用的是丝状。

菌落：平坦或皱褶，圆形，边沿整齐或呈锯齿状或扇形。气生菌丝形成大小梗，上生分生孢子，排列呈链状，似毛笔，称为青霉穗。孢子呈黄绿至棕灰色，为圆形或圆柱形。

2. 发酵条件下的生长过程

第 1 期：分生孢子萌发，形成芽管，原生质未分化，具有小泡。

第 2 期：菌丝繁殖，原生质体具有嗜碱性，类脂肪小颗粒。

第 3 期：形成脂肪包涵体，没有空泡，嗜碱性很强。

第 4 期：脂肪包涵体形成小滴并减少，中小空泡，原生质体嗜碱性减弱，开始产生抗生素。

第 5 期:形成大空泡,有中性染色大颗粒,菌丝呈桶状,脂肪包涵体消失,青霉素产量最高。

第 6 期:出现个别自溶细胞,细胞内无颗粒,仍然呈桶状,释放游离氨,pH 上升。

第 7 期:菌丝完全自溶,仅有空细胞壁。

镜检:规定时间取样,显微镜观察 7 个时期的形态变化,控制发酵。

1~4 期为菌丝生长期,3 期的菌体适宜为种子。

4~5 期为生产期,生产能力最强,通过工程措施,延长此期,获得高产。

在第 6 期到来之前结束发酵。

3. 青霉素的临床应用

青霉素临床上主要用于革兰氏阳性球菌,例如链球菌、肺炎球菌、敏感的葡萄球菌等的感染。青霉素不耐酸,胃酸能导致 β-丙酰胺环裂环失去活性,口服无效,需注射给药。青霉素具有酸性,不溶于水,可溶于有机溶剂。临床以其钾盐或钠盐供药用,称为青霉素钠、青霉素钾。青霉素的钠盐或钾盐均易溶于水,但是水溶液在室温下不稳定,易被水解失效,因此注射用青霉素为其钠盐或钾盐的灭菌粉末。青霉素粉在制备时要符合相应的要求,如粉末无异物,配成溶液或混悬液的澄明度要合格;粉末的细度或结晶应适宜,便于分装;制备要求无菌、无热源。

三、实训材料

1. 设备

药物粉末分装机、轧盖机等。

2. 材料

青霉素钠、青霉素钾、西林瓶(10 mL)、胶塞、铝盖。

四、操作要点

1. 青霉素的发酵

(1) 种子培养基

玉米浆 4.0%(以干物质计),蔗糖 2.4%,硫酸铵 0.4%,碳酸钙 0.4%;pH6.2~6.5。

(2) 发酵培养基

玉米浆 3.8%(以干物质计),磷酸二氢钾 0.54%,无水硫酸钠 0.54%,碳酸钙 0.07%,硫酸亚铁 0.018%,硫酸锰 0.0025%;pH4.7~4.9。

(3) 种子培养

将产黄青霉(型号 99-8)接入灭菌降温至 25 ℃的种子培养基进行培养,培养温度为 25 ℃,搅拌速度为 110 r/min,空气流量为 0.5~0.9 m^3/(m^3种子液·min),培养至对数生长后期。

(4) 发酵期间主要控制参数

接种量为 15%,温度为 25 ℃,罐压为 0.04~0.06 MPa,搅拌转速为 120 r/min,空气流量为 0.5~0.7 m^3/(m^3发酵液·min)。当发酵液中氨氮含量下降至 450 μg/mL 以下时,开始补加硫酸铵。在后续发酵过程中控制发酵液氨氮含量为 300~500 μg/mL,并在线监控溶解氧(DO)和pH,100 m^3的发酵罐搅拌功率为200～300 kW,罐压控制在0.04～0.05 MPa,于25～26 ℃下培养,发酵周期为200 h左右。前60 h,pH为5.7～6.3,温度为26 ℃;后期pH为6.3～6.6,温度为24 ℃。溶解氧若小于30%饱和度,产率将急剧下降;溶解氧若低于10%饱和度,则造成不可逆的损害。所以不能低于30%饱和溶解氧浓度。

青霉素的发酵过程控制十分精细,一般2 h取样一次,测定发酵液的pH、菌浓度、残糖、残氮、苯乙酸浓度、青霉素效价等指标,同时取样做无菌检查,发现染菌立即结束发酵,视情况过滤提取,因为染菌后pH波动大,青霉素在几个小时内就会被全部破坏。

2. 青霉素的提炼

青霉素的提炼分为预处理、过滤、萃取、脱色、结晶等步骤,具体工艺流程及操作步骤可参见前文。

项目2　氨基酸类药物发酵技术

预备知识　氨基酸类药物的发展和特性概述

氨基酸是构成蛋白质的基本单位,是人体及动物的重要营养物质,具有重要的生理作用。在生命活动中蛋白质之所以表现出各种各样的生理功能,主要是因为不同的蛋白质分子中氨基酸残基的组成、排列顺序以及形成的特定三维空间结构各异。蛋白质、多肽在体内不断地被分解为氨基酸,体内的氨基酸又不断地合成各种蛋白质、多肽,形成了一个动态平衡体系。在这一体系中,任何一种氨基酸的缺乏或代谢失调,都会破坏这种平衡,导致机体代谢紊乱乃至疾病,而补充缺乏的氨基酸就可使机体代谢紊乱得到纠正、疾病得到治疗。因此,氨基酸类药物是一类重要的药物,其生产和应用很早就受到人们的重视。

一、发展概况

1. 氨基酸类药物的现状

自20世纪50年代开始,氨基酸类药物的应用不断扩大,形成了一个新兴的工业体系,称为氨基酸工业。随着生产技术的不断完善,氨基酸品种和产量不断增加,其品种已由构成蛋白质的20多种氨基酸发展到100多种氨基酸及其衍生物,在医药工业生产中占有重要地位。目前,谷氨酸、甲硫氨酸、甘氨酸、胱氨酸、精氨酸、赖氨酸等已形成了一定的工业生产规模。在生产技术方面,也由天然蛋白质水解提取法及化学合成法逐渐向微生物发酵法及酶合成法发展,生产工艺日趋成熟。2005年版《中国药典》收载的常见的氨基酸原料药,见表5-1。

表5-1　2005年版《中国药典》收载的氨基酸原料药

品　名	生产方法	用　途
L-胱氨酸	提取、发酵、合成	促进毛发生长,防治肝炎,增加白细胞

续表

品　名	生产方法	用　途
L-谷氨酸	合成、发酵	改善高血氨症状，治疗肝昏迷
L-天冬氨酸	酶工程	离子载体、促进尿素生成，降血氨
L-甘氨酸	合成	治疗肌肉疾病、胃酸过多症，促进脂肪代谢
L-色氨酸	提取合成	改善脑神经功能，促进红细胞再生，乳汁合成
L-酪氨酸	提取，发酵	治疗震颤性麻痹症，改善肌肉运动
L-苏氨酸	发酵，合成，酶工程	促进生长发育，抗脂肪肝，治疗贫血
L-亮氨酸	提取，发酵，合成	改善营养状态，维持脂肪正常代谢
L-异亮氨酸	发酵，酶工程	促进蛋白质、激素合成，促进生长发育
乙酰半胱氨酸	合成	溶解黏液，祛痰
牛磺酸	合成	抗心肌缺血性损伤，抗癫痫
L-丙氨酸	提取，酶工程	组成复合氨基酸注射液及口服液等的原料
L-谷氨酸	发酵	促进氨代谢，促进红细胞生成，抗癫痫
L-甲硫氨酸	合成	参与体内生物合成与代谢，调节中枢神经系统
L-精氨酸	提取	促进尿素循环，治疗肝昏迷
L-天冬酰胺	酶工程	辅助治疗乳腺小叶增生
L-缬氨酸	提取	作为营养补剂，促进蛋白质的合成
L-组氨酸	提取，发酵	镇静副交感神经，治疗消化性溃疡
L-丝氨酸	提取，合成	作为营养补剂，解除疲劳、恢复体力
L-脯氨酸	发酵，合成	参与能量代谢及解毒作用

2. 氨基酸类药物的发展趋势

(1) 新技术和工艺的开发应用

近年来，氨基酸产生菌的育种工程开始运用DNA重组技术，提高了氨基酸基因育种的效率和新菌株的产酸水平。如三井化学公司利用重组DNA技术改造L-色氨酸发酵菌种可使产量提高1倍以上。通过对工业微生物的DNA改造可使L-苏氨酸和L-精氨酸的产量大幅度提高，从而使其生产成本大幅下降，并为市场用量的扩大奠定基础。据统计，利用生物工程(DNA重组)的菌种已用于包括谷氨酸在内的6种以上氨基酸的生产。

(2) 生物化工技术在氨基酸工业中的应用

生物化工技术是生物工程相结合的技术产物。目前各国竞相开展了生物化工的研究、开发工作，已成功开发的许多聚合氨基酸就是生化技术在氨基酸工业中的应用。国内氨基酸行业也应该高度重视利用生物化工技术解决目前氨基酸行业存在的发酵周期长、分离提纯技术落后、产品收率低和产品质量不高等问题，以促进我国氨基酸产业的腾飞。

(3) 新产品的开发、新应用领域的拓展

目前氨基酸在临床上主要作为营养剂及氨基酸类药物使用，如氨基酸注射液、氨基酸口服液等，这些应用还远没有充分发挥各种氨基酸应有的作用，应扩大氨基酸在医药领域的应用范围。此外,还可开发氨基酸系表面活性剂、生物活性较好的肽类等。

二、理化性质

氨基酸依据其在 pH5.5 溶液中的带电状况分为酸性、中性及碱性 3 类。由于氨基酸有共同的结构部分,也有不同之处,故其理化性质亦有异同。

1. 物理通性

天然氨基酸纯品均为白色结晶性粉末,熔点及分解点均在 200 ℃以上。在水中的溶解度各不相同,在有机溶剂中溶解度一般较小。均为两性电解质,各有一定的等电点。除甘氨酸外都有旋光性。

2. 化学通性

α-氨基酸共同的化学反应有两性解离、酰化、烷基化、酰氯化、酰胺化、叠氮化、脱羧及脱氨反应、肽键结合反应及与甲醛和亚硝酸的反应等。

3. 基团反应

除上述共同理化通性外,某些氨基酸的特殊基团也产生特殊的理化性质,如酪氨酸的酚羟基可产生米伦反应与福林-达尼斯反应;精氨酸的胍基产生坂口反应;色氨酸的吲哚基与芳醛产生红色反应;组氨酸的咪唑基产生 Pauly 反应;苯丙氨酸硝化后于碱性条件下产生橘黄色反应;胱氨酸及半胱氨酸经酸或碱破坏后可与醋酸铅产生铅黑反应;半胱氨酸在碱性条件下与亚硝基铁氰化钠反应生成紫红色化合物。另外,色氨酸、苯丙氨酸及酪氨酸均有特征紫外线吸收光谱,色氨酸最大吸收波长为 279 nm,丙氨酸为 259 nm,酪氨酸为 278 nm。但构成天然蛋白质的 20 余种氨基酸在可见光区均无吸收。

氨基酸的上述理化性质是蛋白质氨基酸合成、转化、分离纯化及定性、定量检测的依据。

三、临床应用

氨基酸作为药物用于治疗因蛋白质代谢紊乱和缺乏所引起的一系列疾病,不仅是重要的营养补充剂,而且有些氨基酸具有特殊的生理作用和临床疗效。氨基酸缺乏可导致机体生长迟缓、自身蛋白质消耗、生理功能衰退、抵抗力降低等一系列临床症状。直接输入复方氨基酸制剂可改善患者营养状况,增加血浆蛋白和组织蛋白,纠正负氮平衡,促进酶、抗体和激素等活性蛋白的合成。氨基酸的作用及临床应用主要有以下几种。

1. 作为营养补剂

由于重度营养不良是导致急慢性感染及消耗性疾病病情加重甚至死亡的直接原因,因此,补充氨基酸,特别是缬氨酸、甲硫氨酸、异亮氨酸、苯丙氨酸、亮氨酸、色氨酸、苏氨酸和赖氨酸等 8 种必需氨基酸可纠正负氮平衡,是实施支持疗法的基础。在复方氨基酸制剂中常配以适量的糖类等,以减少氨基酸作为能源物质被氧化的概率,提高氨基酸的利用率。

2. 降血氨

谷氨酸、谷氨酰胺、精氨酸、天冬氨酸、鸟氨酸和瓜氨酸等是体内以氨为原料合成尿素过程中的成员，补充这些氨基酸可加速鸟氨酸循环，促进尿素合成，有利于降低血氨水平，减少其毒害作用。

3. 保护作用

半胱氨酸及其参与组成的谷胱甘肽因含有游离的巯基而具有抗氧化性质，是体内氧化还原体系的重要组分，可防止电离辐射、自由基、氧化剂等对生物大分子的损伤，从而起到保护巯基酶类和巯基蛋白质、延迟衰老等作用。甲硫氨酸在体内转变成S-酰苷甲硫氨酸后，作为活性甲基供体参与许多重要物质的合成。如肉碱的生成有利于脂肪酸β-氧化；肌酸的合成有利于ATP循环和能量代谢；乙醇胺甲基化生成的胆碱可促进肝中三酰甘油、胆固醇和磷脂的代谢，对肝脏有保护作用。

4. 作为离子载体促进离子进入细胞

天冬氨酸是钾、镁离子载体，能够促进钾、镁离子进入心肌细胞，有助于改善心肌收缩功能，降低心肌耗氧量。甘氨酸是铁离子载体，以硫酸甘氨酸铁的形式发挥作用，使细胞膜有良好的通透性，并可防止铁在胃中的氧化，有利于铁的吸收。

5. 转变成重要的生物活性物质起特殊作用

谷氨酸在体内经氧化脱羧可转变成γ-氨基丁酸，γ-氨基丁酸是抑制性神经递质，谷氨酸和维生素B_6协同作用可用于妊娠呕吐的辅助治疗。酪氨酸可转变成多巴及儿茶酚胺，有利于改善震颤性麻痹的肌肉强直和共济失调等症状。色氨酸可转变成5-羟色胺、松果体激素等，其中5-羟色胺是神经递质，是强效血管收缩剂，松果体激素对改善睡眠有作用。组氨酸可转变成组胺，是强力血管舒张剂。半胱氨酸的衍生物牛磺酸作为神经递质，参与学习和记忆过程，并有抗心肌缺血性损伤、抗癫痫等作用。

6. 氨基酸的其他作用

胱氨酸和半胱氨酸有促进毛发生长、延缓皮肤衰老的作用。组氨酸、谷氨酸和谷氨酰胺可用于消化道溃疡的辅助治疗。某些氨基酸的修饰产物，如甲基酪氨酸、氯苯丙氨酸、氮杂丝氨酸等氨基酸类似物，可作为底物或竞争性抑制剂用于肿瘤的辅助治疗。

四、氨基酸生物合成的调控

微生物的新陈代谢十分错综复杂，参与代谢的物质多种多样，同一种物质的代谢途径也可以有许多种，各种物质的代谢相互联系、相互影响。微生物在长期的进化过程中，经过自然选择建立了有利于自身的代谢调节系统。因为微生物在自然界生存经常会发生各种变异，当变异有利于微生物自身生存时就有可能保留下来，而当变异不利于微生物自身生存时就会在自然选择过程中被淘汰。这样，有益的变异经过长期的积累就形成了代谢调节系统。

微生物的这种代谢调节系统是有效的、合理的，包括两个方面的内容：其一是微生物能最有效地利用环境中的营养物质，优先进行生长和繁殖，如诱导现象、葡萄糖效应等，因此在正常的生理条件下，微生物靠其调节系统总是趋向快速生长和繁殖；其二是当环境中某些营养物质过剩而某些营养物质缺乏时，微生物为了避免不平衡生长而导致自身的死亡，可依靠其代谢调节系统限制对过剩营养物质的利用，而加强对那些少量营养物质的利用；或者通过代谢途径的改变，将过剩的营养物质转变成与生长无关的代谢产物，如反馈调节即属于这一类。必须指出，微生物的代谢活动是十分复杂的，要实现代谢的转变，往往要靠多种代谢调节方式相互配合，共同起作用。

微生物的代谢是由各种酶类催化的，因此代谢的调节实质上主要是通过控制酶的生成和酶的活性而实现的。酶的生成受微生物本身的基因和环境条件所控制。一个微生物能合成哪些酶是该微生物的遗传特性，如果没有某种酶的基因，则在任何情况下都不会生成这种酶。即便有了酶的基因，还需要有一定的环境条件，才能实现酶的生成。所以，通过对基因进行改造和控制培养条件，就可以改变微生物的代谢，使之符合工业生产的需要。工业中所采用的微生物多是经过基因突变或基因改造的菌种，在合适的培养及发酵条件下，可以获得大量的代谢产物。

任务1 氨基酸的粗制

目前全世界天然氨基酸的年产量在百万吨左右，其中产量较大者有谷氨酸、甲硫氨酸及赖氨酸，其次为天冬氨酸、苯丙氨酸及胱氨酸等。目前构成天然蛋白质的20余种氨基酸的生产方法有天然蛋白质水解法、发酵法、酶法及化学合成法等4种。氨基酸及其衍生物类药物已有百种之多，但主要是以20余种氨基酸为原料经酯化、酰化、取代及成盐等化学方法或酶转化法生产。

一、蛋白质水解法

蛋白质水解法生产氨基酸主要以毛发、血粉及废蚕丝等蛋白质为原料，通过酸、碱或酶水解成多种氨基酸混合物，经分离纯化获得各种氨基酸。

本法的优点是原料来源丰富。缺点是单一氨基酸在水解液中含量低，生产成本较高。目前仍有一些氨基酸用蛋白质水解法生产，如胱氨酸、亮氨酸、酪氨酸等。

1. 酸水解法

酸水解法是水解蛋白质制备氨基酸的常用方法。一般是在蛋白质原料中加入约4倍质量的6～10 mol/L的盐酸或4～8 mol/L的硫酸，于110 ℃加热回流10～24 h，或加压下于120 ℃水解8～12 h，使蛋白质充分水解后除酸，即得氨基酸混合物。

本法的优点是水解完全，不引起氨基酸发生旋光异构作用，所得氨基酸均为L型氨基酸。缺点是色氨酸几乎全部被破坏，含羟基的氨基酸部分被破坏，水解液呈黑色而需进行脱色处理，环境污染较严重。

2. 碱水解法

碱水解法通常是在蛋白质原料中加入6 mol/L氢氧化钠溶液，于100 ℃水解6 h得氨基酸混合物。

本法的优点是水解时间较短，色氨酸不会被破坏，水解液不呈黑色。缺点是含羟基和巯基的氨基酸大部分被破坏，并引起氨基酸的消旋作用，产物有D型和L型氨基酸，环境污染也较严重，故本法较少采用。

3. 酶水解法

酶水解法通常是利用胰酶、木瓜蛋白酶或微生物蛋白酶等，在常温、常压下水解蛋白

质，制备氨基酸。

本法的优点是反应条件温和，氨基酸不被破坏且不发生消旋作用，对设备条件要求较低，环境污染较轻。缺点是由于蛋白酶常常对肽键具有选择性而使蛋白质水解不彻底，中间产物(短肽)较多，水解时间长，故主要用于生产水解蛋白和蛋白胨，在氨基酸生产上比较少用。但用两种以上的蛋白酶进行水解，可解决部分蛋白质水解不彻底的问题。

二、发酵法

氨基酸发酵法生产是指通过特定微生物在培养基中生长产生氨基酸的方法。本法的优点是能够直接生产 L 型氨基酸，原料丰富且价廉，环境污染较轻。缺点是产物浓度低，生产周期长，设备投资大，有副产物反应，氨基酸的分离纯化技术要求比较复杂。

氨基酸发酵法所用菌种主要为细菌、酵母菌，早期多为野生型菌株，20 世纪 60 年代后则多用经人工诱变选育的营养缺陷型和抗代谢类似物突变株。自 20 世纪 80 年代开始，采用细胞融合技术及基因重组技术改造微生物细胞，已获得多种高产氨基酸重组菌株及基因工程菌。目前大部分氨基酸可通过发酵法生产，如谷氨酸、谷氨酰胺、丝氨酸、酪氨酸、组氨酸等，产量和品种逐年增加。

发酵法生产氨基酸的基本过程包括培养基配制与灭菌处理、菌种诱变与选育、菌种培养、发酵培养、产品提取及精制纯化等步骤。

1. 氨基酸产生菌的选育

氨基酸产生菌最初是从自然环境中筛选得到的。但是，氨基酸作为微生物细胞中的基本组分，其生物合成受到严格的代谢调节控制，一般不能满足工业上大量生产氨基酸的需要。为了大量生产氨基酸，必须采取种种措施，以打破微生物对氨基酸生物合成的代谢调节控制。在氨基酸产生菌的菌种选育工作中常采用营养缺陷型突变和氨基酸结构类似物抗性突变来消除或减弱氨基酸终产物的反馈调节，使产生菌的代谢朝着有利于大量合成某种人们所需要的氨基酸的方向发展。

2. 氨基酸的发酵生产

自 1956 年开始用发酵法生产谷氨酸以来，随着对氨基酸生物合成代谢及其调节机制的深入研究，人们进而采用人工诱变缺陷型和代谢调节突变株，使氨基酸发酵生产的品种不断增多，产量迅速增加，从而推动了氨基酸工业的发展。

1）培养基

工业微生物绝大部分都是异养型微生物，即在其生长和繁殖过程中需要诸如碳水化合物、蛋白质等一系列外源有机物质提供能量和构成特定产物需要的成分。

在氨基酸发酵培养基中，选择何种营养物质，采用何种浓度，取决于菌种性质、所产生的氨基酸种类和采用的发酵的操作方法。而在发酵培养基的各种成分与成分之间的配比是决定氨基酸产生菌代谢的主要因素，与氨基酸的产率、转化率及收率关系很密切。

(1) 碳源

碳源是组成培养基的主要成分之一。其主要功能：一是为微生物菌种的生长繁殖提供能源和合成菌体所必需的碳；二是为菌体合成目的产物提供所需的碳。

在氨基酸发酵中，常用的碳源有淀粉水解糖、糖蜜、甘薯粉、醋酸、乙醇、烷烃、石油醚等。

(2) 氮源

氮源主要用于构成菌体细胞物质(氨基酸、蛋白质、核酸等)和含氮的目的产物,还用来调节 pH。常用的氮源可分为有机氮源和无机氮源两大类。

① 有机氮源。

在氨基酸发酵中,常用的有机氮源有玉米浆、豆饼水解液、尿素等。

② 无机氮源。

在氨基酸发酵中,常用的无机氮源有铵盐、氨水等。

在氨基酸发酵中,不仅菌体生长需要氮,氨基酸合成也需要氮,因此氮源的需求量要比一般的发酵多。

(3) 无机盐及微量元素

微生物在生长繁殖和合成目的产物的过程中,需要某些无机盐和微量元素作为其生理活性物质的组成或生理活性物质合成时的调节物。

这些物质一般在低浓度时对微生物生长和目的产物的合成有促进作用,在高浓度时常表现出明显的抑制作用。而各种不同的微生物及同一微生物在不同的生长阶段对这些物质的最适需求浓度也不相同。

在氨基酸发酵中,常用磷、镁、钾、硫、钙和氯等元素的盐形式加到培养基中。而一些微量元素如钴、铁、铜、锰、锌、钼等,除氨基酸发酵特殊需要外,在一般复合培养基中无须另行加入。

① 磷。

菌中含磷较多,磷酸化作用是糖代谢中的主要步骤之一。磷酸盐在培养基中具有缓冲作用。

② 镁。

镁能刺激菌体生长,也称呼吸作用的接触剂,是很多酶促反应中的无机激活剂。

③ 硫。

硫是构成菌体细胞蛋白质的组成部分,也是参与合成含硫氨基酸的元素。

(4) 水

水是所有培养基的主要成分,也是微生物机体的重要组成成分。水除了直接参与一些代谢反应外,又是进行代谢反应的内部介质,还能调节细胞温度。

水的质量还将直接影响氨基酸发酵的质量。因为在不同的水源中存在的各种物质,对微生物发酵代谢会产生很大的影响,特别是水中的各种矿物质。

(5) 生长因子

微生物维持正常生活所不可缺少而需求量又不大的一些特殊营养物,称之为生长因子。微生物的生长因子主要是一些维生素、氨基酸和嘌呤、嘧啶。

在氨基酸发酵中,需要生物素作为其生长因子。如在谷氨酸发酵过程中,微生物菌体内生物素含量由“丰富向贫乏”过渡,而达到“亚适量”才能保证谷氨酸的积累。许多氨基酸生产菌的菌种都是从以糖为原料的谷氨酸产生菌诱变得来的。这些菌的性质和它们的亲株一样需要以生物素作为生长因子,因此生物素的供应对氨基酸发酵培养基来说是很重要的。

生物素的作用主要是影响细胞膜透性和代谢途径。

2）pH

氨基酸发酵所用菌种主要为细菌，其次为酵母。细菌生长的适宜 pH 一般在 6.0～7.5 之间，酵母的适宜 pH 一般在 4.0～6.0 的酸性范围内。

一般来说，处于菌体生长期的发酵液 pH 变化较大，因为菌体在利用营养物质时会释放一些酸性物质使 pH 下降；或释放一些碱性物质使 pH 上升。而处于产物合成期的发酵液 pH 相对稳定一些。

在氨基酸生产上，控制 pH 的方法一般有两种：一是流加尿素；二是流加氨水。流加的数量和时间则主要根据 pH 变化、菌体生长、糖耗情况和发酵阶段等因素来决定。

3）温度

微生物生长、维持及产物的生物合成都是在一系列酶催化下进行的，温度是保证酶活性的重要条件。不同的微生物菌种的最适生长温度和产物形成的最适温度都是不同的，控制发酵过程中的温度变化是保证得到最佳目的产物的必要条件。

选择某一微生物菌种发酵过程的最适温度，还要考虑其他发酵条件，灵活掌握。如当通气条件较差时，最适发酵温度可能比在正常良好通气条件下低一些。

氨基酸发酵所用的微生物菌种一般为中温菌，生长最适温度为 20～40 ℃，过高或过低都会影响其生长。

由于氨基酸发酵是在菌体生长达到一定程度后再开始产生氨基酸，因此菌体生长最适温度和氨基酸合成的最适温度是不同的。

4）氧气

氨基酸发酵所用的菌种大都是好氧性菌种。好氧性微生物发酵时，主要是利用溶解在水中的氧，只有当氧到达细胞的呼吸部位时才能发生作用。所以增加培养基中的溶解氧，才能使更多的氧进入细胞，以满足代谢的需要。

微生物对氧的需求是不同的。在氨基酸发酵中，根据发酵时需氧程度的不同可分为 3 类。

（1）要求供氧充足

在谷氨酸、谷氨酰胺、脯氨酸和精氨酸等氨基酸发酵时，在氧充足时产酸率最高。

（2）宜在缺氧条件下

在亮氨酸、苯丙氨酸和缬氨酸等氨基酸发酵时，当菌体呼吸有一定程度受阻时，产酸率最高。

（3）对供氧要求不高

在赖氨酸、异亮氨酸、苏氨酸等氨基酸发酵时，对氧的要求介于前两者之间。即在氧充分的情况下，产酸率最高；在供氧不足的条件下，产酸率有所下降，但下降不如第一种显著。

由上述可知，在进行氨基酸发酵时，必须根据氨基酸对氧的需求来控制发酵液中的溶解氧。

5）氨基酸发酵的代谢控制

微生物在进行物质的吸收和排出、分解和合成以及放能与吸能等一系列复杂的新陈代谢过程中，会引起微生物机体内外物质的变化，而这种物质的变化过程就称为物质代谢。微生物通过氧化有机物质如葡萄糖和其他碳水化合物，获得能量的反应属于分解代谢。获得能量后合成自身新物质的反应属于合成代谢。

不同种类的微生物因环境不同所引起的物质代谢过程以及代谢的产物也有差别。

三、酶法

酶法也称酶工程技术、酶转化法，实际上是在特定酶的作用下使某些化合物转化成相应氨基酸的技术。其基本过程是利用化学合成法、生物合成法或天然存在的氨基酸前体为原料，同时培养具有相应酶的微生物、植物或动物细胞，将酶或细胞进行固定化处理，再将固定化酶或细胞装填于适当反应器中制成所谓的“生物反应堆”，加入相应底物合成特定氨基酸，反应液经分离纯化即得相应氨基酸成品。

酶法与直接发酵法生产氨基酸的反应本质相同，皆属酶转化反应，但前者为单酶或多酶的高密度转化，而后者为多酶的低密度转化。

本法的优点是产物浓度高、副产物少、成本低、周期短、收率高，固定化酶或细胞可连续反复使用，节省能源。目前使用该法生产的品种有天冬氨酸、丙氨酸、苏氨酸、赖氨酸、色氨酸、异亮氨酸等。

四、化学合成法

化学合成法通常是以α-卤代羧酸、醛类、甘氨酸衍生物、异氰酸盐、卤代烃、α-酮酸及某些氨基酸为原料，经氨解、水解、缩合、取代、加氢等化学反应合成α-氨基酸。化学合成法是制备氨基酸的重要途径之一，但氨基酸种类较多，结构各异，故不同氨基酸的合成方法也不同。

本法的优点是可采用多种原料和多种工艺路线，特别是在以石油化工产品为原料时，成本较低，生产规模大，适合工业化生产，产品易分离纯化。缺点是有些氨基酸的合成工艺复杂，生产的氨基酸皆为消旋体，需经拆分才能得到人体可利用的L型氨基酸。甲硫氨酸、甘氨酸、色氨酸、苏氨酸、苯丙氨酸、丙氨酸、脯氨酸等用化学合成法生产。

任务2　氨基酸的分离

一、基于溶解度或等电点不同分离

不同氨基酸在水或含一定浓度有机溶剂(如乙醇等)的介质中溶解度不同，利用这一性质可将氨基酸彼此分离。如胱氨酸和酪氨酸均难溶于水，但酪氨酸在热水中的溶解度较大，而胱氨酸在热水中的溶解度与在冷水中无多大差别，故可将混合物中的胱氨酸、酪氨酸首先与其他氨基酸彼此分开，再通过加热和过滤将两者分开。

由于氨基酸在等电点时溶解度最小，易沉淀析出，故利用溶解度的不同分离氨基酸时，常将溶液的pH调到被分离氨基酸的等电点附近。

氨基酸在不同溶剂中溶解度不同这一特性，不仅可用于氨基酸的一般分离纯化，还可

用于氨基酸的结晶，即在氨基酸溶液中加入一定浓度的有机溶剂以降低氨基酸的溶解度从而促使其结晶析出。在水中溶解度大的氨基酸，如精氨酸、赖氨酸，其结晶不能用水洗涤，但可用乙醇洗涤去除杂质；而在水中溶解度较小的氨基酸，其结晶可用水洗去杂质。

二、加入特殊沉淀剂沉淀分离

某些氨基酸可以与一些有机化合物或无机化合物生成具有特殊性质的结晶性衍生物，利用这一性质可对其进行分离纯化。例如精氨酸与苯甲醛生成不溶于水的苯亚甲基精氨酸沉淀，经盐酸水解除去苯甲醛即可得纯净的精氨酸盐酸盐；亮氨酸与邻二甲苯-4-磺酸反应，生成亮氨酸磺酸盐沉淀，后者与氨水反应得游离的亮氨酸；组氨酸与氯化汞作用生成组氨酸汞盐沉淀，经处理得组氨酸。

本法操作简便，针对性强，至今仍是分离制备某些氨基酸的方法。其缺点是沉淀剂比较难以去除。

三、使用离子交换剂分离

氨基酸为两性电解质，在一定条件下，不同氨基酸的带电性质及解离状态不同，对同一种离子交换剂的吸附力也不同，故可据此对氨基酸混合物进行分组或单一成分的分离。例如在 pH5～6 的溶液中，碱性氨基酸带正电，酸性氨基酸带负电，中性氨基酸呈电中性，如选择阳离子交换树脂，则带负电荷和呈电中性的氨基酸不被吸附留在溶液中，吸附在阳离子交换剂上的带正电荷的氨基酸可通过逐渐提高洗脱液 pH 的方法依 pI 从小到大把各种氨基酸分别洗脱下来。

四、采用电渗析法分离

电渗析是利用分子的荷电性质和分子大小的差别进行分离的膜分离法。电渗析操作所用的膜材料为离子交换膜，即在膜表面和孔内共价偶联有离子交换基团，如磺酸基（$—SO_3^{2-}$）等酸性阳离子交换基和季铵基（$—N^+R_3$）等碱性阴离子交换基。偶联阳离子交换基的膜称为阳离子交换膜，偶联阴离子交换基的膜称为阴离子交换膜。在电场的作用下，前者可选择性透过阳离子，后者则选择性透过阴离子。

电渗析可用于小分子电解质（例如氨基酸、有机酸）的分离和溶液的脱盐。如图 5-2 所示，阳离子交换膜 C 和阴离子交换膜 A 各两张交错排列，将电渗槽隔成 5 个小室，两端与膜垂直的方向加电场，即构成电渗析装置。以溶液脱盐为目的时，料液置于脱盐室（1、3、5 室），另两室（2、4 室）内通入适当的电解质溶液。在电场的作用下，电解质发生电泳，由于离子交换膜的选择性透过特性，脱盐室的溶液脱盐，2、4 室的盐浓度增大。

以分离为目的时，可将料液调至一定 pH，使料液中的氨基酸带有不同电荷，采用图 5-3 的电渗装置进行分离。将氨基酸混合溶液置于盐室中，在直流电场的作用下，溶液中的阳离子穿过阳膜向阴极移动，阴离子穿过阴膜向阳极移动，就可以实现带不同电荷的氨基酸分离。再辅以双极性膜，利用它产生的 H^+ 和 OH^-，使氨基酸离子转化为氨基酸。

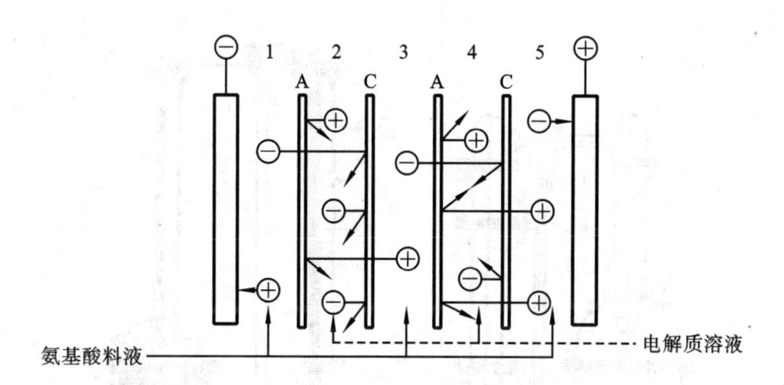

图 5-2 电渗析的脱盐示意

A—阴离子交换膜;C—阳离子交换膜

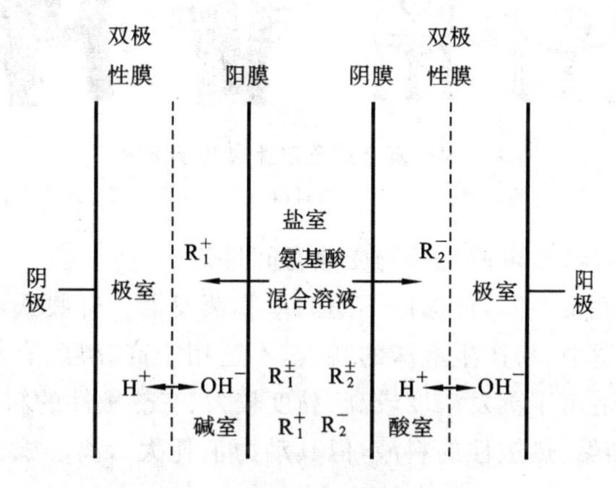

图 5-3 电渗析分离氨基酸示意

R_1^+—带正电荷的氨基酸;R_2^-—带负电荷的氨基酸

任务3 氨基酸的浓缩

浓缩是指低浓度溶液通过去除溶剂变为高浓度溶液的过程。常用的方法有减压蒸发浓缩、薄膜蒸发浓缩等。

一、减压蒸发浓缩

减压蒸发浓缩,即降低液面压力使液体沸点降低的加热蒸发过程。由于减压是通过抽真空来实现的,减压蒸发浓缩也被称为真空浓缩、真空减压浓缩。

用于减压蒸发浓缩的设备有各种型号与构造,但其基本构成均包括可以加温的浓缩罐、冷凝器和受液器。图 5-4 为常见的真空减压浓缩罐图。

氨基酸一般对热比较稳定,可以在较高的温度下进行浓缩,以加快浓缩速度。

二、薄膜蒸发浓缩

薄膜蒸发浓缩,是指使液体形成薄膜后进行蒸发浓缩的过程。成膜的液体有大的汽

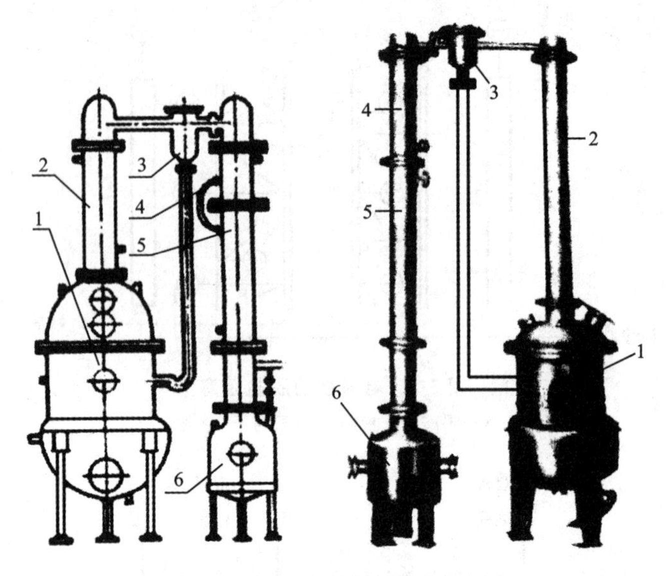

图 5-4　真空减压浓缩罐及示意图

1—浓缩罐；2—第一冷凝器；3—气液分离器；4—第二冷凝器；5—冷却器；6—受液器

化表面，热传导快而且均匀，可避免药物受热时间过长。

根据处理料液的性质不同，可选用不同的薄膜蒸发器。升膜式蒸发器适用于蒸发量较大、有热敏性、黏度适中、易产生泡沫的料液，不适用于高黏度、有结晶析出或易结垢的料液。降膜式蒸发器适用于蒸发浓度较高、黏度较大、有热敏性的料液。刮板式薄膜蒸发器适用于高黏度、易结垢、热敏性的料液，但其动力消耗大。离心式薄膜蒸发器则适用于高热敏性物料的浓缩。

在氨基酸的制备过程中，浓缩的目的是提高氨基酸的浓度以利于其结晶，但浓缩过程中难免会有氨基酸的结晶析出，因此采用刮板式薄膜蒸发器更为合适。

三、膜过滤浓缩

膜分离技术是利用半透膜的选择透过性进行物质分离纯化的技术。膜分离技术包括微滤、超滤、纳滤和反渗透，其中纳滤和反渗透能够截流相对分子质量很小的粒子，甚至盐离子，因此可用于去除氨基酸溶液中的溶剂，使氨基酸溶液得到浓缩。

纳滤是一种分离范围介于超滤和反渗透之间的膜分离技术，选择不同相对分子质量截留值的纳滤膜可使相对分子质量在 100～1000 之间的溶质分离。同时，纳滤膜带有电荷（正电荷或负电荷），对溶质的透过具有电荷选择性，只有带有与纳滤膜相反电荷或不带电荷的溶质才容易通过纳滤膜，因此通过调节溶液的 pH 有目的地使目标氨基酸带有与纳滤膜相同的电荷，而其他氨基酸带有与纳滤膜相反的电荷，能使目标氨基酸得到浓缩的同时实现与其他氨基酸的分离。用纳滤浓缩氨基酸溶液还可同时起到脱盐的作用。利用纳滤技术浓缩氨基酸溶液的关键是纳滤膜的选择和操作 pH 的确定，应通过实验选择使目标氨基酸最大限度地被截留，而盐及其他氨基酸最大限度地被去除的纳滤膜。

反渗透技术是在较高的压力下，仅使溶液中的水透过膜，而其中的大分子、小分子有机物及无机盐全部被截留的一种膜分离技术，因此可用于氨基酸溶液的浓缩。用反渗透技术浓缩氨基酸溶液的优点是氨基酸完全不损失，缺点是没有分离和脱盐作用，操作压力也较高。反渗透技术比较适合于成分单一且不需脱盐的氨基酸溶液的浓缩。

任务4　氨基酸的纯化

氨基酸的纯化主要包含两部分内容：一是去除有色杂质；二是进一步去除可能残存的其他氨基酸和非氨基酸杂质。去除有色杂质需进行脱色处理，去除残存的其他氨基酸和非氨基酸杂质则一般采用重结晶方法。

一、氨基酸的脱色

氨基酸溶液的脱色一般采用活性炭吸附脱色。根据活性炭的粗细程度可分为粉末活性炭和颗粒活性炭，前者比表面积大，吸附能力强；后者比表面积小，吸附能力较差。用于氨基酸溶液脱色时一般选用粉末活性炭。

活性炭属于非极性吸附剂，其吸附作用在水溶液中最强，在有机溶剂中较弱。因此，用于氨基酸溶液脱色时最好在没有有机溶剂的情况下使用。

活性炭的脱色效果与溶液的 pH 和温度密切相关。活性炭在酸性条件下的脱色效果较好，在 pH＞5 的溶液中脱色能力急剧下降，而在碱性溶液中几乎没有脱色效果。活性炭的脱色能力也受温度的影响，在一定温度范围内随着温度升高而增强，一般在 50～60 ℃时效果最好，温度过高有时反而脱色效果降低。因此，活性炭用于氨基酸溶液脱色时应确定最佳 pH 和温度。

二、氨基酸的重结晶

结晶是溶质以晶体状态从溶液中析出的过程。通过上述方法分离纯化后的氨基酸仍混有少量其他氨基酸和杂质，需通过结晶或重结晶提高其纯度，即利用氨基酸在不同溶剂、不同 pH 介质中的溶解度不同达到进一步纯化的目的。氨基酸结晶通常要求样品达到一定的纯度和较高的浓度，pH 选择在 p*I* 附近，在低温条件下使其结晶析出。

任务5　氨基酸的干燥

氨基酸结晶通过干燥进一步除去水分或溶剂，获得干燥制品，便于使用和保存。常用的干燥方法有常压干燥、减压干燥、喷雾干燥、冷冻干燥等。

思考题

1. 氨基酸分子为什么会呈现酸碱两性？什么是等电点（p*I*）？
2. 氨基酸生物合成的代谢调控方式主要有哪些？
3. 简述氨基酸的制备方法及特点。

4. 营养缺陷型菌株如何进行筛选？

5. 氨基酸的分离方法有哪些？

技能训练 赖氨酸发酵实训

一、能力目标

① 通过本实训项目的学习，使学生加深对氨基酸发酵生产基本理论的理解。

② 使学生掌握赖氨酸生产的基本工艺流程，进一步了解氨基酸生产的关键技术。

③ 提高学生的生产操作控制能力，能处理氨基酸生产中遇到的常见问题。

二、赖氨酸的结构和性质

赖氨酸存在于所有蛋白质中，为人体必需氨基酸之一。其化学名称为2,6-二氨基己酸或α,ε-二氨基己酸，分子式为$C_6H_{14}N_2O_2$，相对分子质量为146.20，结构式为

$$NH_2—CH_2—CH_2—CH_2—CH_2—\underset{\displaystyle NH_2}{\underset{|}{CH}}—COOH$$

赖氨酸在乙醇水溶液中可得针状结晶，其盐酸盐为单斜晶，系白色粉末，无臭、味苦，熔点为263～264 ℃，易溶于水，几乎不溶于乙醇和乙醚。p*I* 为10.56。

三、工艺流程

赖氨酸工艺流程如图5-5所示。

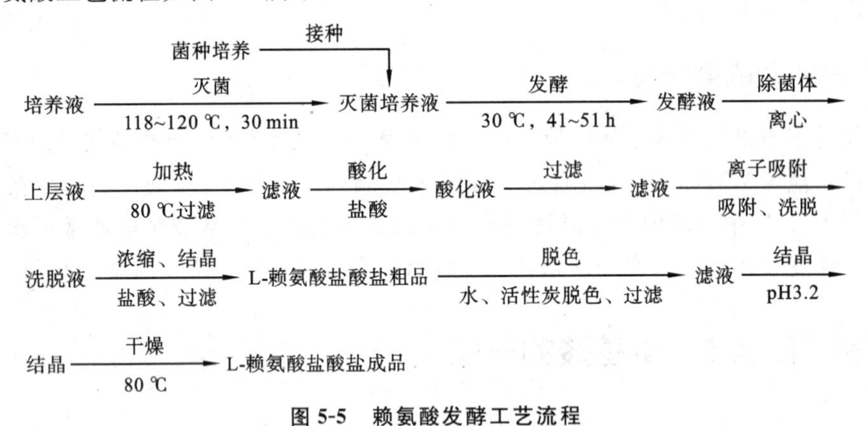

图5-5 赖氨酸发酵工艺流程

四、实训材料

1. 原料

菌种为北京棒状杆菌AS1.563、葡萄糖、牛肉膏、琼脂、$CaCO_3$、磷酸氢二钾、硫酸镁、硫酸铵、玉米浆、毛发水解废液、甘蔗糖蜜、甘油聚醚、活性炭。

2. 仪器与设备

烧杯、试管、三角瓶、732铵型离子交换树脂、量筒、容量瓶、托盘天平、分析天平、离心

机、高压蒸汽灭菌锅、恒温振荡培养箱、发酵罐等。

五、操作要点

1. 菌种培养

菌种为北京棒状杆菌 AS1.563。斜面培养基成分为：葡萄糖 0.5%，牛肉膏 1.0%，琼脂 2.0%，pH7.0。种子培养基成分为：葡萄糖 2.0%，$CaCO_3$ 0.5%，磷酸氢二钾 0.1%，硫酸镁 0.05%，硫酸铵 0.4%，玉米浆 2.0%，毛发水解废液 1.0%，pH6.8～7.0。

种子培养基接种斜面培养菌种，30 ℃振摇（冲程 7.6 cm，频率 108 次/min），培养 16 h。二级种子培养接种量为 2.5%，培养 48 h。

2. 灭菌、发酵

发酵培养液成分为：淀粉水解糖 13.5%，磷酸二氢钾 0.1%，硫酸镁 0.05%，硫酸铵 1.2%，尿素 0.4%，玉米浆 1.0%，甘蔗糖蜜 2.0%，pH6.7，灭菌前加甘油聚醚 1 L（指 5 m^3 发酵罐）。发酵罐中的培养液，在 1.01×10^5 Pa 压力下加热至 118～120 ℃灭菌 30 min，立即通入冰盐水冷却至 30 ℃，按 10%（体积分数）比例接种，以 1∶0.6 通气量于 30 ℃发酵 42～51 h，搅拌速度为 180 r/min。

3. 发酵液处理

发酵结束后，离心除去菌体，滤液加热至 80 ℃，滤除沉淀，收集滤液，经 HCl 酸化过滤后，取清液备用。

4. 离子交换

上述滤液进离子交换柱（732 铵型离子交换树脂），至吸附饱和。然后用去离子水按正、反两个方向冲洗至流出液澄清为止。用氨水洗脱，分步收集洗脱液。

5. 浓缩结晶

将含赖氨酸的洗脱液减压浓缩至溶液达到 1.091～1.107 g/mL，用盐酸调 pH 为 4.9，再减压浓缩至溶液密度为 1.180～1.190 g/mL，5 ℃放置结晶过夜，滤取结晶的赖氨酸盐酸盐。

6. 精制

将上述赖氨酸盐酸盐粗品加至去离子水中，于 50 ℃搅拌溶解，加适量活性炭于 60 ℃保温脱色 1 h，趁热过滤，滤液冷却后于 5 ℃结晶过夜，滤取结晶于 80 ℃烘干，得赖氨酸盐酸盐成品。

六、检验

L-赖氨酸盐酸盐应为白色或类白色结晶粉末，无臭，含量应在 98.5%～101.5%，干燥失重不超过 0.4%，炽灼残渣不超过 0.1%，氯含量应在 19.0%～19.96%，硫酸盐不超过 0.03%，砷盐应不超过 1.5×10^{-6}，铁盐不超过 0.003%，重金属应不超过 0.0015%。

含量测定：本品干燥后，精确称取 100 mg，移置 125 mL 的小烧瓶中，以甲酸 3 mL、冰醋酸 50 mL 的混合液溶解，采用电位滴定法，用 0.1 mol/L 的高氯酸溶液滴定至终点，滴定结果以空白试验校正即得。1 mL 0.1 mol/L 高氯酸溶液相当于 9.133 mg $C_6H_{14}N_2O_2\cdot HCl$。

七、实训报告

写出书面实训报告。

八、实训思考题

1. 写出赖氨酸的生产工艺路线，并说明每一步骤的作用。
2. 如何进行赖氨酸盐酸盐成品的检验？

项目3 维生素发酵技术

预备知识 维生素概述

维生素一般指动物体内不能合成却为动物体内物质代谢所必需的物质，也指天然食品中含有的能以微小数量对动物的生理功能起重大影响的一类有机化合物。在生物体内它既不是细胞的结构成分，也不是体内能量的来源，大多数以其活性形式对机体代谢起调节作用，少数维生素还具有一些特殊的生理功能。

一、维生素的生理功能

维生素对人体物质代谢过程有十分重要的调节作用。体内各种维生素应维持一定的水平，如果某种维生素的水平过低或过高就会引起相应的疾病。在人体正常代谢的情况下，从粮食和蔬菜等食物中摄取的维生素一般足以满足人体的需要，不必另外进行补充，过量补充某些维生素还可以引起各种疾病。

维生素是人体生命活动必需的营养物质，它主要以酶类的辅酶或辅基形式参与生物体内的各种生化代谢反应。维生素还是防治由于维生素不足或缺失而引起的各种疾病的首选药物。如维生素B族用于治疗神经炎、角膜炎等多种炎症，维生素C能刺激人体造血功能，增强机体的抗感染能力，维生素D是治疗佝偻病的重要药物。

各种维生素的化学结构及性质虽然不同，但它们却有着以下共同点：①维生素均以维生素原(维生素前体)的形式存在于食物中；②维生素不是构成机体组织和细胞的组成成分，也不会产生能量，它的作用主要是参与机体代谢的调节；③大多数的维生素，机体不能合成或合成量不足，不能满足机体的需要，必须经常通过食物获得；④人体对维生素的需要量很小，日需要量常以毫克(mg)或微克(μg)计算，但一旦缺乏就会引发相应的维生素缺乏症，对人体健康造成损害。

二、维生素的分类

维生素的种类很多，化学结构各异。一般按其溶解性质分为水溶性和脂溶性两大类。

1. 水溶性维生素

能在水中溶解的一组维生素，包括维生素 C、维生素 B_1、维生素 B_2、维生素 PP、维生素 B_6、泛酸、生物素、叶酸、维生素 B_{12} 和硫辛酸等。

2. 脂溶性维生素

溶于脂肪及有机溶剂（如苯、乙醚及三氯甲烷等）的一组维生素。常见的有维生素 A、维生素 D、维生素 E、维生素 K 等。

据不完全统计，现被列为维生素的物质约有 30 余种，其中被认为对维持人体健康和促进发育至关重要的有 20 余种。它们的结构各不相同，有些是醇、脂，有些是胺、酸，还有些是酚、醛。通常人体需要的维生素见表 5-2。

表 5-2 人体需要的维生素

类别	维生素	俗名	活性状态	生理功能
脂溶性	A	视黄醇	视黄醛	视觉周期
	D_3	胆钙化醇	1,25-二羟基胆钙化醇	调节钙与磷酸代谢
	D_2	麦角钙化醇	1,25-二羟基麦角钙化醇	调节钙与磷酸代谢
	E	D-生育酚		细胞内抗氧化剂
	K	叶醌		凝血酶原
水溶性	B_1	硫胺素	硫胺素焦磷酸(TPP)	辅酶
	B_2	核黄素	黄素核苷酸(FMN、FAD)	氧化还原酶的辅酶
	B_5	泛酸	辅酶 A	乙酰基转移酶的辅酶
	B_6	吡哆醇	吡哆醛磷酸	转氨酶和氨基酸脱羧酶的辅酶
	B_{12}	氰钴胺素	辅酶 B_{12}	异构酶和甲基转移酶的辅酶
	B_{11}	叶酸	四氢叶酸(THF)	甲酰基转移酶的辅酶
	C	抗坏血酸		单加氧酶的共底物
	H	生物素		羧化酶和羧基转移酶的辅酶
	PP	烟酸	酰胺辅酶(NAD,NADP)	氧化还原酶的辅酶

三、维生素的来源

各类动、植物合成维生素的能力有很大的差异。植物一般有合成维生素的能力，微生物合成维生素的能力随其种属不同而不同。细菌中有些菌种能合成维生素，有些种属需要加入维生素的中间体才能合成维生素。酵母菌能合成维生素，但是如果外界提供维生素，也会促进酵母菌的生长。霉菌有合成大部分维生素的能力。

人体需要的维生素主要来源于食物，特别是蔬菜、水果以及动物组织等。人体本身也能合成少量的维生素，如人体经皮肤吸收紫外线后，可由光合作用合成维生素 D_3。人体肠道细菌还能合成并分泌一些维生素（如维生素 K、维生素 PP、生物素），但其量不能满足人体所需，或者虽被合成但不能为肠壁所吸收（如维生素 B_{12}）。

四、维生素的制备方法

天然维生素除维生素A、D外均可由植物合成，动物体内也能合成部分维生素和维生素原，有的维生素还可由微生物合成或由微生物转化某种中间体而产生。目前，在工业生产上制取维生素的方法有3种：化学合成法、微生物发酵法和生物提取法。

1. 化学合成法

化学合成法是根据已知维生素的化学结构，采用有机合成原理来制取维生素的过程。此种方法成本低廉，可用于多种维生素的生产，如维生素B_1、B_6、PP、D、E、K、叶酸、α-硫辛酸等。

2. 微生物发酵法

微生物发酵法是用人工培养微生物的方法来生产各种维生素的过程。完全由微生物代谢产生或用微生物转化某种中间体产生的维生素有B_2、B_{12}、C、生物素及维生素A原等。

3. 生物提取法

生物提取法是利用一定的分离纯化方法从生物组织中提取出维生素的过程。如可从链霉素、庆大霉素发酵废液中提取维生素B_{12}，从槐花米中提取芦丁等。

实际上，所有的维生素都可从天然产物中提取，如从动物、植物或微生物中提取。但从经济的角度考虑，最好的制备方法是微生物发酵法或化学合成法。

目前由化学合成法生产的维生素有维生素B_1、维生素B_6、维生素A、泛酸等，由微生物发酵法生产的维生素有维生素C、维生素B_2、维生素B_{12}、胡萝卜素等。此外，有些维生素既可以由微生物发酵法生产，也可以由化学合成法生产，如维生素E、维生素B_2等。由于微生物发酵法污染少、收率高，随着发酵技术的进步，更多地采用了发酵法生产。因此，微生物发酵法代表着维生素生产的发展方向。

任务1　维生素B_2的生产

一、维生素B_2的概述

1. 维生素B_2的结构

维生素B_2又称核黄素，在自然界中多与蛋白质相结合而被称作核黄素蛋白。维生素B_2是由异咯嗪环与核糖构成的，结构式如下：

（核糖醇基）

（异咯嗪基）

维生素B_2（核黄素）

2. 维生素 B_2 的理化性质

维生素 B_2 为黄色或橙黄色结晶性粉末，味微苦，熔点约为 280 ℃，是两性化合物，在酸性溶液中稳定，在碱性溶液中不稳定，易被热、光破坏，极微溶于水，几乎不溶于乙醇和氯仿，不溶于丙酮、乙醚。其水溶液呈黄绿色荧光，在波长 565 nm、pH4～8 之间荧光最强。

3. 维生素 B_2 的生理功能

维生素 B_2 分子的异咯嗪环中第 1 位和第 10 位两氮原子可被还原，在生物代谢过程中有递氢的作用，它与机体内的 ATP 作用生成黄素单核苷酸(FMN)，FMN 再与 ATP 作用，就生成黄素腺嘌呤二核苷酸(FAD)，两者是多种脱氢酶的辅酶，是重要的递氢体，可促进生物氧化作用。因此，维生素 B_2 是动物发育和许多微生物生长的必需因子。人和动物体缺乏维生素 B_2 时，细胞呼吸减弱，代谢强度降低，主要症状为唇炎、舌炎、口角炎、眼角膜炎、皮炎等，所以维生素 B_2 还是治疗眼角膜炎、白内障、结膜炎等的主要药物之一。

4. 维生素 B_2 的生产方法

维生素 B_2 的分布很广，青菜、黄豆、动物肝脏、肾、心、乳中含量较多，酵母中的含量也很丰富。核黄素虽然广泛存在于动、植物中，但因含量很低，不适宜采用从天然产物中提取的方法制备维生素 B_2 的原料。而化学合成法步骤多，成本比微生物发酵法高，所以目前工业上维生素 B_2 的生产主要采用微生物发酵法，工艺路线如图 5-6 所示。

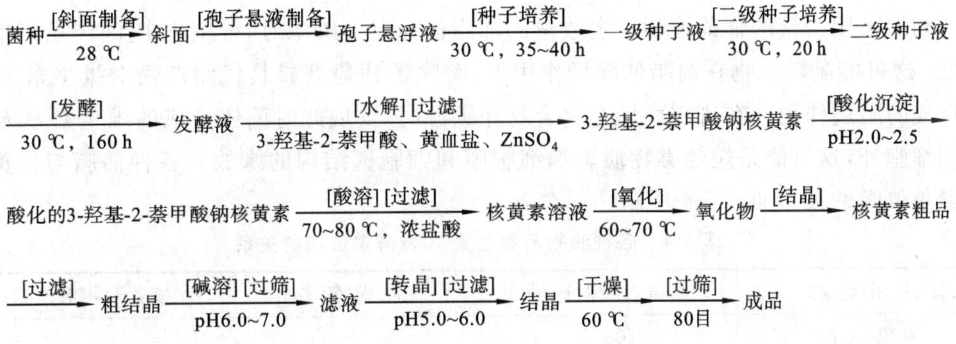

菌种 —[斜面制备] 28 ℃→ 斜面 —[孢子悬液制备]→ 孢子悬浮液 —[种子培养] 30 ℃，35~40 h→ 一级种子液 —[二级种子培养] 30 ℃，20 h→ 二级种子液

—[发酵] 30 ℃，160 h→ 发酵液 —[水解] [过滤] 3-羟基-2-萘甲酸、黄血盐、$ZnSO_4$→ 3-羟基-2-萘甲酸钠核黄素 —[酸化沉淀] pH2.0~2.5→

酸化的3-羟基-2-萘甲酸钠核黄素 —[酸溶] [过滤] 70~80 ℃，浓盐酸→ 核黄素溶液 —[氧化] 60~70 ℃→ 氧化物 —[结晶]→ 核黄素粗品

—[过滤]→ 粗结晶 —[碱溶] [过筛] pH6.0~7.0→ 滤液 —[转晶] [过滤] pH5.0~6.0→ 结晶 —[干燥] 60 ℃→ —[过筛] 80目→ 成品

图 5-6 维生素 B_2 发酵生产的工艺路线

二、生产菌种的选育

许多微生物可以产生维生素 B_2，如棉病囊霉、阿氏假囊酵母、酵母、假囊酵母、根霉、曲霉、青霉、梭状芽孢杆菌、产气杆菌、大肠杆菌和枯草芽孢杆菌等，但真正能用于工业化生产的微生物种类不多。工业上使用的维生素 B_2 产生菌主要有阿氏假囊酵母和棉病囊霉。经过菌种改良后，维生素 B_2 生产的最高水平可达到 7000～10000 U/mL，且产品质量好，成本低。

1990 年德国的 BASF 公司首先使用棉病囊霉作为生产菌株进行核黄素的商业化生产。经过 6 年的发展，他们最终用微生物发酵法完全取代了化学合成法。

随着分子生物学的发展，基因工程等先进技术已应用于核黄素生产菌种的育种中。2000 年瑞士的 Roche 公司采用了基因工程菌种枯草芽孢杆菌用于维生素 B_2 的生产，该菌种具有产量高、能耗低等优点，经济效益十分显著。我国的广济药业公司是国内最大的维生素 B_2 生产厂，从国外引进了维生素 B_2 的高产菌株——枯草芽孢杆菌基因工程菌株，发酵水平可达 17000～20000 U/mL。目前工业生产中常用的核黄素生产菌种见表 5-3。

表 5-3 核黄素工业生产中的常用菌种

菌种名称	拉丁名称	分类
阿氏假囊酵母	*Eremothecium ashbyii*	酵母
酿酒酵母	*Saccharomyces cerevisiae*	酵母
棉病囊霉	*Ashby gossypii*	霉菌
枯草芽孢杆菌	*Bacillus subtilis*	细菌（基因工程菌）

三、培养基成分的选择

1. 孢子斜面培养基

葡萄糖 2 g，蛋白胨 0.1 g，麦芽浸膏 5 g，琼脂 2 g，水 100 mL，调 pH6.5。

2. 发酵培养基

发酵培养基中以植物油、葡萄糖、糖蜜或大米粉等作为主要碳源，植物油中以豆油对维生素 B_2 产量提高的效果最为显著，有机氮源以蛋白胨、骨胶、鱼粉、玉米浆为主，无机盐有 NaCl、K_2HPO_4、$MgSO_4$。

如果采用少量的葡萄糖和一定数量的油脂作为混合碳源时，维生素 B_2 的产量可增加 4 倍。这可能是微生物在油脂的缓慢作用下，解除了葡萄糖或其代谢产物对维生素 B_2 生物合成的阻遏作用。在研究烷烃类化合物作碳源时，发现此时菌体合成的维生素 B_2 易分泌到细胞外，这可能是烷烃类物质影响细胞膜和细胞壁结构的缘故。各种油脂与核黄素发酵单位间的关系如表 5-4 所示。

表 5-4 各种油脂与维生素 B_2 发酵单位间的关系

油脂名称	核黄素相对产量	油脂名称	核黄素相对产量
对照（无油）	100%	棉籽油	480%
玉米油	500%	油菜子油	420%
亚麻籽油	490%	豆油	510%
橄榄油	540%	猪油	440%
花生油	490%		

培养基中常用的氮源有蛋白胨、鱼粉、骨胶等有机氮源。其中蛋白胨的品种和质量对维生素 B_2 的产量有显著影响，见表 5-5。

表 5-5 蛋白胨的品种对棉病囊霉合成核黄素的影响

蛋白胨品种	维生素 B_2 产量/(mg/L)
动物组织的胰蛋白酶水解物	1529
酪朊的胰蛋白酶水解物	340
明胶的胰蛋白酶水解物	3620

常用发酵培养基配方：米糠油 4 g，玉米浆 1.5 g，骨胶 1.8 g，鱼粉 1.5 g，KH_2PO_4 0.1 g，NaCl 0.2 g，$CaCl_2$ 0.1 g，$(NH_4)_2SO_4$ 0.02 g，水 100 mL。

3. 前体及刺激剂

嘌呤类化合物作为前体对维生素 B_2 的生物合成有促进作用。此外，肌醇、甲硫氨酸等对维生素 B_2 的生物合成有刺激作用，见表 5-6。

将肌醇与葡萄糖结合起来，并采取半连续滴加的方式培养，可明显提高发酵单位。

表 5-6 嘌呤类化合物对维生素 B_2 生物合成的影响

添加的化合物	相对发酵单位
对照	38%
核糖	43%
肌醇	90%
鸟嘌呤	100%
鸟嘌呤+肌醇	136%

四、菌种的培养及发酵

生产上多采用二级种子、三级发酵。将阿氏假囊酵母接种于孢子斜面培养基上，于 25 ℃培养 9 d，然后用无菌水制成孢子悬浮液，接种到种子培养基中，于 30 ℃培养 30～40 h，种子扩大培养和发酵的通气量要求均比较高，通气量一般为 1∶1，罐压为 0.05 MPa 左右，搅拌功率要求比较高。将上述种子液接种到二级种子罐中，于 30 ℃培养 20 h，按 2%～3%的接种量将二级种子液接种到发酵罐中，发酵培养 40 h 后开始连续流加补糖，发酵液的 pH 控制在 5.4～6.2，温度为 30 ℃，发酵周期为 150～160 h。

通气效率高低是影响维生素 B_2 产量的关键，通气效果好，可促进大量膨大菌体的形成，维生素 B_2 的产量迅速上升，同时可缩短发酵周期。因此，大量膨大菌体的出现是产量提高的生理指标。如在发酵后期补加一定量的油脂，能使菌体再生，形成第二膨大菌体，可进一步提高产量。

五、发酵液的预处理及固-液分离

发酵结束后，向发酵液中加入 2 mol/L 的 HCl 调 pH 为 5～5.5，以释放部分与蛋白质结合的维生素 B_2，再加适量黄血盐和硫酸锌，然后加入维生素 B_2 1.4 倍量的 3-羟基-2-萘甲酸钠，并于 70～80 ℃加热 10 min，滤除沉淀。

六、提取与精制

将上述滤液用 2 mol/L 的 HCl 调 pH 为 2～2.5，于 5 ℃下静置 8～12 h，将下层悬浮物压滤得 3-羟基-2-萘甲酸钠维生素 B_2 沉淀，再用等量浓 HCl 酸化，经离心分离得上清液为维生素 B_2 溶液，沉淀为 3-羟基-2-萘甲酸钠（可循环使用）。再向上溶液中加一定量的 NH_4NO_3，于 60～70 ℃加热氧化 20 min，得维生素 B_2 氧化物，再加 5 倍体积的蒸馏水及维生素 B_2 晶种，搅匀，5 ℃结晶过夜，得维生素 B_2 粗品。将粗品用适量蒸馏水溶解，加

1 mol/L的 NaOH 溶液调 pH 为 5～6，滤去沉淀，向滤液中加适量品种煮沸，结晶过夜，次日滤取结晶，用酸水洗两次，抽干，并于 60 ℃烘干，过 80 目筛得维生素 B_2成品。

任务 2　维生素 C 的生产

一、维生素 C 的概述

1. 维生素 C 的结构

维生素 C 又称抗坏血酸，化学名称是 L-2，3，5，6-四羟基-2-己烯酸-γ-内酯，分子式为 $C_6H_8O_6$，相对分子质量为 176.12。维生素 C 为酸性己糖衍生物，是烯醇式己糖酸内酯。其分子结构有 L 型和 D 型 2 种异构体，只有 L 型有生理功能。化学结构如下：

```
  O═C─────────┐
     │        │
     C─OH     │
     ‖        O
     C─OH     │
     │        │
  H─C─────────┘
     │
 HO─C─H
     │
     CH2OH
```

2. 维生素 C 的理化性质

维生素 C 是无色、无臭的片状结晶体，味酸，熔点为 190～192 ℃，易溶于水，略溶于乙醇，不溶于乙醚、氯仿及石油醚等。由于分子中含有二烯醇基，所以具有很强的还原性，易被光、热、空气氧化成脱氢抗坏血酸。微量金属离子可加速其氧化，同时还可促使内酯环水解，进一步发生脱羧反应生成糠醛，这是维生素 C 在储存中变色的主要原因。因此维生素 C 要求在密封、干燥、避光及低温下保存。维生素 C 在酸性溶液中稳定；在水溶液中，还原型维生素 C 的烯醇式羟基的氢可解离成 H^+，使水溶液呈酸性。

3. 维生素 C 的生理功能

由于维生素 C 具有还原性，在体内可以参与氧化还原反应，是一些氧化还原酶的辅酶，具有抗氧化、抗衰老、防癌的作用，还可用于重金属盐的解毒及作为供氢体使用。维生素 C 能使组织产生胶原质，影响毛细血管的通透性及血浆的凝固，刺激造血功能，促使血脂下降，增强人体的免疫功能，增加机体的抵抗力。缺乏维生素 C 易患坏血病，但长期过量服用则易引起中毒，导致呕吐、麻疹、腹绞痛、尿结石等。

维生素 C 广泛存在于新鲜水果及绿叶蔬菜中，尤以番茄、橘子、鲜枣、山楂、刺梨及辣椒等含量丰富。中草药如醋柳果、苍耳子等也富含维生素 C。松针含维生素 C 极为丰富。植物中含有抗坏血酸氧化酶，能催化维生素 C 氧化。人类、灵长类和豚鼠体内缺乏合成维生素 C 的酶类，因此不能自身合成，必须依靠食物供给。

4. 维生素 C 的生产方法

维生素 C 的生产方法大致可分为 3 类，即化学合成法、化学合成结合生物合成法（也称为半合成法)和生物合成(发酵)法。1933 年,Reichstein 和 Ault 领导的两个研究小组分别提出了维生素 C 化学合成的方法,但由于合成路线长、收率低,并没有实现工业化生产。因此维生素 C 的生产仍以半合成法和生物合成法为主。

1) 半合成法

(1) 莱氏法

从 1937 年起,以 Reichstein 和 Grussner 的发明为基础,建立了从葡萄糖出发,用化学法结合发酵法生产维生素 C 的"莱氏法",从此维生素 C 进入了大规模工业化生产阶段。这一方法后经不断改进和完善,在世界上得以广泛应用。莱氏法工业生产的总收率达 60%以上。由于葡萄糖原料便宜且易得,中间化合物尤其是双丙酮-L-山梨糖的化学性质稳定,工艺流程不断改进及产品质量好等原因,采用莱氏法生产维生素 C 曾是世界几大制药公司采用的生产方法。

(2) 两步发酵法

20 世纪 60 年代以来,各国科学家一直探索更好的维生素 C 生产方法,相继提出了许多反应路线,并在此基础上对有关反应的工艺路线进行了改进,但真正成功地应用于生产实践的还是我国发明的两步发酵法。两步发酵法是采用不同的微生物进行两步微生物转化,将 D-山梨醇直接转化为 2-酮基-L-古龙酸。此法使产品产量得到大幅度提高。

2) 生物合成法

2-酮基-L-古龙酸是合成维生素 C 的直接前体,研究葡萄糖转化成 2-酮基-L-古龙酸的生物转化机制,不仅对现实生产中的菌种选育和发酵条件控制有指导作用,而且对研究一步发酵法生产维生素 C 具有理论指导意义。

二、生产菌种的选育

能催化 D-山梨醇转化为 L-山梨糖的菌种主要有:生黑醋酸杆菌、生黑葡萄糖酸杆菌和弱氧化醋酸杆菌。

能催化 L-山梨糖转化为 2-酮基-L-古龙酸的菌种为氧化葡萄糖酸杆菌(小菌),但由于小菌单独存活的能力很弱,需要和另外一种菌——巨大芽孢杆菌混合培养时才能够生存并产生 2-酮基-L-古龙酸。此外,假单胞菌也能催化 L-山梨糖直接氧化为 2-酮基-L-古龙酸。

三、菌种的培养及发酵

1. 第一步发酵

弱氧化醋酸杆菌经种子扩大培养,接入发酵罐,种子和发酵培养基主要包括山梨醇、玉米浆、酵母膏、碳酸钙等成分,pH 为 5.0～5.2。山梨醇浓度控制在 24%～27%,培养温度为 29～30 ℃。发酵结束后,发酵液经低温灭菌,移入第二步发酵罐做原料。D-山梨醇转化为 L-山梨糖的生物转化率达 98%以上。

2. 第二步发酵

氧化葡萄糖酸杆菌和巨大芽孢杆菌混合培养。种子和发酵培养基的成分相似,主要有 L-山梨糖、玉米浆、尿素、碳酸钙、磷酸二氢钾等,pH 为 7.0。大、小菌经二级种子扩大

培养，接入含有第一步发酵液的发酵罐中。发酵罐采用气升式搅拌，29～30 ℃下通入大量无菌空气搅拌，培养 72 h 左右结束发酵，由 L-山梨糖生成 2-酮基-L-古龙酸的转化率可达 70％～85％。

四、2-酮基-L-古龙酸的分离提纯

经两步发酵后，发酵液中含有 8％左右的 2-酮基-L-古龙酸，同时含有菌体、蛋白质和悬浮的固体颗粒等杂质，常采用加热沉淀法、化学凝聚法、超滤法分离提纯。分离纯化工艺流程如图 5-7 所示。

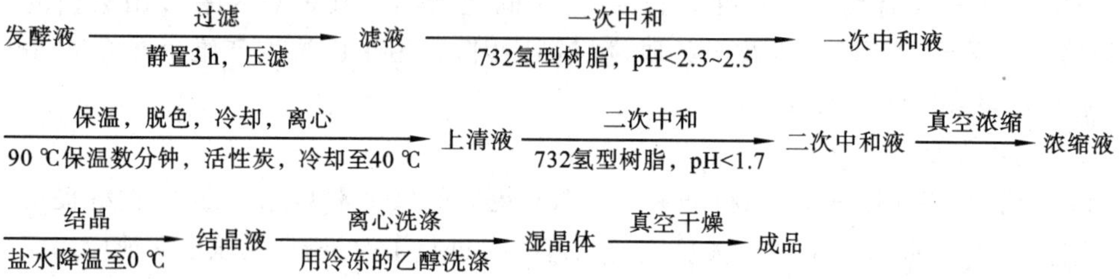

发酵液 —过滤（静置3 h，压滤）→ 滤液 —一次中和（732氢型树脂，pH<2.3~2.5）→ 一次中和液

—保温，脱色，冷却，离心（90 ℃保温数分钟，活性炭，冷却至40 ℃）→ 上清液 —二次中和（732氢型树脂，pH<1.7）→ 二次中和液 —真空浓缩→ 浓缩液

—结晶（盐水降温至0 ℃）→ 结晶液 —离心洗涤（用冷冻的乙醇洗涤）→ 湿晶体 —真空干燥→ 成品

图 5-7　2-酮基-L-古龙酸的分离提纯工艺流程

五、2-酮基-L-古龙酸的化学转化

常采用碱转化法将维生素 C 前体 2-酮基-L-古龙酸转化为维生素 C。2-酮基- L-古龙酸在甲醇中用浓硫酸催化酯化生成 2-酮基-L-古龙酸甲酯，加 $NaHCO_3$ 转化生成维生素 C 钠盐，经氢型离子交换树脂酸化得到维生素 C。

六、维生素 C 的精制

维生素 C 的精制工艺流程如图 5-8 所示。

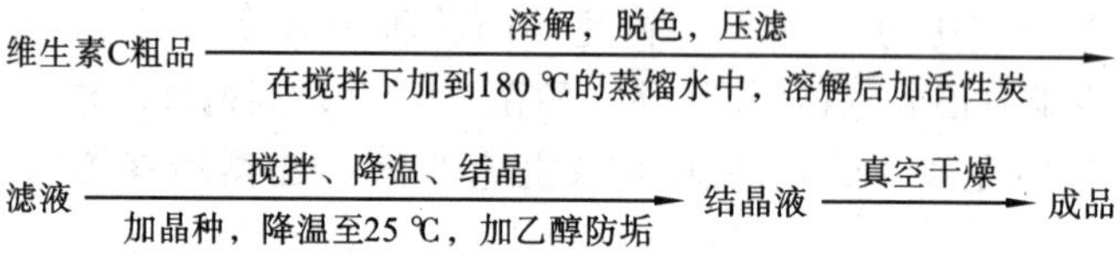

维生素C粗品 —溶解，脱色，压滤（在搅拌下加到180 ℃的蒸馏水中，溶解后加活性炭）→

滤液 —搅拌、降温、结晶（加晶种，降温至25 ℃，加乙醇防垢）→ 结晶液 —真空干燥→ 成品

图 5-8　维生素 C 的精制工艺流程

注意的问题：由于维生素 C 不稳定，在精制的溶解和脱色过程中应控制温度和时间，压滤过程中避免析出结晶；在浓缩和真空干燥时，必须保持较高的真空度以维持较低的温度。

维生素 C 的两步发酵法虽有很多优点，但其分离纯化工艺较繁杂，周期长，收率低。现可采用弱碱性离子交换树脂从发酵液中直接提取 2-酮基- L-古龙酸，用甲醇-硫酸溶液洗脱，省去浓缩结晶步骤，洗脱收率可达 96％。还可将发酵液通过超滤膜，使 2-酮基-L-古龙酸钠与蛋白质等大分子分离，简化了提取工艺，其提取工艺流程如图 5-9 所示。

发酵液 $\xrightarrow[\text{超滤膜}]{\text{过滤}}$ 2-酮基-L-古龙酸钠滤液 $\xrightarrow[\text{阳离子交换树脂}]{\text{中和}}$

2-酮基-L-古龙酸 $\xrightarrow{\text{浓缩、结晶}}$ 成品

图 5-9 维生素 C 的提取工艺流程

任务 3 维生素 B_{12}的生产

一、维生素 B_{12}的概述

1. 维生素 B_{12}的结构

维生素 B_{12}是含钴的多环有机化合物，故又称为钴维生素或钴胺素，简称钴维素。分子结构的特征：在 4 个吡咯核组成的咕啉环状结构中含有钴的配合物。一般所说的维生素 B_{12}指的是分子中的钴与氰(CN)相连接的钴胺素。如果与钴连接的—CN 基被—OH 基、—NO_2基等所取代就生成相应的类似化合物，如 Co—CN，称为维生素 B_{12}(或称氰钴胺素)；Co—OH，称为维生素 B_{12a}(羟钴胺素)；Co—CH_3，称为甲基钴胺素。其中氰钴胺素是第一个被发现的。

2. 维生素 B_{12}的理化性质

维生素 B_{12}为深红色晶体，溶于水、乙醇、丙酮，不溶于氯仿。在水及弱酸中稳定，在强酸或碱性溶液中易分解，并易被日光、氧化剂和还原剂破坏。

3. 维生素 B_{12}的生理功能

维生素 B_{12}以辅酶的形式参与体内一碳基团的代谢，是生物合成核酸及蛋白质所必需的物质。如甲基钴胺素作为辅酶参与转甲基作用，5′-脱氧腺苷钴胺素是几种变位酶的辅酶等。维生素 B_{12}对上皮组织细胞的正常新生和红细胞的新生或成熟都有很重要的作用，所以缺乏维生素 B_{12}表现为巨幼红细胞贫血症。

维生素 B_{12}是人体及其他一些动物维持生长和生血作用最重要的一种维生素，但人体和动物都不能合成维生素 B_{12}。人肠道中的细菌虽然也能合成维生素 B_{12}但由于这些细菌大都寄生在结肠内，维生素 B_{12}在这里很难被吸收而大部分随粪便排出。因此，人必须从食物特别是动物性食物中摄取维生素 B_{12}。

4. 维生素 B_{12}的生产方法

维生素 B_{12}的生产方法有很多，可以从链霉素、庆大霉素的发酵废液中采用吸附法和离子交换法回收维生素 B_{12}，也可以由能产生维生素 B_{12}的菌种进行发酵生产。由于从链霉素、庆大霉素的发酵废液中提取维生素 B_{12}的产量太小，现在已用丙酸杆菌等直接进行发酵生产。

1) 从链霉素发酵废液中提取维生素 B_{12}

工艺流程如图 5-10 所示。

链霉素发酵液经离子交换后的废液(包括废菌丝)中含有维生素 B_{12}。先用 H_2SO_4酸

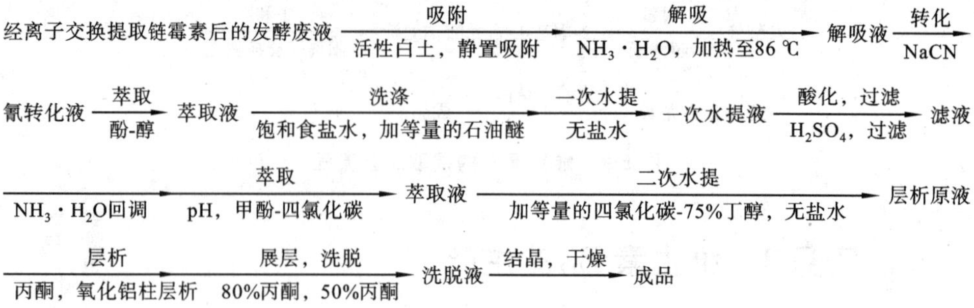

经离子交换提取链霉素后的发酵废液 —吸附（活性白土，静置吸附）→ —解吸（$NH_3 \cdot H_2O$，加热至86 ℃）→ 解吸液 —转化（NaCN）→ 氰转化液 —萃取（酚-醇）→ 萃取液 —洗涤（饱和食盐水，加等量的石油醚）→ —一次水提（无盐水）→ 一次水提液 —酸化，过滤（H_2SO_4，过滤）→ 滤液 —（$NH_3 \cdot H_2O$回调）→ —萃取（pH，甲酚-四氯化碳）→ 萃取液 —二次水提（加等量的四氯化碳-75%丁醇，无盐水）→ 层析原液 —层析（丙酮，氧化铝柱层析）→ —展层，洗脱（80%丙酮，50%丙酮）→ 洗脱液 —结晶，干燥→ 成品

图 5-10　从链霉素发酵废液中提取维生素 B_{12} 的工艺流程

化将 pH 调为 2.5～3.0，加入活性白土，搅拌后，静置吸附。再用 $NH_3 \cdot H_2O$ 回调 pH 为 9.5～9.8，加热至 86 ℃，使维生素 B_{12} 解吸，此时需加 Na_2SO_4 作稳定剂。由于解析液中含多种钴胺素，可向解吸液中加入 1% NaCN 转化成氰钴胺素。之后，加酚-醇（1∶3）萃取，萃取液用饱和食盐水洗涤数次，并加入等量石油醚，用无盐水反萃取 3 次得一次水提液，用 H_2SO_4 调 pH 为 2.3～3.0 后过滤，滤液用 $NH_3 \cdot H_2O$ 调 pH 为 4.5～5.0，再用甲酚-四氯化碳（1∶1）萃取数次，并加入等量的四氯化碳-75%丁醇，用无盐水反萃取数次得二次水提液。向二次水提液中加 3 倍量的丙酮并通入氧化铝柱中进行层析。用 80% 丙酮水溶液展层，再用 50% 丙酮水溶液洗脱，向洗脱液中加 4 倍量的丙酮，冷却，静置得维生素 B_{12} 晶体。

2）从庆大霉素发酵废液中提取维生素 B_{12}

工艺流程如图 5-11 所示。

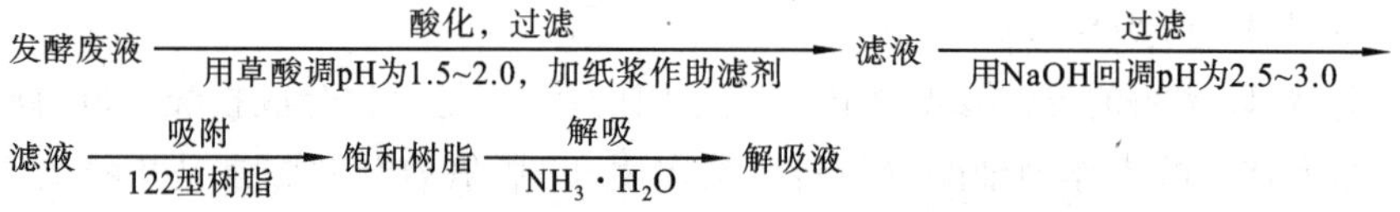

发酵废液 —酸化，过滤（用草酸调pH为1.5~2.0，加纸浆作助滤剂）→ 滤液 —过滤（用NaOH回调pH为2.5~3.0）→ 滤液 —吸附（122型树脂）→ 饱和树脂 —解吸（$NH_3 \cdot H_2O$）→ 解吸液

图 5-11　从庆大霉素发酵废液中提取维生素 B_{12} 的工艺流程

3）用丙酸杆菌发酵生产维生素 B_{12} 的提炼工艺流程

工艺流程如图 5-12 所示。

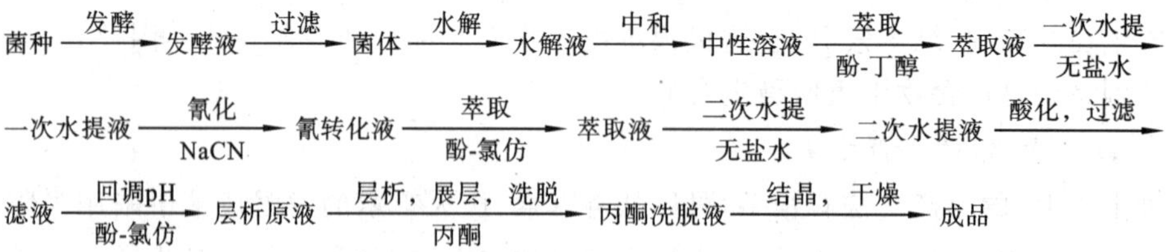

菌种 —发酵→ 发酵液 —过滤→ 菌体 —水解→ 水解液 —中和→ 中性溶液 —萃取（酚-丁醇）→ 萃取液 —一次水提（无盐水）→ 一次水提液 —氰化（NaCN）→ 氰转化液 —萃取（酚-氯仿）→ 萃取液 —二次水提（无盐水）→ 二次水提液 —酸化，过滤→ 滤液 —回调pH（酚-氯仿）→ 层析原液 —层析，展层，洗脱（丙酮）→ 丙酮洗脱液 —结晶，干燥→ 成品

图 5-12　用丙酸杆菌发酵生产维生素 B_{12} 的提炼工艺流程

二、生产菌种的选育

能产生维生素 B_{12} 的微生物有细菌和放线菌，霉菌和酵母不具备生物合成维生素 B_{12} 的能力。表 5-7 列出几种有代表性的维生素 B_{12} 产生菌。近年还发现诺卡氏菌属、棒状杆

菌属、芽孢杆菌属、丁酸杆菌属等的细菌也能产生维生素 B_{12}，某些以烷烃类物质为碳源的微生物也能产生一定量的维生素 B_{12}。

表 5-7 产生维生素 B_{12} 的部分菌种

菌种名称	碳源	维生素 B_{12} 的产率/(mg/L)
奥氏甲烷杆菌	甲醇	8.8
小单孢菌	葡萄糖	11.5
加德那诺卡菌	十六烷	4.5
粗糙诺卡菌	葡萄糖，甘蔗糖蜜	14
费氏丙酸杆菌	葡萄糖	25
薛氏丙酸杆菌	葡萄糖	23～29
范氏丙酸杆菌	葡萄糖	25
橄榄色链霉菌	葡萄糖，乳糖	8.5
脱氮假单胞菌	甜菜糖蜜	59

在许多产维生素 B_{12} 的微生物中，脱氮假单胞菌、薛氏丙酸杆菌及费氏丙酸杆菌是目前应用最普遍的菌种。脱氮假单胞菌最早应用于工业生产，对它的研究也最为透彻，目前其发酵水平最高，生产水平可以达到 100～160 mg/L。薛氏丙酸杆菌的生产水平可达到 30～40 mg/L。与脱氮假单胞菌相比，费氏丙酸杆菌虽然产量不高，但是它也有自己的优点，如在生长过程中不产生内毒素和外毒素，可以应用于医药和食品添加剂工业。此外，费氏丙酸杆菌发酵生产维生素 B_{12} 几乎不需要通气，具有能耗低、染菌率低等优势。

维生素 B_{12} 产生菌通过诱变处理获得的突变株，其生产能力有明显的提高，如薛氏丙酸杆菌经诱变处理所得到的突变株，在玉米浆培养基中，于兼性厌氧的条件下维生素 B_{12} 的产量获得显著提高。再如脱氮假单胞菌的甜菜碱缺陷型突变株用于工业生产，获得很好的效果。

三、培养基成分的选择

1. 碳源

对于费氏丙酸杆菌，葡萄糖是其生长较好的碳源，而乳糖作为碳源时维生素 B_{12} 的发酵产量较高。其他可利用的碳源有甜菜糖蜜、麦芽糖和淀粉水解液。发酵培养基中糖的浓度不宜过高，一般维持糖的含量在 1%～2%为好。

2. 氮源

玉米浆、豆饼粉、酵母提取物或水解物、麦芽提取物、酪蛋白水解物、青霉素发酵菌丝、酱油渣或铵盐、硫酸铵、乳清、玉米浸汁等都是较好的氮源。

3. 无机盐和微量元素

常用的无机盐有 $(NH_4)_2SO_4$、$MgSO_4$、$CaCO_3$；常用的微量元素有铁、镁、锰、钴、银等。镁离子对维生素 B_{12} 的合成是必需的，在 50～100 mg/L 时产量最高；银离子在 0.26～0.65 mg/L 浓度时促进维生素 B_{12} 的产生；铬离子抑制维生素 B_{12} 的产生；锌离子对

维生素 B_{12} 的产生无影响；钴对微生物有一定的毒性，如 10～20 mg/L Co^{2+} 抑制菌体的生长，而在较低浓度（1～2 mg/L）时可提高维生素 B_{12} 的产量。

4. 前体

在费氏丙酸杆菌发酵液中添加 35～50 mg/L 氰化亚铜可增加氰钴胺素产量。如加氰化铜则更好，此物质可加到较高浓度而不引起毒性。5,6-二甲基苯并咪唑是构成维生素 B_{12} 分子上的核苷基的碱基，加入培养基中可使维生素 B_{12} 产量增加，一般在发酵后期加入。据报道，在发酵培养基中加入适量的甘氨酸可显著提高维生素 B_{12} 的产量。

以薛氏丙酸杆菌为例，其用于生产的培养基组成如下。

（1）斜面培养基

每升培养基含有胰蛋白胨 10 g、酵母提取物 10 g、番茄汁 200 mL、琼脂 15 g，pH7.2。

（2）一级种子培养基

每升培养基含有胰蛋白胨 10 g、酵母提取物 10 g、番茄汁 200 mL，pH7.2。

（3）二级种子培养基

每升培养基含有玉米浆 20 g、葡萄糖 90 g，pH6.5。

（4）发酵培养基

每升培养基含有玉米浆 40 g、葡萄糖 100 g（分开灭菌）、$CoCl_2$ 20 mg，pH6.5。

四、菌种的培养及发酵

脱氮假单胞菌和薛氏丙酸杆菌是目前工业应用最广的维生素 B_{12} 产生菌，其中丙酸菌是兼性厌氧菌。以薛氏丙酸杆菌发酵生产维生素 B_{12} 为例，该类菌株采用两阶段发酵法：第一阶段采用厌氧培养，在厌氧培养阶段，菌体内生成大量咕啉醇酰胺；第二阶段采用通气培养，在需氧培养时，此化合物又转变成维生素 B_{12}。如在厌氧培养阶段添加 5,6-二甲基苯并咪唑（化学合成），则可省去需氧培养阶段，进而缩短发酵周期。

1. 斜面种子培养

取低温保藏的薛氏丙酸杆菌，接种于斜面培养基上，30 ℃培养 4 d。

2. 一级种子培养

将斜面培养物以挖块接种的方式，接种到种子摇瓶中，30 ℃静置培养 2 d。

3. 二级种子培养

将一级种子培养液以 3%（体积分数）的接种量接种于灭菌后的种子罐中，于 30 ℃不通气培养 24 h（用氨水维持 pH 为 6.5）。

4. 发酵培养

将生长良好的二级种子液以 2%（体积分数）的接种量接种于灭菌后的发酵罐中，在不通气、微氮气压力和慢搅拌下 30 ℃培养 80 h，再于搅拌和低通气的条件下培养 88 h。整个发酵过程中需要补糖，并用氨水维持 pH 为 6.5。

五、维生素 B_{12} 的提取

1. 过滤水解

菌体与维生素 B_{12} 结合比较牢固并包埋于菌体内部，通过过滤获得菌体，然后加酸、加

热，水解破坏菌体，释放出维生素 B_{12}。

2. 提取

苯酚对维生素 B_{12} 的溶解能力比水强，苯酚与丁醇混溶形成的混合物与水不互溶，经充分搅拌后，维生素 B_{12} 从水相转入苯酚-丁醇相并与水彼此分层而分离。

3. 水提

向苯酚-丁醇混合液中加入三氯甲烷后，三者混合，使苯酚对维生素 B_{12} 的溶解能力降低而使其在水相中的分配较高，三氯甲烷加得越多，维生素 B_{12} 转入水里越容易。充分搅拌混合，使有机相与水相互不相溶而分层分离。

4. 氰化

氰化钠的 CN^- 能吸附和取代类似维生素 B_{12} 分子中的 Fe^{3+} 和其他基团，使之全部转化为氰钴胺素（维生素 B_{12}）。

5. 苯酚-三氯甲烷提取

与苯酚-丁醇溶剂提取相似，只不过用三氯甲烷代替丁醇后改善了有机溶剂对维生素 B_{12} 的选择性溶解。

6. 二次水提

丁醇、三氯甲烷加入苯酚-三氯甲烷溶液中，适当提高了溶剂对蛋白质等杂质的溶解程度。

7. 酸化

调 pH 至 3.5～4.0，沉淀除去部分酸性不溶物。

8. 色谱

利用不同物质对三氧化二铝具有不同的吸附能力以达到分级分离的目的，从而得到高纯度的维生素 B_{12}。

9. 结晶

维生素 B_{12} 不溶于纯丙酮，但溶于含水丙酮，当向原液（50％含水丙酮）中不断加入纯丙酮时，原液中水的含量相对减少，维生素 B_{12} 的溶解度逐渐降低，直到过饱和状态，降低温度后维生素 B_{12} 不断结晶析出。

思考题

1. 什么是维生素？根据溶解性质不同，维生素可分为哪两大类？各包括哪些？

2. 目前，工业生产维生素的方法有哪几种？请简要说明。

3. 简述利用阿氏假囊酵母发酵生产维生素 B_2 的工艺流程。在发酵的预处理中加入 3-羟基-2-萘甲酸钠的目的是什么？

4. 目前，利用微生物发酵法生产的维生素有哪些？

5. 根据维生素 C 的结构特点，说明它的生理功能。

6. 简述莱氏法发酵生产维生素 C 的工艺流程。

7. 我国发明的维生素 C 两步发酵法，指的是哪两步？两步反应的底物和产物各是什

么？催化第二步反应的微生物是什么？说明两步发酵法生产维生素C的优点。

8. 在维生素B_{12}的发酵生产中，常采用的菌种有哪几种？

9. 简述从链霉素、庆大霉素发酵废液中提炼维生素B_{12}的工艺流程。

10. 用薛氏丙酸杆菌发酵生产维生素B_{12}时，常采用两阶段发酵法，两阶段指的是哪两个阶段？若利用薛氏丙酸杆菌发酵生产维生素B_{12}，如何提炼？

项目4 核酸类药物发酵技术

预备知识 核酸类药物的概述

核酸类药物是指具有药用价值的核酸、核苷酸、核苷或者碱基，是一类药物的统称。除了天然存在的核酸、核苷酸、核苷、碱基以外，它们的类似物、衍生物或这些类似物、衍生物的聚合物制成的药物也属于核酸类药物。

一、发展概况

核酸的研究至今已有100多年的历史，但是核酸类物质发酵生产的研究则始于20世纪60年代初。呈味核苷酸如5′-肌苷酸和5′-鸟苷酸为特鲜味精、特鲜酱油的原料，在国际市场上有广泛的销路；在农业上，用核酸类物质进行浸种、蘸根、喷雾等，可以提高农作物产量；另外，肌苷、腺苷酸、ATP、辅酶Ⅰ、辅酶A以及其他核酸衍生物，在治疗心血管疾病、肿瘤等方面有特殊疗效，已成为重要的临床治疗药物，2005年版《中国药典》收载的核酸与核苷类原料药17种（表5-8），制剂40种，在疾病的治疗中发挥着重要作用。

表5-8 2005年版《中国药典》收载的核酸与核苷类原料药

品　　种	生产方法	主要用途
三磷酸腺苷二钠	提取法、光合磷酸化法、氧化磷酸化法和发酵法	改善细胞代谢
肌苷	发酵法	改善细胞代谢
更昔洛韦	化学合成法	抗病毒
别嘌醇	化学合成法	抗痛风
利巴韦林	化学合成法、酶促合成法	抗病毒
泛昔洛韦	化学合成法	抗病毒
阿昔洛韦	化学合成法	抗病毒
盐酸伐昔洛韦	化学合成法	抗病毒
氟尿嘧啶	化学合成法	抗肿瘤
氟胞嘧啶	化学合成法	抗真菌
盐酸阿糖胞苷	化学合成法、酶促合成法	抗肿瘤

续表

品　种	生产方法	主要用途
硫鸟嘌呤	化学合成法、酶促合成法	抗肿瘤
硫唑嘌呤	化学合成法、酶促合成法	免疫抑制
巯嘌呤	化学合成法	抗肿瘤
碘苷	化学合成法	抗病毒
腺苷钴胺	发酵法	维生素类
胞磷胆碱钠	化学合成法、发酵法、酶促合成法	改善细胞代谢

随着分子生物学和遗传工程的发展，基因治疗应运而生，并得到广泛的肯定，其中包括反义核酸技术，简称反义技术，利用这一技术研制的药物称为反义药物。根据核酸杂交原理，反义药物能与特定基因的杂交，在基因水平上干扰致病蛋白的产生过程及干扰遗传信息从核酸向蛋白质的传递。蛋白质在人体代谢中扮演着非常重要的角色，几乎所有的人类疾病都是由蛋白质的异常引起的，无论是宿主疾病(病毒等)还是感染疾病(肝炎等)。传统药物主要是直接作用于致病蛋白质本身，而反义药物则作用于产生蛋白质的基因，因此可广泛应用于多种疾病的治疗。

反义核酸作为药物与常规药物相比，有两个显著优点：一是有关疾病的靶基因序列是已知的，因此设计特异性的反义核酸比较容易；二是反义寡核苷酸与靶基因能通过碱基配对原理发生特异和有效的结合从而调节基因的表达。其缺点是天然的寡核苷酸难以进入细胞内，而一旦进入又易被细胞内的核酸酶水解，很难直接用于治疗。福米韦生(fomivirsen)是全球批准上市的第一个反义药物，1998 年已被美国 FDA 批准上市，用于二线治疗 AIDS 所致的巨细胞病毒(CMV)视网膜炎。

二、临床应用

核酸是生命的物质基础，它不仅携带各种生物所特有的遗传信息，而且影响生物的蛋白质合成和脂肪、糖类的代谢。核酸类药物正是通过恢复正常代谢或干扰某些异常代谢而发挥作用的。核酸类药物的临床应用主要表现为以下几个方面。

1. 修复作用

具有天然结构的核酸类物质，如肌苷、肌苷酸、腺苷酸、三磷酸腺苷酸、辅酶Ⅰ、辅酶 A 等，有助于改善机体的物质代谢和能量平衡，修复受损伤的组织，使之恢复正常功能。这类药物已广泛用于放射病、血小板减少症、白细胞减少症、急慢性肝炎、心血管疾病和肌肉萎缩等代谢障碍的治疗。

2. 抗病毒作用

天然核酸的类似物或衍生物有干扰病毒代谢的功能，因而在治疗病毒引起的疾病如疱疹、艾滋病等方面有特殊的疗效。1987 年 3 月美国 FDA 批准使用的抗艾滋病药物 AZT(叠氮胸苷)是全世界第一种被批准用于临床治疗艾滋病的药物，它是胸苷的衍生物；三氮唑核苷可抗 10 多种 RNA 和 DNA 病毒，它是肌苷、鸟苷的结构改造物；阿糖腺苷抗 DNA 病毒，对脑膜炎、乙肝疗效显著，是由腺苷酸合成的。

3. 抗肿瘤作用

天然核苷和核酸的类似物可以通过作用于 DNA 合成所必需的嘌呤、嘧啶核苷途径，抑制肿瘤细胞生存和复制所必需的代谢途径，从而导致肿瘤细胞死亡。如阿糖胞苷临床用于急性白血病，缓解率从原来的 20%提高到 80%，特别对急性粒细胞白血病的疗效较显著；氟尿苷用于肝癌及头颈部癌的治疗；去氧氟尿苷对胃癌、结肠癌、直肠癌、乳腺癌效果显著，毒性较低。

另外，S-腺苷甲硫氨酸及其盐类用于治疗帕金森症、失眠并具有消炎镇痛的作用，别嘌醇用于抗痛风等。

三、生产方法

由于近代分子生物学的发展，人们对于微生物发酵生产核苷和核苷酸的代谢调控机制有了进一步的认识。核酸发酵研究进展和核酸类物质用途的日益扩大，导致核酸发酵工业迅速发展。核酸类物质的生产方法主要有酶解法、半合成法和直接发酵法三种。

1. 酶解法

酶解法必须先用糖质原料、亚硫酸纸浆废液或其他原料发酵生产酵母，再从酵母菌体中提取核糖核酸，提取出的核糖核酸经过青霉菌属或链霉菌属等微生物产生的酶进行酶解，制成各种核苷酸。目前工业上主要通过 RNA 酶水解法生产核苷酸。RNA 来源很广，如啤酒厂的废酵母、单细胞蛋白及其他发酵工业的废菌体等，其中以酵母中提取的 RNA 最为常见。

2. 半合成法

半合成法即微生物发酵和化学合成并用的方法。例如由发酵法先制成 5-氨基-4-甲酰胺咪唑核糖核苷酸（AICAR），再用化学合成法制成鸟苷酸。又如用发酵法先制成肌苷，再利用微生物的或化学的磷酸化作用，使肌苷转变为肌苷酸。

3. 直接发酵法

直接发酵法是根据产生菌的特点，采用营养缺陷型菌株或营养缺陷型兼结构类似的抗性菌株，通过控制适当的发酵条件，打破菌体对核酸类物质的代谢调节控制，使之发酵生产大量的某一种核苷或核苷酸。例如用产氨短杆菌腺嘌呤缺陷型突变株直接发酵生产肌苷酸。

以上三种生产方法各有优点。用酶解法可同时得到腺苷酸和鸟苷酸，如果其副产物尿苷酸和胞苷酸能被开发利用，其生产成本可以降低。发酵法生产腺苷酸和鸟苷酸正在不断改良，随着核苷酸的代谢控制及细胞膜的渗透性等方面研究的进展，其发酵产率有望得到提高。半合成法可以避开反馈调节控制，获得较高的产量。

四、核苷酸的生物合成及其调节

单核苷酸的合成可以通过两条完全不同的途径来完成：①以 5-磷酸核糖为初始物质的全生物合成途径；②从环境中取得完整的碱基（嘌呤或嘧啶）和戊糖、磷酸，通过酶的作用直接合成单核苷酸，此途径称为补救途径。在发酵生产中，补救途径同样具有重要的功能，并不次于全生物合成途径。

任务1 肌苷的发酵生产

一、肌苷的概述

1. 肌苷的结构

肌苷是由次黄嘌呤的9位氮与D-核糖的1位碳通过β-糖苷键连接而形成的化合物，是核酸中嘌呤组分的代谢中间物，又称次黄嘌呤核苷。其结构式为

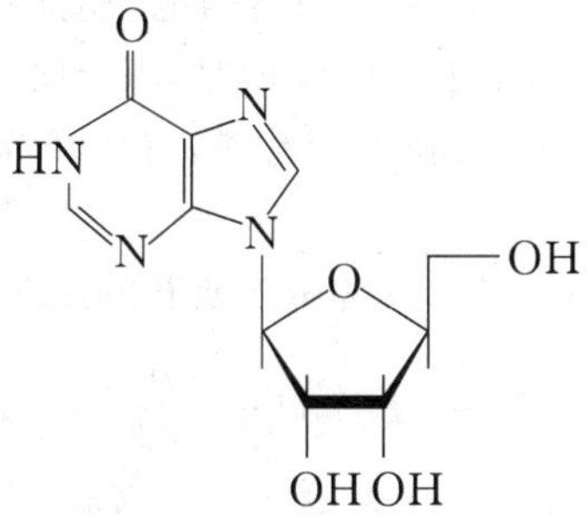

2. 肌苷的理化性质

肌苷为白色结晶性粉末，味微苦，溶于水，不溶于乙醇、氯仿。在中性、碱性溶液中比较稳定，在酸性溶液中不稳定，易被水解成次黄嘌呤和核糖。常温下(<20 ℃)，肌苷主要以两个结晶水的晶体形式存在，在较高温度下存在两种无水晶体形式。肌苷分子中的碱基存在酮式和烯醇式互变异构现象，所以在碱性条件下烯醇式结构的分子能显示出弱酸性，能与碱反应生成盐。

3. 肌苷的生理功能

肌苷为人体的正常成分，参与体内核酸代谢、能量代谢和蛋白质的合成，活化丙酮酸氧化酶系，提高辅酶A的活性，使低能缺氧状态下的组织细胞继续顺利进行代谢，有助于肝细胞功能的恢复，可刺激体内产生抗体并促进肠道对铁的吸收。在临床上，适用于各种原因引起的白细胞减少症、血小板减少症、心脏疾患、急性及慢性肝炎、肝硬化等，此外还可治疗中心视网膜炎、视神经萎缩等。

4. 肌苷的生产方法

目前，肌苷的生产方法主要有肌苷酸脱磷酸法和直接发酵法。由于发酵法生产肌苷的产率很高，因此现在工业多采用直接发酵法。

1) 肌苷发酵机制与肌苷产生菌的选育

肌苷发酵的生产菌种主要有枯草芽孢杆菌、短小芽孢杆菌和产氨短杆菌。其中枯草芽孢杆菌的磷酸酯酶活性较强，有利于将IMP脱磷酸化形成肌苷，分泌至细胞外，因此肌苷的发酵多采用枯草芽孢杆菌的腺嘌呤缺陷型。产氨短杆菌的磷酸酯酶活性较弱，这一点有利于积累IMP而不利于积累肌苷，但是产氨短杆菌可能缺损GMP还原酶和AMP脱氨酶，它的嘌呤核苷酸合成途径可能是完全分支的，而不是像枯草芽孢杆菌那样的环形互变，因此产氨短杆菌的GMP和AMP是不能互变的。产氨短杆菌的补救途径的酶活性较强，对产氨短杆菌进行菌种改良，可获得肌苷积累量较高的菌株。

2）发酵生产肌苷的工艺路线

现多利用变异芽孢杆菌 7171-9-1 进行发酵生产肌苷。生产菌种经活化，转入三角瓶培养，获得一级种子，放大到种子罐，获得二级种子，进行发酵培养。在适当的培养基、温度、pH、通气及搅拌条件下培养 93 h。发酵液调节 pH 后直接上 732 型阳离子交换树脂柱，收集的肌苷洗脱液进行活性炭柱吸附脱色后，在 pH 为 11 或 6 的条件下析晶过滤，得肌苷粗品，重结晶后获得肌苷精品。

也可将去菌体后上柱改为直接上柱，然后用水反冲洗树脂柱。其优点是缩短周期，节约设备，又可把糖、色素、菌体从柱顶冲走，而适当地松动树脂也利于洗脱。此改进可使洗脱得率提高 25%左右。在温度较高且 pH 较低时，部分肌苷会分解成次黄嘌呤。32 ℃放置 15 h 后洗脱，得率降低 10%左右；48 h 后洗脱，得率降低 30%左右；室温 20 ℃放置 48 h 后洗脱，得率降低约 5%。

利用变异芽孢杆菌 7171-9-1 进行发酵生产肌苷的工艺路线见图 5-13。

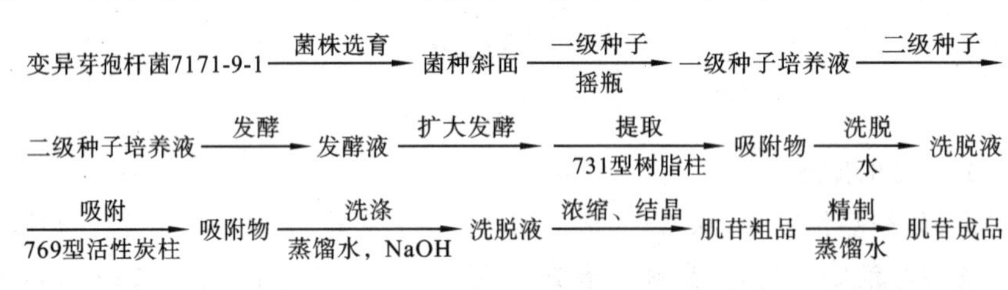

图 5-13　利用变异芽孢杆菌 7171-9-1 进行发酵生产肌苷的工艺路线

3）肌苷发酵条件

① 碳源大多使用葡萄糖。

在发酵生产中也可以考虑利用淀粉水解液。

② 常用的氮源有氯化铵、硫酸铵或尿素等。

因为肌苷的含氮量很高(20.9%)，所以必须保证供应足够的氮源。工业发酵常用氨水来调节 pH，这样既可以提供氮源，又可调节发酵液的 pH。

③ 磷酸盐对肌苷生成有很大影响。

采用短小芽孢杆菌的腺嘌呤缺陷型菌株发酵肌苷，可溶性磷酸盐如磷酸钾可以显著地抑制肌苷的累积，而不溶性磷酸盐如磷酸钙可以促进肌苷的生成。相反的，采用产氨短杆菌的变异株时，肌苷发酵并不需要维持无机磷的低水平，即使添加 2%的磷酸盐，也能累积大量的肌苷。

④ 肌苷生产菌株一般为腺嘌呤缺陷型菌株。

在培养基中必须加入适量的腺嘌呤或含有腺嘌呤的物质，如酵母膏等。由于腺嘌呤是腺苷酸的前体，而腺苷酸又是控制 IMP 生物合成的主要因子，所以，加入腺嘌呤的多少不仅影响菌体的生长，更影响肌苷积累。腺嘌呤对肌苷积累有一个最适浓度，这个浓度通常比菌体生长所需要的最适浓度小一些，称为亚适量。

⑤ 氨基酸有促进肌苷积累，同时节约腺嘌呤用量的作用。

其中组氨酸是必需的，异亮氨酸、亮氨酸、甲硫氨酸、甘氨酸、缬氨酸、苏氨酸、苯丙氨酸及赖氨酸等 8 种氨基酸也有促进作用。这 8 种氨基酸可以用高浓度的苯丙氨酸来代替。氨基酸可通过促进菌体生长使肌苷产量增加。

⑥ 培养基以外的发酵条件，如 pH、温度、通气搅拌等也都是影响肌苷积累的重要因素。

肌苷积累的最适 pH 为 6.0～6.2；最适温度对枯草芽孢杆菌为 30 ℃，对短小芽孢杆菌为 32 ℃；供氧不足可使肌苷生成受到显著的抑制，从而积累一些副产物，通气搅拌则可以减少 CO_2 对肌苷发酵的抑制作用。

二、菌株的活化

变异芽孢杆菌 7171-9-1 移种到斜面培养基上，30～32 ℃培养 48 h。在 4 ℃冰箱中菌种可保存 1 个月。

斜面培养基配方：葡萄糖 1%，蛋白胨 0.4%，酵母浸膏 0.7%，牛肉浸膏 1.4%，琼脂 2%，pH 为 7，在 120 ℃灭菌 20 min。

三、种子培养

一级种子：培养基配方为葡萄糖 2%，蛋白胨 1%，酵母浸膏 1%，玉米浆 0.5%，尿素 0.5%，氯化钠 0.25%，灭菌前 pH 为 7。在 115 ℃灭菌 15 min。接种后在(32±1)℃，培养 18 h。

二级种子：培养基同一级种子，接种量为 3%，(32±1)℃，通气量为 1∶0.25，pH 6.4～6.6 培养 12～15 h。

四、发酵

培养基配方为淀粉水解液 10%，干酵母水解液 1.5%，豆饼水解液 0.5%，硫酸镁 0.1%，氯化钾 0.2%，磷酸氢二钠 0.5%，尿素 0.4%，硫酸铵 1.5%，有机硅油(消泡剂) 0.05%，pH 为 7。接种量为 0.9%，(32±1)℃，通气量为 1∶0.5，搅拌速度为 320 r/min，培养 93 h。

扩大发酵：培养基配方为淀粉水解液 10%，干酵母水解液 1.5%，豆饼水解液 0.5%，硫酸镁 0.1%，氯化钾 0.2%，磷酸氢二钠 6.5%，碳酸钙 1%，硫酸铵 1.5%，有机硅油(消泡剂)小于 0.3%，pH 为 7。接种量为 7%，(32±1)℃，通气量为 1∶0.25，搅拌速度为 230 r/min，培养 75 h。

扩大发酵，培养基同上，接种量 2.5%，(35±1)℃培养 83 h。

五、提取、吸附、洗脱

取发酵液，调 pH 为 2.5～3，连同菌体通过两个串联的 732 氢型树脂柱吸附。用相当于树脂总体积 3 倍、pH 为 3 的水洗 1 次，然后把两个柱子分开，用 pH 为 3 的水把肌苷从柱上洗脱下来。再经 769 型活性炭柱吸附肌苷，先用 2～3 倍体积的水洗涤，后用 70～80 ℃的水洗，再用 70～80℃、1 mol/L 氢氧化钠浸泡 30 min，最后用 0.01 mol/L 氢氧化钠洗脱肌苷，收集洗脱液真空浓缩至 1.170 g/mL，pH 为 11 或 pH 为 6 放置，结晶析出，过滤，得肌苷粗制品。

六、精制

取粗制品配成5%～10%溶液，加热溶解，加入少量活性炭作助滤剂，抽滤，放置冷却，得白色针状结晶，过滤，少量水洗涤1次，80 ℃烘干得肌苷精制品，收率为44%，含量为99%。

任务2　三磷酸腺苷的发酵生产

一、三磷酸腺苷的概述

1. 三磷酸腺苷的结构

三磷酸腺苷(ATP)是由1个腺嘌呤、1个核糖和3个磷酸单位组成的核苷酸，结构式如下：

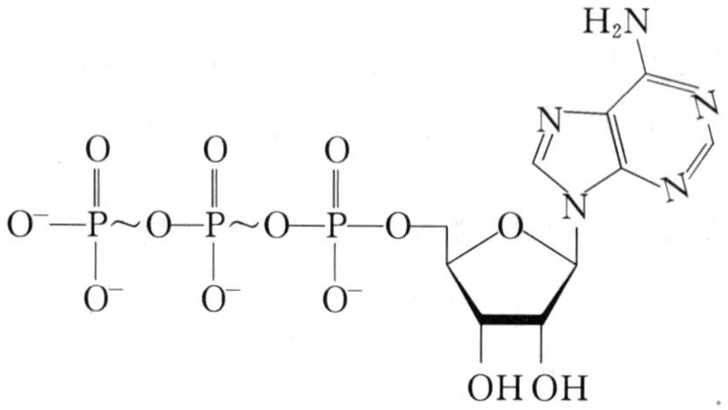

2. 三磷酸腺苷的理化性质

药用ATP是其二钠盐($ATP\text{-}Na_2$)，又名腺苷三磷酸二钠，带3个结晶水($ATP\text{-}Na_2 \cdot 3H_2O$)，呈白色结晶形及类白色粉末；无臭，微有酸味，有吸湿性；易溶于水，难溶于乙醇、乙醚、苯、三氯甲烷，在碱性溶液(pH10)中较稳定。$ATP\text{-}Na_2$为两性化合物。

3. 三磷酸腺苷的生理功能

三磷酸腺苷是体内组织细胞一切生命活动所需能量的直接来源，被誉为细胞内能量的“分子货币”，储存和传递化学能，蛋白质、脂肪、糖和核苷酸的合成都需要它参与，可促使机体各种细胞的修复和再生，增强细胞代谢活性，对治疗各种疾病均有较强的针对性。

二、三磷酸腺苷的生产方法

ATP是重要的医药品，其生产方法可以腺嘌呤为前体用发酵法直接生产，也可以AMP为原料，经过磷酸化作用生成ATP。AMP可以腺嘌呤为前体发酵生产，也可先发酵生产腺苷，再经微生物磷酸化或化学方法磷酸化而制得。

1. AMP的生产

1) 以腺嘌呤为前体发酵生产AMP

产氨短杆菌ATCC 6872等菌株可由嘌呤碱基生成相应的嘌呤核苷酸。例如由腺嘌呤生成 AMP、ADP 和 ATP。在该发酵过程中，产氨短杆菌补救途径活性强和磷酸酯酶活性弱的特点有利于核苷酸的生成和积累。

2）以腺嘌呤为前体发酵生产腺苷

1962 年，Nara 等把枯草芽孢杆菌 160（Sm^r＋try^-）菌株经再一次诱变得到的嘌呤缺陷型（Sm^r＋try^-＋pur^-）菌株，在添加由丙二胺化学合成的腺嘌呤的培养基中培养，从而累积大量的腺苷。培养基的碳源以葡萄糖为佳，若添加少量核糖可增加腺苷的产量。氮源以蛋白胨、肉膏、酪朊氨基酸为佳。添加生物素能提高腺苷产量，培养基中添加 1～2 mg/mL 的腺嘌呤，培养 40 h，可积累 1 mg/mL 腺苷。

3）直接发酵生产腺苷

生产腺苷的出发菌株一般选用具有强烈的降解核苷酸酶系的枯草芽孢杆菌或其他芽孢杆菌。理想菌种的特性如下：

① 丧失 IMP 脱氢酶，即黄嘌呤缺陷型。为了防止回复突变，将其进一步再诱变成丧失 XMP 的氯化酶，即增加鸟嘌呤缺陷型的遗传标记是有效的。

② 需要切断从 AMP 到 IMP 的通路，丧失 AMP 脱氨酶或该酶活性微弱。

③ 为了积累腺苷，凡属腺苷分解酶的核苷酶或核苷磷酸化酶的活性必须微弱。

④ 必须解除 AMP 类物质终产物反馈调节。可选育抗代谢类似物突变株，如 $8AG^r$、$8AX^r$等。

综上所述，枯草芽孢杆菌作为腺苷产生菌的遗传标记应具备：Xan^-＋Gu^-＋dea^-＋$8AG^r$＋Np^-。

2. 微生物磷酸化

通过磷酸化作用可将肌苷、腺苷、鸟苷等核苷分别转变成 IMP、AMP、GMP 等，并将 AMP 转变为 ADP、ATP，将 GMP 转变为 GDP、GTP。

面包酵母和清酒酵母的酶制剂可使 AMP 磷酸化为 ADP 和 ATP，并伴随有葡萄糖的降解。

使用磨碎的面包酵母或丙酮干燥的面包酵母菌体，在葡萄糖发酵条件下添加 AMP 或腺苷，进行氧化磷酸化。所加入的 AMP 或腺苷被高效地磷酸化为 ATP 和 ADP。反应 3 h，可将约 72%的 AMP 磷酸化为 ATP。作为酶原，若使用风干菌体或活菌体，AMP 的磷酸化几乎不能进行。自腺苷磷酸化生成 ATP，只能使用丙酮干燥菌体。该方法的关键在于反应液中磷酸盐缓冲液的浓度。即在使用丙酮干燥菌体的场合下，磷酸盐缓冲液浓度为 1/3 mol/L 时才能引起 AMP 的磷酸化；当磷酸盐缓冲液的浓度为 1/9 mol/L 或 2/3 mol/L 时，磷酸化反应不能发生。使用研碎菌体时，磷酸化的最适磷酸盐缓冲液浓度为 1/4 mol/L。关于 ATP 的生成机制，可以认为是利用葡萄糖分解时获得的能量，通过底物水平磷酸化，由 AMP 或腺苷经 ADP 生成 ATP。就发酵条件而言，以高浓度 Pi 抑制磷酸酯酶的作用和用 AMP 解除高磷酸盐浓度时的发酵障碍是此方法的本质。

3. 发酵法生产 ATP

根据以腺嘌呤为前体发酵生产 AMP 的初步研究结果，进一步改良发酵工艺，则有可能大量生产 ATP。

产氨短杆菌 B1-787 经菌种培养后移入发酵罐培养，在适当的培养基、温度、pH、通气

及搅拌条件下培养 40 h,后加入前体物质腺嘌呤及表面活性剂和尿素,控制条件继续培养,使发酵结束时发酵液中含有较多的 ATP。

发酵液经适当的预处理,过滤得到滤液,经活性炭柱吸附和氨醇溶液洗脱,获得 ATP 溶液。ATP 的磷酸基在碱性氨醇中解离成阴离子,经阴离子交换柱吸附,用一定离子强度的溶剂洗脱,收集得到 ATP 粗品,用结晶法获得 ATP 精品。

上述发酵方法以采用高浓度磷酸盐为特征,添加表面活性剂可以提高 ATP 产量。此外,加入氨基酸、维生素等可促进营养缺陷型生产菌株的生长,防止发酵过程中回复突变的发生,有利于稳定发酵,提高 ATP 产量。

利用产氨短杆菌 B1-787 发酵生产三磷酸腺苷的工艺路线见图 5-14。

产气短杆菌 B1-787 —[斜面培养] 30 ℃,2~3 d→ 成熟斜面 —[种子培养] 30 ℃,2~3 d→ 种子液 —腺嘌呤,表面活性剂,尿素 30 ℃,36 h,通气培养→

发酵液 —[热处理,分离] 酶失活,除菌体 加热,pH3~3.5→ 上清液 —[吸附] 769型活性炭柱→ 吸附物 —[洗脱] 氨水乙醇溶液→ ATP溶液

—[吸附] Cl^- 型阴离子树脂→ 吸附物 —[洗脱] 氯化钠-盐酸溶液→ 洗脱液 —[沉淀] 冷乙醇→ 湿ATP —[干燥] 丙酮,脱水→ ATP精品

图 5-14 利用产氨短杆菌 B1-787 发酵生产三磷酸腺苷的工艺路线

三、菌种培养

培养基成分:葡萄糖 10%,$MgSO_4 \cdot 7H_2O$ 1%,尿素 0.3%,$CaCl_2 \cdot 2H_2O$ 0.01%,玉米浆适量,磷酸氢二钾 1%,磷酸二氢钾 1%,pH 为 7.2。

各级种子培养时间为 0~24 h,接种量为 7%~9%,pH 控制在 6.8~7.2。

四、发酵培养

将菌种接种到发酵罐培养 28~30 ℃,24 h 前通气量为 0.5∶1,24 h 后通气量为 1.0∶1,40 h后投入腺嘌呤 0.2%,6501(椰子油酰胺)0.15%,尿素 0.3%,升温至 37 ℃,pH 为 7.0。

五、提取及精制

发酵液加热使酶失活后,调节 pH 至 3~3.5;过滤除去菌体,滤液通过 769 型活性炭柱,用氨醇溶液洗脱,洗脱液再经 Cl^- 型阴离子柱,经氯化钠-盐酸溶液洗脱,洗脱液用结晶法制得 ATP 精品。

思考题

1. 核酸类药物主要有哪些临床应用？举例说明。
2. 肌苷有何性质？目前发酵法生产肌苷主要有哪几种途径？
3. 简述肌苷发酵生产的过程。
4. ATP 的结构与性质是怎样的？
5. 简述 ATP 发酵生产的过程。

模块六

酶制剂的发酵

项目 1　纤维素酶的发酵

预备知识　纤维素酶的特点及应用

一、纤维素酶的基本特点

1. 组成

纤维素酶是一种高活性生物催化剂，是降解纤维素生成纤维素分子链、纤维二糖和葡萄糖的一组酶的总称。根据纤维素酶在降解纤维素过程中的作用，它主要由各具特定降解功能同时又相互协同作用的三个组分组成。

(1) C_x酶

葡聚糖内切酶，俗称C_x酶。作用于纤维素酶分子内部的非结晶区，任意水解β-1,4-糖苷键，将长链纤维素分子截短，产生大量非还原性末端的小分子纤维素。其中，来自真菌的简称EG，来自细菌的简称Cen。

(2) C_1酶

葡聚糖外切酶，俗称C_1酶。作用于纤维素线状大分子末端的β-1,4-糖苷键，每次切下一个纤维素二糖分子，故又称为纤维二糖水解酶。其中，来自真菌的简称CBH，来自细菌的简称Cex。

(3) β-葡萄糖苷酶

简称BG。作用于纤维素二糖，使之水解成葡萄糖分子。

上述三种组分中的每一种都有不同的几种同分异构体。要有效分解纤维素，除具备三个组分外，三种组分之间还要配得合理，才能很好地发挥协同降解纤维素的作用。不同菌种分泌的纤维素酶的三种组分的比例都不相同。对于同种菌株，在不同的底物诱导下，不同的培养基、不同的pH、不同的温度等生长条件下，它所分泌的纤维素酶的三种组分比例也不相同。

2. 结构

纤维素酶分子普遍具有类似的结构，均由纤维素催化结构域(CD)、纤维素结合结构域(CBD)和连接桥三部分组成。

(1) 催化结构域

它体现酶的活性及对特定水溶性底物的特异性。尽管来源不同的纤维素酶的相对分子质量差别很大，但它们催化区的大小却基本一致。

(2) 连接桥

纤维素酶的连接区具有一个显著的特征，即大部分区域被糖基化，具有很强的韧性，大多富含脯氨酸和羟基氨基酸。连接桥的作用或者是保持 CD 和 CBD 之间的距离，或者是有助于不同酶分子间形成较为稳定的聚集体。

(3) 纤维素结合结构域

它对酶的催化活力是非必需的，但可调解酶对可溶性和非可溶性底物专一性活力的作用。

3. 性质

由不同的生产菌种所产的纤维素酶在相对分子质量、含糖量、等电点、最适 pH、最适温度等方面有所不同，有的甚至相差较大。

大多数纤维素酶作用于底物的最适 pH 为 4.0～6.0；pH 稳定范围大多在 4.0～11.0。按最适作用 pH 不同，纤维素酶可分为酸性纤维素酶(最适 pH 为 4.8 左右，由绿色木霉、里氏木霉、康氏木霉、黑曲霉、青霉等产生)、中性纤维素酶(最适 pH 为 6～8，由长梗木霉、腐殖菌、芽孢杆菌等产生)、碱性纤维素酶(最适 pH 为 8～11，由嗜碱芽孢杆菌、腐殖菌等产生)。

大多数纤维素酶都具有较高的温度稳定性，一般最适温度在 40～50 ℃，温度稳定范围为 50～70 ℃，但各组分酶的热稳定性有差异，并受到 pH 的影响。

一般纤维素酶的相对分子质量在 45000～75000 之间，因来源不同而有明显差异，变化范围很广。

二、纤维素酶的作用机理

1. 来源

纤维素酶来源非常广泛，如昆虫、软体动物、原生动物、细菌、放线菌、真菌等都能产生纤维素酶。目前用于生产纤维素酶的微生物大多属于真菌，研究较多的有木霉属、曲霉属、根霉属和漆斑霉属，其中丝状真菌木霉属被公认是产纤维素酶最高的菌种之一。有许多种木霉不但分泌的纤维素酶产量高，而且纤维素酶系的三种组分(葡聚糖内切酶、葡聚糖外切酶、β-葡萄糖苷酶)比例较协调，因此纤维素酶酶活力较高。更为有利的是木霉分泌的纤维素酶是胞外酶，所以分离纯化比较容易，而且木霉具有培养粗放、适应性强的特点，适于固态培养和液态深层发酵，因此可以大规模应用于生产，是目前国内外研究最广泛的纤维素酶产生菌。其中里氏木霉因其纤维素酶产量较高，易于培养和控制、产纤维素酶稳定性好、培养及代谢产物安全无毒等优良特点，成为生产纤维素酶的典型菌种。

2. 作用机理

目前普遍认为纤维素的酶解是纤维素酶各组分协同作用的结果。但对于各个组分是如何作用的，许多学者提出了不同的看法。主要包括以下几种观点。

(1) C_1-C_x假说

由 Reese 等人提出，其观点如图 6-1 所示。

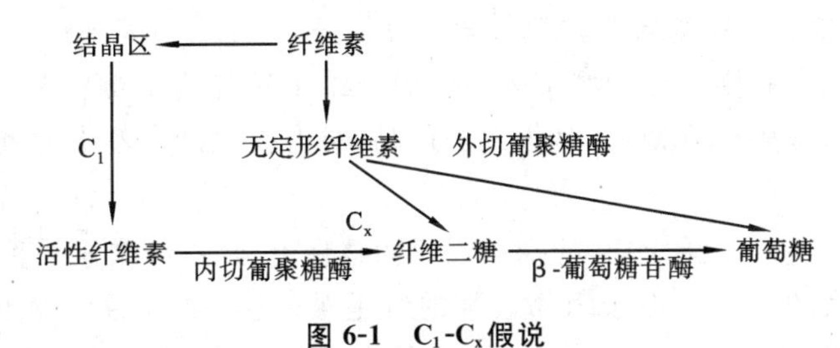

图 6-1 C_1-C_x假说

(2) 顺序作用假说

以 Enari 等人为代表，观点如图 6-2 所示。

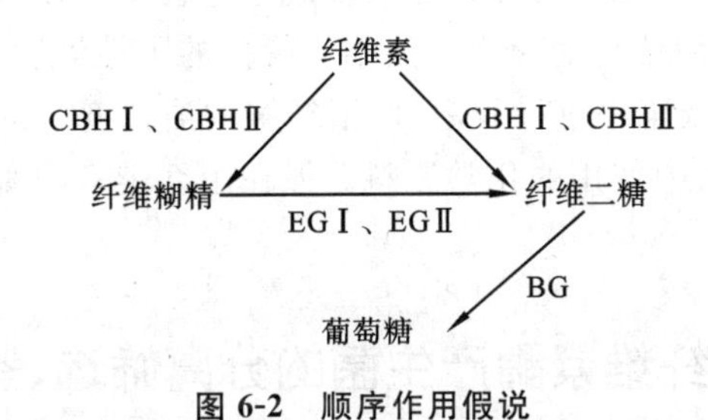

图 6-2 顺序作用假说

(3) 协同作用模型

目前，普遍接受的纤维素酶的降解机制是协同作用模型，如图 6-3 所示。

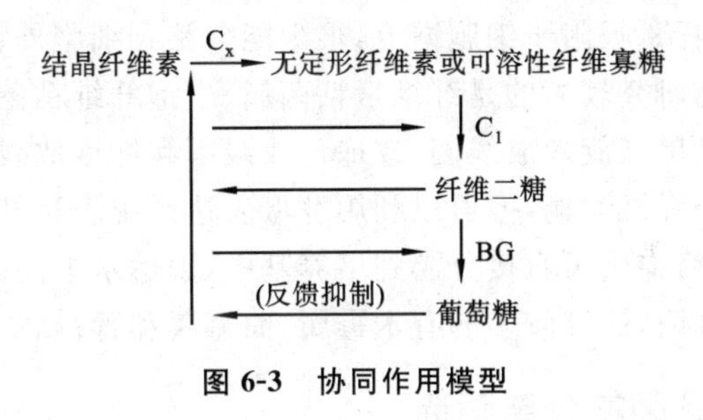

图 6-3 协同作用模型

三、纤维素酶的应用

纤维素酶可以广泛地用于食品工业、洗涤、造纸、纺织、饲料、医药和能源工业。

1. 食品发酵工业

用纤维素酶处理大豆，可促使脱皮，增加从大豆提取蛋白质的得率，也可回收豆渣中的蛋白质和油脂；用于淀粉制造，可缩短时间，增加得率；用于柑橘果汁加工，可促进汁液的提取和澄清；用于酱油酿造，可改善酱油质量，缩短生产周期，提高原料蛋白的利用率及

产量;用于造酒工业,可提高出酒率。

2. 饲料工业

纤维素酶和纤维素酶产生菌能转化粗饲料如麦糠、稻草、玉米芯等,把其中一部分纤维素转化为糖、菌体蛋白、脂肪等,降低饲料中粗纤维的含量,提高粗饲料营养价值,扩大饲料来源。

3. 废弃纤维素生产糖液与单细胞蛋白

通过纤维素酶将农副产品和城市废料中的纤维素转化为葡萄糖和单细胞蛋白,可作为发酵工业的原料来生产酒精、SCP等发酵产品,对人类生产有着十分重要的意义。

4. 纺织

纤维素酶在染整上广泛应用,特别在棉织物整理上,经过纤维素酶整理后棉织物的手感和外观获得很大的改善。由于织物表面的绒毛被除去,处理后织物更光洁,颜色更鲜艳。根据处理的目的不同,可进行生化抛光、柔软滑爽、改善光泽以及石磨水洗等加工。

5. 造纸业

纤维素酶在造纸上的应用主要体现在旧纸脱墨过程中。该过程使用纤维素酶和半纤维素酶结合处理,可使采用传统的化学方法不易脱去的干性油和干性树脂脱去,促进脱墨过程,并且能在低pH的纸浆中进行脱墨,使纸纤维的洁白度、自由度和强度均有所提高,同时也节约了在传统方法中使用的化学原料。但在用纤维素酶脱墨时要严格控制酶剂量和作用时间。

任务1 纤维素酶产生菌的分离筛选、鉴定与育种

自然界中的细菌、放线菌、真菌等都能产生纤维素酶。细菌产生的纤维素酶的量较低,主要是EG,少数细菌能分泌外切葡聚糖酶,大多数细菌EG对结晶纤维素没有活性,而且这些酶主要是胞内酶,吸附于细胞壁上,很少能分泌到细胞外,增加了提纯的难度,在工业上很少应用。目前研究较多的是纤维素粘菌属、生孢纤维粘菌属、纤维杆属和芽孢杆菌属。放线菌中主要是黑红旋丝放线菌、玫瑰色放线菌和纤维放线菌能产生纤维素酶,但产量不高。酵母菌不产纤维素酶,但可以利用酵母表达系统表达纤维素酶基因,其产物高度糖基化,经正确加工修饰后可直接分泌到培养基中,表达水平高。目前用于生产纤维素酶的微生物大多属于真菌,研究较多的有木霉属、曲霉属和青霉属。

一、产纤维素酶真菌的分离筛选

产纤维素酶真菌多存在于富含纤维素的菜地、腐烂的树根及朽木周围的土壤,以及能分解纤维素的反刍动物的粪便中,其分离原理和方法大致如下:将土样或粪样用无菌水悬浮,取少量上清液到PDA培养基中,30 ℃振荡培养3~5 d;将培养液进行梯度稀释,选取合适浓度的稀释液涂布在含有羟甲基纤维素(CMC)为唯一碳源的培养基上,30 ℃倒置培养,根据有无透明圈定性分离纤维素酶产生菌(大多为真菌);将能产生透明圈的待测菌涂布在刚果红鉴别培养基上,培养后精确测量菌落直径和透明圈直径;最后,选取透明圈与菌落直径比值(D/d)较大的菌落,用斜面培养基保藏,以备后用。

对于不同的实验室，采用的分离方法大同小异，差别主要在于培养基的使用。同时也可使用滤纸限制性培养基来鉴定产纤维素酶真菌。

二、产纤维素酶真菌的鉴定

根据《真菌鉴定手册》进行。

1. 形态鉴定

1）方法

菌落形态观察：将菌株点植一点于 PDA 平板中央，30 ℃培养 48 h，观察其宏观形态特征。

显微观察：用 PDA 培养基埋片培养，30 ℃培养 2 d 后取埋片，光学显微镜观察其微观形态特征。

2）结果

一般真菌的菌落个体较大，形状多为绒毛状、絮状、蛛网状，多产色素，但颜色多不唯一（孢子的颜色）。而对于不同种属的真菌，又有各自的独特菌落、菌丝或孢子形态及生长特性，具体根据《真菌鉴定手册》进行鉴定。

2. 18S rDNA 分子鉴定

根据《分子克隆手册》，提取待测菌株基因组 DNA，采用真菌 18S rRNA 基因的通用引物，克隆待测菌株的 18S rDNA 基因片段，并测序。根据测序结果，利用 Blast 软件从 GenBank 数据库中搜索相关放线菌菌株的 18S rRNA 基因序列，随后运用 Mega 软件的 Clustal W 功能进行多序列比对分析，按照 Neighbor-joining 法构建系统进化树，运用 DNAMAN 软件进行序列同源性比较分析。同源性要求超过 98%。

三、产纤维素酶真菌的育种

通常自然界分离筛选的野生型菌株其产酶能力相对较低。选育优良菌种是提高纤维素酶活力的关键，纤维素酶高产菌株的筛选方法主要有诱变筛选和基因工程筛选方法。

1. 诱变育种

诱变育种又分为单一诱变和复合诱变。诱变剂主要有紫外线、微波、硫酸二乙酯、氯化锂、亚硝基胍等种类。

紫外线诱变：用生理盐水制备 10^5～10^6 个/mL 的孢子悬液，取孢子悬液 10 mL 于半径为 9 cm 的培养皿中，在磁力搅拌下距离 30 W 紫外灯 15 cm 照射 3～5 min。适当稀释孢子悬液，涂布于筛选平板，30 ℃培养 3～4 d，根据上述方法进行初筛。

亚硝基胍（NTG）诱变：用生理盐水配成 10^5～10^6 个/mL 孢子悬液，一定浓度 NTG（0.1 mol/L），30 ℃，pH 为 8.0 的 Tris 缓冲体系作用 0.5～1.5 h，离心洗涤孢子，终止诱变，适当稀释孢子悬液，涂布于筛选平板，30 ℃培养 3～4 d，根据上述方法进行初筛。

紫外线和亚硝基胍复合诱变：先用一定浓度的 NTG（用 Tris-HCl 缓冲液调 pH 至 7.0），处理 0.5～1.5 h，离心，用生理盐水洗涤，终止诱变，然后用生理盐水制成孢子悬液，紫外照射 4 min。适当稀释孢子悬液，采用上述方法进行初筛。

突变株的遗传稳定性试验：将筛选得到的突变株在培养基斜面上进行多次传代试验

培养，每转接1次的同时接入发酵培养基进行培养产酶试验，成熟后测其酶活性，并观察孢子布满整个斜面的时间、孢子大小、颜色等指标是否保持不变。

2. 基因工程育种

目前，利用基因工程技术将纤维素酶基因克隆到细菌、酵母中取得了一定进展。其方法目前也已经很成熟，如唐婧(2008)从花的腐败残余物中分离到一株β-葡萄糖苷酶高产菌株，提取该菌株的全基因组DNA后，以大肠杆菌为表达宿主菌，通过鸟枪法构建全基因组文库，从该菌株的基因组中克隆到一个含有1230 bp、编码409个氨基酸的新的β-葡萄糖苷酶基因nglu02。HCA位点同源性分析及系统发育树分析表明，该基因属于纤维素酶Ⅰ家族。Ni J等(2007)对来自白蚁的4个内切葡聚糖酶基因进行了家族DNA改组以获得热稳定性高的突变酶，所得PA68突变体酶的热稳定性提高了10 ℃，其羟甲基纤维素(CMC)酶比活力达到其中一个亲本酶rRsEG的13.1倍。

任务2　纤维素酶的活性测定

纤维素酶产生菌的初筛主要以菌株在筛选培养基上产生的透明圈的有无和大小为指标，但具体到筛选优良和高产菌株，并对菌株产纤维素酶的能力进行定量，需要采用DNS法对纤维素酶进行活性测定。

一、标准曲线的绘制

原理：DNS(3,5-二硝基水杨酸)在碱性条件下，与还原糖一起经沸水浴后可生成棕红色的氨基化合物，因还原糖含量的不同其生成物的量也有差异，导致颜色深浅不一，可通过其在550 nm处的吸光度来判断生成物的量，进一步可换算成溶液中还原糖的量。

方法：取8支试管，分别加入0.0 mL、0.2 mL、0.4 mL、0.6 mL、0.8 mL、1.0 mL、1.2 mL、1.4 mL浓度为1 mg/mL的葡萄糖标准溶液，均补水至2 mL，再加入3.0 mL DNS试剂混合均匀，沸水浴中加热5 min，取出用流动水冷却后自然冷却至室温，稀释一定倍数后于550 nm波长处测定OD值(表6-1)，以OD_{550}值为横坐标，葡萄糖含量(mg)为纵坐标，绘制葡萄糖标准曲线并计算回归方程。

表6-1　葡萄糖标准曲线OD值测定结果

试验项目	0	1	2	3	4	5	6	7
含糖总量/mg	0.0	0.2	0.4	0.6	0.8	1.0	1.2	1.4
葡萄糖标准溶液/mL	0.0	0.2	0.4	0.6	0.8	1.0	1.2	1.4
蒸馏水/mL	2.0	1.8	1.6	1.4	1.2	1.0	0.8	0.6
DNS试剂/mL	3.0	3.0	3.0	3.0	3.0	3.0	3.0	3.0
总体积/mL	5.0	5.0	5.0	5.0	5.0	5.0	5.0	5.0
OD_{550}值								

二、活性测定

取待测菌株的液体产酶发酵液，于 5000 r/min 条件下离心 20 min，上清液即为粗酶液。

1. 内切纤维素酶(EG)的测定

取适当稀释的粗酶液 0.5 mL 于试管中，再加入 0.5%羧甲基纤维素钠(CMC-Na)的柠檬酸缓冲液(pH5.0，0.05 mol/L)1.5 mL，50 ℃恒温水浴 30 min 后，按 DNS 法测定还原糖含量，对照标准曲线计算酶活力，以高温灭活的粗酶液作为对照。在上述实验条件下，每 30 min 产生 1.0 μg 还原糖所需的酶量定义为 1 个酶活力单位(U/mL)。

2. 外切纤维素酶(CBH)的测定

取适当稀释的粗酶液 0.5 mL 于试管中，加入 50 mg 脱脂棉，再加入 1.5 mL 柠檬酸缓冲液(pH5.0，0.05 mol/L)，50 ℃水浴保温 24 h 后按 DNS 法测定还原糖，对照标准曲线计算酶活力，以高温灭活的粗酶液作为对照。在上述实验条件下，每 24 h 产生 1.0 μg 还原糖所需的酶量定义为 1 个酶活力单位(U/mL)。

3. 滤纸酶活力(FPase)的测定

取适当稀释的粗酶液 0.5 mL 于试管中，加入 1.5 mL 柠檬酸缓冲液(pH4.5，0.05 mol/L)，再加入滤纸条 50 mg，50 ℃水浴保温 1 h 后取出，按 DNS 法测定还原糖，对照标准曲线计算酶活力，以高温灭活的粗酶液作为对照。在上述实验条件下，每 1 h 产生 1.0 μg 还原糖所需的酶量定义为 1 个酶活力单位(U/mL)。

三、说明

目前，测定纤维素酶活力的方法基本采用 DNS 法，但是不同文献的具体测定过程有一定的差异，对酶活力的定义也有所不同，具体可参考相关文献。

任务 3　纤维素酶产生菌培养条件的优化

一、影响菌株产生纤维素酶的培养条件

微生物的生长和代谢产物的积累既受到菌种本身的影响，也受到营养和环境条件的影响，其生物合成途径、产物种类及其性质、产量及产率与碳源、氮源、无机盐、pH、温度、接种量和通气状况等多种因素有密切关系。

1. 碳源对菌株产酶的影响

纤维素酶是诱导酶，在微生物发酵过程中，作为碳源的纤维素同时也是诱导物的主要来源。不同的纤维素被微生物利用的难易程度不同，对纤维素酶的诱导作用也不同，因为起诱导作用的不是纤维素本身，而是纤维素的分解产物。现在认为纤维素酶的诱导机理是：胞外的纤维素被微量的组成型纤维素酶分解成纤维寡糖，纤维寡糖进入细胞，并作为继续合成大量诱导型纤维素酶的诱导物，促进纤维素酶的合成。

碳源的分解产物有的作为诱导物，也有的作为阻遏物。分解产物浓度的不同，可能起

的作用也不同。例如，纤维二糖在低浓度时是纤维素酶的诱导物，而在高浓度就成了产酶抑制剂。因此，不同的纤维素质碳源对微生物产酶影响很大。

对于纤维素酶产生菌的碳源主要有 CMC-Na、锯渣、稻草粉、黄豆粉、麸皮和纤维素粉，当然也包括葡萄糖、淀粉等普通碳源。不同来源的菌株最适的碳源不同，有的以单碳源为佳，有的以两种碳源的组合为好，组合碳源多以麸皮和另外一种碳源组合为多，比如 CMC-Na 和麸皮、稻草和麸皮，因为麸皮不仅仅是碳源，还含有较丰富的营养因子，能促进微生物的生长。

另外还需要注意，碳源的浓度合适与否也会影响纤维素酶的产生，如果是组合碳源也要注意两种碳源之间的比例。有研究表明，组合碳源中麸皮含量的变化相比于稻草粉会改变培养基的蓬松程度，使通气量提高或降低，影响纤维素酶的产生。

2. 氮源对菌株产酶的影响

在无氮基础培养基中添加相同浓度的不同氮源（蛋白胨、酵母提取物、牛肉膏、硫酸铵、NH_4Cl、磷酸二氢铵、尿素、黄豆粉等），以一定的接种量接种培养 3～5 d，分别测定其 EG、FPase、CBH 酶活力，考察氮源对产酶的影响。

据相关研究结果，不同氮源对产酶有较大影响，且单一替代氮源不如复合氮源效果好。对于单一氮源，无机氮要优于有机氮，铵态氮优于硝态氮，其中硫酸铵效果最好，因为硫酸铵在纤维素酶产生菌的前期代谢中具有很好的利用率和适应性，因此硫酸铵多用作大规模纤维素酶发酵生产的优良氮源。对于复合氮源，鉴于硫酸铵的优良效果，多采用硫酸铵和其他氮源，如蛋白胨、尿素等的组合。

还需要说明的是，不同的氮源对 EG、FPase、CBH 酶三种酶活力的影响不尽相同，因此对于不同来源的纤维素酶产生菌，其氮源的确定要综合各种因素。

3. 微量元素对菌株产酶的影响

在酶制剂的生产过程中，不但目的酶的活性的展示需要微量元素的存在，而且催化目的酶产生的酶的作用也需要有微量元素的存在（作为辅酶因子）。而不同酶需求的微量元素不同，因此在培养基中可以选择性地加入一些微量元素，对产酶会有一定的促进作用。对于纤维素酶的产生，Mn^{2+} 和 Mg^{2+} 的作用多为促进，而 Cu^{2+} 和 Fe^{3+} 对产酶有明显的抑制作用。

4. 培养温度对菌株产酶的影响

温度是影响细胞生长和发酵产酶的重要因素之一。随着温度的提高，反应速度加快，即酶活力提高。但温度升至太高会使酶变性增加，活性酶的量降低，因此，细胞生长和发酵产酶均存在着一个最佳温度。对于产纤维素酶的细菌，其培养温度多在 37 ℃左右，而对于真菌多为 25～30 ℃。另外，有部分产纤维素酶菌其细胞生长温度与产酶温度不同，因此在实际的发酵过程中需要在不同阶段采用不同的温度。

5. 培养基初始 pH 对菌株产酶的影响

对于液态发酵，初始 pH 过低，纤维素质原料不能充分糖化，致使底物缺乏，产酶能力降低。当 pH 过高时，易使菌体过早老化、自溶，产酶周期缩短，且酶较易失活。对于产纤维素酶的细菌，其培养基初始 pH 为 7～8，而对于真菌多为 4.5～5.5。

6. 其他因素对菌株产酶的影响

除了上述的因素之外，发酵时间、装液量、接种量对菌株产酶也有一定的影响。而对于固态发酵来讲，除了要控制好上述条件，还要注意料水比，即固液比，还有通气量等因素的影响。对于不同的纤维素酶产生菌，这些因素的变化范围较大，所用标准也不统一，因此需要根据实际情况进行优化确定。

二、优化纤维素酶产生菌培养条件的方法

如何快速地找出主要因素并进行优化并非易事。通常优化发酵培养基的方法为单次单因子法、正交试验设计法以及响应面分析法。

1. 单次单因子法

单次单因子法的基本原理是保持培养基中其他组分的浓度不变，每次只研究一个组分的不同水平对发酵性能的影响。该方法的优点是简单、容易，结果很明了，培养基组分的个体效应从图表上很明显地看出来，而不需要统计分析。主要缺点：忽略了组分间的交互作用，可能会完全丢失最适宜的条件；不能考察因素的主次关系；当考察的试验因素较多时，需要大量的试验和较长的试验周期。但由于它的容易和方便，单次单因子法一直以来都是培养基组分优化的最流行的选择之一。

对于纤维素酶的产生条件的优化，单次单因子法主要用于重要的碳、氮源的优化，为后期的正交试验设计法、响应面分析法提供基础。

2. 正交试验设计法

正交设计是从“均匀分散、整齐可比”的角度出发，以拉丁方理论和群论为基础，用正交表来安排少量的试验，从多个因素中分析出哪些是主要的，哪些是次要的，以及它们对试验的影响规律，从而找出较优的工艺条件。李荣杰(2009)利用正交试验设计法优化了里氏木霉的培养条件，使其产纤维素酶活力达到 15.6 U/mL，比出发菌株提高了 1 倍。朱振(2009)利用该法优化了真菌 RCEF4093 的发酵培养基，提高了其产纤维素酶的活力。该方法大致流程如下。

(1) 明确试验目的，确定评价指标

评价指标有时只有一个，有时可能有多个。当评价指标多于两个时，为多指标试验。

(2) 挑选因素

影响试验指标的因素很多，由于试验条件的限制，不可能逐一或全面地加以研究，因此要根据已有的专业知识及有关文献资料和实际情况，固定一些因素于最佳水平，排除一些次要的因素而挑选一些主要因素。正交试验设计法正是安排多因素试验的有利工具。当因素较多时，除非事先根据专业知识或经验等，能肯定某因素作用很小而不选取外，对于凡是可能起作用或情况不明或看法不一的因素，都应当选入进行考察。

(3) 确定各因素的水平

因素的水平分为定性与定量两种，水平的确定包含两个含义，即水平个数的确定和各个水平数量的确定。对于定性因素，要根据试验具体内容，赋予该因素每个水平以具体含义。定量因素的量大多是连续变化的，这就要求试验者根据相关知识或经验、文献资料首先确定该因素的数量变化范围，之后根据试验的目的及性质，结合正交表的选用来确定因

素的水平数和各水平的取值。每个因素的水平数可以相等也可以不等，重要因素或特别希望详细了解的因素，其水平可多一些，其他因素的水平可以少一些。如果没有特别重要的因素需要详细考察的话，要尽可能使因素的水平数相等，以便减小试验数据处理工作量。

(4) 制定因素水平表

根据上面选取的因素及因素的水平的取值，制定一张反映试验所要考察研究的因素及各因素的水平的"因素水平综合表"。该表在制定过程中，每个因素用哪个水平号码，对应于哪个量可以随机地任意确定。最好是打乱次序安排，但一经选定之后，试验过程中就不能再改变了。

(5) 选择合适的正交表

常用的正交表较多，有几十个，可以灵活选择。应该注意的是，选择正交表与选择因素及其水平是相互影响的，必须综合考虑，而不能将任何一个问题孤立出来。选择正交表时一般需考虑以下两个方面的情况。

① 所考察因素及其水平的多少。

选用的正交表，要能容纳所研究的因素数和因素的水平数，在这一前提下应选择试验次数最少的正交表。

② 考虑各因素之间的交互作用。

一般说来，两因素的交互作用通常都有可能存在，而三因素的交互作用在通常情况下可以忽略不计。

(6) 确定试验方案

根据制定的因素水平表和选定的正交表安排试验时，一般原则如下。

① 如果各因素之间无交互作用，按照因素水平表中固定下来的因素次序，顺序地放到正交表的纵列上，每一列放一种因素。

② 如果不能排除因素之间的交互作用，则应避免将因素的主效应安排在正交表的交互效应列内，以妨碍对因素主效应的判断。

③ 把各因素的水平按照因素水平表中所确定的关系，对号入座后，试验方案随即确定。

(7) 正交试验结果的分析

正交试验结果的直观分析与正交试验结果的方差分析相比，具有计算量小、计算简单、分析速度快、一目了然等特点，但分析结果的精确性与严密性相对于方差分析来说稍差。直观分析主要可以解决以下两个问题。

① 各因素对指标的影响谁主谁次。

极差的大小直接反映各个因素对试验指标影响的变化幅度，极差大表明该因素的影响大，是主要因素；反之，极差小，表明该因素的作用不大，属于次级因素。因此，可以通过比较各个因素的极差大小决定因素的主次顺序。但因素影响的显著性需通过方差分析确定。

② 求最佳水平组合。

该问题归结为找到各因素分别取何水平时，所得到的试验结果会最好。选取因素的水平是与要求的指标有关的。如要求的指标越大越好，应该取使指标增大的水平；反之，如要求的指标越小越好，则取其中最小的那个水平。把各因素的好水平组合起来就是最佳水平组合。但是，实际上选取最佳水平组合时，还要考虑因素的主次，以便在同样满足指标要求的情况下，对于一些比较次要的因素按照优质、高产、低消耗的原则选取水平，得到更符合生产实际要求的较好的生产条件。

3. 响应面分析法

正交试验设计法不能在给出的整个区域上找到因素和响应值之间的一个明确的函数表达式，即回归方程，从而无法找到整个区域上因素的最佳组合和响应值的最优值。而且对于多因素多水平试验，仍需要做大量的试验，实施起来比较困难。响应面分析方法则能研究几种因素间的交互作用，试验次数少、周期短，求得的回归方程精度高，并能够通过求得的方程获得试验区域内各因素的最优组合。郝学财(2006)利用响应面分析法对影响里氏木霉高产变异株 WX-112 产纤维素酶的发酵培养基主要因素进行了筛选和优化，得出液态深层发酵产纤维素酶的最佳培养基，并进一步优化了发酵培养条件，使产酶能力比初始条件提高了 3 倍。冯培勇等(2009)利用响应面分析法对黑曲霉产纤维素酶的发酵条件进行了优化，使酶活力达 360.02 U/mL，较初始发酵条件提高了 34.4%。

任务 4　纤维素酶产生菌的发酵生产

纤维素酶的生产和其他酶制剂一样，主要有固态发酵和液态深层发酵两种。固态发酵生产纤维素酶具有对设备要求不高，易操作，后续提取过程简单等优点，但劳动强度大，发酵水平不稳定。液态发酵生产纤维素酶具有机械化程度较高，不易被污染，发酵水平稳定和生产效率高等优点，但产酶活力较低，生产成本较高。

一、固态发酵生产纤维素酶

固态发酵设备简单，成本低，对环境危害小，易于推广，但放大比较困难，培养参数控制较复杂，容易感染杂菌。固态发酵需要经过原料的选取、原料的预处理、灭菌和接种、发酵培养等几个阶段。

1. 原料的选取

一般的固态发酵，主要原料是麦麸，它含有足够的碳氮源和无机元素，又疏松适度利于通气，表面积大特别适合于好气性微生物生长。纤维素酶是一种诱导酶，纤维素就是最好的诱导物。在纤维素酶的固态发酵过程中，纤维质原料既可以用作碳源又可以作为诱导物。综合以上两种原料的优点，固态发酵生产纤维素酶一般采用麦麸和纤维质的混合原料(如秸秆粉)。氮源包括无机化合物，如尿素、$(NH_4)_2SO_4$，或者一些天然农产品(如糠)。

2. 原料的预处理

纤维质原料的晶体结构和木质素的存在阻碍了微生物对其有效成分的利用，导致真菌对未处理的原料的利用极为缓慢。为了提高该过程的经济性，需要对原料进行有效的预处理，常用的方法包括物理法、化学法、生物法以及三种方法的综合利用，如机械粉碎、

蒸汽爆破、酸碱处理以及微波处理。

侯丽丽等(2010)分别用微波、稀酸、稀碱、微波联合稀酸以及微波联合稀碱预处理稻草对后续固态发酵产纤维素酶的影响进行了比较，结果发现在基质浓度为7%的条件下，采用微波联合稀酸预处理(2%的 H_2SO_4 和180 W的微波功率处理稻草5 min)，可得到最高的单位能耗的酶活力增加量，CMC酶活力和FPA酶活力最大值分别比未处理的稻草发酵后所得酶活力最大值提高了135.6%和82.7%。许宪松等(2006)以微波预处理后的稻壳为原料，用于固态发酵生产纤维素酶，可使滤纸酶活力(干基质)达7.09 U/g，CMC酶活力(干基质)可达87.24 U/g，分别比未经处理的稻壳提高了21%和15%。实验表明，经过处理的基质更易为菌体利用，表现为在发酵过程中菌体生长旺盛，酶活力提高；处理过程能够提高基质的酶活力，使得培养基中还原糖及可溶性糖的含量增加；对戊糖的含量无明显的提高作用。

3. 灭菌和接种

培养基的灭菌需要在121 ℃下蒸汽灭菌30～60 min，为了灭菌的彻底，固体培养基不要堆得太紧太厚。接种方式可分为孢子接种和种子悬浮液接种。种子悬浮液接种的固态发酵比直接用孢子接种的发酵产酶周期短，但种子悬浮液量不宜过大，若太大将影响产酶培养基的透气性，使产酶活力下降。种子悬浮液接种发酵产酶周期短的原因可能是由于种子悬浮液内含有一定量的糖苷酶，且接种总量大于孢子，分布也比较均匀，这种方式又称液固式发酵。

4. 发酵培养

固态发酵过程中的培养基配方、培养基含水量、初始pH、接种方式、培养温度、发酵时间等因素及其相互作用对发酵有显著影响。对固态发酵而言，温度是首要因素。培养基及培养条件的优化，是降低酶制剂成本、提高酶活力、实现其工业化生产的重要措施。一般认为利用真菌进行固态发酵最好起始将培养基调为酸性，这样有利于真菌的生长而抑制细菌的滋生。固态发酵培养基的初始含水量，应视纤维素材料种类不同而异。

固态发酵工艺流程如图6-4所示。

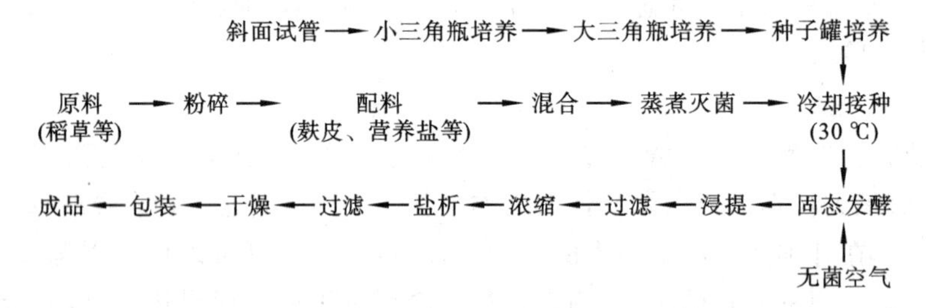

图6-4　固态发酵生产纤维素酶工艺流程

二、液态深层发酵生产纤维素酶

固态发酵法有着根本上的缺陷，不能像液态发酵那样随着规模的扩大，成本大幅度下降。以秸秆为原料的固态发酵生产纤维素酶很难提取精制，目前生产厂家只能采用直接干燥粉碎得到固体酶制剂或用水浸泡后压滤得到液体酶制剂，产品外观粗糙(人称“垄糠酵素”)，质量低且不稳定，杂质含量高；并且大多数菌株普遍存在着β-葡萄糖苷酶活力偏低的缺陷，致使纤维二糖积累，影响了酶解效率。因此，随着市场的成熟，液态发酵工艺的发展以及菌种性能的提高，采用液态深层发酵法生产纤维素酶是必然趋势。

液态深层发酵又称全面发酵，是将秸秆等原料粉碎、预处理至20目以下，灭菌后送至具有搅拌桨叶和通气系统的密闭发酵罐内，接入菌种，从发酵罐底部通入净化后的无菌空气或自吸的气流对物料进行气流搅拌，使气、液面积尽量加大而进行发酵。发酵完物料经压滤机压滤、超滤浓缩和喷雾干燥后得到纤维素酶产品。液态发酵虽有发酵动力消耗大、设备要求高等缺点，但具有液态发酵原料利用率高、生产条件易控制、产量高、工人劳动强度小、产品质量稳定、可大规模生产等优点。

1. 培养基优化

纤维素酶是诱导酶，发酵过程中纤维素酶的大量合成必须有诱导物质的存在。纤维素、纤维低聚物及其他结构类似物均可作为纤维素酶的诱导物。为了降低成本，通常采用富含这些物质的木质纤维素原料为诱导物，如预处理过的秸秆、高粱秆等对纤维素酶均有很好的诱导效果，同时也可作为碳源。同时，无机盐离子、微量元素、表面活性剂、产酶促进剂、生长因子等的加入，也是生产高活力纤维素酶的必要条件。

有研究表明，在以纤维为主碳源的培养基中，加入一定量的乳糖、$CaCO_3$、鼠李糖脂、硫酸铵等物质，可以提高纤维素酶的活力。

2. 过程优化和控制

温度、pH是影响细胞生长繁殖和发酵产酶的重要因素，而且由于纤维素酶产生菌多为好氧微生物，溶解氧量也是影响其发酵产酶的重要因素之一。通常菌种最佳生长和产酶所需温度、pH、溶解氧量并不相同，因此发酵过程中应对这3个参数分段调控。

另外，液态深层发酵的发酵时间约为70 h，接种量明显低于固态发酵，其接种量一般为2%～10%体积分数。

为了提高菌株的浓度以及产酶量，可以采用流加发酵的方式向分批发酵过程中间歇或连续补加新鲜培养基。通常流加的物质是碳源、氮源等。在纤维素酶的液态发酵过程中采用此种形式，可在一定程度上(30%～50%)提高纤维素酶的活力。

3. 液态深层发酵

液态深层发酵工艺流程如图6-5所示。

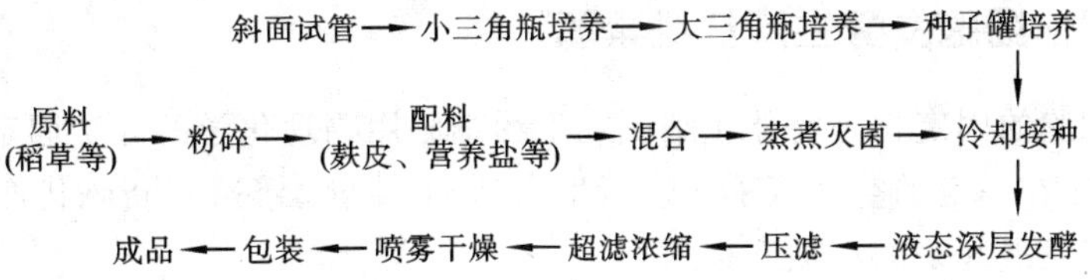

斜面试管→小三角瓶培养→大三角瓶培养→种子罐培养
↓
原料(稻草等)→粉碎→配料(麸皮、营养盐等)→混合→蒸煮灭菌→冷却接种
↓
成品←包装←喷雾干燥←超滤浓缩←压滤←液态深层发酵

图6-5 液态深层发酵生产纤维素酶工艺流程

三、混合菌发酵生产纤维素酶

发酵生产纤维素酶时影响纤维素酶产量和酶活力的因素很多，主要包括菌种自身的

特性、培养基组成及培养条件的差异等。为了提高纤维素酶活力和产量，很多学者在菌株选育及发酵工艺方面做了大量研究，但一直未有重大的突破，究其原因主要是因为纤维素的降解需要3种酶系协同作用，而目前采用的单菌产纤维素酶均存在酶系不完整和个别酶活力不高的缺陷。如目前公认较好的绿色木霉及其近缘菌株，普遍存在产生的β-葡萄糖苷酶活力偏低的缺陷。为了克服这个问题，根据微生物的微生态原理，混合菌发酵技术应运而生。

1. 混合菌种搭配

纤维素的有效降解需要多种纤维素酶的协同作用，而纤维素酶是具有不同底物特异性的多酶系复合物，不同菌种产生的纤维素酶系不同，进行混合菌发酵时就可以弥补菌种之间的差异，产生多种不同功能的酶作用于纤维素的不同位点，充分发挥各酶之间的协同作用，大幅度提高纤维素酶的活性。因此，在选择不同菌种的组合时，所选的微生物之间应该是共生和互生关系，并且酶系互补和减弱酶的反馈抑制作用。目前采用的组合多为产纤维素酶菌之间的搭配，纤维素酶与其他产酶菌种（能产生分解木质素的酶）的搭配，以及纤维素酶和酵母菌（产蛋白）的搭配。

2. 混合菌的比例

无论是哪种混合方式，是两种菌还是三种菌的混合，其间的比例合适与否对产酶量和酶活力都有较大的影响。如林志伟等（2009）、潘海波等（2007）、王振宇等（2007）分别研究了黄绿木霉菌株、黑曲霉和绿色木霉，绿色木霉和根霉，黑曲霉和绿色木霉之间的混合发酵，结果显示，当它们之间等比例混合时，所得酶活力最高。

3. 发酵条件

混合菌发酵中存在多种菌种，其产酶的培养基组合、培养温度、发酵时间及pH不尽相同。因此，必须通过实验选择合适的条件，使各菌种之间得以协调，达到互相补充互相促进的目的，实现产酶及其活力的最大化。

对于混合菌的固态培养，还要考虑发酵培养基的初始含水量，该因素应视纤维素材料种类不同而异。玉米秸秆培养基适宜的含水量为1∶(2～2.5)(质量分数)，麦秸培养基适宜的含水量为1∶(1～1.5)，啤酒糟培养基的含水量为1∶1。

另外，在混合菌发酵生产纤维素酶的过程中，有时候还要考虑接种量和接种方法对产酶活力的影响。

四、固定化细胞发酵生产纤维素酶

微生物细胞的固定化是将休止细胞或生活细胞用物理化学的方法固定在某种水不溶性载体上，使之在一定的空间范围内进行生命活动（生长、繁殖和新陈代谢），是在固定化酶基础上迅速发展起来的一项新技术。

目前经常采用的生物固定化方法主要有吸附法、包埋法、交联法和共价结合法。其中，吸附法因其操作简单、固定化条件温和、细胞活性损失小、载体可以反复使用等优点，所以被广泛应用和深入研究。常用的载体有活性炭、氧化铝、高岭土、多孔玻璃、多孔陶瓷、多孔塑料等。采用这种方法将纤维素酶产生菌固定化后，固定化菌丝细胞可以在载体上保持一定的动态平衡，产酶能力稳定，至少可连续使用40 d。在固定化细胞产酶过程中，诸如产酶周期、pH 等因子的变化规律与游离细胞发酵基本相似，但酶活力明显提高，而且粗酶液中游离菌丝很少。如孙冬梅等(2006)报告，固定化细胞产 CMC 酶的酶活力明显高于游离细胞产 CMC 酶的酶活力，酶活力提高了 177.6%之多。

采用固定化细胞发酵具有下列优点：①固定化细胞的密度较高，反应器的生产强度较大，可提高生产能力；②发酵稳定性好，可在较长时间内反复进行分批反应和连续反应，易于连续化、自动化生产；③微生物细胞固定在载体上，流失较少，可在高稀释率的情况下连续发酵，大大提高设备利用率；④发酵液中含菌量较少，利于产品分离纯化，提高产品质量等。

随着技术的更新，固定化原生质体发酵也逐渐发展起来，其具体在纤维素酶生产上的应用还有待进一步研究。

任务 5　纤维素酶的分离纯化

纤维素酶来源广泛、组分复杂，各组分的相对分子质量和等电点相差很小，分离纯化工作比较困难；而纤维素酶的分离纯化工作非常重要，只有得到纯酶才能了解其组成、性质及相互关系，并可根据纤维素酶的不同理化性质及纤维材料的作用特点，开展纤维素降解机制的研究，为纤维素酶分子结构研究、酶基因克隆、新酶分子的构建和 DNA 体外定点诱变等提供依据。下面介绍纤维素酶分离纯化的一般流程。

一、粗酶液制备

固态发酵：用一定量水浸泡固态发酵基质，后压滤得到液体酶制剂，再在 4 ℃条件下离心，取上清液，即为粗酶液，测定粗酶液中纤维素的酶活力和蛋白质含量。

液态深层发酵：取发酵液于 4 ℃，8000 r/min，离心 15 min，收集上清液即为粗酶液，测定粗酶液中纤维素的酶活力和蛋白质含量。

二、粗酶液硫酸铵分级沉淀

准确取一定体积的粗酶液，在冰水浴(0 ℃)和磁力搅拌器匀速搅拌条件下，缓慢添加经干燥和研磨的硫酸铵粉末至粗酶液中，使酶液中硫酸铵的饱和度分别达 10%、15%、20%、25%、30%、35%、40%，在冰水浴中缓慢搅拌充分混合 30 min 后，离心收集沉淀用一定量缓冲液溶解后，按照 DNS 法测定纤维素酶活力以及沉淀中的蛋白质总量，以此来确定去除杂蛋白所需的饱和硫酸铵的浓度。同时也可用少量上清液测定酶活力及蛋白质总量。

准确取一定体积的上清液，重复以上操作至 45%、50%、55%、60%、65%、70%、75%、80%、85%和 90%硫酸铵饱和度(假设去除杂蛋白的饱和硫酸铵浓度为 30%)，在冰水浴中缓慢搅拌，搅拌过程中应尽量避免泛起白色泡沫，30 min 后，4 ℃、10000 r/min 条件下离心 10 min，取少量上清液测定酶活力和蛋白质浓度；收集沉淀，加入少量缓冲液溶解，再分别测定纤维素酶酶活力和蛋白质含量，然后根据下面的公式分别计算出不同硫酸铵浓度所得的比活力、纯化倍数和回收率(得率)。

比活力＝活力蛋白数/蛋白质含量(毫克)

纯化倍数＝每步的比活力/粗酶液的比活力

得率＝每步的总活力/粗酶液的总活力

由此，可得最佳的沉淀纤维素酶的饱和硫酸铵的浓度。

三、透析除盐

1. 透析袋预处理

商品透析袋(截流量根据纤维素酶的相对分子质量确定)常常涂甘油以防破裂，并含有微量的硫化物、重金属和一些杂环类物质。它们容易引起蛋白质变性，因此用前需除去。其方法如下。

① 将透析管剪成适当长度(10～20 cm)的小段，即形成透析袋。

② 在大体积的 2%的碳酸氢钠和 1 mmol/L EDTA(pH8.0)中将透析袋煮沸 10 min。

③ 将透析袋用蒸馏水彻底漂洗。

④ 将透析袋置于 1 mmol/L EDTA(pH8.0)中煮沸 10 min。

⑤ 待透析袋冷却，存放于 4 ℃，应确保透析袋始终浸没在液体中。

⑥ 在使用之前要用蒸馏水将透析袋里外加以清洗。

2. 透析法除去硫酸铵

将已处理好的透析袋用细线扎紧底端，然后将用最佳饱和硫酸铵浓度沉淀的粗酶液从管口倒入袋内，注意不能装满，留一半左右的空间，以防膜外溶剂大量进入袋内将袋胀破，或因透析袋膨胀引起膜孔径大小的改变。装入粗酶液后，扎紧袋口，悬浮于装有大量 pH 为 8.0 的 Tris-HCl 缓冲液中，盛缓冲液的烧杯置于磁力搅拌器上，4 ℃透析 24 h。注意勤换缓冲液，一般 3～4 次即可收集透析液。

四、分子筛柱层析

选择不同的葡聚糖凝胶(常见的有 SephadexG-100、SephadexG-75、SephadexG-50，可根据具体情况各做一次，比较优劣)，充分溶胀，抽气，分别装柱。不同的层析柱体积不同，因此所需的凝胶量也不相同，需要根据柱体积以及所选的凝胶的溶胀度进行计算，然后用一定浓度和 pH 的磷酸缓冲液充分平衡后上样，选择合适的流速、检验器灵敏度，测定出现吸收峰时各管的纤维素酶活力及蛋白质含量。

具体的凝胶的预处理、装柱、平衡、上样、洗脱及收集方法，以及各个过程的注意事项可参考相应的说明书及相关参考书完成，此处不再赘述。

五、SDS-PAGE 凝胶电泳

采用 SDS-PAGE 凝胶电泳鉴定所分离的蛋白质的纯度，并对其相对分子质量进行测定。

一般多使用垂直板式不连续系统电泳，分离胶浓度为 12%，浓缩胶浓度为 4%，利用相应的标准蛋白相对分子质量标准品，电泳后用 0.25%的考马斯亮蓝 R-250 酸性乙醇水染色，先后用高倍与低倍甲醇脱色液充分脱色。用直尺分别量出标准蛋白、待测蛋白质区带距分离胶顶端的距离，根据标准蛋白 marker 的迁移率所作的回归方程，确定目标蛋白的相对分子质量。

再根据蛋白在凝胶上的条带的多少以及粗细来确定所分离蛋白的纤维素酶的纯度。

思考题

1. 简述纤维素酶降解纤维的作用机理。
2. 参考相关材料设计筛选产纤维素酶的细菌、放线菌的实验方案。
3. 比较纤维素酶发酵生产的两种方法的优缺点。
4. 纤维素酶经硫酸铵沉淀后需要除盐，除透析法之外还有什么方法？

技能训练1　纤维素酶的固态发酵生产

一、能力目标

① 在了解纤维素酶固态发酵的基本原理和纤维素酶固态发酵的特性基础上，参考相关材料，能描绘出纤维素酶的发酵流程。

② 能独立操作完成纤维素酶固态发酵的技术过程。

③ 理解并会应用纤维素酶活力的测定方法。

二、生产工艺流程

固态发酵生产纤维素酶工艺流程如图6-6所示。

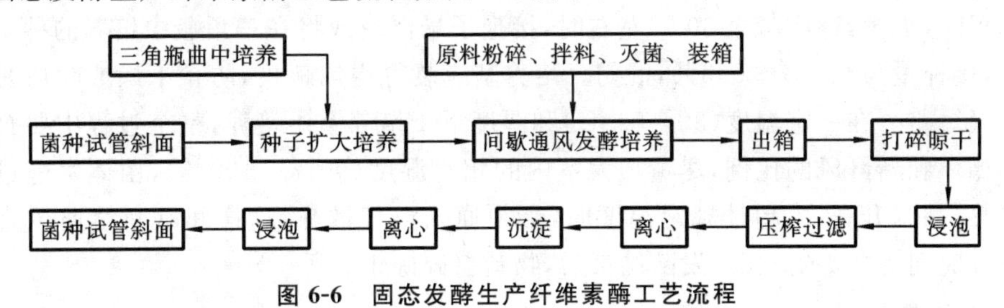

图6-6　固态发酵生产纤维素酶工艺流程

三、实训材料

1. 菌种

将青霉原菌种移接到10%麸皮浸汁斜面上。

2. 材料

汽爆小麦麦草(汽爆条件：罐压为1.523 MPa，维持压力时间为4.51 min)。

固态产酶培养基：汽爆麦与麸皮的质量比为8∶2，固态比为1∶2.5，$(NH_4)_2SO_4$ 1.5%，$MgSO_4$ 0.6%，KH_2PO_4 0.3%，pH自然，加水为2.5倍原料重，以拌好后用手捏成团但又挤不出水滴为宜。配制时先计算各种原料的质量并称重，用少量水将无机盐类溶化，再将麸皮和汽爆麦混合均匀，倒入盐溶液，搅匀后于121 ℃下灭菌30 min，可以此作为种子培养基和发酵培养基用。

3. 器材

离心机，分光光度计，恒温培养箱，250 mL三角瓶，发酵罐等。

4. 试剂

0.2 mol/L的乙酸缓冲液，DNS试剂。

四、操作要点

1. 斜面培养

将青霉接种至麸皮斜面培养基上，30 ℃培养3 d。

2. 斜面孢子液/种子的制备

吸取5 mL蒸馏水于斜面试管中，用接种环刮洗孢子，孢子浓度为5.2×10^8个/mL。也可将培养好的斜面培养基上的菌种挑取一块，接入种子培养基中，拌匀，在28～30 ℃的恒温培养箱中培养72 h，取出于40 ℃下干燥后备用。

3. 固态发酵

(1) 三角瓶固态发酵

在250 mL三角瓶中装入10 g固态产酶培养基(风干料，含水量为7.5%)，加水，搅匀，塞上棉塞，15 kPa、20 min灭菌，接种5 mL斜面孢子悬浮液，搅匀，32 ℃培养箱培养7d。

(2) 固态发酵罐发酵

在由不锈钢网做成的浅盘(30.0 cm×30.0 cm×9.0 cm)中装约1.5 kg固态培养基(以干料计)，灭菌，待冷却至30 ℃左右时，接孢子悬浮液或将在三角瓶中培养的种子培养菌拌入，接种量为0.2%～0.3%，混匀。培养基应装得均匀疏松，防止干燥或吹风时龟裂引起空气短路。在一定温度(30～50 ℃)和湿度下于培养室中培养，整个过程中要合理使用室内循环和新鲜风的比例，尽量加大室内的相对湿度(90%～100%)，菌体发酵过程中呼吸产热，品温升高，当超过规定温度时，必须通入空气散热，这样间歇断续通风直到结束。培养时间为3 d或4 d。发酵结束后，物料打碎晾干。

4. 分离纯化

(1) 压滤离心

将打碎晾干后的麸曲粉碎，在28～30 ℃下用3倍水量浸泡2～3 h，再用螺旋压榨机压滤，滤液即为酶液，重复上述过程反复浸麸曲，压滤获得浓度较大的酶液，将pH调至3.0左右，静止0.5 h后用冷冻离心机以4000 r/min的速度离心，去除杂质，留上清液为酶液，将酶液调pH为5，用DNS法测其活力。

(2) 沉淀干燥

将乙醇与酶清液低温冷却至5～7 ℃，用酶液一半体积的60%乙醇倒入乙醇酶液中，边倒边搅动，速度不宜太快，以免造成局部浓度过高而引起酶失活，再用95%乙醇洗涤2～3次，沉淀完全后用低温离心机离心，分离沉淀，将全部沉淀低温干燥(≤25 ℃)后粉碎，即得纤维素酶粉剂，用 DNS 法测其活力。

五、成品活性检验

取压滤离心后的溶液或将纤维素酶粉剂用一定量的 0.2 mol/L 乙酸缓冲液溶解后，用 DNS 法测其各组成成分的活性。

(1) 脱脂棉酶活力(C_1)测定

(50±1)mg 脱脂棉加入 1.5 mL、0.2 mol/L 乙酸缓冲液和 0.5 mL 的适当稀释的酶液，混匀，在 5 ℃保温 24 h。反应后，加入 1 mL DNS 试剂，沸水浴煮沸 5 min，冷却，定容至 25 mL，摇匀后于 550 nm 下比色测定 OD 值。将每分钟产生 1 μmol 葡萄糖的酶量作为一个酶活力单位[U/(min,g)或 U/(min,mL)]。

DNS(二硝基水杨酸试剂)的配制：称取酒石酸钾钠 91 g 溶于 500 mL 水中，于溶液中依次加入 3,5-二硝基水杨酸 3.15 g、NaOH 20 g，加热搅拌使之溶解，再加入重蒸酚 2.5 g、无水亚硫酸钠 2.5 g，搅拌使之冷却，冷却后定容至 1 L，储于棕色瓶中，放置一周后使用。

(2) 滤纸酶活力(FPAU)测定

(50±1)mg 的滤纸条加入上述溶液后，50 ℃保温 60 min(其他操作同脱脂棉酶活力测定)。

(3) β-葡萄糖苷酶活力(β-Gase)测定

以 1%水杨素(用 pH4.8、0.2 mol/L 乙酸缓冲液配制)作底物，保温 30 min(其他操作同脱脂棉酶活力测定)。

(4) 羧甲基纤维素酶活力(CMCase)测定

用 1%羧甲基纤维素(用 pH4.8、0.2 mol/L 乙酸缓冲液配制)作底物，保温 30 min(其他操作同脱脂棉酶活力测定)。

六、实训报告

① 计算纤维素酶活力。

② 讨论固态发酵法生产纤维素酶的关键技术和注意事项。

七、实训思考题

1. DNS 法测定纤维素酶活力的原理是什么?

2. 三角瓶发酵和发酵罐发酵的区别是什么?

技能训练 2 纤维素酶的液态发酵生产

一、能力目标

① 能根据老师的讲述，复述纤维素酶的液态发酵生产流程。

② 能参考相关文献，设计并完成纤维素酶的液态发酵生产流程。

二、生产工艺流程

纤维素酶液态发酵法工艺流程如图 6-7 所示。

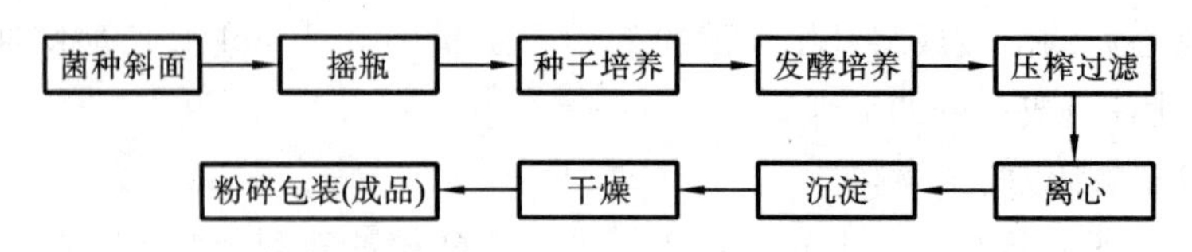

图 6-7 纤维素酶液态发酵法工艺流程

三、实训材料

1. 菌株

黑曲霉菌种。

2. 培养基配方

平板培养基：马铃薯 200 g，葡萄糖 20 g，$MgSO_4 \cdot 7H_2O$ 5 g，K_2HPO_4 1.5 g，pH 自然，琼脂粉 8 g。

种子培养基同平板培养基，但不加琼脂粉。

发酵培养基：纤维素粉 30 g，KNO_3 30 g，聚乙二醇 1 g，初始 pH6.5，250 mL 三角瓶装 25 mL 液体培养基。

3. 纤维素酶活力测定主要试剂及其配制

(1) 浓度为 1 mg/mL 的葡萄糖标准液

葡萄糖在恒温干燥箱中 90 ℃条件下干燥至恒重，准确称取 100 mg 于 150 mL 小烧杯中，用少量蒸馏水溶解，移入 100 mL 容量瓶中用蒸馏水定容至 100 mL，充分混匀。4 ℃冰箱中保存(可用 12～15 d)。

(2) 3,5-二硝基水杨酸(DNS)溶液

准确称取 DNS 6.3 g 于 500 mL 烧杯中，用少量蒸馏水溶解后加入 2 mol/L NaOH 溶液 262 mL，再加到 500 mL 含有 185 g 酒石酸钾钠($C_4H_4O_6KNa \cdot 4H_2O$，相对分子质量为 282.22)的热水溶液中，再加结晶酚(C_6H_5OH，相对分子质量为 94.11)5 g 和无水亚硫酸钠(Na_2SO_3，相对分子质量为 126.04)5 g，搅拌溶解，冷却后移入 1000 mL 容量瓶中用蒸馏水定容至 1000 mL，充分混匀。储于棕色瓶中，室温放置一周后使用。

(3) 0.05 mol/L pH4.5 的柠檬酸缓冲液

A 液(0.1 mol/L 柠檬酸溶液)：准确称取 $C_6H_8O_7 \cdot H_2O$(相对分子质量为 210.14) 21.014 g 于 500 mL 烧杯中，用少量蒸馏水溶解后，移入 1000 mL 容量瓶中用蒸馏水定容至 1000 mL，充分混匀。4 ℃冰箱中保存备用。

B 液(0.1 mol/L 柠檬酸钠溶液)：准确称取 $Na_3C_6H_5O_7 \cdot 2H_2O$(相对分子质量为 294.12)29.412 g 于 500 mL 烧杯中，用少量蒸馏水溶解后，移入 1000 mL 容量瓶中，然后用蒸馏水定容至 1000 mL，充分混匀。4 ℃冰箱中保存备用。

取上述 A 液 27.12 mL，B 液 22.88 mL，充分混匀后移入 100 mL 容量瓶中用蒸馏水定容至 100 mL，充分混匀，即为 0.05 mol/L pH4.5 的柠檬酸缓冲液。4 ℃冰箱中保存备

用,用于测定滤纸酶活力。

(4) 0.05 mol/L pH5.0 的柠檬酸缓冲液

取上述 A 液 20.5 mL,B 液 29.5 mL,充分混匀后移入 1000 mL 容量瓶中用蒸馏水定容至 100 mL,充分混匀,即为 0.05 mol/L pH5.0 的柠檬酸缓冲液。4 ℃冰箱中保存备用,用于测定 C_1 酶活力。

(5) 0.51%羟甲基纤维素钠(CMC-Na)溶液

精确称取 CMC-Na 0.51 g 于 100 mL 烧杯中,加入适量 0.05 mol/L pH5.0 的柠檬酸缓冲液,然后移入 100 mL 容量瓶中并用 0.05 mol/L pH5.0 的柠檬酸缓冲液定容至 100 mL,用前充分摇匀。4 ℃冰箱中保存备用,用于测定 C_x 酶活力。

(6) 0.5%水杨酸苷溶液

准确称取水杨酸苷 0.5 g 于 100 mL 烧杯中,用少量 0.05 mol/L pH4.5 的柠檬酸缓冲液溶解后,移入 100 mL 容量瓶中并用 0.05 mol/L pH4.5 的柠檬酸缓冲液定容至 100 mL,充分混匀。4 ℃冰箱中保存备用,用于测定 β-葡萄糖苷酶活力。

4. 主要仪器与设备

电热恒温培养箱、净化工作台、紫外可见分光光度计、电子分析天平、水浴振荡器、电热恒温鼓风干燥箱、低速台式大容量离心机、pH 测试仪、真空干燥箱等。

四、操作要点

(一) 摇瓶培养

1. 种子制备

取保存于 4 ℃冰箱的纤维素酶产生菌种(绿色木霉或里氏木霉)移植于斜面培养基上 32℃培养 4～6 d,以长满黑色孢子为准。

在 250 mL 三角瓶中装入 30 mL 种子培养基,接入一环斜面菌种,32 ℃,150 r/min 旋转摇床培养 24 h 供作种子。

2. 摇瓶培养

在 250 mL 三角瓶中装入 25 mL 发酵培养基,接种量为 10%(体积比),32 ℃、150 r/min旋转摇床培养 5 d。

(二) 发酵罐培养

1. 发酵前处理

10 L 发酵罐装入 6 L 发酵培养基,灭菌。按照 10%接种量接种二级种子(在摇瓶培养种子制备基础上再扩大培养一次)。

2. 培养条件

温度为 30～32 ℃,通气比为 1∶(0.7～1),搅拌速度为 250～400 r/min,溶解氧饱和度控制在 30%。通过加入 2 mol/L 的氨水来自动控制发酵液的 pH 为 4.0,若 pH 下降速度变慢,可适当加入一定量的木质纤维。当发酵液 pH 不再下降或回升,且发酵液黏稠度明显降低时可作为终止发酵的根据。

(三) 纤维素酶液制备

取培养液于4000 r/min离心20 min，除去菌体及培养基，上清液再用抽滤瓶减压过滤，滤液即为粗酶液。取粗酶液1 mL，加0.05 mol/L柠檬酸缓冲液至10 mL，即为稀释10倍的原酶液，可用来测定酶活力。

(四) 葡萄糖标准曲线的制作

绘制标准曲线时，可参考表6-1。

五、活性检验

1. *滤纸酶活力的测定*

取4支洗净烘干的20 mL具塞刻度试管，编号后各加入粗酶液0.5 mL和0.05 mol/L pH为4.5的柠檬酸缓冲液1.5 mL，向1号试管中加入DNS溶液3 mL以钝化酶活性，作为空白对照，比色时调零用。将4支试管同时在50 ℃水浴中预热5～10 min，再各加入滤纸条50 mg(新定量滤纸，约1 cm×6 cm)，50 ℃水浴中保温1 h后取出，立即向2、3、4号试管中各加入DNS溶液3 mL以终止酶反应，充分摇匀后沸水浴5 min，取出冷却后用蒸馏水定容至20 mL，充分混匀。以1号试管溶液为空白对照调零点，在550 nm波长下测定2、3、4号试管液的吸光度A_{540}，并记录结果。

根据3个重复吸光度的平均值，在标准曲线上查出对应的葡萄糖含量，按下式计算出滤纸酶活力。在上述条件下，每小时由底物生成1 μmol葡萄糖所需的酶量定义为一个酶活力单位(U)。

$$\text{滤纸酶活力(U/mL)}=\frac{\text{葡萄糖含量(mg)}\times\text{反应液定容总体积(mL)}\times 5.56}{\text{反应液中酶液加入量(mL)}\times\text{时间(h)}}$$

式中：5.56为1 mg葡萄糖的物质的量(μmol)。

2. *C_1酶活力的测定*

4支洗净烘干的20 mL具塞刻度试管，编号后各加入脱脂棉50 mg，加入0.05 mol/L pH为5.0的柠檬酸缓冲液1.5 mL，并向1号试管中加入DNS溶液3 mL以钝化酶活性，作为空白对照，比色时调零用。将4支试管同时在45 ℃水浴中预热5～10 min，再各加入酶液0.5 mL，45 ℃水浴中保温24 h。取出后立即向2、3、4号试管中各加入DNS溶液3 mL以终止酶反应，充分摇匀沸水浴5 min，取出冷却后用蒸馏水定容至20 mL，充分混匀。以1号试管溶液为空白对照调零点，在550 nm波长下测定2、3、4号试管液的吸光度并记录结果。

据3个重复吸光度的平均值，在标准曲线上查出对应的葡萄糖含量，按下式计算出C_1酶活力。在上述条件下反应24 h，由底物生成1 μmol葡萄糖所需的酶量定义为一个酶活力单位(U)。

$$C_1\ \text{酶活力(U/mL)}=\frac{\text{葡萄糖含量(mg)}\times\text{反应液定容总体积(mL)}\times 5.56}{\text{反应液中酶液加入量(mL)}\times\text{时间(h)}}$$

3. *C_x酶活力的测定*

取4支洗净烘干的20 mL具塞刻度试管，编号后各加入0.51% CMC柠檬酸缓冲液

1.5 mL，并向1号试管中加入DNS溶液3 mL以钝化酶活力，作为空白对照，比色时调零用。将4支试管在50 ℃水浴中预热5～10 min，再各加入粗酶液0.5 mL，50 ℃水浴中保温30 min后取出，立即向2、3、4号试管中各加入DNS溶液1.5 mL以终止酶反应，充分摇匀后沸水浴5 min，取出冷却后用蒸馏水定容至20 mL，充分混匀。以1号试管溶液为空白对照调零点，在550 nm波长下测定2、3、4号试管液的吸光度值并记录结果。

据3个重复吸光度的平均值，在标准曲线上查出对应的葡萄糖含量，按下式计算出C_x酶活力。在上述条件下，每小时由底物生成1 μmol葡萄糖所需的酶量定义为一个酶活力单位(U)。

$$C_x\text{酶活力(U/mL)}=\frac{\text{葡萄糖含量(mg)}\times\text{反应液定容总体积(mL)}\times 5.56}{\text{反应液中酶液加入量(mL)}\times\text{时间(h)}}$$

六、实训报告

写出书面报告，并着重分析实验存在的问题，包括成功的经验和失败的教训。

七、实训思考题

1. 为什么用产物的生成量来定义酶活力单位而不用底物减少量来定义？
2. DNS为什么能钝化纤维素酶活力？
3. 为什么在测定C_1酶活力和C_x酶活力时要稀释酶液？

项目2　糖化酶的发酵

预备知识　糖化酶的基本特点

糖化酶，全名葡萄糖淀粉酶，又称为淀粉α-1，4-葡萄糖苷酶或γ-淀粉酶，是一种单链的酸性糖苷水解酶，是具有外切酶活力的胞外酶，因为在发酵行业中主要用作将淀粉转化为葡萄糖，所以习惯上被称为糖化酶。糖化酶是世界上生产量最大、应用范围最广的酶制剂。糖化酶不仅用于酒类和酒精生产，还广泛地应用于葡萄糖、果葡糖浆、有机酸、味精等食品工业的多个领域。

一、糖化酶简介

糖化酶是应用历史悠久的酶类，1500年前我国已用糖化曲酿酒。20世纪20年代，法国人卡尔美脱才在越南研究我国小曲，并用于酒精生产。20世纪50年代投入工业化生产后，到现在除酒精行业外，糖化酶已广泛应用于酿酒、葡萄糖、氨基酸、果葡糖浆、抗生素、乳酸、有机酸、味精、棉纺厂等各方面，是世界上生产量最大、应用范围最广的酶类。

糖化酶是葡萄糖淀粉酶的简称(缩写GA或G)，由一系列微生物分泌，是具有外切酶活性的胞外酶。其主要作用是从淀粉、糊精、糖原等碳链上的非还原性末端依次水解α-1，

4-糖苷键，切下一个个葡萄糖单元，并像β-淀粉酶一样，使水解下来的葡萄糖发生构型变化，形成β-D-葡萄糖。对于支链淀粉，当遇到分支点时，它也可以水解α-1，6-糖苷键，只是速度比较缓慢，由此将支链淀粉全部水解成葡萄糖。糖化酶也能微弱水解α-1，3-糖苷键连接的碳链，但水解α-1，4-糖苷键的速度最快，一般都能将淀粉百分之百地水解生成葡萄糖。

二、糖化酶的结构组成

糖化酶是一种含有甘露糖、葡萄糖、半乳糖和糖醛酸的组合糖蛋白，含有一个催化域(CD)和一个淀粉结合域(SBD)，两者之间通过O-糖基化连接域(L)连接起来，其结构模型见图6-8。

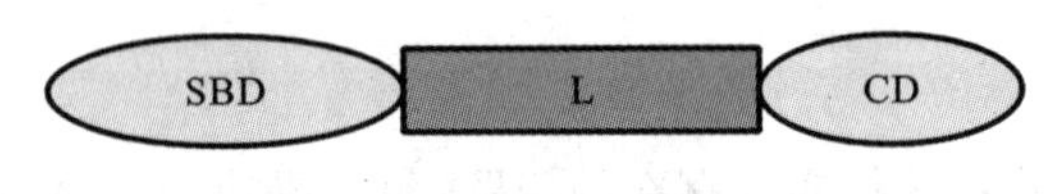

图6-8　糖化酶结构模型图

1. 催化域的结构及其催化机制

糖化酶催化域含有400多个氨基酸残基，富含丝氨酸(Ser)和丙氨酸(Ala)两种氨基酸，其中Ser^{443}和Ser^{444}之间热稳定性较差，易断裂。来自不同真菌的糖化酶的催化域的二级结构有所差异。

Sauer等(2000)认为黑曲霉糖化酶水解α-1，4-糖苷键的机制是典型的酸碱催化，谷氨酸Glu^{179}和Glu^{400}分别为催化中心的质子供体和质子受体，Glu^{179}提供的质子传递给淀粉链中易断裂的糖苷键上，形成含氧碳正离子，在Glu^{400}协助下接受水的亲核攻击而使糖苷键断裂，同时使水解产生的α-D-(+)-葡萄糖异构化生成β-D-(+)-构型，其电子传递见图6-9。

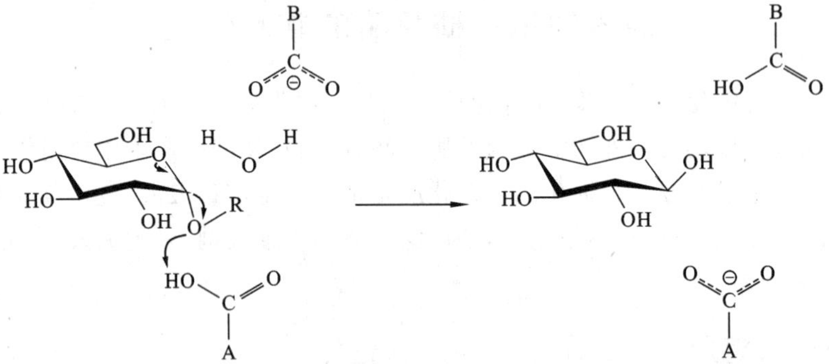

图6-9　黑曲霉糖化酶催化反应中的电子传递模式

(A为Glu^{179}，B为Glu^{400})

2. O-糖基化连接域的结构与功能

O-糖基化连接域是一段约含70个氨基酸经高度糖基化的多肽链，不同生物来源的糖化酶含O-糖基化连接域的比例不同，可变性较大。该区域富含丝氨酸和苏氨酸残基，丝氨酸和苏氨酸位点是寡聚糖O-糖基化的糖基化位点。在糖化酶结构中，O-糖基连接域起连接催化域和淀粉结合域的作用。O-糖基连接域与低聚糖以共价键结合，对蛋白质骨架起到固定化作用，从而避免糖化酶被蛋白酶水解，而它本身不具有增强糖化酶亲和力的作用。此外，该结构域还具有增强糖化酶热稳定性的作用。

3. 淀粉结合域的结构及其生物活性

根据氨基酸序列的同源性，淀粉结合域可被划分为 6 族，即 CBM20、CBM21、CBM25、CBM26、CBM34 和 CBM41。来源不同的糖化酶分属不同的族别。采用基因重组蛋白技术研究表明，淀粉结合域不仅具有结合淀粉、多聚糖及寡聚糖等碳水化合物的功能，还具有协同催化域水解底物的生物活性。

三、糖化酶的性质

糖化酶是一种组合蛋白酶，相对分子质量在 60000 到 1000000 间，通常碳水化合物占 4%～18%，但糖化酵母产生的糖化酶中碳水化合物高达 80%，这些碳水化合物主要是半乳糖、葡萄糖、葡萄糖胺和甘露糖。另外，不同来源的糖化酶其等电点在 3.4～7.0 之间。

1. 糖化酶的热稳定性

目前，有关糖化酶的热稳定性的研究很多，主要集中在糖化酶的热稳定性机理及筛选热稳定性糖化酶菌株上。工业上应用的糖化酶都是利用它的热稳定性。一般真菌产生的糖化酶热稳定性比酵母高，细菌产生的糖化酶耐高温性能优于真菌。在目前已发现的糖化酶中，Clostridium thermohydro-sulfuricum 糖化酶是最耐热的酶，在 70 ℃ 50%的淀粉溶液中完全稳定，在 10%酒精液中也很稳定。即使在 85℃下处理 1 h，其酶活力仍保持为 50%。这种酶不受钙、EDTA 和 α-、β-、γ-环状糊精的影响。

2. 糖化酶的 pH 稳定性

一般糖化酶都具有较窄的 pH 适应范围，但最适 pH 一般为 4.5～6.5。不同微生物菌株产生的糖化酶其耐热性、pH 稳定性各不相同。真菌、细菌产生的糖化酶由于耐热性较高，巴氏灭活处理不能使酶失活，在啤酒生产中易影响终产品的风味。

3. 糖化酶的底物特异性

糖化酶对底物的水解速率不仅取决于酶的分子结构，同时也受到底物结构及大小的影响。许多研究表明，碳链越长，亲和性越强。但是各糖化酶组分对这些生淀粉的作用能力均小于对可溶性淀粉的作用能力，估计作用能力均降低与酶对底物作用的 K_m 值上升有关。同时也表明了糖化酶对底物的亲和力，除了与酶本身的结构有关外，还与寡糖链本身的长度有关。

四、糖化酶的应用

1. 糖化酶在酿造行业中的应用

我国传统酿造行业（包括白酒、黄酒等）的生产一直存在着成本高、产酒率低的问题。影响出酒率的因素虽然是多方面的，但主要是由于淀粉质原料的糖化不完全所致，利用糖化酶代替部分曲，提高糖化力，加快发酵速度，从而提高出酒率，缩短发酵周期，降低生产成本。尤其近几年活性干酵母的出现，更使糖化酶在酿酒中的用量飞速增长，既节约了原

料，又降低了成本，提高了经济效益。

2. 糖化酶在酿制干啤酒中的应用

干啤酒是一种发酵度高的淡爽型啤酒。提高发酵度的方法主要有添加发酵性糖法（加糖法）、添加酶制剂法（加酶法）和添加特种酵母法。左永泉报告过一种经过加酶法改进的干啤酒发酵生产工艺，采用多温度段糖化，提高麦汁可发酵性糖的比例。结果显示，应用此工艺酿制干啤酒，能够达到有效地提高啤酒发酵度的目的，生产出的干啤酒具有风味独特、口味干爽纯正等优点。

3. 糖化酶在食品行业中的应用

目前，我国食醋酿造采用多菌种低温混合发酵，这种工艺存在着酒母培养条件差、酒母质量不稳定、原料淀粉利用率低、出醋率低、高温季节生产不稳定等诸多生产技术难题。而如果在发酵工艺中应用耐高温的活性干酵母和糖化酶，可以利用它们耐高温、耐酸度、抑制杂菌能力强的特性，保证食醋夏季生产的正常进行，不仅可以降低原材料的消耗，而且还显著提高了淀粉利用率和出醋率，具有较好的经济效益。

另外，在冷冻食品中加入糖化酶，使淀粉转化生成葡萄糖，进而降低浆料的冰点，可使冷冻食品组织状态更加完善；由于改变了淀粉的分子结构，可以防止淀粉老化返生，消除淀粉味感。加入糖化酶还可适当降低白砂糖、奶粉、奶油的用量，增加淀粉的用量，从而降低产品的生产成本，同时可使产品的口感细腻、柔软，质量得到改善。

4. 其他

糖化酶在味精、抗生素、柠檬酸等工业生产过程中也有应用。比如在生产味精的过程中，第一步就是对淀粉质原料进行糖化。20 世纪 90 年代以前，多采用无机酸催化剂，使淀粉转化成葡萄糖，但是该法有各种副反应和产生糖类的复合反应，导致糖液不仅收率低，而且糖液纯度下降。采用酶法糖化后，基本消除了上述问题，并使淀粉的转化率提高 8%以上。

任务 1　糖化酶产生菌的分离筛选与选育

糖化酶在微生物中的分布很广，在工业中应用的糖化酶主要是从黑曲霉、米曲霉、根霉等丝状真菌和酵母中获得，从细菌中也分离到热稳定的糖化酶，人的唾液、动物的胰腺中也含有糖化酶。不同来源的淀粉糖化酶其结构和功能有一定的差异，对生淀粉的水解作用的活力也不同，真菌产生的葡萄糖淀粉酶对生淀粉具有较好的分解作用。

一、菌种筛选与选育的方法与原理

1. 菌种筛选诱变的总体步骤

菌种筛选诱变的总体步骤如图 6-10 所示。

2. 基本原理

平板透明圈法是将牛津杯放置在已经凝固的淀粉琼脂平板上，每个平板放 3～4 个牛津杯（根据酶活力大小），然后将粗酶液定量加入牛津杯中，粗酶液就会通过扩散分解牛采样→增殖培养→平板分离(初筛)→原种斜面→摇瓶筛选→复筛→菌株获得→纯化→斜面→孢子悬浮液(计数、计算孢子浓度)→诱变(计算致死率)→涂布选择性平板→接入斜面→筛选→复筛→诱变菌株获得→进一步诱变

图 6-10 菌种筛选诱变的总体步骤

津杯周围的生淀粉，经过一段时间，淀粉琼脂平板上的牛津杯周围就会有透明的淀粉水解圈，酶活力越大的则水解圈也越大，根据水解圈的大小就可以确定酶活力大小。再通过摇床实验使粗酶液水解生淀粉，用 DNS(3,5-二硝基水杨酸)法测定其水解产物中还原糖的量，从而确定粗酶液中糖化酶的酶活力。

二、糖化酶产生菌的筛选与鉴定

1. 初筛

称取一定量样品(淀粉厂附近的土壤、含淀粉霉变物、醋曲)，加入装有一定量增殖培养基(以可溶性淀粉为唯一碳源)的三角瓶中，恒温 30 ℃、200 r/min 培养 3～5 d。

取增殖培养后的上清液 1 mL 于 9 mL 灭菌生理盐水试管中，以此类推，制成 10 倍浓度梯度的稀释液，吸取各种稀释度溶液 0.1 mL 涂布于选择性培养基平板上(以生淀粉为唯一碳源)，置于 30 ℃恒温培养箱中培养 3 d。观察选择性平板培养基上长出的菌落周围有无透明水解圈，取透明圈直径与菌落直径比值(D/d)较大者于筛选平板上划线分离至纯种，斜面保存。

2. 复筛

从原种斜面取出菌体或孢子，接入装有一定量摇瓶筛选培养基的三角瓶中，每株平行 3 瓶并编号。在恒温 30 ℃、200 r/min 条件下培养 3 d。取发酵液测定酶活力，记录并比较。将复筛后具有较高生淀粉酶活力的菌株进一步分离纯化，斜面保存。

3. 鉴定

根据菌落特征、生理生化反应特征以及 16S rRNA 或 18S rRNA 的特性进行分类。由于产糖化酶的菌种种类较多，因此可分别参考相应的鉴定手册进行菌种鉴定。

三、糖化酶产生菌的选育

1. 紫外诱变法

取一定量已育好的菌/孢子悬浮液(10^5～10^6 CFU/mL)至培养皿中，在磁力搅拌器的搅拌下置于 15 W 紫外线灭菌灯下 30 cm 处分别处理 0.5 min、1.0 min、2.0 min、3.0 min、4.0 min、5.0 min、6.0 min、7.0 min、8.0 min、9.0 min、10.0 min、11.0 min、12.0 min、13.0 min、14.0 min、15.0 min 等不同时间段，然后吸取 0.1 mL 处理液稀释到一定稀释度进行分离培养(筛选培养基)，挑取其中 D/d 值大且生长快速的 1 个或几个诱变菌株，在摇瓶培养基中 30 ℃培养 3 d，测其酶活力。

对于遗传性状的同种或不同种微生物对紫外线的敏感程度不同，因此在诱变之前要了解实验菌株对紫外线的敏感程度，即作出剂量(时间)对于致死率的曲线，由此选择合适的处理剂量。

2. 化学诱变

可采用亚硝基胍诱变或2%硫酸二乙酯。方法是将一定量化学诱变剂与一定量的菌/孢子悬浮液混合，分别作用不同的时间段，然后取0.1 mL各个时间段的溶液滴入筛选平板涂布均匀，培养，挑取其中D/d值大且生长快速的1个或几个诱变菌株，在摇瓶培养基中30 ℃培养3 d，测其酶活力。

化学诱变剂的剂量主要取决于其浓度和处理时间。在进行化学诱变处理时，控制使用剂量要以诱变效应大而副反应小为原则。

任务2　糖化酶产生菌培养条件的优化及发酵工艺

一、糖化酶产生菌培养条件的优化

1. 单个营养因子、环境因子的优化

对于单个重要的因子，例如碳源、氮源，一般是在基本培养基和培养条件基础上改变单一因子，观察和检测菌株产酶活力的变化。而对于产糖化酶菌株，其氮源多采用复合氮源，有些菌株需要有机氮和无机氮的组合，因此需要分别处理。

另外，培养基初始pH、装液量、接种量、培养温度等环境条件，对糖化酶的产生及活性也有很大的影响，其优化方法同上。

2. 多营养因子、环境因子的优化

在确定单个因子的过程中，由于没有考虑各因子之间的作用关系，因此在确定单个因子后多再采用正交设计或响应面设计的方法，对碳源、氮源、无机盐的有机组合以及浓度之间的比例进行优化，从而找到较佳的培养条件。对于环境因子的多组合优化也是如此。

3. 营养因子、环境因子最佳组合的验证

采用摇瓶培养的方法，验证在正交设计或响应面设计所得的最佳培养条件下所产酶的活力是否最高，以验证优化的结果正确与否。

二、产糖化酶菌株的发酵工艺

糖化酶制剂的生产有液态发酵法和固态发酵法两大类。两种方法各有利弊。

1. 固态发酵法

固态发酵法虽然历史悠久，也存在产物不易分离提取的缺点，但随着机械化程度的提高，在酶制剂行业中仍然得到广泛应用。对于糖化酶的固态发酵与液态发酵相比，其最突出优点是发酵产酶活力较高，其原因是因为固态发酵培养基的碳源浓度比液态深层发酵中的碳源浓度要高，并且固态发酵中营养基质从固体颗粒到细胞的传递阻力较大，从而消除了液态深层发酵中酶合成的分解代谢阻遏，因此产酶活力较高。

目前，国内也有学者对固态发酵产糖化酶进行研究，钟浩等(2009)对黑曲霉变异株固态发酵产糖化酶的培养基组成和发酵条件进行了研究，发现在最佳培养基组成和培养条件下，其糖化酶活力达17800 U/g。

固态发酵工艺流程如图 6-11 所示。

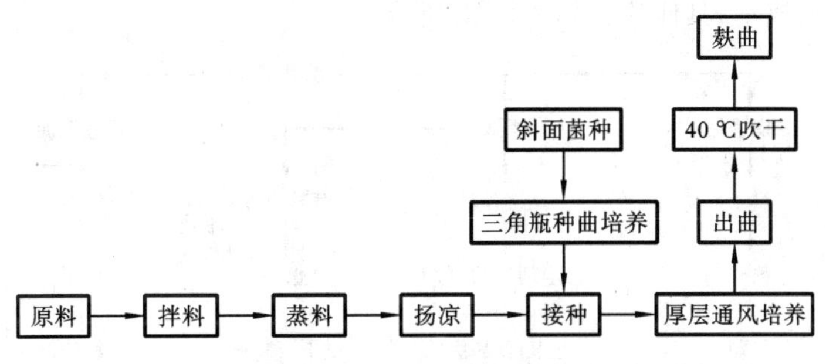

图 6-11 固态培养生产糖化酶工艺流程

2. 液态发酵法

液态发酵虽然存在能耗大、工艺操作较复杂等缺点，但可根据需要随意扩大规模，使成本大幅下降，同时产品易于提取，因此目前液态发酵生产糖化酶的应用比例越来越高。

发酵用基质：碳源为玉米粉、甘薯粉等，有机氮源常用玉米浆、豆饼粉和酵母膏等，常用的无机氮源有$(NH_4)_2SO_4$、NH_4NO_3和NH_3等，无机盐添加$MgSO_4 \cdot 7H_2O$、KH_2PO_4等。

菌种不同，产生糖化酶的最适温度不同，最适 pH 也不同。黑曲霉的最适 pH 为 4.0～5.0，而米根霉发酵培养基初始最适 pH 为 6.0；用黑曲霉生产糖化酶一般控制温度在 30～35 ℃，米根霉发酵温度一般为 30 ℃，白曲霉发酵温度多在 32 ℃。

液态发酵工艺流程如图 6-12 所示。

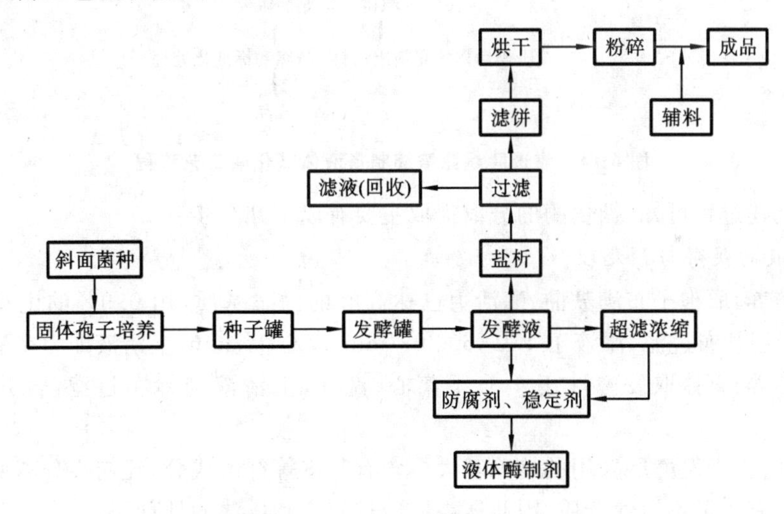

图 6-12 黑曲霉 UV-11 液态深层发酵生产糖化酶工艺流程

任务 3 糖化酶的分离提取及性质分析

一、糖化酶的分离提取

成品糖化酶可分为液体酶和固体酶两种。固体酶的制备方法可分为盐析法、有机溶剂沉淀法和吸附法等，采用一条合理的提取工艺，可制备系列酶产品以满足不同行业的需求及降低成品的成本，具体流程如图 6-13 所示。

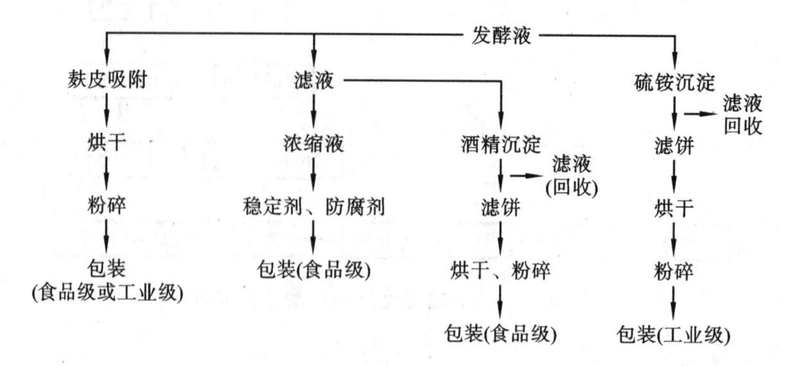

图 6-13　糖化酶固体酶提取制备工艺流程

目前国内对液体酶产品采用的浓缩方法有两种，一种为依靠热源来蒸发产品中的水分，另一种为利用渗透膜超滤除去产品中的水分。比较上述两种方法，前者设备投资大、耗能多；而后者投资少、耗能低，且操作简单、清洗方便、维修及更换成本低，产品收率高。渗透膜超滤浓缩方法中，絮凝工艺是提取工艺中最关键的一步，直接决定板框过滤等工序的工作与产品的质量。渗透膜超滤浓缩法流程如图 6-14 所示。

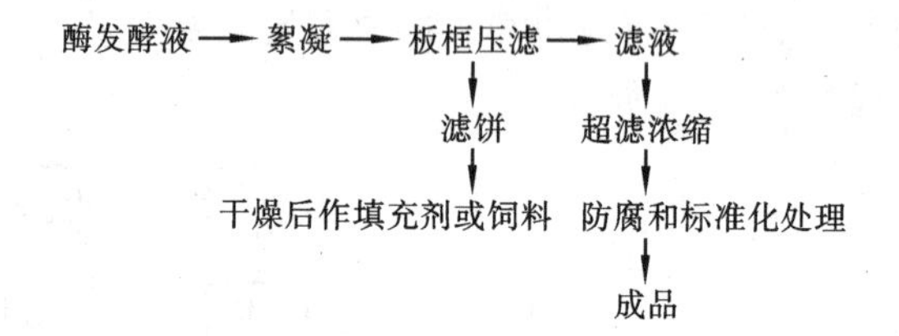

图 6-14　渗透膜超滤浓缩制备液体糖化酶工艺流程

根据上述过程可知，糖化酶的分离提取主要有以下几个步骤。

1. 酶液的获得与预处理

固态培养：取孢子布满麸曲、酶活力已达高峰的固态基质，用 0.9% 的生理盐水搅拌浸泡 1 h，4 层纱布过滤，滤液于 4 ℃，6000 r/min，离心 10 min，上清液即为粗酶液。

液态培养：直接取发酵液于 4 ℃下离心、洗涤，上清液经纱布过滤，合并后得到粗酶液。

预处理：由于发酵所采用的培养基大多含有麸皮等纤维成分，经初步分离所得的粗酶液中大多含有大量不溶性杂质，因此还需要经过絮凝和压滤的处理，从而大大改善发酵液的过滤性，提高澄清度。应用作为糖化酶絮凝剂的种类主要有 APAM（阴离子聚丙烯酰胺）、苯甲酸钠、硅藻土、硫酸锌、黄血盐等，具体加入种类和浓度须经实验确定。精制浓缩液体糖化酶的生产过程中，絮凝工艺是最关键的一步。如果絮凝效果不好，将导致处理时间长，增加染菌的可能性。

2. 酶液的浓缩

经过预处理的粗酶液一般糖化酶的浓度较低，不适合工业化需要，需要进一步地浓缩。其方法可采用真空浓缩、酒精沉淀、超滤等。前两种方法多用于固体酶制剂的制备，超滤多用于液体制剂的制备。

超滤是加压膜过滤方法的一种，其工作原理是在一定压力下把大溶质分子阻留在膜的一侧（留在原来的溶液中），而小溶质分子透过至膜的另一侧，从而达到分离纯化、浓缩产物的目的。超滤法适用于生物大分子发酵产品（如糖化酶、α-淀粉酶）等的提取纯化和浓缩。该工艺具有成本低、操作方便、条件温和、较好地保持酶活力、产品回收率高等优点。

该方法的使用过程中，需要根据产品质量和工艺要求选择超滤膜、进料口压力、出料口压力、进出料口之压差、操作温度（不超过 40 ℃）、浓缩倍数等条件，以达到最佳的效果。运行过程中定时测定超滤液的流量及酶活力，以确认超滤器运行是否正常。

同时，李静等（2010）用双水相体系[PEG/KH_2PO_4、PEG/$(NH_4)_2SO_4$和 PEG/$MgSO_4$]萃取糖化酶，其中以 PEG/$(NH_4)_2SO_4$双水相体系在 PEG 相对分子质量为 20000、PEG 溶液浓度为 28%、$(NH_4)_2SO_4$溶液浓度为 20%时，分配系数为 0.15，萃取效果最好，即糖化酶回收率最高（96.1%）。

3. 酶液的干燥与后处理

如果制作固体酶制剂，将获得的浓缩液沉淀、离心后，所得酶泥放入干燥箱中 40 ℃热风干燥，干燥物磨粉后加入防腐剂、稳定剂（如苯甲酸钠、山梨醇、醋酸钙等）即得到粗酶制剂成品。

而液体酶制剂，只需在浓缩液中加入防腐剂、稳定剂即可。

二、糖化酶的性质分析

1. 糖化酶活力测定

具体参考本书相关内容。

2. 糖化酶性质

糖化酶相对分子质量：糖化酶是一种组合酶，采用离子交换层析法分离纯化其各种成分（测定有活性的），收集后，经电泳得到其相对分子质量。

最适反应温度：将适量经层析纯化的酶制剂溶于一定 pH 的缓冲液中，在不同温度下分别测定糖化酶活力，以最高酶活力为 100%，绘出反应温度与酶活力的相关曲线。

热稳定性：将适量经层析纯化的酶制剂溶于一定 pH 的缓冲液中，在不同温度下分别保温不同时间后，测定糖化酶活力，以不经保温的酶活力为 100%，绘出保温时间与酶活力的相关曲线。

最适 pH：将适量经层析纯化的酶制剂溶于不同 pH 的缓冲液中，在最适温度下分别测定糖化酶活力，以最高酶活力为 100%，绘出不同 pH 与酶活力的相关曲线。

思考题

1. 糖化酶的特点有哪些？
2. 糖化酶产生菌分离筛选的主要方法流程是怎样的？

3. 糖化酶的实际应用有哪些方面?

4. 糖化酶的作用特点与纤维素酶有何异同?

5. 产糖化酶真菌与产纤维素酶真菌的培养特点有何异同?

技能训练1　糖化酶的固态发酵生产

一、能力目标

① 根据所学知识,能描述糖化酶的固态发酵生产的大致流程。

② 参照相关材料,能完成糖化酶的固态发酵生产过程。

③ 学会糖化酶酶活力的测定方法。

二、生产工艺流程

糖化酶固态发酵工艺流程如图6-15所示。

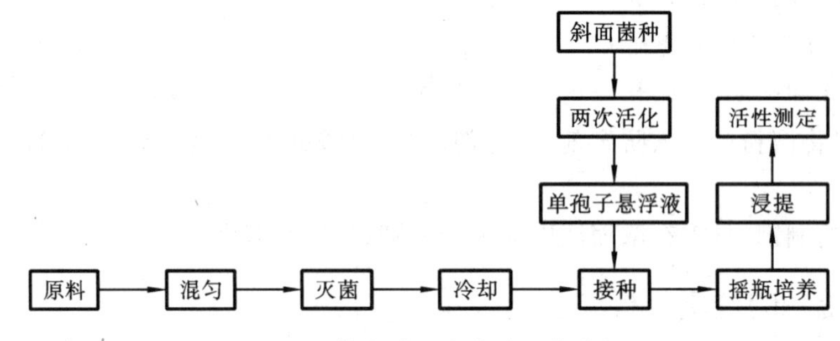

图6-15　糖化酶固态发酵工艺流程

三、实训材料

1. 菌种

黑曲霉变异株:经紫外线和硫酸二乙酯复合诱变而成。

2. 培养基

孢子培养基:察氏培养基。

产酶培养基(g/g):麦麸、豆饼粉的比例为3∶1,$(NH_4)_2SO_4$ 3%,K_2HPO_4 0.1%,含水量为120%,粉碎度为过60目筛,pH为5。

3. 实验仪器与设备

电子天平、pH计、数显式电热恒温水浴锅、立式蒸汽压力灭菌器、霉菌培养箱、电热鼓风干燥器、净化工作台。

四、操作要点

1. 孢子悬浮液的制备

将保存于冷藏柜中的菌株取出,用孢子培养基连续活化2次。再将长满成熟孢子的斜面培养基用无菌生理盐水洗涤,倒入装有玻璃珠的无菌三角瓶中,再在200 r/min的摇床中充分振荡 30 min，用灭菌后的脱脂棉滤去菌丝片段，制得单孢子悬浮液。用血球计数板计数，将孢子数调整为 10^8 个/mL。

2. 摇瓶发酵

在 500 mL 的三角瓶中加入配好的产酶培养基，121 ℃、1.01×10^5 Pa 灭菌 30 min。冷却后接入 2.5 mL 孢子悬浮液，温度为 32 ℃，在霉菌培养箱中培养 4～6 d(120 h 左右)。

五、成品活性检验

(一) 实验原理

糖化型淀粉酶(即淀粉 α-1,4-葡萄糖苷酶)有催化淀粉水解的作用，从淀粉分子非还原性末端开始，分解 α-1,4-糖苷键生成葡萄糖，反应生成的葡萄糖用次碘酸钾法定量测定，以表示糖化性淀粉酶的活力。

(二) 实验试剂

1. 0.1 mol/L pH4.6 醋酸钠缓冲液

称取醋酸钠($CH_3COONa\cdot3H_2O$)6.7 g 和冰醋酸(CH_3COOH)2.6 mL，用蒸馏水溶解，定容至 1000 mL。上述缓冲液应以酸度计或精密试纸校正 pH。

2. 0.1 mol/L 硫代硫酸钠溶液

(1) 配制

称取硫代硫酸钠($Na_2S_2O_3\cdot5H_2O$)24.82 g 和硫酸钠 0.2 g 溶于煮沸后冷却的蒸馏水中，定容至 1000 mL，即得 0.1 mol/L 硫代硫酸钠溶液。储存于棕色瓶中密封保存，配制后应放置一星期，标定使用。0.05 mol/L 溶液则用蒸馏水稀释制得。

(2) 标定

取在 120 ℃下干燥至恒重的标准重铬酸钾 0.25 g，精密称量。置于碘量瓶中，加水 50 mL 使溶解，加碘化钾 2 g。轻轻振摇使溶解，加 1 mol/L 硫酸溶液 40 mL 摇匀，密塞。在暗处放置 10 min 后用蒸馏水 250 mL 稀释，用此液滴定至近终点时，加淀粉指示液 3 mL，继续滴定至蓝色消失而显亮绿色，并将滴定的结果用空白试验校正。1 mL 的 0.1 mol/L 硫代硫酸钠液相当于 4.903 mg 重铬酸钾。根据本液的消耗量与重铬酸钾的用量，计算硫代硫酸钠的浓度。本溶液需每月标定一次。

3. 0.1 mol/L 碘液

称取碘化钾(KI)36 g，溶解在 100 mL 蒸馏水中，再加入碘(I_2)12.98 g 溶解，定容至 1000 mL 储存于棕色瓶中。

用标准的 0.05 mol/L 硫代硫酸钠溶液标定碘液。

吸取 10 mL 待标定的碘液放入 250 mL 碘量瓶中，以 0.05 mol/L 硫代硫酸钠滴定至淡黄色时，加入 1%淀粉指示剂 1～2 滴，继续滴定至无色为终点。

$$c=\frac{c_1V_1}{2V}$$

式中：c 为碘的物质的量浓度；c_1 为硫代硫酸钠的物质的量浓度，mol/L；V_1 为消耗硫代硫

酸钠的体积，mL；V 为碘液的体积，mL。

4. 0.1 mol/L 氢氧化钠溶液

称取 4 g 氢氧化钠(NaOH)加蒸馏水溶解，定容至 1000 mL。

5. 1 mol/L 硫酸溶液

量取浓硫酸 5.6 mL，慢慢加入 80 mL 蒸馏水中，冷却后定容至 100 mL，摇匀。

6. 20%氢氧化钠溶液

称取 20 g 氢氧化钠，溶解定容至 100 mL。

7. 2%可溶性淀粉

称取可溶性淀粉 2 g，然后用少量蒸馏水调匀，缓慢倾入已沸的蒸馏水中，煮沸至透明，冷却定容至 100 mL。此溶液需当天配制。

(三) 实验方法

1. 待测酶液的制备

发酵结束以后，在三角瓶中直接加入适量 pH4.6 醋酸钠缓冲液，40 ℃水浴振荡浸提 1 h 后，用 4 层纱布过滤得粗酶液(用前可用 pH4.6 醋酸钠缓冲液适当稀释)，供测定用。

2. 测定

于甲、乙两支比色管中(50 mL)，分别加入 20%可溶性淀粉溶液 25 mL 及 0.1 mol/L pH4.6 的醋酸-醋酸钠缓冲液 5 mL，摇匀，40 ℃的恒温水浴中预热(5～10 min)。在甲管中加入酶液 2 mL(酶活力总量为 100～170 单位)，立即记时间，摇匀。在此温度下准确反应 1 h 后，立即各加 20%NaOH 溶液 0.2 mL，摇匀，将两管取出迅速用水冷却，并于乙管中补加酶液 2 mL。

取上述反应液 5 mL 放入碘量瓶中，准确加入 0.1 mol/L 碘液 10 mL，再加入 0.1 mol/L 氢氧化钠 15 mL，同时摇晃。暗处放置 15 min，加入 1 mol/L 硫酸 2 mL，用 0.05 mol/L 硫代硫酸钠溶液滴定至无色为终点。

(四) 实验结果

糖化酶活力单位的定义：在 40 ℃、pH4.6 的条件下，1 h 水解可溶性淀粉产生 1 mg 葡萄糖所需的酶量为一个糖化酶活力单位。

$$\text{酶活力单位} = (A - B)c \times 90.05 \times \frac{1}{2} \times \frac{32.2}{5} \times n$$

式中：A 为空白所消耗硫代硫酸钠的体积，mL；5 为样品所消耗硫代硫酸钠的体积，mL；c 为硫代硫酸钠的物质的量浓度；90.05 为与 1 mL 1 mol/L 硫代硫酸钠相当的葡萄糖的质量，mg；1/2 为折算成 1 mL 酶液的量；32.2 为反应液总体积，mL；n 为稀释倍数。

(五) 注意事项

① 酶液制备时，酶液浓度最好控制在消耗 0.05 mol/L 硫代硫酸钠(空白和样品)的差值为 3～6 mL(以每毫升 50～90 单位为宜)。

② 为统一起见，可溶性淀粉使用浙江菱湖淀粉厂生产的化学纯试剂配制，如暂不能购买，而需使用其他厂生产的可溶性淀粉时，必须做对照试验。

六、实训报告

写出书面实训报告，并着重分析过程中出现的问题以及解决的办法。

七、实训思考题

1. 试着设计糖化酶发酵罐固态发酵生产的大致方案，并分析摇瓶发酵和发酵罐发酵之间的区别。

2. 总结整个实验过程中的注意事项。

技能训练2　糖化酶的液态发酵生产

一、能力目标

① 借助相关材料，能完成糖化酶制剂的液态发酵过程的操作。

② 理解酶制剂超滤浓缩的原理，并能独立完成其操作步骤。

③ 理解无机盐沉淀和有机溶剂沉淀法提取酶的原理，能独立操作其过程。

二、生产工艺流程

糖化酶的液态发酵生产工艺流程如图6-16所示。

斜面培养 → 麸皮种子 → 上罐培养 → 板框过滤 → 超滤浓缩 → 沉淀 → 酶泥干燥

图6-16　糖化酶的液态发酵生产工艺流程

三、实训材料

1. 菌种

黑曲霉UV-11。

2. 培养基

(1) 斜面培养基

土豆培养基。

(2) 麸皮种子培养基

小麦麸皮与水的比例为1∶(1.1～1.3)，接种后于30～32 ℃培养4～5 d至长满丰富的孢子，中间翻曲。

(3) 发酵培养基

玉米粉13.5%，豆饼粉3.5%，麸皮1.0%，玉米浆2.0%，无机盐。

3. 实验仪器与设备

灭菌锅、试管、棉塞、培养基原料、培养箱、500 mL三角瓶。

25 L全自动发酵罐、恒温培养箱、板框压滤机、膜过滤装置。

四、操作要点

1. 种子制备

固体孢子培养：将 10 g 麸皮和 10 mL 水拌匀后灭菌 30 min，冷却后接入一环斜面菌种，于 30～32 ℃培养 4～5 d 至长满丰富的孢子备用。

种子罐培养：玉米粉 6%，黄豆饼粉 2%，麸皮 2%。在 31 ℃下通风培养 32 h，通气比为 0.5∶1。当 pH 下降到 3.8，酶活力在 500 U/mL 左右，镜检菌丝生长正常且无杂菌污染时，即可接入二级种子罐或发酵罐。

2. 25 L 罐发酵

按配方配制培养基(装液量 15 L)，调 pH 至 4.0，加入发酵罐中，121 ℃灭菌 30 min，冷却，待温度降至 30～32 ℃，接入一个三角瓶的孢子悬液或种子罐培养的种子，在 30 ℃、罐压 0.05 MPa 下搅拌培养，搅拌速度为 500 r/min。通气比：0～12 h 为 0.5∶1；12～24 h 为 0.8∶1；24～84 h 为 1.0∶1；84 h 后为 0.8∶1。

3. 发酵过程监控

每隔 12 h 取样测定酶活力、pH、还原糖及总糖浓度并作镜检。当 pH 降至 3.4，还原糖降至 1.8%以下，酶活力上升至 13600 U/mL 以上时，即可放罐。

4. 发酵液过滤

洗净板框压滤机，装好滤布，接好板框压滤机的管道，泵料过滤，加水洗涤，空气吹干，过滤结束后洗净过滤机及有关设备。量取滤液体积，取样测定糖化酶活力。

5. 超滤浓缩

量取 10 L 糖化酶的滤液加入到超滤装置的储罐中，开动循环料液泵进行超滤，控制超滤压力小于 0.4 MPa。每隔 20 min 用量筒测量透过液流量，比较透过液流量的变化。当浓缩倍数达到 3～5 倍时，停止超滤。

测量浓缩液体积，原酶液、浓缩液和透过液的酶活力。

6. 有机溶剂沉淀

取 1 L 浓缩液，用盐酸调节 pH 至 3.5。在 10～20 ℃条件下加入 3.5 倍冷冻的无水酒精，边加边搅拌，即可发现酶的沉淀现象。沉淀物用布氏漏斗抽滤。称量酶泥的质量，测定酶活力。

7. 无机盐沉淀

取 1 L 浓缩液，按 55 g/(100 mL)加硫酸铵，静止盐析 1 h。沉淀物用布氏漏斗抽滤。称量酶泥的质量，测定酶活力。

8. 酶泥的干燥

将上述步骤中得到的酶泥放入干燥箱中，在 40 ℃下以热风干燥，将干燥的制品磨粉即得成品。将成品称量并测定酶活力。

五、过程检验及成品酶活力测定

1. 黑曲霉镜检

(1) 染料

草酸铵结晶紫液(A 液:1%结晶紫加 95%酒精溶液;B 液:1%草酸铵溶液。取 A 液 20 mL,B 液 80 mL 混合,静置 48 h 后使用)。

(2) 镜检过程

涂片→干燥→固定→染色→水洗→干燥→镜检。

2. 总糖的测定

斐林法测定发酵液中的总糖。

3. 还原糖的测定

DNS 法,参考本书相关内容。

4. 糖化酶酶活力的测定

参考本书相关内容。

5. pH、溶解氧的跟踪测定

从二次仪表直接读取。

六、实训报告

写出书面实训报告,并着重分析过程中出现的问题以及解决的办法。

七、实训思考题

1. 还原糖的测定除了 DNS 法还有什么方法?
2. 糖化酶固态发酵与液态发酵的异同有哪些?

模块七

新型发酵技术

项目1 固定化细胞生产技术

预备知识 固定化细胞技术简介

所谓固定化细胞技术，就是将具有一定生理功能的生物细胞，例如微生物细胞、植物细胞或动物细胞等，用一定的方法将其固定，作为固体生物催化剂而加以利用的一门技术。固定化细胞与固定化酶技术一起组成了现代的固定化生物催化剂技术。

早在19世纪初叶，人们就利用微生物细胞在固体表面吸附的倾向而采用滴滤法来生产醋酸，后来又有人用类似方法来进行污水处理。现代的固定化细胞技术是在固定化酶技术的推动下发展起来的。1973年，日本首次在工业上成功地利用固定化微生物细胞连续生产L-天冬氨酸，固定化细胞技术受到广泛重视，并很快从固定化休止细胞发展到固定化增殖细胞。如今，在生产菌种方面已很少有未被涉足过的研究领域了。

任务 固定化细胞的生产

细胞的固定化技术是酶的固定化技术的延伸，它免去了破碎细胞、提取酶等步骤，直接利用细胞内的酶，因而固定化酶活力基本没有损失。此外，由于保留了胞内原有的多酶系统，对于多步催化转换的反应优势更为明显，而且无须辅酶的再生。但在选用固定化细胞作为催化剂时，应考虑到底物和产物是否容易通过细胞膜，细胞内是否存在产物分解系统和其他副反应系统，或者说虽有这两种系统，但是否可事先用热处理或pH处理等相应的措施消除。

一、固定化细胞的制备

固定化细胞的制备方法有无载体法、吸附法、共价结合法、交联法、包埋法等。

1. 无载体法

细胞可以在没有载体的情况下借助物理方法或化学方法将细胞直接固定化。这种固定化可以发生在细胞结构上，也可以通过细胞聚集来完成。例如微生物细胞可以通过加热、冰冻等物理手段进行固定化，也可以应用柠檬酸、各种絮凝剂、交联剂和变性剂等处理达到固定化。这种处理的原理包括：使菌体内起破坏作用的蛋白酶等变性，防止目的酶被水解；使细胞结构固定，避免目的酶逸漏；使菌体聚集，促进较大的菌体颗粒形成。这些方法制备的固定化细胞一般只能用于完成单酶或少数几种酶催化的反应。例如白色链霉菌含有胞内葡萄糖异构酶，当在 50 ℃以下保温时细胞会发生自溶，造成酶的渗出；但如果先在 60～80 ℃加热处理 10 min，就会使发生自溶作用的酶失活，而葡萄糖异构酶不会因为这种处理导致酶的明显失活。

除了上述物理方法、化学方法固定菌体外，也可以直接用霉菌孢子作为固定化细胞，这时孢子中的酶活力比菌丝体高 3～10 倍，而且可以长时间保存。

无载体法的优点是可以获得高密度的细胞，固定化条件温和，缺点是机械强度差。

2. 吸附法

很多细胞都有吸附到固体物质表面或其他细胞表面的能力，这种吸附能力有的是天生具有的，有的是经过处理诱导产生的，依靠这种吸附能力已经发展出许多价廉而又有效的固定化细胞的方法。吸附法可分为物理吸附法和离子吸附法，前者是使用具有高度吸附能力的硅胶、活性炭、多孔玻璃、石英砂和纤维素等吸附剂为载体，将细胞吸附到载体表面上使之固定化。

不同的载体要求的吸附条件不同，如用硅藻土或氢型皂土吸附时要求 pH 为 3，而用氢型皂土吸附时要求 pH 为 5。近年来，引起人们更多关注的是大孔陶瓷吸附剂，如英国国际陶瓷公司的 C_1、C_2，其比表面积为 4～25 m^2/g，每一颗粒有众多小孔，平均孔径为 90 nm，便于细胞与营养物、底物、产物的接触和流动。另外，刀豆蛋白对细胞表面的糖蛋白具有专一的吸附作用，也可以用于细胞的固定化，成为一种新型的吸附剂，可以吸附啤酒酵母、假丝酵母等。

离子吸附法的原理是细胞在解离状态下可因静电引力（即离子键合作用）而固着于带有相异电荷的离子交换剂上，如 DEAE-纤维素、CM-纤维素等。

吸附法的优点是操作简单，符合细胞的生理条件，不影响细胞的生长及其酶活力。缺点是吸附容量小，结合强度低。

3. 共价结合法

共价结合法是在细胞表面上的功能团和固相支持物表面的反应基团之间形成化学共价键连接，从而成为固定化细胞。有人用此法将卡尔酵母固定在已活化的多孔玻璃珠上，虽然细胞已经死亡，但仍然保留生产尿酐酸的活性。利用此法制备的固定化细胞，细胞大多死亡。

共价结合法的优点是细胞与载体之间的连接很牢固，使用过程中不易发生脱落，稳定性好；缺点是反应条件激烈，操作复杂，控制条件苛刻。

4. 交联法

交联法是指用多功能试剂对细胞进行交联的固定化方法。交联法与共价结合法一

样，都是靠化学结合的方法使细胞固定化，但交联法采用的是交联剂。如采用戊二醛或偶联苯胺等带有两个或两个以上的多功能团交联剂与细胞进行交联，可形成固定化细胞，但反应条件激烈，对细胞活性影响大。

5. 包埋法

包埋法是将细胞定位于凝胶网格内的技术，是细胞固定化最常用的方法，按照包埋材料的结构可分为凝胶包埋和微胶囊包埋，即将细胞包裹于凝胶的微小格子内或半透膜聚合物的超滤膜内。

常用的包埋材料为聚丙烯酰胺、琼脂、海藻酸、胶原、纤维素等，其中聚丙烯酰胺应用得较早、较多。影响聚丙烯酰胺包埋效果的因素较多，如细胞与胶量比、丙烯酰胺单体比、聚合条件、聚合时间以及使用条件等。当菌体与胶量比为10%时，凝胶能够保留简单节杆菌的甾醇脱氢酶活力达40%，而上述比值小于5%时凝胶几乎不显示该酶的活力。

近年来，又发展了其他几类十分有用的包埋剂，如对Y射线等敏感的聚合胶、乙烯吡咯烷、聚乙烯醇、聚α-羟基丙烯酸等；对光敏感的交联聚合树脂、聚乙二醇丙烯酸酯(PEGM)以及聚氨甲酸乙酯衍生物等。PEGM两端的丙烯酰基对光具有敏感性，与酶液混合后，在光增敏剂存在下光照数分钟就可聚合得到固定化酶。这些物质包埋菌体都显著优于聚丙烯酰胺，因为聚丙烯酰胺单体能引起酶的失效。

包埋法的优点是细胞容量大，操作简便，酶的回收率高，制作的固定化细胞球的强度较高，目前被广泛应用；缺点是扩散阻力大，不适于催化大分子底物与产物的转化反应。

二、固定化方法与载体的选择

1. 固定化方法的选择

酶和细胞的固定化方法很多，同一种细胞采用不同的固定方法，制得的固定化细胞的性质可能相同或相差甚远。不同的细胞也可以采用同一种固定方法，制得不同性质的固定化生物催化剂。因此细胞的固定化方法没有特定的规律可以遵循，需要根据具体情况和试验来摸索具体可行的方法。另外，如果是为了工业化应用，还必须考虑各种制备试剂的原材料的价格便宜易得和制备方法简便易行的原则。因此，应考虑下述几个因素来选择固定化的方法。

(1) 固定化细胞应用的安全性

尽管固定化生物催化剂比化学催化剂更为安全，但也需要按照药物和食品领域的检验标准做必要的检查。因为除了吸附法和几种包埋法外，大多数固定化操作都涉及化学反应，必须了解所用的试剂是否有毒性和残留，应尽可能选择无毒性试剂参与的固定化方法。

(2) 固定化细胞在操作中的稳定性

在选择固定化的方法时要求固定化细胞在操作过程中十分稳定，能长期反复使用，在经济上有极强的竞争力。因此应考虑细胞和载体的连接方式、连接键的多寡和单位载体的酶活力，从各方面进行权衡，选择最佳的固定化方法，以制备稳定性高的固定化细胞。

(3) 固定化的成本

固定化成本包括细胞、载体和试剂的费用，也包括水、电、气、设备及劳务投资。如细胞、载体及试剂价格较高，但由于固定化细胞能长期反复使用，提高了细胞的利用率，也比原工艺优越。即使固定化成本不低于原工艺，仅对原工艺有较大改进，或可简化后处理工艺，提高产品质量和收率，节省劳务，那么该固定化方法就仍有实用价值。

2. 固定化载体的选择

载体最好是选择已在其他工业生产中大量使用的材料，这在经济上会有好处。理想的固定化载体应具有无毒性、传质性能好、性质稳定、寿命长、价格低廉等特性。如海藻酸钠、聚乙烯醇等。离子交换树脂、金属氧化物及不锈钢碎屑等也都是有应用前途的载体。

三、固定化细胞的形状与性质

1. 固定化细胞的形状

由于细胞的固定化技术是酶的固定化技术的延伸，两者在许多方面都相同，因此许多固定化细胞的形状与固定化酶的形状相同，如珠状、块状、片状或纤维状等。用无载体法制备的为粉末状的固定化细胞。固定化细胞的方法主要是包埋法，其次是交联法或二者相结合的方法。工业上应用最多的就是用包埋法制备各种形状的固定化细胞。

2. 固定化细胞的性质

细胞被固定化后，其中酶的性质、稳定性、最适 pH、最适温度和 K 值的变化基本上与固定化酶相仿。细胞的固定化主要是利用胞内酶，因此固定化的细胞主要用于催化小分子底物的反应，而不适于大分子底物。

固定化细胞按其生理状态可以分为死细胞和活细胞两大类。固定化的细胞在形态学上一般没有明显变化，但用扫描电镜观察到固定化酵母细胞膜有内陷现象。

固定化死细胞在固定化之前经过物理或化学手段处理，目的在于增加膜的通透性，抑制副反应发生，适合于单酶催化反应，其固定化以后的性质类似于固定化酶的性质变化。

固定化静止细胞和饥饿细胞在固定化以后细胞是活的，但采用了控制措施，细胞并不生长繁殖，处于休眠或饥饿状态。

固定化增殖细胞是将活细胞固定在载体上，可以在连续的反应过程中保持旺盛的生长繁殖能力。从理论上讲只要载体不解体、不污染，就可以长期使用。以基因工程菌为例，固定化的工程菌比游离菌稳定性好。

细胞固定化后，最适 pH 的变化无特定规律，如聚丙烯酰胺凝胶包埋的大肠杆菌(*E. coli*)(含天冬氨酸酶)和产氨的短杆菌(含延胡索酸酶)的最适 pH 与各自游离的细胞相比，均向酸侧偏移；但用同一种方法包埋的无色短杆菌(含 L-组氨酸脱氨酶)、恶臭假单胞菌(含 L-精氨酸脱亚氨酶)和大肠杆菌(含青霉素酰胺酶)的最适 pH 均无变化。因此可选择适当的固定化方法处理相应的细胞，使其最适 pH 符合反应要求。

细胞被固定化后，最适温度通常与游离细胞相同，如用聚丙烯酰胺凝胶包埋的大肠杆菌(含天冬氨酸酶、青霉素酰胺酶)和液体无色杆菌(含 L-组氨酸脱氨酶)，最适温度和游离细胞相同，但用同一方法包埋的恶臭假单菌(含 L-精氨酸脱亚胺酶)的最适温度却提高 20 ℃。

固定化细胞的稳定性一般都比游离细胞高，如含天冬氨酸酶的大肠杆菌用精三醋酸纤维素包埋后，用于生产 L-天冬氨酸，于 37 ℃连续运转两年后，仍保持原活力的 97%；用卡拉胶包埋的黄色短杆菌(含延胡索酸酶)生产 L-苹果酸,在 37 ℃连续运转一年后,其活力仍保持不变。由此可见,细胞的固定化具有广阔的工业应用前景。

3. 固定化酶活力的测定方法

固定化酶具有两个基本反应系统,即填充床反应系统和悬浮搅拌反应系统。因此,根据固定化酶的反应系统,其活力的测定可以分为分批测定法和连续测定法两种。

(1) 分批测定法

分批测定法是固定化酶在搅拌或振荡的情况下进行测定的方法,与测定天然酶的方法基本一致,即间隔一定时间取样,过滤后按常规测定,方法比较简便。但测定结果与反应器的形状、大小和反应液的数量有关,同时也与搅拌和振荡的速度有关,速度加快,活力上升,达到一定程度后活力不再改变。但若搅拌过快会导致固定化酶破碎成更小的细粒而使酶的活力升高,因此测定过程中应严格控制反应条件,否则无可比性。

(2) 连续测定法

不管是分批反应器还是连续搅拌反应器或填充床反应器,都可以从其中引出反应液到流动比色杯中进行分光光度测定。在连续搅拌反应器中,可以根据底物的流入速度和反应速度之间的关系来计算酶的活力,但反应器的形状可能影响反应速度。除分光光度法外,也可以在缓冲能力弱的情况下用自动 pH 滴定仪来测定质子的产生与消耗过程,或者通过测定反应过程中氧气、NH_3、电导和旋光的变化来确定酶的活力。

思考题

1. 简述固定细胞发酵的优点。
2. 常用的细胞固定方法有哪些?

技能训练 1　用固定化细胞连续发酵生产酸牛奶

现已经利用固定化技术对乳制品进行深加工。已经知道牛奶中含有一定数量的乳糖,有些人由于体内缺乏乳糖酶,因而饮牛奶后常发生腹痛、腹泻等症状,而由于乳糖难溶于水,常在炼乳、冰淇淋中呈砂样结晶而析出,影响风味,因此需要除去牛奶中的乳糖。可用固定化黑曲霉乳糖酶装成酶柱,让牛奶以一定的流速通过该酶柱,可以生产脱乳糖的牛奶。乳清含有大量的乳糖,是干酪生产的副产物。因为乳糖难消化,历来作废水排放。可用多孔玻璃固定化黑曲霉乳糖酶,分解乳清中的乳糖,从而使乳清可以作为饲料和生产酵母的培养基。乳酸酵母会产生乳糖水解酶,将此酶包埋于三醋酸纤维素的中空纤维中处理牛奶,能加快其发酵速度。美国康宁公司将黑曲霉产生的酸性乳糖分解酶以共价结合固定于多孔玻璃珠上,在 50 ℃下处理乳清,这种酶的半衰期可达 60 d,用此法处理干酪生产的废水,可得到蛋白质浓缩物。

另外,可以采用固定化乳糖酶,在生产中使乳糖水解生成葡萄糖和半乳糖,不仅使其甜度增加为蔗糖的 0.8 倍,而且其溶解度增加了 3～4 倍,容易被小肠吸收。意大利埃利公司用三醋酸纤维素包埋法生产的固定化乳糖酶,其半衰期达 1 年以上。美国康宁公司则用多孔硅为载体生产固定化乳糖酶。

一、生产原理

采用固定化菌种技术，利用连续发酵反应器生产酸牛奶。在最适条件下，连续发酵生产酸牛奶可简化菌种制备过程，反复利用乳酸菌种，充分利用发酵酸化设备，便于自动化控制。

二、生产用主要材料与试剂

1. 菌种

保加利亚乳杆菌、乳脂链球菌，由中国科学院微生物研究所提供。

2. 培养基

菌种培养为麦汁培养基，发酵培养基为鲜牛奶。

麦汁培养基的配制方法如下。

① 取大麦或小麦若干，用水洗净，浸水 6～12 h，至 15 ℃阴暗处发芽，上面盖纱布一块，每日早、中、晚淋水一次，麦根伸长至麦粒的两倍时即停止其发芽，摊开晒干或烘干，储存备用。

② 将干麦芽磨碎，一份麦芽加四份水，在 65 ℃水浴中糖化 3～4 h，糖化程度可用碘滴定之。加水约 20 mL，调匀至生泡沫时为止，然后倒在糖化液中搅拌煮沸后再过滤。

③ 将糖化液用 4～6 层纱布过滤，滤液如混浊不清可用鸡蛋白澄清。方法是将一个鸡蛋白加水约 20 mL，调匀至生泡沫时为止，然后倒在糖化液中搅拌煮沸后再过滤。

④ 将滤液稀释到 5～6 °Bé，pH 约 6.4，加入 2%琼脂即成。121 ℃灭菌 30 min。

三、方法与步骤

1. 细胞制备

接种 2 环斜面活化菌种于 10 mL 麦汁中，42 ℃培养 25 h，移种于 100 mL 的麦汁中(加 0.5%～1.5%的 $CaCO_3$，以利于乳酸菌生长)，42 ℃培养 20 h，制得细胞数目适宜的种子培养液。

2. 固定化活细胞颗粒的制备

载体为海藻酸钠，强化剂为氯化钙。以 2%的海藻酸钠进行包埋。

3. 连续发酵

于 42 ℃将增殖的固定化细胞颗粒装入 1000 mL 灭菌的连续玻璃生物反应器内，开启进料阀，42 ℃灭菌，鲜牛奶自动流入反应器内，3 h 后，反应器内 pH 达到 5.5 时排料阀自动开启，酸奶自动连续流出。而传统的间歇发酵需经种子培养(约 78 h)，以及接种酸化 9～12 h。

4. 分析方法

①乳酸测定：配合滴定法。②还原糖测定：Lan-Eynon 法。

技能训练2　固定床反应器发酵生产L-(+)-乳酸

一、生产原理

L-(+)-乳酸是一种重要的有机酸，具有巨大的市场潜力。工业化生产乳酸，通常以淀粉为原料采用细菌发酵，得到DL混合型乳酸，且相对成本较高。米根霉发酵所得乳酸光学纯度高，L-(+)-乳酸纯度达98.5%以上，而且可以共利用五碳糖和六碳糖，所需营养源简单，不必使用酵母提取物，仅以NH_4NO_3或尿素为氮源；采用固定化细胞浸没式膜生物反应器技术实现乳酸的连续发酵，可显著改善乳酸发酵过程。

二、主要材料及试剂

1. 菌种

米根霉(OX-1)，筛选自牛津大学工程系实验室。

2. 培养基

种子培养基：葡萄糖60 g，NH_4NO_3 2.0 g，NaH_2PO_4 3.0 g，KH_2PO_4 2.0 g，$MgSO_4 \cdot 7H_2O$ 0.25 g，$ZnSO_4$ 0.05 g。

发酵培养基：葡萄糖100 g，其他物质含量同种子培养基。

3. 反应器

纤维固定床反应器系统由一个5 L发酵罐和一个纤维固定床组合而成。纤维固定床采用一个不锈钢圆柱形框体，四周缠绕一层脱脂纱布，利用框体上纱布的缠绕面积不同来调节固定化面积。沉浸式膜生物反应器系统由一个中空纤维膜组件与纤维固定床组合而成，通过在中空纤维膜端口施加的负压使乳酸及小分子物质通过膜孔，而将菌体和其他高分子物质截留，以保持膜反应器内高的菌体浓度，如图7-1所示。

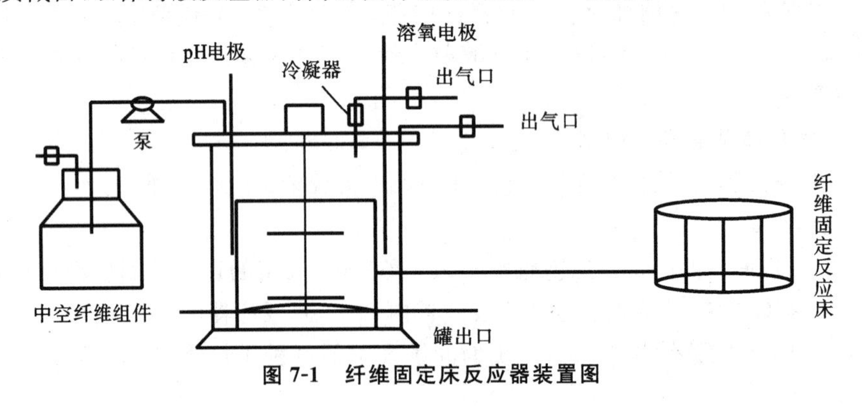

图7-1　纤维固定床反应器装置图

三、方法与步骤

1. 种子摇瓶培养

1 L自加工摇瓶中装入150 mL种子培养基，1次添加碳酸钙3.5 g，接种量为10%，孢子浓度为3×10^6个/mL；培养条件为温度34 ℃，转速200 r/min，时间20 h，使菌体固定化成菌球。

2. 发酵罐发酵培养

在 5 L 全自动发酵罐内加入 4 L 培养基，接种量为体积的 7.5%，通气量为 0.06～0.3 m^3/h，罐压为 0.01 MPa，发酵温度为 34 ℃，搅拌速率为 100 r/min。采用 8 mol/L NaOH 自动控制发酵过程 pH(5.8±0.1)，消泡剂采用多批次流加，以罐内出现较多泡沫作为滴加前提，每次滴加 2～3 滴即可。发酵过程中每 5 h 取样 1 次，每次取样 20 mL，测定发酵液中葡萄糖、乳酸和富马酸的浓度。

3. 分析方法

① 葡萄糖测定。紫外分光光度计法。

② 乳酸和副产物富马酸测定。采用 HPLC 分析。检测条件：DAD 检测器，检测波长 210 nm；GEM ODS 色谱柱(4.6 mm×150 mm，5 μm)；柱温 25 ℃；流动相为 0.01 mol/L 磷酸盐缓冲液(pH2.6)，流速为 1.0 mL/min。

③ L-(+)-乳酸测定。L-乳酸检测试剂盒，L-乳酸光学纯度(%)为 100[L]/([L]+[D])，其中[L]、[D]分别为发酵液中 L-乳酸和 D-乳酸含量。

④ 干菌重(DCW)测定。发酵至终点时，取出菌丝床，将菌体剥离，并且使用滤纸过滤发酵液中菌丝，然后将菌体放入干燥箱中，在 50 ℃下干燥 10 h，至恒重，称量得 DCW。

⑤ 得率计算。T_{DCW}＝菌体干重(g)/葡萄糖消耗量(g)，$T_{产物}$＝产物生成量(g)/葡萄糖消耗量(g)。

项目 2　中空纤维酶膜反应器制取麦芽低聚糖

预备知识　酶膜反应器简介

酶膜反应器将酶促反应的高效率与膜的选择透过性有机结合，可以强化过程的速率。近年来，酶膜反应器在生物、医药、食品、化工、环境等领域得到了日益广泛的应用。随着基因工程、材料科学特别是高分子材料科学的发展，以及高效固定化技术的开发和过程设计的不断优化，酶膜反应器的应用效率将会逐步提高，其应用领域也将会越来越广泛。归纳起来，酶膜反应器具有以下一些特点：①与普通化学反应相比，酶促反应速率快，选择性高，条件温和；②膜是酶固定化的良好载体；③能够有效消除产物抑制；④传质面积大，传质速率快；⑤避免了乳化和破乳、液泛等问题；⑥易于连续化、自控与集成化。

任务　酶膜反应器制取麦芽低聚糖

随着膜材料的制备及应用技术的不断发展，膜分离技术已广泛应用于食品、化工、医药等各个领域。酶膜反应器是膜技术在生化反应工程领域的重要应用。

麦芽低聚糖是指麦芽三糖、麦芽六糖含量大于 60%的直链低聚糖混合物，是一种新

型淀粉糖。运用双酶协同作用制取麦芽低聚糖的酶膜反应连续化工艺,可提高产品质量,主要指标含量稳定在73%～77%。

一、中空纤维酶膜反应器特点

中空纤维酶膜反应器连续制备异麦芽低聚糖的方法的特征在于:①它采用中空纤维酶膜反应器双酶膜连续化系统,使用聚砜中空纤维超滤器,截留相对分子质量为10000的物质,细胞色素c截留率100%;②以淀粉为原料,用α-淀粉酶和普鲁士蓝酶(或异淀粉酶)糖化制备麦芽低聚糖,后用α-葡萄糖苷酶和真菌淀粉酶转苷制得异麦芽低聚糖。

二、生产工艺

1. 酶

木薯淀粉酶:陕西高陵县车江农场,一级品;α-淀粉酶:酶活力4500 U/g。异淀粉酶:酶活力6000 U/g。

2. 原料液准备

称取500 g木薯淀粉,边搅拌边加入到盛有1000 mL水的液化罐中。得到浓度为33%的淀粉浆,用5%的Na_2CO_3溶液调pH为6.2～6.3。加入5 mL 5%的$CaCl_2$溶液(物质的量浓度在0.01 mol/L左右即可)。置于85 ℃的恒温水浴上加热,搅拌,当浆料温度上升至淀粉糊化前适当温度(55 ℃)时立即加入α-淀粉酶75 mg,边加热边搅拌,继续升温到液化温度(70±2)℃,时间15 min,液化结束。抽取样品10 mL,测得其pH值为5～6。用同样方法液化第二罐和第三罐,放入储料罐中作为补料液。

3. 酶解

从储料罐中放出1200 mL(500 g淀粉配制33%浓度的淀粉浆可得到1200 mL的液化液)液化液输入糖化罐,滴入0.5 mol/L HCl调pH至5.8,恒温45 ℃,加入α-淀粉酶250 mg,异淀粉酶1000 mg恒温搅拌,糖化1.5 h后开始循环,稳定蠕动泵压力为0.1 MPa,循环0.5 h后连续补料补水。在膜循环的同时根据不同的时间用糖度计测定底物及产物的浓度,保持糖化罐中糖度在25以上,得出产品可控制其DE值在29～31之间。

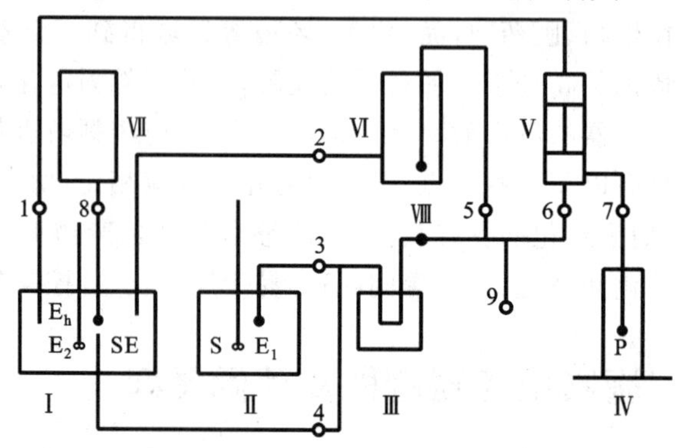

图7-2 中空纤维酶膜反应器制取麦芽低聚糖工艺流程

Ⅰ—糖化罐;Ⅱ—液化罐;Ⅲ—蠕动泵;Ⅳ—产物收集器;Ⅴ—PS中空纤维超滤器;Ⅵ—储料罐;Ⅶ—储水器;Ⅷ—压力表;1～9—阀门;E_h—异淀粉酶;E_2—糖化α-淀粉酶;SE—底物-酶配合物;S—木薯淀粉;E_1—液化α-淀粉酶;P—产物

4. 中空纤维酶膜反应器运转过程

设备系统开始运转时，糖化罐中的酶底物进行反应，整个反心器系统木薯淀粉消耗大，部分酶被吸附在膜上，产物生成量也大，反应速度快，生成的产物通过膜分离出来。这是反应器系统的初始阶段，时间较短。

随着催化反应的进行，需要补充底物，当有新鲜底物进入时，反应过程中酶-底物的配合物及释放出来的酶开始得到再利用，产物也开始以恒定的速度生成。

当底物不断补充时，由于受酶浓度的限制，反应速度不再增加，产物在反应器运转过程中不断生成并透过膜分离出来，整个反应器系统循环往复，酶得到反复利用。

5. 中空纤维超滤膜清洗

认真清洗用后的中空纤维超滤膜，并进行膜的灭菌和系统消毒，先用无菌水清洗，再用1%的 NaOH 清洗，用此浓度碱液把膜浸泡起来，既要灭酶又防止阻塞膜孔。

思考题

1. 简述中空纤维酶膜反应器的特点。
2. 简述中空纤维酶膜反应器制取麦芽低聚糖的工艺流程。

参考文献

[1] 王传荣. 发酵食品生产技术[M]. 北京:科学出版社,2006.
[2] 岳春. 食品发酵技术[M]. 北京:化学工业出版社,2009.
[3] 苏东海. 酱油生产技术[M]. 北京:化学工业出版社,2010.
[4] 谢骏. 调味品及其他食品加工技能综合实训[M]. 北京:化学工业出版社,2008.
[5] 王福源. 现代食品发酵技术[M]. 北京:中国轻工业出版社,2004.
[6] 董胜利. 酿造调味品生产技术[M]. 北京:化学工业出版社,2003.
[7] 宋安东. 调味品发酵工艺学[M]. 北京:化学工业出版社,2009.
[8] 石彦国. 大豆制品工艺学[M]. 北京:中国轻工业出版社,2005.
[9] 李里特. 大豆加工与利用[M]. 北京:化学工业出版社, 2002.
[10] 籍保平,李博. 豆制品安全生产与品质控制[M]. 北京:化学工业出版社,2005.
[11] 孙俊良. 发酵工艺[M]. 北京:中国农业出版社,2002.
[12] 何国庆. 食品发酵与酿造工艺学[M]. 北京:中国农业出版社,2003.
[13] 王淑欣. 发酵食品生产技术[M]. 北京:中国轻工业出版社,2009.
[14] 陆寿鹏. 酿造工艺[M]. 北京:高等教育出版社,2002.
[15] 吴根福. 发酵工程[M]. 北京:高等教育出版社,2006.
[16] 吴根福. 发酵工程实验指导[M]. 北京:高等教育出版社,2006.
[17] 陈坚. 发酵工程实验技术[M]. 北京:化学工业出版社,2003.
[18] 梁红. 生物技术综合实验教程[M]. 北京:化学工业出版社,2010.
[19] 王永芬. 生物技术综合实训教程[M]. 北京:化学工业出版社,2011.
[20] 崔云前. 微型啤酒酿造技术[M]. 北京:化学工业出版社,2008.
[21] 逯家富. 啤酒生产技术[M]. 北京:科学出版社,2004.
[22] 董小雷. 啤酒分析检测技术[M]. 北京:化学工业出版社,2008.
[23] 张安宁,张建华. 白酒生产与勾兑教程[M]. 北京:科学出版社,2010.

[24] 逯家富.发酵产品生产实训[M].北京:科学出版社,2010.

[25] 刘长春.生物产品分析与检验技术[M].北京:科学出版社,2009.

[26] 吴烨东,吴国峰,贾树彪.新型白酒的沿革及发展[J].酿酒,2007(4):9-10.

[27] 郭本恒.酸奶[M].北京:化学工业出版社,2003.

[28] (英)Ralph Early.乳制品生产技术[M].张国农,译.北京:中国轻工业出版社,2002.

[29] 李凤林,崔福顺.乳及发酵乳制品工艺学[M].北京:中国轻工业出版社,2007.

[30] 郭本恒.干酪[M].北京:化学工业出版社,2004.

[31] 潘亚芬,向殿军.酸乳的研究进展[J].农产品加工学刊,2009(7):47-49.

[32] 王方林,胡斌杰.生化工艺[M].北京:化学工业出版社,2007.

[33] 谢梅英,别智鑫.发酵技术[M].北京:化学工业出版社,2007.

[34] 罗大珍,林雅兰.现代微生物发酵及技术教程[M].北京:北京大学出版社,2006.

[35] 杨艳芳.微生物分析(职业技能鉴定培训教程)[M].北京:化学工业出版社,2009.

[36] 朱宝泉.生物制药技术[M].北京:化学工业出版社,2003.

[37] 吴梧桐.生物制药工艺学[M].2版.北京:中国医药科技出版社,2004.

[38] 孙峻良.酶制剂生产技术[M].北京:科学出版社,2007.

[39] 王小利.生物制药技术[M].北京:科学出版社,2006.

[40] 辛秀兰.现代生物制药工艺学[M].北京:化学工业出版社,2006.

[41] 李荣秀.酶工程制药[M].北京:化学工业出版社,2004.

[42] 何建勇.发酵工艺学[M].北京:中国医药科技出版社,2009.

[43] 杨昌鹏.酶制剂生产与应用[M].北京:中国环境科学出版社,2006.

[44] 周济铭.酶工程[M].北京:化学工业出版社,2008.

[45] 罗文新,娄文勇.酶制剂技术[M].北京:化学工业出版社,2008.

[46] 陈长华.发酵工程实验[M].北京:高等教育出版社,2009.